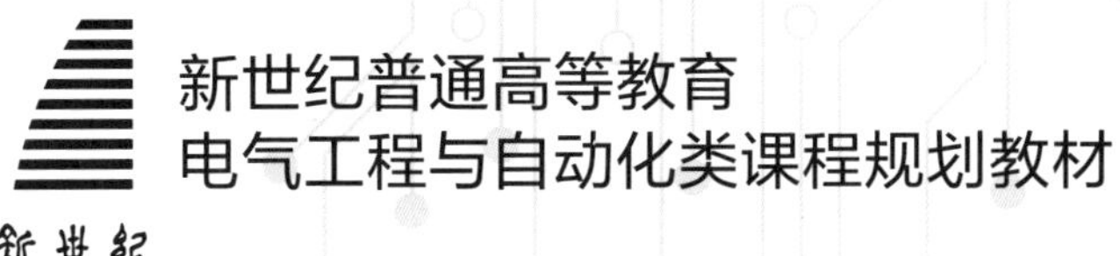

自动控制原理（第四版）

Principle of Automatic Control

主　编　邹秋滢　刘　潭　王永刚　吴秀华
副主编　张楠楠　吴　锴　石敏惠

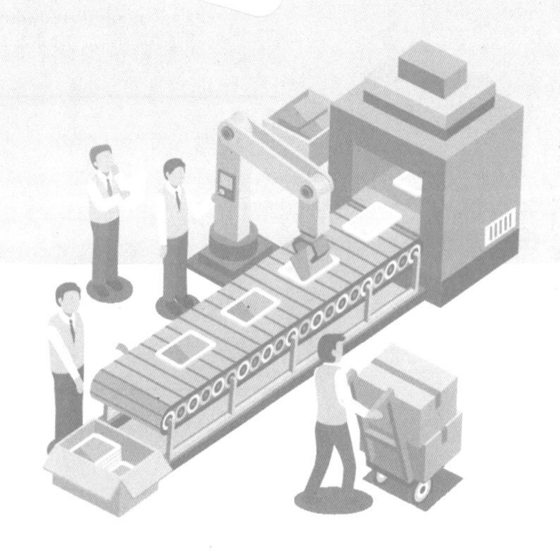

大连理工大学出版社

图书在版编目(CIP)数据

自动控制原理 / 邹秋滢等主编. -- 4 版. -- 大连 ：
大连理工大学出版社，2024. 1
ISBN 978-7-5685-4677-5

Ⅰ. ①自… Ⅱ. ①吴… Ⅲ. ①自动控制理论 Ⅳ.
①TP13

中国国家版本馆 CIP 数据核字(2023)第 205455 号

大连理工大学出版社出版
地址:大连市软件园路 80 号　邮政编码:116023
发行:0411-84708842　邮购:0411-84708943　传真:0411-84701466
E-mail:dutp@dutp. cn　URL:https://www. dutp. cn
大连天骄彩色印刷有限公司印刷　大连理工大学出版社发行

幅面尺寸:185mm×260mm　印张:15.5　字数:377 千字
2011 年 11 月第 1 版　2024 年 1 月第 4 版
2024 年 1 月第 1 次印刷

责任编辑:王晓历　责任校对:孙兴乐
封面设计:张　莹

ISBN 978-7-5685-4677-5　定　价:50.80 元

本书如有印装质量问题,请与我社发行部联系更换。

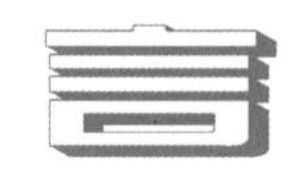

前言

《自动控制原理》(第四版)是由新世纪普通高等教育教材编审委员会组编的电气工程与自动化系列规划教材之一。

自动控制技术在今天的社会生活中被广泛应用于工业、农业、交通、国防、航空及航天等众多领域,提高了社会生产率,改善了人们的劳动条件,丰富和提高了人民的生活水平。自动化技术和设备几乎无所不在,为人类文明进步做出了重要贡献。同时,自动控制理论也得到了空前发展,形成了完善而深厚的理论体系。

在一些非自动化类工科或农业高等院校中,由于课程体系和实际生产实践的需要,相继开设了自动控制原理课程,且逐渐成为专业基础课。为适应这些院校学时少、重基础的教学要求,编者特修订了本教材。

本教材根据非自动化类工科和农科的相关专业对本理论体系的要求,把重点放在基本概念和基本原理的讲述和理解应用上,尽量做到深入浅出。通过阅读本教材,学生能够正确理解有关控制理论的基本概念,掌握分析自动控制系统性能的基本方法,并初步具备综合设计简单控制系统的能力。

为响应教育部全面推进高等学校课程思政建设工作的要求,本教材编写团队深入推进党的二十大精神融入教材,不仅围绕专业育人目标,结合课程特点,注重知识传授能力培养与价值塑造统一,还体现了专业素养、科研学术道德等教育,立志做有理想、敢担当、能吃苦、肯奋斗的新时代好青年,让青春在全面建设社会主义现代化国家的火热实践中谱写绚丽华章。

本教材共8章。第1章为绪论,主要介绍自动控制系统的基本概念、自动控制技术的应用范围、自动控制系统的分类,以及自动控制理论的发展历史等;第2章为自动控制系统的数学模型,主要针对控制系统的微分方程和传递函数做较详细的阐述,以使学生在理解基本概念的基础上熟

练掌握这两种数学模型的建立及转换过程；第3章为自动控制系统时域分析，鉴于多数院校在此课程的前续课程中均开设了电路理论或信号与系统等课程，相关内容在本章中不再赘述，因此本章主要讨论了低阶系统阶跃响应的动、静态性能指标，重点论述了控制系统稳定性的判别方法和稳态误差的计算；第4章为根轨迹法，主要讲述系统分析方法中的根轨迹法的概念和根轨迹图的基本绘制法则，以及运用根轨迹分析系统性能的过程和方法；第5章为频域分析法，重点叙述了频率特性的定义、各典型环节频率特性，以及开、闭环控制系统的频率特性，阐述了应用频率特性对控制系统进行分析的方法；第6章为自动控制系统的设计与校正，把频域法校正作为基本内容，叙述了串联校正、反馈校正、复合校正的基本概念和方法；第7章为离散控制系统分析，主要介绍离散系统的概念和数学模型，以及进行离散系统分析的基本方法；第8章为非线性控制系统分析，主要介绍了非线性系统的基本种类和对非线性系统进行分析的基本方法——相平面分析法和描述函数法。

本教材建议学时为90学时。不同院校可根据需要取舍某些章节的内容进行不同学时的讲授。若按40～60学时可讲授前6章线性定常系统的相关内容。本教材配备6～8个实验，可根据具体实验条件进行选择。

修订版教材的编写团队主要来自沈阳农业大学、山西农林科技大学、沈阳农业大学科学技术学院等多所院校，编写人员有邹秋滢、刘潭、王永刚、吴秀华、张楠楠、吴锴、石敏惠等。

在编写本教材的过程中，编者参考、引用和改编了国内外出版物中的相关资料以及网络资源，在此表示深深的谢意！相关著作权人看到本教材后，请与出版社联系，出版社将按照相关法律的规定支付稿酬。

限于水平，书中也许仍有疏漏和不妥之处，敬请专家和读者批评指正，以使教材日臻完善。

编　者

2024年1月

所有意见和建议请发往：dutpbk@163.com
欢迎访问高教数字化服务平台：https://www.dutp.cn/hep/
联系电话：0411-84708445　84708462

第1章 绪论

自动控制技术是现代工业、农业、国防、科学研究以及人类日常生活中不可缺少的一门技术。应用自动控制技术能使机器设备高速高效地运行,使生产过程自动化,提高产品的数量和质量,改善人类劳动条件,减小劳动强度,使汽车等交通工具在无人参与的情况下能自动驾驶,使现代军事武器自动地跟踪和定位入侵目标,使空间事业得以突飞猛进地发展。如今,自动控制技术的应用已渗透到各个工程领域。

自动控制原理是研究各类自动控制系统共同规律的一门技术科学。主要讲述自动控制的基本理论和分析、设计控制系统的基本方法等内容,它是自动控制学科相关专业的核心课程。学习并掌握好自动控制原理及其相关技术,对于工程技术人员有着十分重要的作用。

本章从工程实例出发,介绍自动控制系统的基本概念、基本组成与结构、分类、分析与设计的基本要求以及自动控制理论的内容与发展等内容。

1.1 自动控制系统的基本概念

所谓自动控制,是指在无人参与的情况下,利用自动控制装置使被控制的生产设备或生产过程自动地按照预定的规律去工作的过程。而自动控制系统是按照某些规律结为一个整体的元部件的组合,这些元部件按照输入信号或输入指令的要求调节相应的物理量,使之达到预期的固定数值,或按照预期的规律进行变化。

如图 1-1 所示为直流电动机转速控制系统。

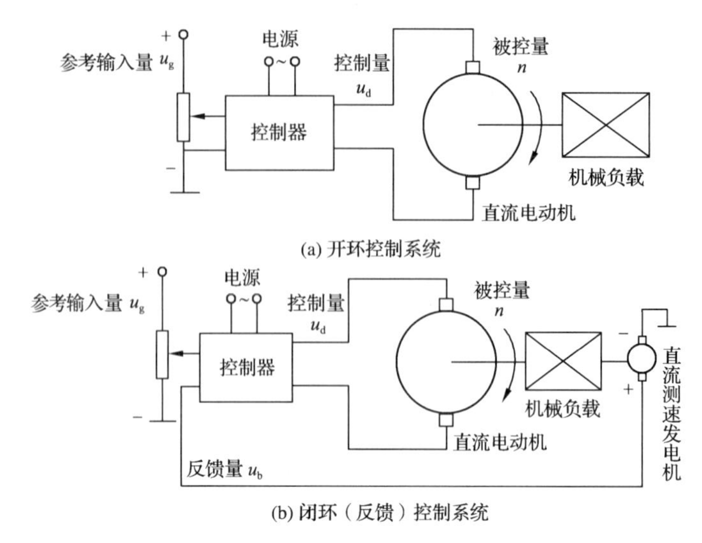

图 1-1 直流电动机转速控制系统

直流电动机转速控制系统的工作过程是：电位器产生初始输入电压信号 u_g，通过控制器的处理产生控制直流电动机电枢回路的控制电压 u_d，并将 u_d 加在电动机电枢回路上，使直流电动机旋转，产生一定的转速 n 或角速度 ω 从而带动负载运转。如图 1-1(a)所示为一个开环控制系统。在此系统中，当由于负载的增减等因素使电动机转速发生变化，偏离希望值时，系统不能自动地进行调节，使之恢复希望的转速。若要实现此功能，就应该采用如图 1-1(b)所示的闭环控制系统，也称反馈控制系统。它通过一个直流测速发电机，把直流电动机的输出转速变换为一个电压值 u_b 并返送回输入端，与初始的输入电压 u_g 做比较，若二者相等，表明电动机实际转速与希望转速相等，可以不调节；若二者不等，表明电动机实际转速偏离了希望转速，则系统把两个电压的差值经过控制器的放大处理后送给直流电动机，使直流电动机调节转速的大小，直到直流电动机的输出转速与希望转速达到一致。当负载增大时，n 会下降，直流测速发电机的输出电压 u_b 下降，差值 u_g-u_b 上升(一般参考输入量 u_g 保持不变)，控制器输出 u_d 也增大，则电动机的转速上升，直到与希望值相等。

可见，闭环控制系统比开环系统性能优越，实现了系统的自动控制过程，控制的精度得到极大的提高。所以，闭环控制系统是本课程研究的主要对象。

现对闭环控制系统中涉及的相关概念进行如下说明：

1. 被控对象

被控对象也称受控对象，指被控制的装置或设备，也可指某个生产或工艺过程。如图 1-1 所示的直流电动机即被控对象。

2. 被控量

被控量指被控制的物理量，即被控对象的输出量，也是控制系统的输出量，也称受控量或输出量。实际控制系统中被控量往往是可以通过测量装置检测出来的可控物理量，如温度、压力、转速、流量等。如图 1-1 所示的直流电动机的转速 n 即系统的被控量。

3. 控制器

控制器指将输入信号按一定控制规律转换成控制作用，产生控制量的元件或设备，也称为调节器、控制装置或校正装置。一般控制器的前级为电子电路或微型计算机，后级为功率变换器。控制器将弱电信号转换成具有一定能量的可以驱动执行机构动作的电压、电流、力矩等物理量。控制器不仅可以起放大作用，还可以具有复杂的函数关系。

4. 控制量

控制量指控制被控对象的物理量，是控制器或执行机构的输出，是被控对象的输入。如图 1-1 所示的 u_d 即控制量。

5. 参考输入量

参考输入量也称为给定值或希望值，是控制系统的输入量，也是系统输出量应该达到的标准值或希望值。如图 1-1 所示的 u_g 即参考输入量。

6. 偏差信号

偏差信号指参考输入量与被控对象输出量的测量反馈量之差，是控制器的输入信号，是驱动系统实现自动控制的激励信号。如图 1-1 中的 $u_g - u_b$ 即偏差信号。

7. 反馈

把被控量通过测量元件或设备返送回输入端的过程，称为反馈。将反馈量与参考输入量作差得到的偏差信号作为控制器输入量的系统，称为负反馈系统。将反馈量与参考输入量作和作为控制器输入量的系统，称为正反馈系统。若系统没有反馈回路，则构成开环控制系统；若系统有反馈回路，则构成闭环控制系统，如图 1-1 所示。

8. 测量元件

测量元件指将一种物理量检测出来，按照某种规律转换成容易处理或使用的另一种物理量的元件或设备，也称为传感器或测量变送元件。在控制系统中，测量元件用来检测被控量，并将其转换成相应的电信号、气压信号等与参考输入量做比较。

9. 比较元件

比较元件将参考输入量与反馈量作差，得到偏差信号的元件。常用的比较元件有差动运放器、机械差动装置和电桥电路等。

10. 定值元件

定值元件也称为给定元件或装置，是设定或给出参考输入量的设备。常用的定值元件有电位器、指令开关、旋转变压器和计算机等。

11. 执行元件

执行元件是控制决策的执行机构，用来将控制量进行功率级别转换后加载在被控对象上控制其输出。在控制系统中，执行元件有时被看成独立的环节，有时被看成被控对象的一部分。常用的执行元件有功率放大器、执行电动机和调节阀等。

12. 扰动信号

扰动信号指系统外部或内部影响被控对象输出的所有输入信号。若来自系统外部的扰动称为外扰，来自系统内部的扰动称为内扰。

了解自动控制系统中相关的基本概念后，对如下的控制系统进行分析，如图 1-2 所示为导弹发射架方位角控制系统的结构原理。

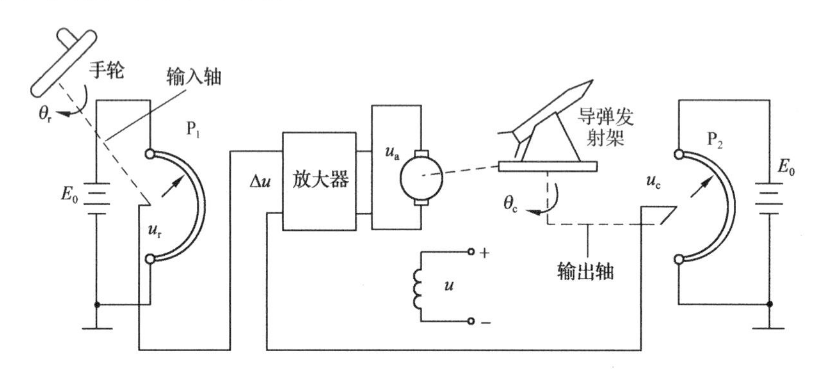

图 1-2 导弹发射架方位角控制系统的结构原理

该系统的控制任务是使发射架能够转动到与手轮转动的方位角 θ_r 相一致的角度。系统的被控对象是导弹发射架，被控量是发射架转动的方位角 θ_c，参考输入量是手轮转动的方位角 θ_r，手轮和导弹发射架的转动方位角分别通过电位器 P_1 和 P_2 转变为相应的电压值。电位器 P_1 和 P_2 并联后外接统一电源 E_0，形成电桥电路，其滑臂分别与输入轴和输出轴相连接，起检测和比较作用，产生偏差信号 Δu。输入轴由手轮操作，输出轴由电枢控制直流电动机经减速后控制。

当导弹发射架的方位角与输入轴的方位角一致时，系统处于相对静止状态。当摇动手轮顺时针转动时，将会使电位器 P_1 的滑臂转过一个角度，此时 $\theta_r > \theta_c$，产生误差角 $\theta_e = \theta_r - \theta_c$，$\theta_e$ 通过电位器 P_1 和 P_2 转换成偏差电压 $\Delta u = u_r - u_c$，Δu 经过放大器放大后驱动电动机转动，带动导弹发射架沿顺时针方向转动，直至 $\theta_c = \theta_r$，$u_c = u_r$，偏差电压 $\Delta u = 0$，电动机停止转动，系统在新的条件下达到平衡，即发射架处于新的希望位置。若手轮沿逆时针方向转动，则调节过程相反。绘制系统的原理框图如图 1-3 所示。

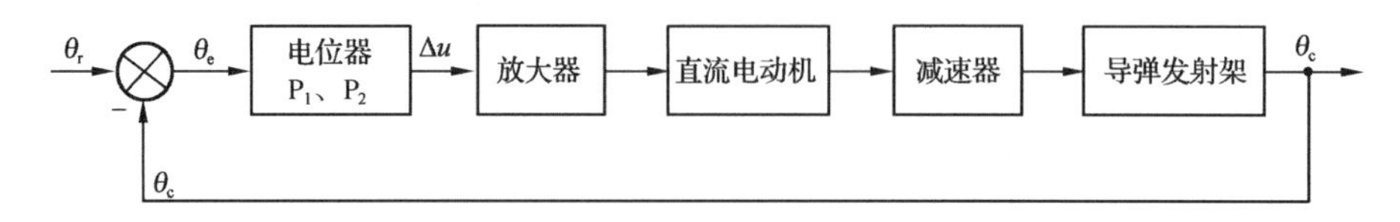

图 1-3 导弹发射架方位角控制系统原理框图

只要该系统中 $\theta_c \neq \theta_r$，偏差就会产生调节作用。作用的结果是消除偏差 θ_e，使输出量 θ_c 严格地跟随参考输入量 θ_r 的变化而变化。

1.2 自动控制系统的组成与结构

自动控制系统的任务就是根据参考输入量决定控制作用，并施加在被控对象上，使被控对象的输出等于参考输入量规定的数值。一般控制系统有开环控制和闭环控制两种基本控制方式。它们的基本组成和结构可以用原理框图表示，如图 1-4 和图 1-5 所示。

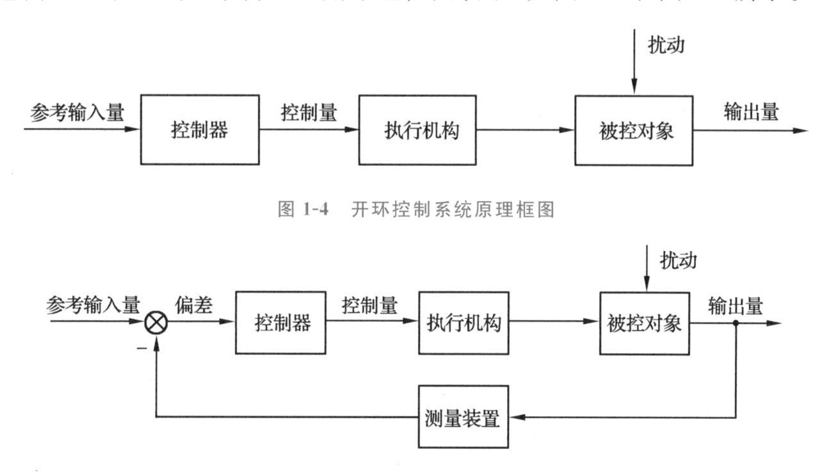

图 1-4 开环控制系统原理框图

图 1-5 闭环控制系统原理框图

在开环控制系统中，控制器根据执行机构和被控对象的特性进行设计。在参考输入量的控制作用下，被控对象的输出可以迅速而准确地响应参考输入信号。开环控制系统无须对被控量进行测量，系统结构简单、成本低。

然而，在实际中被控对象不仅受到参考输入量的影响，还会受到扰动输入量的影响，它们会使被控对象的输出偏离希望值 r(t)。另外，被控对象和执行机构的特性参数也会随时间发生变化，使系统达不到预想的设计性能。而开环控制系统对于扰动作用和参数变化引起的系统性能的改变无法进行及时的修正或补偿。

所以开环控制系统适用于控制精度要求不高、系统特性参数相对稳定且干扰比较弱的场合。例如，打印机打字头的位置控制、洗衣机的顺序控制和步进电动机的进给控制等。

当作用于被控对象上的干扰较强，可实时测量时，可以采用基于干扰补偿的控制方式。如图 1-6 所示，将测量到的干扰信号牵引给控制器，改变控制作用去抵消干扰对输出的影响。但基于干扰的补偿控制对不可测的干扰和被控对象特性参数发生变化引起的输出变化仍无法改进。

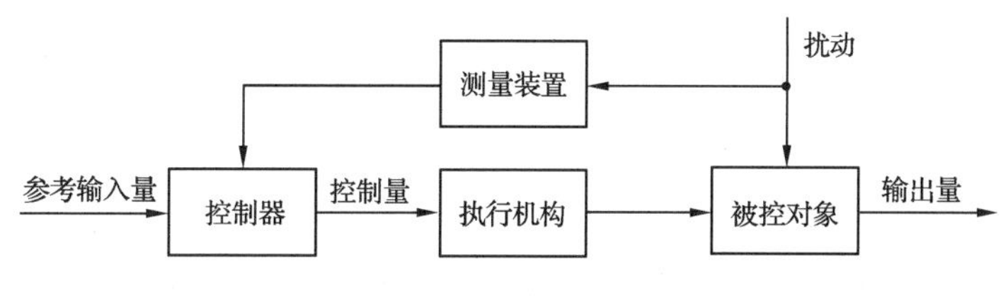

图 1-6 干扰补偿控制系统原理框图

闭环控制系统可以克服开环控制系统的以上缺陷。在闭环控制系统中，被控对象的输出被返送回输入端，与参考输入量形成偏差信号进行控制。只要输出量的实测值与系统希望值之间有偏差，闭环控制系统就有输出，直至偏差为零。可见，闭环控制系统可以消除扰动信号对系统输出量产生的影响，达到精确控制的目的，提高系统的抗干扰能力，例如前述直流电动机转速的自动控制过程分析。

在工程实际中，有时将闭环控制与开环控制相结合，往往可以达到更好的控制效果。图 1-7 所示为反馈控制与前馈控制相结合的复合控制系统原理框图。

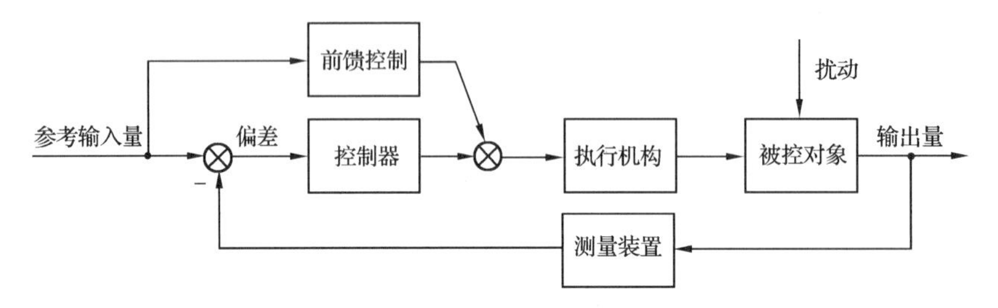

图 1-7　反馈控制与前馈控制相结合的复合控制系统原理框图

此系统除偏差信号外，控制作用还综合参考了输入量的信息，因此前馈控制常用来提高系统对参考输入量的响应特性。

如图 1-8 所示为反馈控制、前馈控制和干扰补偿控制相结合的复合控制系统原理框图。

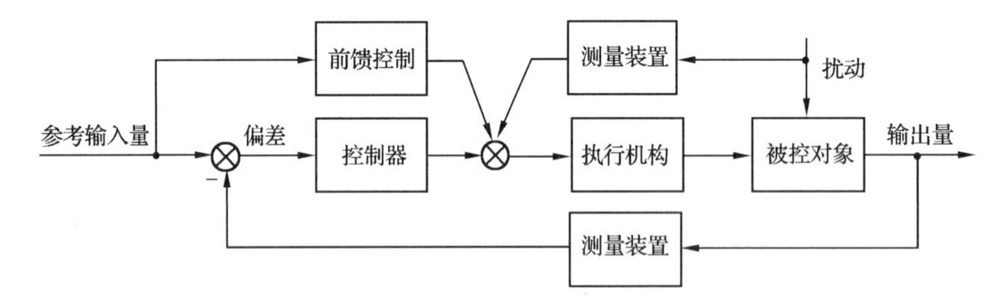

图 1-8　反馈控制、前馈控制和干扰补偿控制相结合的复合控制系统原理框图

前馈控制和干扰补偿控制都是开环控制，与反馈控制结合成复合控制。此控制作用综合了偏差和系统扰动的因素，可用来更好地提高系统的抗干扰能力。

1.3 自动控制系统的分类

实际工程中，尽管自动控制系统的控制有其基本规律，然而自动控制系统因其工作环境、组成结构和被控对象的不同，其分类的方法也有很多。了解自动控制系统的类型，从而分门别类地掌握不同类型自动控制系统的具体规律，对于自动控制系统的分析和设计很有必要。

1. 按照系统的结构分类

(1)开环控制系统：系统中无反馈环节，输出量对控制作用无影响；结构简单，成本低，调整方便；抗干扰能力差，控制精度不高。

(2)闭环控制系统:系统中含有反馈环节,输出量对输入量有反馈作用;结构复杂,成本高,适应性强;抗干扰能力强,控制精度高。

(3)复合控制系统:由开环和闭环控制系统结合而成,兼有开环控制系统和闭环控制系统的特点。

2. 按照参考输入量的变化规律分类

(1)恒值控制系统:又称自动调节系统。系统的参考输入量在工作过程中保持不变或变化很小,输出量保持恒值的系统。例如:电压、温度、转速、液位控制系统等。

(2)随动控制系统:又称伺服控制系统、跟踪控制系统。系统参考输入量随机变化,且输出量以一定精度跟踪输入量变化的系统。例如:雷达高射炮炮身位置随动控制系统、火炮群跟踪雷达天线方位角位置控制系统、轧钢机压下装置位置控制系统、液压仿形刀架控制系统和轮舵位置控制系统等。

(3)程序控制系统:参考输入量是预定的时间函数,输出量能够准确而自动地按事先给定的规律进行变化的系统。例如:数控机床、数控加工中心和自动化生产线等控制系统。

恒值控制系统和随动控制系统是两类典型的自动控制系统,在工程中得到了广泛的应用。而程序控制系统近年来在工业领域中得到了广泛应用。

3. 按照输入量与输出量的关系分类

(1)线性控制系统:由线性微分、差分、代数方程等线性函数描述的控制系统称为线性控制系统。线性控制系统满足齐次叠加原理。

(2)非线性控制系统:由非线性函数描述的控制系统称为非线性控制系统。非线性控制系统不满足齐次叠加原理。

设系统有如下输入、输出的关系式:$f(x_1)=y_1$,$f(x_2)=y_2$,若满足 $f(ax_1+bx_2)=ay_1+by_2=af(x_1)+bf(x_2)$($a$,$b$ 为常数)的关系,则称为满足齐次叠加原理。

满足齐次叠加原理是线性控制系统的充分必要条件。由此可知,若两个外作用同时加于控制系统,则总输出等于各个外作用单独作用时分别产生的输出之和,且外作用的数值增大若干倍时,其输出亦相应增大同样的倍数。因此,对线性控制系统进行分析和设计时,对于多个输入的系统,可以分别处理,最后将各自的输出叠加。此外,每个外作用在数值上可只取单位值,从而大大简化了线性控制系统的研究工作。

非线性函数是指函数的系数与变量有关,或含有变量及其导数的高次幂或乘积项的函数。如$\frac{\mathrm{d}y^2(t)}{\mathrm{d}t^2}+x(t)\frac{\mathrm{d}y(t)}{\mathrm{d}t}+y(t)+y^2(t)=x(t)$就是非线性函数。

线性控制系统理论是控制理论中历史最悠久、体系最完善、技术较成熟,且应用最为广泛的理论;而非线性控制系统理论虽然近年来有很大发展,但还没有形成统一的理论体系,而且,现有的非线性理论也多以线性理论体系为基础进行分析研究。虽然,实际中每个元件或系统都或多或少地存在非线性特性,但如果非线性程度不重,则完全可以用线性控制系统来代替非线性控制系统进行系统分析,所以本书以线性控制系统为主要研究对象。

4. 按照系统参数是否随时间变化分类

(1)定常控制系统:又称时不变系统,指结构和参数都不随时间变化的系统。定常控制系统响应特性只取决于输入信号的形式和特性,与输入信号的作用时刻无关。

(2)时变控制系统:指结构和参数随时间变化的系统。时变控制系统的响应特性取决于输入信号的形式及信号作用的时刻。如火箭控制系统,随着燃料的消耗,系统的质量和惯性都在随时变化,其控制方式也必然发生变化。

定常控制系统理论体系完整,便于实用,而时变控制系统理论尚不成熟。严格来说,在运行过程中,由于各种因素的作用,要使实际系统的参数完全不变是不可能的,定常控制系统只是时变控制系统的一种理想化模型。但是,只要参数的时变过程比系统的运动过程慢很多,用定常控制系统来描述实际控制系统所造成的误差就很小,可以满足工程需要。而大多数实际控制系统的参数随时间变化并不明显,所以本书以定常控制系统的分析设计为主。

5. 按照系统传输信号的不同分类

(1)连续控制系统:所有传输信号都是随时间连续变化的系统,如模拟量控制系统。

(2)离散控制系统:指某处或多处传输信号随时间离散变化的系统。它包括采样控制系统和数字控制系统等。

连续信号和离散信号曲线如图 1-9 所示。

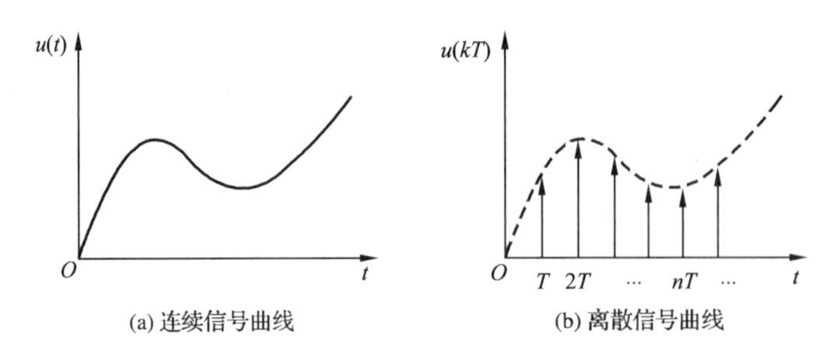

图 1-9 连续信号和离散信号曲线

连续控制系统和离散控制系统虽然是两类性质差异较大的控制系统,但它们所讨论的问题以及分析与综合的基本理论、方法具有平行的相似性。本书讨论以连续控制系统为主,通过对比再介绍离散控制系统的相关内容。

6. 按照系统输入/输出端口关系分类

(1)单入单出控制系统:简称 SISO 控制系统,指只有一个输入量和一个输出量端口关系的系统,如图 1-10(a)所示。

(2)多入多出控制系统:简称 MIMO 控制系统,指具有多个输入量和多个输出量端口关系的系统,如图 1-10(b)所示。

单入单出控制系统是最简单的自动控制系统,是多入多出控制系统的基础。单入单出控制系统是经典控制理论的主要研究对象,多入多出控制系统是现代控制理论的主要研究对象。

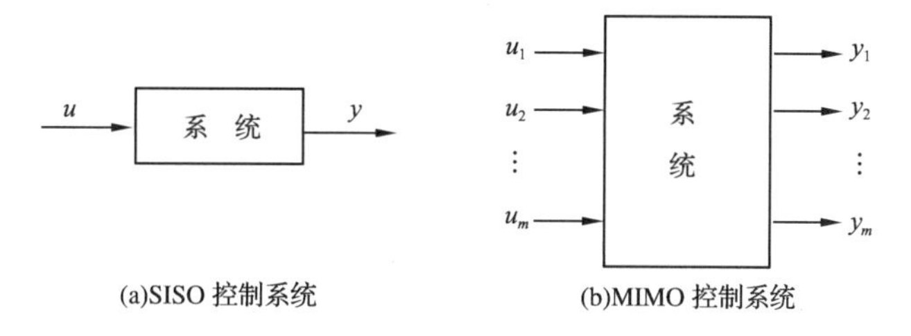

图 1-10 自动控制系统输入/输出端口关系示意图

1.4 自动控制系统分析与设计的基本要求

1.4.1 自动控制系统分析与设计的基本要求

自动控制系统分析和设计的基本要求可以归纳为以下三点：稳定性、准确性和快速性，即稳、准、快。

1. 稳定性

稳定性是自动控制系统的重要特性，也是衡量闭环控制系统性能的主要指标之一。保证系统稳定是对系统最基本也是最重要的要求。系统的稳定性指当系统受到外界或内部的扰动时能重新回到初始稳定运行状态的性能。系统不稳定，即系统失控，指系统受到扰动作用后被控量不是趋于希望值 $r(t)$，而是趋于所能达到的最大值，或在两个较大的量值之间剧烈波动或振荡。当系统失稳时，常常会损伤设备，甚至造成系统的彻底损坏，引起重大事故。如图 1-11 所示，曲线①是稳定控制系统的响应曲线，曲线②是不稳定控制系统的响应曲线。

2. 准确性

系统在输入信号作用下，被控量由初始稳定值变化到另一个稳定值需要一段时间，有一个变化过程，这个过程称为过渡过程。系统在过渡过程结束后，被控量的实际值与系统希望值的误差称为系统的稳态误差，用来表示系统的准确性，它是衡量系统性能的重要指标。一般控制系统的准确性控制在允许的精度范围内。如图 1-12 所示，曲线③的准确性好，曲线④的准确性差。

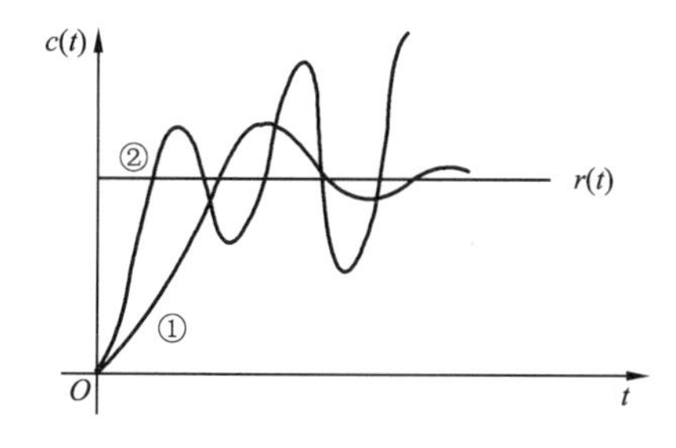

图 1-11 稳定与不稳定控制系统响应曲线

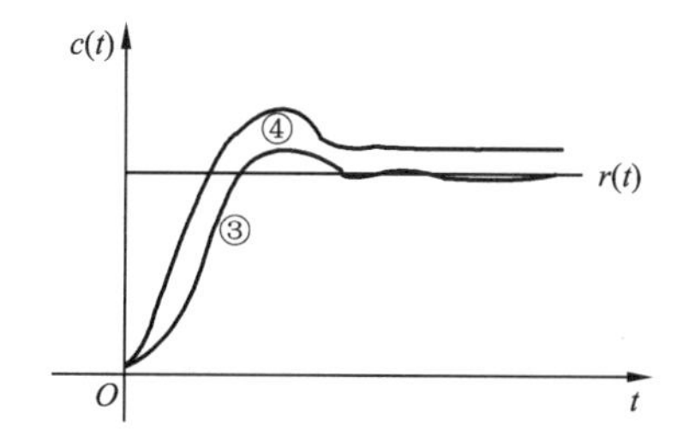

图 1-12 不同控制系统动态响应曲线

3. 快速性

快速性是描述系统过渡过程结束快慢的重要特性。一般希望控制系统的过渡过程既快速又平稳，所以快速性和平稳性是衡量系统过渡过程中动态性能的主要指标。

如图 1-12 所示，曲线④的响应快，快速性好，曲线③的响应慢，快速性差。而曲线③的振荡幅值小，平稳性好，曲线④的振荡幅值大，平稳性差。

稳定性是系统正常工作的前提；快速性和平稳性是对稳定系统动态性能的要求；准确性是对稳定系统稳态性能的要求。只有在系统稳定的前提下，谈论其快速性及准确性才有意义。从上面的分析也可以看出，稳定性、准确性、快速性常常是互相制约、互相矛盾的，所以在进行系统设计时要考虑多方面因素，结合实际系统的具体要求，综合进行分析设计。

1.4.2 自动控制系统分析与设计的步骤

根据系统分析与设计的基本要求，进行自动控制系统设计的基本步骤可以归纳如下：

1. 确定设计目标

确定设计目标主要是设计被控变量和性能指标。控制系统的性能指标包括动态性能指标和稳态性能指标。此外，还有抗干扰能力、鲁棒性（当系统数学模型和参数不精确并在一定范围内变化时，系统仍能稳定地工作并具有良好的控制性能的特性）等指标。性能指标是根据用户和现场实际的需求提出来的，同时也应该考虑现实条件和成本等因素。

2. 确定控制系统结构

确定控制系统结构主要指选择驱动装置和配置适当的传感器等设备，但设计者不能改变被控对象的结构。对于复杂的控制系统还要确定多个反馈回路的结构。

3. 建立控制系统数学模型，设计控制装置

根据系统结构，建立控制系统的微分方程或传递函数等数学模型，分析系统性能，进而设计控制装置，修正、改善控制系统性能。设计控制系统的关键部件时，需要反复调整控制装置的结构和参数来获得期望的性能指标。最后，对所设计的控制系统进行计算机仿真，校核系统的输出响应。

4. 实验室或现场调试

理论分析和设计过程都经过了一定简化，忽略了某些因素的影响。因此，一个工程设计方案必须经过实验的验证，并且一般的控制系统往往经过多次从理论到实践、从实践到理论的反复修正，才能达到工程要求的结果。所以经过实验室或现场调试后，再进行调整是必要的。

1.5 自动控制理论的内容与发展

自动控制是社会生产力发展到一定阶段的产物，是人类社会进步的象征。自动控制的发展可以追溯到古代。我国古代的指南车、木牛流马、铜壶滴漏、水运仪象台，欧洲的钟表报时装置和一些手工机械等，均反映了劳动人民的聪明智慧。据考证，指南车是按扰动补偿原理工作的，水运仪象台是按反馈调节原理工作的。自动控制在工业上的成熟应用最早应该在第一次产业革命期间，1788年，*J*. 瓦特(J. Watt)的离心式飞球调速器运用于蒸汽机转速自动调节系统，开创了自动控制理论应用于工业产业的先河，继而也逐步形成了完整的自动控制理论体系。

自动控制理论根据其发展过程可以分为以下三个阶段：

1. 经典控制理论阶段

20世纪30年代至50年代，由于生产和军事的需求，以三项理论性成果为标志，自动控制理论形成了完整的理论体系。其中 *H*. 奈奎斯特(H. Nyquist)提出的关于反馈控制系统稳定性的理论，揭示了反馈控制系统出现不稳定的原因，给出了判定反馈控制系统稳定性的奈奎斯特判据，提供了避免系统不稳定的设计方法。*H*. *W*. 伯德(H. W. Bode)引入的对数增益图和线性相位图，即伯德图，大大简化了系统频率响应特性的运算和作图过程，使基于频率响应特性的系统分析和综合方法得以形成。另外，*W*. *R*. 伊文思(W. R. Evans)提出的根轨迹法，为时域内的分析和综合开辟了有效途径。到20世纪50年代中期，自动控制理论已经是一种十分成熟的理论，我们把这阶段的自动控制理论称为经典控制理论。经典控制理论在第二次世界大战期间及之后各国工业生产中取得了广泛的应用，其中自动火炮跟踪系统和火箭自动导航系统是最为突出的范例。

经典控制理论研究的对象是线性定常控制系统中的单入单出控制系统，采用的数学工具是微分方程和传递函数，研究的方法有根轨迹法和频率分析法。

2. 现代控制理论阶段

20世纪60年代至70年代，随着航空航天事业的发展，对自动控制系统的要求越来越高，控制系统也越来越复杂，单入单出控制系统已不能满足要求，于是产生了对多个输入变量、多个输出变量的复杂控制系统进行分析和设计的现代控制理论。另外，数字计算机的产生和发展也为现代控制理论的发展提供了技术保障。现代控制理论中主要的理论成果有庞特里亚金(Pontryagin)的极大值原理、*R*. 贝尔曼(R. Bellman)的动态规划原理、*R*. *E*. 卡尔曼(R. E. Kalman)的可控性、可观性以及最优滤波原理等。现代控制理论在航空、航天、导弹控制系统以及人口控制领域的实际应用中取得了巨大成就。

现代控制理论研究的对象更为广泛，主要是多入多出控制系统，它可以是线性控制系统和非线性控制系统或定常控制系统和时变控制系统等，采用的数学工具主要是状态空间表达式，研究的方法主要是状态空间法。

3. 智能控制理论阶段

现代控制理论在广泛的实践特别是应用到民用工业控制系统中时，效果并不理想，究其原因，关键在于客观实际中不可避免地存在着许多不确定性因素，要想获得精确的系统数学模型往往是不可能的，这使得具有严谨的数学结构和严密的系统分析和综合方法的现代控制理论难于广泛应用。20 世纪 70 年代至 90 年代，现代控制理论逐渐吸收了很多相关学科、边缘学科和新兴学科的精华，并模拟人类智能活动及其控制与信息传递、加工处理的机理等，形成了系统辨识理论、自适应理论、模糊控制理论、鲁棒控制理论、人工神经网络、混沌控制理论和专家控制系统等能够处理更复杂系统的控制理论，此阶段称为智能控制理论阶段。

智能控制理论体系包罗的知识领域很宽，可以处理的问题和控制的系统更加复杂、更加庞大，经典控制理论和现代控制理论处理的问题和研究的方法都可以用智能控制理论和方法来实现，所以可以把经典控制理论和现代控制理论视为智能控制理论的初级阶段理论。

智能控制理论的研究以人工智能的研究为主要方向，引导人们去探讨自然界更为深刻的运动机理。目前，人们利用智能控制理论已取得许多研究成果，如不依赖于系统数学模型的自适应控制器和模糊控制器等工业控制产品已投入使用；基于超大规模集成电路芯片(VLSI)的神经网络计算机已经运行；美国宇航专家应用混沌控制理论，将一颗即将废弃的人造卫星仅利用自身残存的燃料成功地发射到了火星等。

智能控制理论的研究与发展，为自动控制理论的研究注入了勃勃生机，开拓了广阔的研究领域，启发和促进了人类的思维方式，标志着自动控制理论的发展是永无止境的。

本章小结

自动控制技术是人类在战胜自然、解放自我过程中发展起来的一门实用技术，自动控制理论是研究这门技术发展完善成熟的理论体系。它与人类的生产和生活均密切相关。本章介绍了自动控制理论和自动控制技术的相关基本知识。

1. 自动控制是以无人化为目标的控制技术，包括开环控制和闭环控制，本书主要讲述闭环控制系统，闭环系统中有一些基本的概念，包括被控对象、控制器、反馈、测量元件等。

2. 自动控制系统按照不同的分类标准可以分成不同的种类，如线性系统和非线性系统、定常系统和时变系统、连续系统和离散系统等。

3. 评价不同控制系统的定性和定量标准是稳定性、准确性和快速性。

4. 控制理论的发展经历了经典控制理论、现代控制理论和智能控制理论三个阶段。

习 题

1-1 如图 1-13 所示均为自动调压系统。设空载时，图 1-13(a)与图 1-13(b)的发电机端电压均为 110 V。试问带上负载后，图 1-13(a)与图 1-13(b)中哪个系统能保持 110 V 电压不变？哪个系统的电压会稍低于 110 V？为什么？

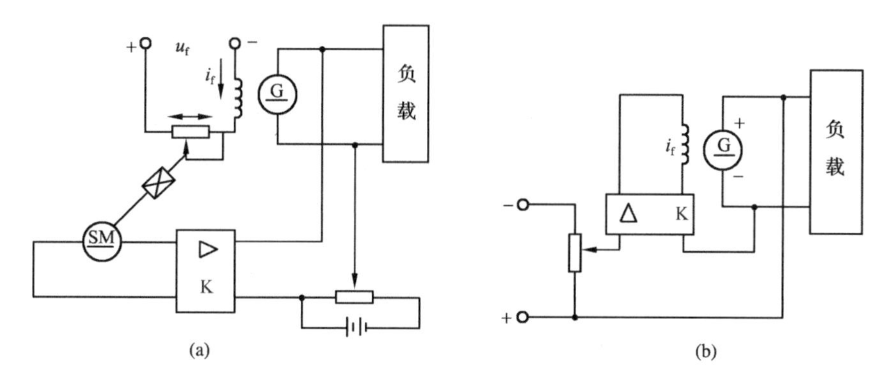

图 1-13 习题 1-1 图

1-2 如图 1-14 所示是仓库大门自动控制系统原理。试说明系统自动控制大门开闭的工作原理并画出系统原理框图。

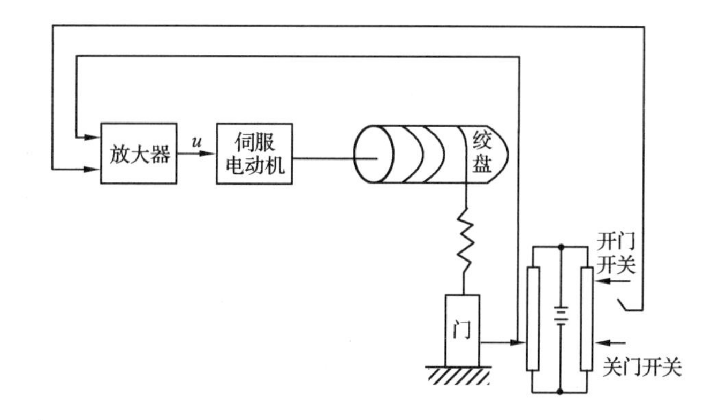

图 1-14 习题 1-2 图

1-3 如图 1-15 所示是液位自动控制系统原理。在任何情况下，希望液面高度 c 维持不变，试说明系统工作原理并画出系统原理框图。

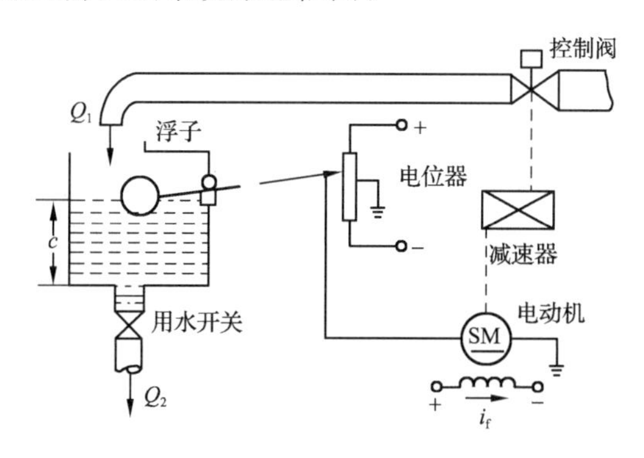

图 1-15 习题 1-3 图

1-4 如图 1-16 所示为水温控制系统。冷水在热交换器中由通入的蒸汽加热，从而得到一定温度的热水。冷水流量变化用流量计测量。试绘制系统原理框图，并说明为了保持热水温度为期望值，系统是如何工作的，系统的被控对象和控制装置各是什么。

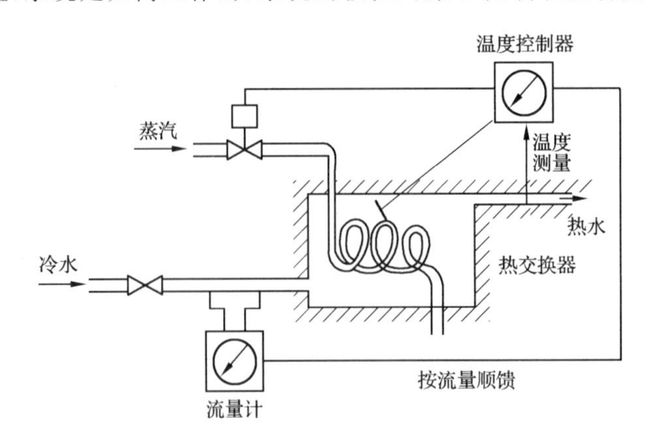

图 1-16 习题 1-4 图

1-5 如图 1-17 所示是电炉温度控制系统原理。试分析系统保持电炉温度恒定的工作过程，指出系统的被控对象、被控量以及各部件的作用，最后画出系统原理框图。

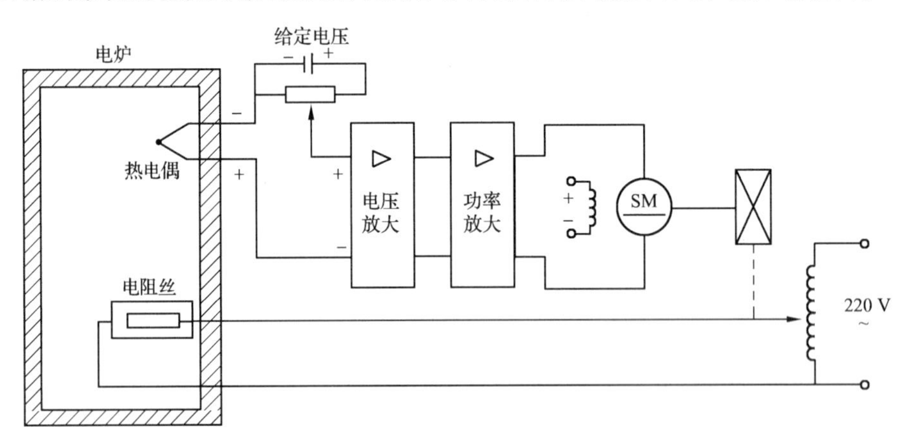

图 1-17 习题 1-5 图

第2章 自动控制系统的数学模型

分析与设计任何一个控制系统，首要任务是建立系统的数学模型。描述系统的输入、输出变量以及系统内部各个变量之间关系的数学表达式称为系统的数学模型。描述各变量动态关系的表达式称为动态数学模型。

建立数学模型的方法包括解析法和实验法。所谓解析法，即依据系统及元件各变量之间所遵循的物理、化学定律列写变量间的数学表达式的方法。而实验法则是对系统或元件输入一定形式的信号(阶跃信号、脉冲信号、正弦信号等)，根据系统元件的输出响应，经过数据处理辨识出系统的数学模型的方法。前种方法适用于简单、典型、通用的系统，而后种方法适用于大型复杂系统。实际上常常把这两种方法结合起来建立系统数学模型。

在自动控制理论中，数学模型有多种形式，时域中常用的数学模型有微分方程、差分方程和状态方程；复频域中有传递函数和动态结构图；频率域中有频率特性等。在本章中主要介绍微分方程、传递函数和动态结构图等数学模型的建立及应用。

2.1 控制系统微分方程的建立

要建立一个控制系统的微分方程，首先必须了解整个系统的组成和工作原理，然后根据各组成元件的物理定律，列写整个系统输入变量与输出变量之间关系的动态关系式，即微分方程。

2.1.1 典型元件组成的系统微分方程的建立

1. RLC 电学系统

电学系统中，所需遵循的是元件约束和网络约束。元件约束指电阻、电容、电感等器件的电压-电流关系遵循广义欧姆定律;网络约束指基尔霍夫电压定律和电流定律。

【例 2-1】 RLC 无源网络如图 2-1 所示,图中 R、L、C 分别为电阻(Ω)、电感(H)、电容(F)。建立输入电压 $u_i(t)$和输出电压 $u_o(t)$之间的微分方程。

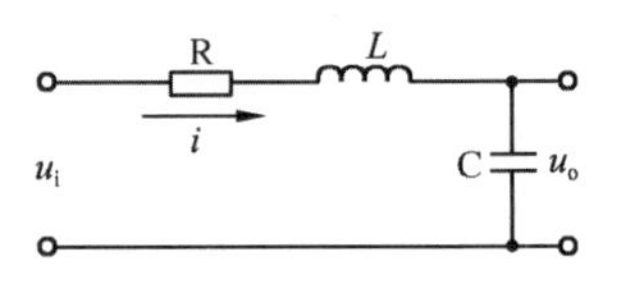

图 2-1 RLC 无源网络

解: 根据电路理论中的基尔霍夫(Kirchhoff)定律,可得

$$\begin{cases} u_i(t)=Ri(t)+L\dfrac{di(t)}{dt}+u_o(t) \\ u_o(t)=\dfrac{1}{C}\displaystyle\int i(t)dt \end{cases} \tag{2-1}$$

消去中间变量 $i(t)$,得

$$LC\frac{d^2u_o(t)}{dt^2}+RC\frac{du_o(t)}{dt}+u_o(t)=u_i(t) \tag{2-2}$$

令 $LC=T^2$,$RC=2\zeta T$ 则式(2-2)又可以写成如下形式

$$T^2\frac{d^2u_o(t)}{dt^2}+2\zeta T\frac{du_o(t)}{dt}+u_o(t)=u_i(t) \tag{2-3}$$

式中 T——时间常数(s);

ζ——阻尼系数。

式(2-2)和式(2-3)就是所求得 RLC 无源网络的二阶微分方程。

2. 运算放大器电路系统

与电阻、电感、电容这些无源元件相反,凡是能够把外部能量传送到系统中去的物理元件称为有源元件,线性集成电路运算放大器就是其中之一。运算放大器(简称运放器)的开环放大倍数很高(达 $10^4\sim10^8$),经运算放大器反相输入端流入放大器的电流很小,可以近似为零,所以运算放大器的反相输入端可以视为"虚地"点。运算放大器的输入阻抗很高,输出阻抗很低,在控制系统中常位于输入端。当运算放大器带上负载时,负载对输出电压的影响(即负载效应)很小,可以忽略不计。运算放大器在控制系统中广泛被用作放大元件,或与电阻、电容一起构成校正装置,形成各种类型的调节器。

【例 2-2】 如图 2-2 所示为运算放大器有源网络电路图,图 2-2(a)~图 2-2(f)分别为比例型(P 型)、积分型(I 型)、微分型(D 型)、比例-积分型(PI 型)、比例-微分型(PD 型)和比例-积分-微分型(PID 型)运算放大器有源网络的电路图,试求各运算放大器有源网络的微分方程。

解:(1)如图 2-2(a)所示,根据运算放大器反相输入端为"虚地"的特点,有 $i_3\approx0$,$i_1\approx i_2$,则有

$$\frac{u_i(t)}{R_0}=-\frac{u_o(t)}{R_1}$$

$$u_o(t)=-\frac{R_1}{R_0}u_i(t)=-ku_i(t) \tag{2-4}$$

由于输入变量 $u_i(t)$和输出变量 $u_o(t)$之间成比例关系,所以此电路称为比例(Proportional)型运算放大器,简称 P 型运放器。k 称为放大倍数(或增益),它等于运算放大器反馈回路阻抗与输入回路阻抗之比。

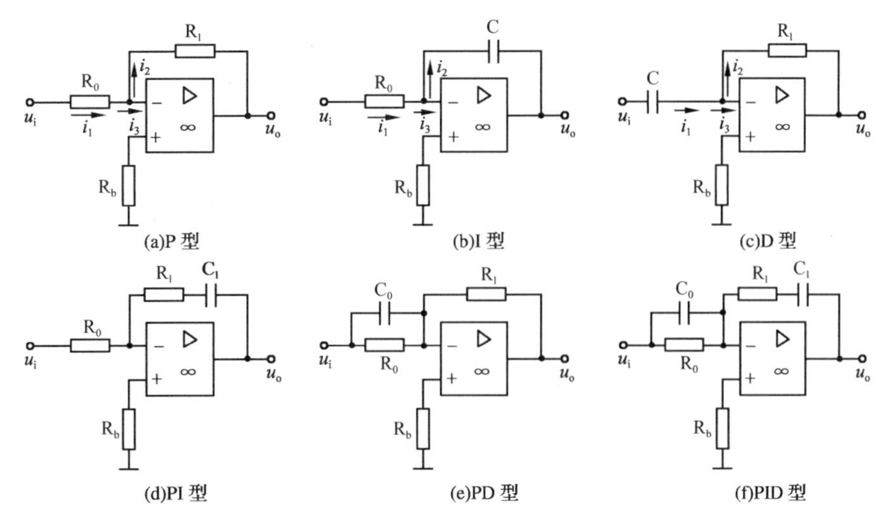

图 2-2　运算放大器有源网络电路图

(2)如图 2-2(b)所示，由 $i_1 \approx i_2$，有

$$\frac{u_i(t)}{R_0}=-C\frac{du_o(t)}{dt}$$

$$u_o(t)=-\frac{1}{R_0C}\int u_i(t)\ dt=-\frac{1}{T_I}\int u_i(t)\ dt \tag{2-5}$$

由于输入变量 $u_i(t)$ 和输出变量 $u_o(t)$ 之间成积分关系，所以此电路称为积分(Integral)型运算放大器，简称 I 型运放器。T_I 称为时间常数。

(3)如图 2-2(c)所示，由 $i_1 \approx i_2$，有

$$C\frac{du_i(t)}{dt}=-\frac{u_o(t)}{R_1}$$

$$u_o(t)=-R_1C\frac{du_i(t)}{dt}=-T_D\frac{du_i(t)}{dt} \tag{2-6}$$

由于输入变量 $u_i(t)$ 和输出变量 $u_o(t)$ 之间成微分关系，所以此电路称为微分(Differential)型运算放大器，简称 D 型运放器。T_D 称为时间常数。

如图 2-2(d)～(f)所示，同理可得 PI 型、PD 型和 PID 型运算放大器的微分方程分别为

$$u_o(t)=-\frac{R_1}{R_0}u_i(t)-\frac{1}{R_0C_1}\int u_i(t)\ dt=-\left[ku_i(t)+\frac{1}{T_I}\int u_i(t)\ dt\right] \tag{2-7}$$

$$u_o(t)=-\frac{R_1}{R_0}u_i(t)-R_1C_0\frac{du_i(t)}{dt}=-\left[ku_i(t)+T_D\frac{du_i(t)}{dt}\right] \tag{2-8}$$

$$\begin{aligned}u_o(t)&=-\frac{R_1}{R_0}u_i(t)-\frac{1}{R_0C_1}\int u_i(t)\ dt-R_1C_0\frac{du_i(t)}{dt}\\&=-\left[ku_i(t)+\frac{1}{T_I}\int u_i(t)\ dt+T_D\frac{du_i(t)}{dt}\right]\end{aligned} \tag{2-9}$$

说明：运算放大器的输入变量与输出变量之间成反相关系，一般为了方便，分析时可以不考虑负号的影响，即微分方程中都不写“－”。

3. 机械旋转系统

【例 2-3】　已知机械旋转系统如图 2-3 所示，试列出以作用力矩 $M_s(t)$ 为输入变量，

角速度 $\omega(t)$ 为输出变量的系统微分方程。

解:已知角加速度方程为

$$J\frac{\mathrm{d}\omega(t)}{\mathrm{d}t}=\sum M$$

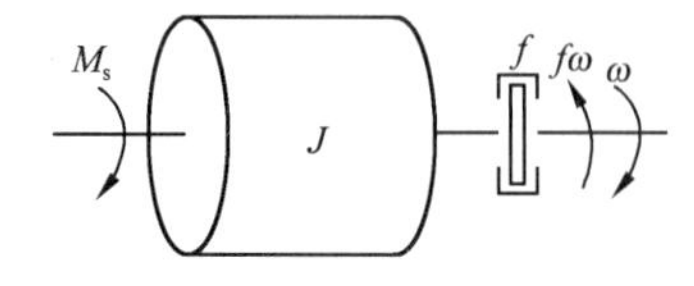

图 2-3　机械旋转系统

式中　J——转动惯量;

ω——旋转角速度;

$\sum M$——和力矩。

则有

$$J\frac{\mathrm{d}\omega(t)}{\mathrm{d}t}=-f\omega(t)+M_s(t)$$

式中　M_s——作用力矩;

$-f\omega$——阻尼力矩,其大小与角速度成正比,负号表示其方向与作用力矩方向相反。

整理得

$$J\frac{\mathrm{d}\omega(t)}{\mathrm{d}t}+f\omega(t)=M_s(t) \tag{2-10}$$

即输入变量作用力矩 $M_s(t)$ 与输出变量旋转角速度 $\omega(t)$ 的运动方程,是一个一阶微分方程。

若以角位移 $\theta(t)$ 为输出变量,将方程

$$\omega(t)=\frac{\mathrm{d}\theta(t)}{\mathrm{d}t}$$

代入式(2-10)得

$$J\frac{\mathrm{d}^2\theta(t)}{\mathrm{d}t^2}+f\frac{\mathrm{d}\theta(t)}{\mathrm{d}t}=M_s(t) \tag{2-11}$$

式(2-11)即以角位移 $\theta(t)$ 为输出变量,以作用力矩 $M_s(t)$ 为输入变量的二阶微分方程。

4. 齿轮系统

【例 2-4】　试列写如图 2-4 所示齿轮系统的微分方程。图中齿轮 1 和齿轮 2 的转速、齿轮数和半径分别用 ω_1、Z_1、r_1 和 ω_2、Z_2、r_2 表示;其黏性摩擦系数及转动惯量分别是 f_1、J_1 和 f_2、J_2;齿轮 1 和齿轮 2 的原动转矩及负载转矩分别是 M_m、M_1 和 M_2、M_c。

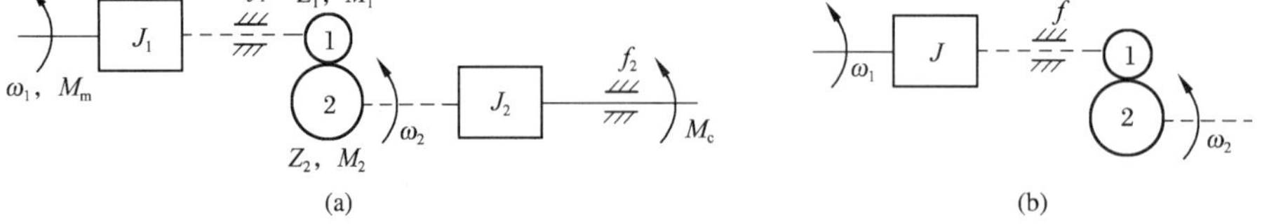

(a)　　(b)

图 2-4　齿轮系统

解:控制系统的执行元件与负载之间往往通过齿轮系进行运动传递,以便实现减速和增大力矩的目的。在齿轮传动中,两个啮合齿轮的线速度相同,即 $\omega_1 r_1=\omega_2 r_2$;传送的功率相同,即 $M_1\omega_1=M_2\omega_2$;半径之比等于齿轮数之比,即 $\frac{r_1}{r_2}=\frac{Z_1}{Z_2}$。一般定义 $i=\frac{\omega_1}{\omega_2}$ 为齿轮减速器的传动比,则有

$$i=\frac{\omega_1}{\omega_2}=\frac{r_2}{r_1}=\frac{Z_2}{Z_1}=\frac{M_2}{M_1} \tag{2-12}$$

根据力学中定轴转动的转动定律，可分别写出齿轮1和齿轮2的微分方程，即

$$J_1\frac{\mathrm{d}\omega_1}{\mathrm{d}t}+f_1\omega_1+M_1=M_{\mathrm{m}} \tag{2-13}$$

$$J_2\frac{\mathrm{d}\omega_2}{\mathrm{d}t}+f_2\omega_2+M_{\mathrm{c}}=M_2 \tag{2-14}$$

先讨论齿轮2及负载对齿轮1的影响，由式(2-12)～(2-14)消去M_1、M_2、ω_2得

$$M_{\mathrm{m}}=\left[J_1+\left(\frac{Z_1}{Z_2}\right)^2J_2\right]\frac{\mathrm{d}\omega_1}{\mathrm{d}t}+\left[f_1+\left(\frac{Z_1}{Z_2}\right)^2f_2\right]\omega_1+M_{\mathrm{c}}\frac{Z_1}{Z_2} \tag{2-15}$$

令

$$J=J_1+\left(\frac{Z_1}{Z_2}\right)^2J_2=J_1+\frac{1}{i^2}J_2$$

$$f=f_1+\left(\frac{Z_1}{Z_2}\right)^2f_2=f_1+\frac{1}{i^2}f_2$$

$$M_{\mathrm{f}}=\frac{Z_1}{Z_2}M_{\mathrm{c}}=\frac{1}{i}M_{\mathrm{c}}$$

则考虑齿轮2折算和负载影响后，齿轮1的微分方程为

$$J\frac{\mathrm{d}\omega_1}{\mathrm{d}t}+f\omega_1+M_{\mathrm{f}}=M_{\mathrm{m}} \tag{2-16}$$

式中，J、f及M_{f}分别是折算到齿轮1上的等效转动惯量、等效黏性摩擦系数及等效负载转矩。显然，折算的等效值与齿轮系的传动比i有关，i越大，$\frac{\omega_1}{\omega_2}$越大，折算的等效值越小。如果齿轮系的减速效果足够大，则后级齿轮及负载的影响便可以不予考虑。

对于齿轮减速器系统，若忽略黏性摩擦，忽略后级齿轮及负载的影响，当分别以$\omega_1(t)$、$\theta_1(t)$为输入变量，以$\omega_2(t)$、$\theta_2(t)$为输出变量时，系统的微分方程可得到比例、微分、积分不同关系的微分方程为

$$\omega_2(t)=\frac{1}{i}\omega_1(t) \tag{2-17}$$

$$\theta_2(t)=\frac{1}{i}\theta_1(t) \tag{2-18}$$

$$\theta_2(t)=\int\frac{1}{i}\omega_1(t)\mathrm{d}t=\frac{1}{i}\int\omega_1(t)\mathrm{d}t \tag{2-19}$$

$$\omega_2(t)=\frac{1}{i}\omega_1(t)=\frac{1}{i}\cdot\frac{\mathrm{d}\theta_1(t)}{\mathrm{d}t} \tag{2-20}$$

可见，同一个系统由于输入变量和输出变量的选择不同，系统的微分方程也可能不同。

5. 电枢控制的直流电动机系统

【例2-5】 已知直流电动机定子与转子的电磁关系如图2-5所示，直流电动机系统原理如图2-6所示。试写出该系统的微分方程。

解：直流电动机由两个子系统构成：一个是电网络系统，由电网络得到电能，产生电磁转

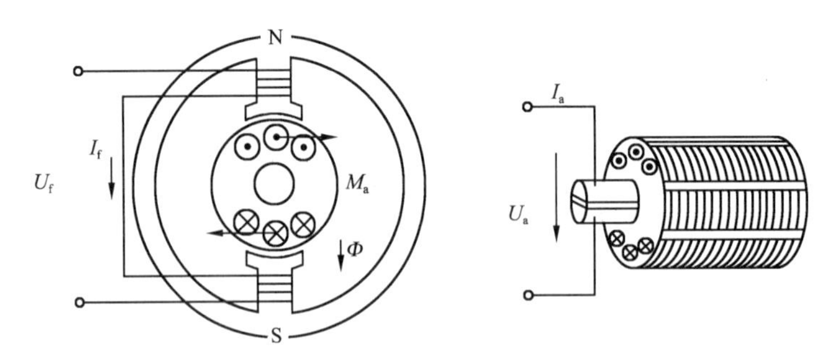

图 2-5 电动机定子与转子的电磁关系示意图

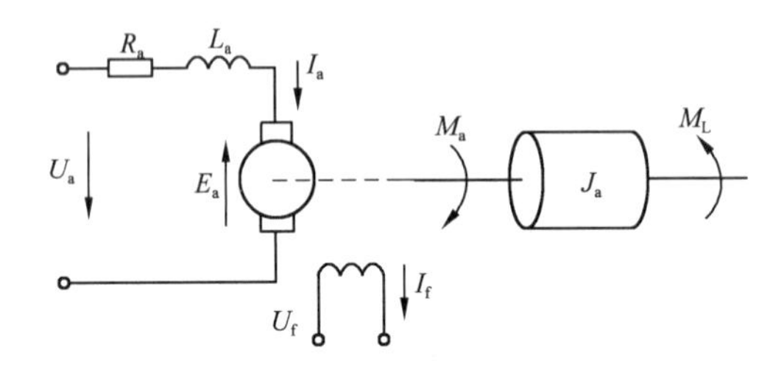

图 2-6 直流电动机系统原理图

矩;另一个是机械运动系统,输出机械能带动负载转动。在图 2-5 中,设主磁通 Φ 为恒定磁通,也就是说当励磁电压 U_f 为常数时,产生常数值的励磁电流 I_f,从而主磁通 Φ 也为常数。忽略旋转黏滞系数 f_a,则可以写出各平衡方程如下(有关直流电动机的详细内容,可以参阅电力拖动有关书籍):

(1)电网络平衡方程

$$L_a \frac{dI_a}{dt}+R_a I_a+E_a=U_a \tag{2-21}$$

式中 U_a——电动机的电枢电压(V);

I_a——电动机的电枢电流(A);

R_a——电枢绕组的电阻(Ω);

L_a——电枢绕组的电感(H);

E_a——电枢绕组的感应电动势(V)。

(2)电动势方程

$$E_a=C_e\omega \tag{2-22}$$

式中 ω——电枢旋转角速度(rad/s);

C_e——电动势常数(V·s/rad),由电动机的结构参数确定。

(3)机械转矩平衡方程

$$J_a \frac{d\omega}{dt}=M_a-M_L \tag{2-23}$$

式中 J_a——电动机转子的转动惯量(N·m·s^2/rad);

M_a——电动机的电磁转矩(N·m);

M_L——电动机的负载转矩(N·m)。

(4)电磁转矩方程

$$M_a = C_m I_a \tag{2-24}$$

式中,C_m 为电磁转矩常数(N·m/A),由电动机的结构参数确定。

将式(2-21)~式(2-24)联立,得方程组如下

$$\begin{cases} L_a \dfrac{dI_a}{dt} + R_a I_a + E_a = U_a \\ E_a = C_e \omega \\ J_a \dfrac{d\omega}{dt} = M_a - M_L \\ M_a = C_m I_a \end{cases} \tag{2-25}$$

消去中间变量 I_a、E_a、M_a,得到输入变量为电枢电压 $U_a(t)$,输出变量为转轴角速度 $\omega(t)$的二阶微分方程为

$$\frac{J_a L_a}{C_m C_e} \cdot \frac{d^2\omega(t)}{dt^2} + \frac{J_a R_a}{C_m C_e} \cdot \frac{d\omega(t)}{dt} + \omega(t) = \frac{1}{C_e} U_a(t) - \frac{R_a}{C_m C_e} M_L - \frac{L_a}{C_m C_e} \cdot \frac{dM_L(t)}{dt} \tag{2-26}$$

令 $T_M = \dfrac{J_a R_a}{C_m C_e}$,$T_a = \dfrac{L_a}{R_a}$,其中 T_M 为电枢回路机电时间常数,T_a 为电磁时间常数,则

$$T_a T_M \frac{d^2\omega(t)}{dt^2} + T_M \frac{d\omega(t)}{dt} + \omega(t) = \frac{1}{C_e} U_a(t) - \frac{T_M}{J_a} M_L - \frac{T_a T_M}{J_a} \frac{dM_L(t)}{dt} \tag{2-27}$$

为电枢控制的直流电动机的运动方程,是一个二阶线性微分方程。

式(2-27)还表明:电枢控制的直流电动机有两个输入变量,一个是控制作用电枢电压 $U_a(t)$,一个是扰动因素负载转矩 $M_L(t)$。因为直流电动机是线性元件,满足叠加原理,当只讨论 $U_a(t)$与 $\omega(t)$的关系时,可认为 $M_L(t)=0$。则直流电动机的微分方程可写为

$$T_a T_M \frac{d^2\omega(t)}{dt^2} + T_M \frac{d\omega(t)}{dt} + \omega(t) = \frac{1}{C_e} U_a(t) \tag{2-28}$$

因为直流电动机电枢绕组的电感一般都很小,如果略去电枢绕组的电感 L_a,即 $T_a=0$,则可以得到一阶线性微分方程

$$T_M \frac{d\omega(t)}{dt} + \omega(t) = \frac{1}{C_e} U_a(t) \tag{2-29}$$

6. 测速发电机系统

测速发电机是将角速度信号转换成电压信号的测速装置,在机电伺服系统中常用作局部反馈元件。测速发电机有交流、直流之分,其系统示意图如图 2-7 所示。

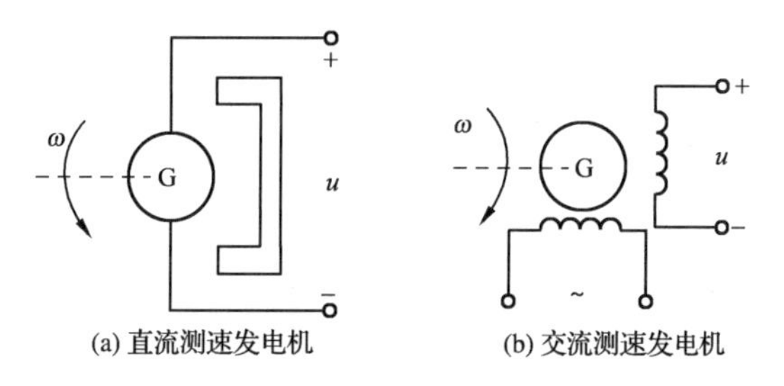

图 2-7 测速发电机系统示意图

直流测速发电机的转子与待测轴相连，并输出与转子转轴角速度成正比的电压信号。交流测速发电机有两个互相垂直放置的线圈，一个是激磁绕组，接入一定频率的正弦额定电压信号；另一个为输出绕组，当转子旋转时，输出绕组产生与转轴转速成比例的交流电压信号，其频率与激磁电压频率相同，若输出电压的幅值用 $u(t)$ 表示，则两种电动机输入、输出变量关系都可以表示为

$$u(t)=K\frac{\mathrm{d}\theta(t)}{\mathrm{d}t}=K\omega(t) \tag{2-30}$$

式中，K 为测速发电机的转换系数（V·s/rad）。

一般情况下，应将微分方程写为标准形式，即与输入变量有关的项写在方程的右端，与输出变量有关的项写在方程的左端，方程两端变量的导数项均按降幂排列。

2.1.2 控制系统微分方程的建立

掌握了典型元件的微分方程，就可以来求解一般的控制系统的微分方程了。

【例 2-6】 已知一个位置随动系统原理如图 2-8 所示，试写出其微分方程。

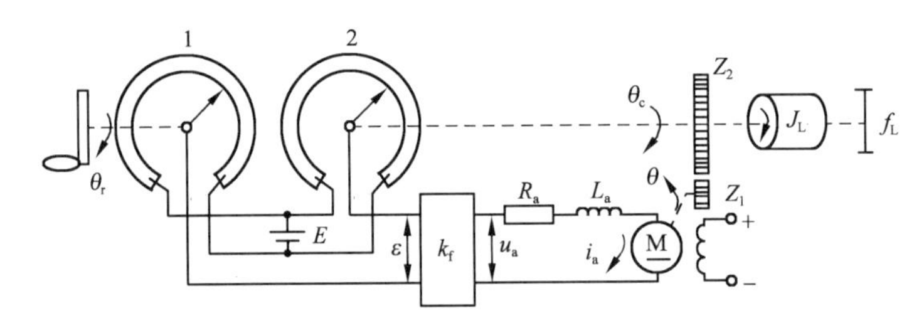

图 2-8 位置随动系统原理示意图

解：如图 2-8 所示位置随动系统，1 和 2 为结构和参数完全相同的电位器，当电位器 1 转动一个角度 $\theta_r(t)$ 时，通过控制装置的控制使电位器 2 跟随转动相同的角度 $\theta_c(t)$。所以系统的输入变量为 $\theta_r(t)$，输出变量为 $\theta_c(t)$。

1. 电位器及比较元件方程

$$\varepsilon(t)=k_w\theta_r(t)-k_w\theta_c(t)=k_w[\theta_r(t)-\theta_c(t)] \tag{2-31}$$

式中 k_w——电位器变换系数（V/rad），$k_w=\dfrac{E}{\theta_{max}}$；

E——电位器电源电压（V）；

θ_{max}——电位器最大角位移（rad）；

$\theta_r(t)$——电位器 1 输入的角位移（rad）；

$\theta_c(t)$——电位器 2 输出的角位移（rad）；

$\varepsilon(t)$——偏差信号（V）。

2. 运算放大器方程

$$u_a(t)=k_f\varepsilon(t) \tag{2-32}$$

式中 $u_a(t)$——电枢电压（V）；

k_f——运算放大器放大倍数（增益）。

3. 电枢控制的直流电动机方程

由式(2-29)可知，当直流电动机容量很小时，可忽略电枢电感的影响，因此电动机的运动方程为一阶微分方程，由于本题以角位移为输出变量，而 $\omega(t)=\frac{d\theta(t)}{dt}$，则电枢控制的直流电动机的微分方程为

$$T_m \frac{d^2\theta(t)}{dt^2}+\frac{d\theta(t)}{dt}=\frac{1}{C_e}u_a(t) \tag{2-33}$$

式中，机电时间常数 $T_m=\frac{JR_a}{C_eC_m}$，其中 J 包含负载及减速器折算的部分，即

$$J=J_0+\frac{1}{i^2}J_f$$

4. 齿轮减速器方程

$$\theta_c(t)=\frac{1}{i}\theta(t) \tag{2-34}$$

式中，i 为齿轮减速器传动比，$i=Z_2/Z_1$。

联立式(2-31)～(2-34)，消去 $\varepsilon(t)$，$u_a(t)$，$\theta(t)$得二阶线性微分方程为

$$T_m \frac{d^2\theta_c(t)}{dt^2}+\frac{d\theta_c(t)}{dt}+K\theta_c(t)=K\theta_r(t) \tag{2-35}$$

式中，$K=k_wk_f/C_ei$。式(2-35)就是位置随动系统的微分方程。

由上可见，线性系统微分方程的一般形式为高阶微分方程

$$a_n \frac{d^nc(t)}{dt^n}+a_{n-1} \frac{d^{n-1}c(t)}{dt^{n-1}}+\cdots+a_1 \frac{dc(t)}{dt}+a_0c(t)$$
$$=b_m \frac{d^mr(t)}{dt^m}+b_{m-1} \frac{d^{m-1}r(t)}{dt^{m-1}}+\cdots+b_1 \frac{dr(t)}{dt}+b_0r(t) \quad (n\geqslant m) \tag{2-36}$$

若 $a_i(i=0,1,\cdots,n)$，$b_j(j=0,1,\cdots,m)$是恒定常数，则系统为线性定常系统，也称为线性时不变(LTI)系统，若 $a_i(i=0,1,\cdots,n)$，$b_j(j=0,1,\cdots,m)$是随时间变化的参数，则系统称为线性时变系统。

2.2 非线性特性的线性化

上一节在推导元件或系统的微分方程时，假定它们都是线性的，所得到的微分方程是线性的微分方程。但是，在工程实际中，纯粹的线性控制系统几乎是不存在的，因为组成系统的元件都存在程度不同的非线性特性。在控制理论中，按特性的非线性程度不同把它们分成两类：第一类非线性特性在指定工作点附近不存在饱和、继电、死区、滞环等现象，我们把这种非线性特性叫作“非本质非线性”特性；第二类非线性特性在指定工作点附近存在饱和、继电、死区、滞环等现象，这种非线性特性叫作“本质非线性”特性，如图 2-9 所示。如果系统所含非线性特性是本质非线性特性，要用非线性系统的理论来研究；如果系统所含的非线性特性是非本质非线性特性，经过线性化后，仍可用线性系统理论进行研究。

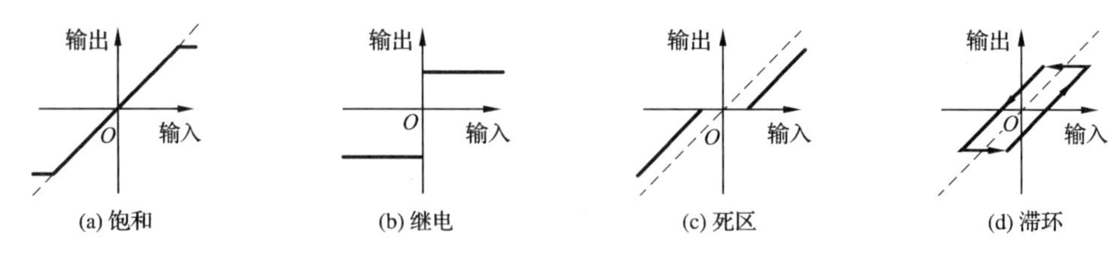

图 2-9 非线性特性曲线

所谓线性化，就是在工作点附近的小范围内，把非线性特性用线性特性来代替的过程。线性化的基本条件是非线性特性必须是非本质的；其次，系统各变量对于工作点仅有微小的偏移。这些条件对绝大多数控制系统来说是能够满足的，因为实际控制系统大多工作在小偏差的情况下。

非线性系统线性化的步骤如下：

(1)确定系统输入-输出之间的函数关系 $y(x)$。

(2)在工作点 x_0 邻域将 $y(x)$展开为泰勒级数，即

$$y(x)=y(x_0)+\left.\frac{\mathrm{d}y(x)}{\mathrm{d}x}\right|_{x=x_0}(x-x_0)+\frac{1}{2!}\cdot\left.\frac{\mathrm{d}^2y(x)}{\mathrm{d}x^2}\right|_{x=x_0}(x-x_0)^2+\cdots \tag{2-37}$$

(3)当 $x-x_0$ 很小时，可略去二阶以上的高次项得到

$$y(x)\approx y(x_0)+\left.\frac{\mathrm{d}y(x)}{\mathrm{d}x}\right|_{x=x_0}(x-x_0) \tag{2-38}$$

(4)当 $x-x_0$ 很小时，$y(x)-y(x_0)$很小，写出增量式为

$$\Delta x=x-x_0$$

$$\Delta y=y(x)-y(x_0)$$

令

$$k=\left.\frac{\mathrm{d}y(x)}{\mathrm{d}x}\right|_{x=x_0}$$

即在工作点 x_0 邻域，将曲线斜率视为常数，写出增量方程为

$$\Delta y=k\Delta x \tag{2-39}$$

将增量以普通变量来表示，就得到了线性化方程

$$y=kx \tag{2-40}$$

线性化的图形求法：若非线性特性是非本质非线性，且在工作点附近仅有微小的偏移，则在该工作点邻域用该点的切线代替曲线进行系统分析的方法。

将非线性特性线性化时，有以下几点需要注意：

(1)本质非线性系统不可以进行线性化，因为这类非线性系统的不连续性和不可导性使得其泰勒级数展开式在工作点邻域的切线近似不成立，因此对于本质非线性系统要采用第八章所叙述的方法来进行分析。

(2)对于多变量情况，其线性化方法相似。如双变量时，函数关系可以表示为 $f(x,y)$，如果满足在工作点邻域的连续、可导条件，线性化原理与前面所述相同，即在工作点$[x_0,y_0,\Delta f(x_0,y_0)]$处的增量表达式为

$$\Delta f(x,y)=\left.\frac{\partial f(x,y)}{\partial x}\right|_{\substack{x=x_0\\y=y_0}}\Delta x+\left.\frac{\partial f(x,y)}{\partial y}\right|_{\substack{x=x_0\\y=y_0}}\Delta y \tag{2-41}$$

再经过变量一般化即可。

(3)工作点不同时,其线性化系数也是不同的,因此其线性化方程也是不同的。这一点表现在非线性函数关系上就是在不同的工作点可以获得斜率不同的切线,所以线性化系数是各异的。因此非线性系统线性化时,一定要先确定其工作点。

(4)非线性系统在工作点邻域的线性化方程,应满足其函数关系的变化是小范围的,否则误差将会很大。线性化方程是用变量来表示增量的方程,所以当增量范围过大时,不满足线性化条件。

2.3 拉普拉斯变换及其应用

高阶微分方程在时域内求解往往很麻烦,有些甚至很难求解,但通过拉普拉斯(Laplace)变换转换到复频域中却可以较容易求解。拉普拉斯变换(简称拉氏变换)是分析研究线性系统动态性能的有力工具。通过拉氏变换将时域内的微分方程变换为复频域内的代数方程,不仅运算方便,而且可以使系统的分析大为简化。

2.3.1 拉氏变换的定义

若实函数 $f(t)$ 在 $t\geqslant 0$ 上有定义,且积分 $F(s)=\int_{0_-}^{\infty} f(t)\mathrm{e}^{-st}\mathrm{d}t$ 对复平面上某一范围 s 收敛,可以定义其拉氏变换为

$$F(s)=\int_{0_-}^{\infty} f(t)\mathrm{e}^{-st}\mathrm{d}t \tag{2-42}$$

式中 $f(t)$——原函数;

$F(s)$——象函数。

变量 s 为复变量,表示为

$$s=\sigma+\mathrm{j}\omega \tag{2-43}$$

因为 $F(s)$ 是自变量 s 的函数,所以 $F(s)$ 是复变函数。

有时,拉氏变换还经常写为

$$L[f(t)]=F(s)=\int_{0_-}^{\infty} f(t)\mathrm{e}^{-st}\mathrm{d}t \tag{2-44}$$

拉氏变换有逆运算,称为拉普拉斯反变换(简称拉氏反变换),表示为

$$L^{-1}[F(s)]=f(t)=\frac{1}{2\pi\mathrm{j}}\int_{c} F(s)\mathrm{e}^{st}\mathrm{d}s \tag{2-45}$$

式(2-45)为复变函数积分,积分围线 c 为由 $s=\sigma-\mathrm{j}\infty$ 到 $s=\sigma+\mathrm{j}\infty$ 的封闭曲线。

2.3.2 常用信号的拉氏变换

系统分析中常用的时域信号有单位脉冲信号、单位阶跃信号、单位斜坡信号、指数信号、正弦信号和余弦信号等。现说明一些基本时域信号拉氏变换的求取。

1. 单位脉冲信号

理想单位脉冲信号的数学表达式为 $\delta(t)=\begin{cases}\infty & (t=0)\\ 0 & (t\neq 0)\end{cases}$,且 $\int_{0_-}^{0_+}\delta(t)\mathrm{d}t=1$,所以

$$L[\delta(t)]=\int_{0_-}^{\infty}\delta(t)e^{-st}dt=\int_{0_-}^{0_+}\delta(t)dt=1 \tag{2-46}$$

由单位脉冲函数 $\delta(t)$ 的定义可知，其面积积分的上下限分别为 0_+ 和 0_-。因此在求此函数的拉氏变换时，拉氏变换的积分下限也应该是 0_-。这也是拉氏变换定义式中的积分下限定为 0_- 的原因，也是为了不丢掉信号中位于 $t=0$ 处可能存在的脉冲函数。

2. 单位阶跃信号

单位阶跃信号数学表达式为 $f(t)=\begin{cases}1 & (t\geqslant 0)\\ 0 & (t<0)\end{cases}$，又经常写为 $f(t)=1(t)=\varepsilon(t)$，由拉氏变换的定义式，求得单位阶跃信号的拉氏变换为

$$L[1(t)]=\int_{0_-}^{\infty}1\times e^{-st}dt=\frac{1}{-s}e^{-st}\Big|_{0_-}^{\infty}=\frac{1}{s} \tag{2-47}$$

因为 $\frac{d1(t)}{dt}=\delta(t)$，单位阶跃信号的导数在 $t=0$ 处有脉冲函数存在，所以单位阶跃信号的拉氏变换的积分下限规定为 0_-。

3. 单位斜坡信号

单位斜坡信号数学表达式为 $f(t)=\begin{cases}t & (t\geqslant 0)\\ 0 & (t<0)\end{cases}$，为了表示信号的起始时刻，有时也经常写为 $f(t)=t\times 1(t)$。为了得到单位斜坡信号的拉氏变换，利用分部积分公式

$$\int_a^b u dv=uv\Big|_a^b-\int_a^b v du \tag{2-48}$$

得

$$\begin{aligned}L[t]&=\int_{0_-}^{\infty}te^{-st}dt=\frac{1}{-s}\int_{0_-}^{\infty}t de^{-st}\\&=\frac{1}{-s}\left(te^{-st}\Big|_{0_-}^{\infty}-\int_{0_-}^{\infty}e^{-st}dt\right)\\&=\frac{1}{-s}\left[0-\left(-\frac{1}{s}\right)e^{-st}\Big|_{0_-}^{\infty}\right]=\frac{1}{s^2}\end{aligned} \tag{2-49}$$

4. 指数信号

指数信号数学表达式为 $f(t)=e^{at}(t\geqslant 0)$，拉氏变换为

$$L[e^{at}]=\int_{0_-}^{\infty}e^{at}e^{-st}dt=\int_{0_-}^{\infty}e^{-(s-a)t}dt=\frac{1}{s-\alpha} \tag{2-50}$$

5. 正弦、余弦信号

正弦、余弦信号的拉氏变换可以利用指数信号的拉氏变换求得。由指数函数的拉氏变换可以直接写出复指数函数的拉氏变换为

$$L[e^{j\omega t}]=\frac{1}{s-j\omega} \tag{2-51}$$

因为

$$\frac{1}{s-j\omega}=\frac{s+j\omega}{(s+j\omega)(s-j\omega)}=\frac{s+j\omega}{s^2+\omega^2}=\frac{s}{s^2+\omega^2}+j\frac{\omega}{s^2+\omega^2}$$

由欧拉公式

$$e^{j\omega t}=\cos\omega t+j\sin\omega t \tag{2-52}$$

有

$$L[e^{j\omega t}]=L[\cos\omega t+j\sin\omega t]=\frac{s}{s^2+\omega^2}+j\frac{\omega}{s^2+\omega^2} \tag{2-53}$$

运用拉氏变换的线性性质，正弦信号的拉氏变换为

$$L[\sin\omega t]=\frac{\omega}{s^2+\omega^2} \tag{2-54}$$

同时，余弦信号的拉氏变换为

$$L[\cos\omega t]=\frac{s}{s^2+\omega^2} \tag{2-55}$$

常见时域信号的拉氏变换可以参见表2-1。

表2-1　　常见时域信号的拉氏变换表

序　号	象函数 $F(s)$	原函数 $f(t)$	序　号	象函数 $F(s)$	原函数 $f(t)$
1	1	$\delta(t)$	8	$\frac{s}{s^2+\omega^2}$	$\cos\omega t$
2	$\frac{1}{s}$	$1(t)$	9	$\frac{\omega}{(s+\alpha)^2+\omega^2}$	$e^{-\alpha t}\sin\omega t$
3	$\frac{1}{s^2}$	t	10	$\frac{s+a}{(s+\alpha)^2+\omega^2}$	$e^{-\alpha t}\cos\omega t$
4	$\frac{1}{s^n}$	$\frac{1}{(n-1)!}t^{n-1}$	11	$\frac{\omega}{s^2-\omega^2}$	$\mathrm{sh}\omega t$
5	$\frac{1}{s+\alpha}$	$e^{-\alpha t}$	12	$\frac{s}{s^2-\omega^2}$	$\mathrm{ch}\omega t$
6	$\frac{n!}{(s+\alpha)^{n+1}}$	$t^n e^{-\alpha t}$	13	$\frac{\omega}{(s+\alpha)^2-\omega^2}$	$e^{-\alpha t}\mathrm{sh}\omega t$
7	$\frac{\omega}{s^2+\omega^2}$	$\sin\omega t$	14	$\frac{s+a}{(s+\alpha)^2-\omega^2}$	$e^{-\alpha t}\mathrm{ch}\omega t$

2.3.3　拉氏变换的基本定理

1. 线性定理

若函数 $f_1(t)$、$f_2(t)$ 的拉氏变换分别为 $F_1(s)$、$F_2(s)$，则

$$L[af_1(t)+bf_2(t)]=aF_1(s)+bF_2(s) \tag{2-56}$$

2. 延迟定理

若函数 $f(t)$ 的拉氏变换为 $F(s)$，则

$$L[f(t-\tau)]=e^{-\tau s}F(s) \tag{2-57}$$

信号 $f(t)$ 与它在时间轴上的平移信号 $f(t-\tau)$ 的关系即信号的时间延迟示意图如图2-10所示。

该定理说明了时域的平移变换对应于复频域的衰减变换。应用延迟定理，可以简化一些信号的拉氏变换的求取。

【例 2-7】 周期锯齿波信号如图 2-11 所示，试求该信号的拉氏变换。

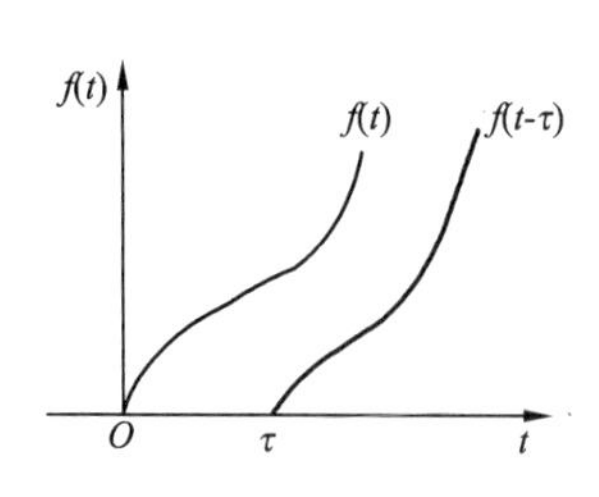

图 2-10 信号的时间延迟示意图

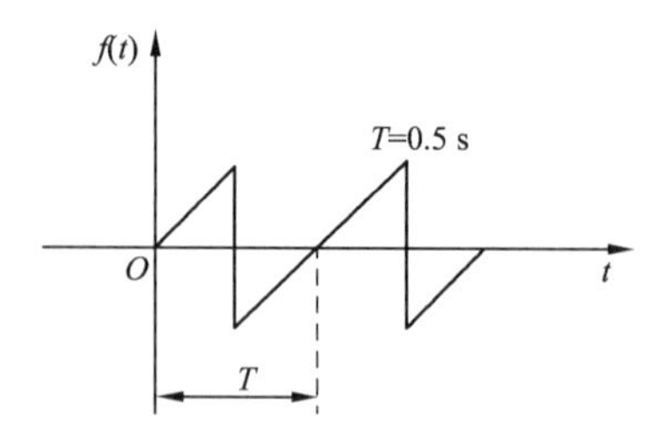

图 2-11 周期锯齿波信号

解：该信号为周期信号。因此，已知信号第一周期的拉氏变换为 $F_1(s)$时，应用拉氏变换的延迟定理，可得到全部信号的拉氏变换为

$$F(s)=F_1(s)+e^{-Ts}F_1(s)+e^{-2Ts}F_1(s)+\cdots$$

$$=F_1(s)(1+e^{-Ts}+e^{-2Ts}+\cdots)=\frac{1}{1-e^{-Ts}}F_1(s)$$

锯齿波信号第一周期的拉氏变换为

$$F_1(s)=\frac{1}{s^2}-\frac{2\times 0.25}{s}e^{-0.25s}-\frac{1}{s^2}e^{-0.5s}=\frac{1-0.5se^{-0.25s}-e^{-0.5s}}{s^2}$$

所以，锯齿波信号的拉氏变换为

$$F(s)=\frac{1-0.5se^{-0.25s}-e^{-0.5s}}{s^2}\cdot\frac{1}{1-e^{-0.5s}}=\frac{1-0.5se^{-0.25s}-e^{-0.5s}}{s^2(1-e^{-0.5s})}$$

3. 衰减定理

若函数 $f(t)$的拉氏变换为 $F(s)$，则

$$L[e^{-\alpha t}f(t)]=F(s+\alpha) \tag{2-58}$$

该定理说明了时间信号 $f(t)$在时域的衰减对应于复频域的负延迟。

【例 2-8】 试求时间函数 $f(t)=e^{-\alpha t}\sin\omega t$ 的拉氏变换。

解：因为正弦函数的拉氏变换为

$$L[\sin\omega t]=\frac{\omega}{s^2+\omega^2}$$

所以，应用拉氏变换的衰减定理可以直接写出

$$L[e^{-\alpha t}\sin\omega t]=\frac{\omega}{(s+\alpha)^2+\omega^2}$$

衰减定理与延迟定理表明了时域与复频域的对偶关系。

4. 微分定理

若函数 $f(t)$的拉氏变换为 $F(s)$，且 $f(t)$的各阶导数存在，则 $f(t)$各阶导数的拉氏变换为

$$L\left[\frac{df(t)}{dt}\right]=sF(s)-f(0) \tag{2-59}$$

$$L[\frac{d^2 f(t)}{dt^2}]=s^2 F(s)-sf(0)-f'(0) \tag{2-60}$$

$$\vdots$$

$$L[\frac{d^n f(t)}{dt^n}]=s^n F(s)-s^{n-1} f(0)-s^{n-2} f'(0)-\cdots-f^{(n-1)}(0) \tag{2-61}$$

当所有的初值(各阶导数的初值)均为零时,即

$$f(0)=f'(0)=\cdots=f^{(n-1)}(0)=0$$

则

$$L[\frac{df(t)}{dt}]=sF(s) \tag{2-62}$$

$$L[\frac{d^2 f(t)}{dt^2}]=s^2 F(s) \tag{2-63}$$

$$\vdots$$

$$L[\frac{d^n}{dt^n}f(t)]=s^n F(s) \tag{2-64}$$

5. 积分定理

若函数 $f(t)$的拉氏变换为 $F(s)$,则

$$L[\int f(t)dt]=\frac{1}{s}F(s)+\frac{1}{s}f^{(-1)}(0) \tag{2-65}$$

式中,$f^{(-1)}(0)=\int f(t)dt\Big|_{t=0}$ 为函数 $f(t)$在 $t=0$ 时刻的积分值。

6. 初值定理

若函数 $f(t)$的拉氏变换为 $F(s)$,且在 $t=0_+$ 处有初值 $f(0_+)$,则

$$f(0_+)=\lim_{t\to 0_+} f(t)=\lim_{s\to\infty} sF(s) \tag{2-66}$$

可见,时域函数的初值对应于复频域内的终值。

7. 终值定理

若函数 $f(t)$的拉氏变换为 $F(s)$,且 $f(\infty)$存在,则

$$f(\infty)=\lim_{t\to\infty} f(t)=\lim_{s\to 0} sF(s) \tag{2-67}$$

即时域函数的终值对应于复频域内的初值。

8. 卷积定理

若时域函数 $f_1(t)$、$f_2(t)$分别有拉氏变换 $F_1(s)$、$F_2(s)$,时域函数的卷积积分为

$$\int_0^t f_1(t-\tau)f_2(\tau)d\tau \tag{2-68}$$

又常表示为

$$f_1(t) * f_2(t) \tag{2-69}$$

则其拉氏变换为

$$L[\int_0^t f_1(t-\tau)f_2(\tau)d\tau]=L[f_1(t) * f_2(t)]=F_1(s)F_2(s) \tag{2-70}$$

这表明时域函数的卷积积分运算对应于复频域中函数的乘积运算。证明过程可参阅其他参考文献。

时域函数经过拉氏变换在复频域中表示有两个优点：一个是简化了函数，例如指数函数和正、余弦函数都是时域中的超越函数，在复频域中成为有理函数；另一个是简化了运算，如时域函数的卷积积分运算成为复频域中函数的乘积运算，时域中的微分、积分运算成为复频域内的代数运算等。

常用的拉氏变换基本定理可以参见表 2-2。

表 2-2　常用的拉氏变换基本定理表

序　号	性质名称	数学描述
1	常数定理	$L[Af(t)]=AF(s)$
2	线性定理	$L[af_1(t)+bf_2(t)]=aF_1(s)+bF_2(s)$
3	衰减定理	$L[e^{-\alpha t}f(t)]=F(s+\alpha)$
4	延迟定理	$L[f(t-\tau)]=e^{-\tau s}F(s)$
5	微分定理	$L\left[\frac{d}{dt}f(t)\right]=sF(s)-f(0)$ $L\left[\frac{d^2}{dt^2}f(t)\right]=s^2F(s)-sf(0)-f'(0)$ $\vdots$ $L\left[\frac{d^n}{dt^n}f(t)\right]=s^nF(s)-\sum_{k=1}^{n}s^{n-k}f^{(k-1)}(0)$ $f^{(k-1)}(0)=\left.\frac{d^{k-1}}{dt^{k-1}}f(t)\right\|_{t=0}$
6	积分定理	$L[\int f(t)dt]=\frac{1}{s}F(s)+\frac{1}{s}f^{(-1)}(0)$
7	初值定理	$f(0_+)=\lim_{s\to\infty}sF(s)$
8	终值定理	$f(\infty)=\lim_{s\to 0}sF(s)$
9	时间尺度定理	$L[f(\frac{t}{a})]=aF(as)$
10	卷积定理	$L[\int_0^t f_1(t-\tau)f_2(\tau)d\tau]=F_1(s)F_2(s)$

2.4 传递函数

前面讲述了线性定常控制系统的微分方程，它是一种时域描述，是以时间 t 为自变量对系统进行分析的，根据所得的微分方程，求微分方程的时域解，也就获得了系统的运动规律。但是，时域的微分方程用于控制系统的分析与设计时，在使用上有诸多不便，如系统内部结构不明确、微分方程求解困难等。

传递函数是利用复频域描述系统的一种数学模型，是基于拉氏变换得到的。拉氏变换将时域函数变换为复频域函数，简化了函数的同时也将时域的微分、积分运算简化为代数运算，方便了工程分析和计算，所以得到普遍的应用。

2.4.1　传递函数的定义

设描述线性定常系统的微分方程为

$$a_n y^{(n)}(t)+a_{n-1}y^{(n-1)}(t)+\cdots+a_1 y'(t)+a_0 y(t)$$
$$=b_m x^{(m)}(t)+b_{m-1}x^{(m-1)}(t)+\cdots+b_1 x'(t)+b_0 x(t)\quad (n\geqslant m)\tag{2-71}$$

式中　$y^{(i)}(t)(i=0,1,\cdots,n)$——输出变量的各阶导数；

$x^{(j)}(t)(j=0,1,\cdots,m)$——输入变量的各阶导数；

$a_i(i=0,1,\cdots,n)$——输出变量各阶导数的常系数；

$b_j(j=0,1,\cdots,m)$——输入变量各阶导数的常系数。

令所有量的初始条件全部为0，即

$$y(0)=y'(0)=\cdots=y^{(n)}(0)=0$$
$$x(0)=x'(0)=\cdots=x^{(m)}(0)=0$$

将方程两边作拉氏变换，得

$$(a_n s^n+a_{n-1}s^{n-1}+\cdots+a_1 s+a_0)Y(s)=(b_m s^m+b_{m-1}s^{m-1}+\cdots+b_1 s+b_0)X(s)\quad (n\geqslant m)$$

得到输出变量的拉氏变换 $Y(s)$ 为

$$Y(s)=\frac{b_m s^m+b_{m-1}s^{m-1}+\cdots+b_1 s+b_0}{a_n s^n+a_{n-1}s^{n-1}+\cdots+a_1 s+a_0}X(s)\quad (n\geqslant m)$$

则定义输出变量拉氏变换 $Y(s)$ 与输入变量拉氏变换 $X(s)$ 的比值为系统的传递函数，用 $G(s)$ 表示，即

$$G(s)=\frac{Y(s)}{X(s)}=\frac{b_m s^m+b_{m-1}s^{m-1}+\cdots+b_1 s+b_0}{a_n s^n+a_{n-1}s^{n-1}+\cdots+a_1 s+a_0}\quad (n\geqslant m)\tag{2-72}$$

则系统输出函数为

$$Y(s)=G(s)X(s)\tag{2-73}$$

即对应于时域中的卷积积分。

线性定常系统传递函数为

$$G(s)=\frac{Y(s)}{X(s)}=\frac{b_m s^m+b_{m-1}s^{m-1}+\cdots+b_1 s+b_0}{a_n s^n+a_{n-1}s^{n-1}+\cdots+a_1 s+a_0}$$
$$=K\frac{(s-z_1)(s-z_2)\cdots(s-z_m)}{(s-p_1)(s-p_2)\cdots(s-p_n)}\quad (n\geqslant m)\tag{2-74}$$

式中，m 次分子多项式可以分解为 m 个因子 $(s-z_j)(j=1,\cdots,m)$，对应于传递函数等于零的点，称为系统的 m 个零点 $(s=z_j)$；n 次分母多项式可以分解为 n 个因子 $(s-p_i)(i=1,\cdots,n)$，对应于传递函数等于极值的点，称为系统的 n 个极点 $(s=p_i)$；K 称为系统的传递系数（或传递增益、放大倍数）。在复平面上若用"○"表示零点，用"×"表示极点，则构成了系统的零极点分布图，如图2-12所示。

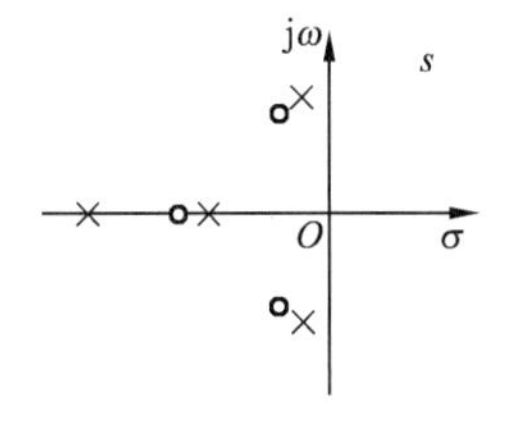

图2-12　系统零极点分布图

2.4.2 传递函数的特点

1. 传递函数只适用于线性定常系统

由于传递函数是基于拉氏变换，将原来的线性常系数微分方程从时域变换至复频域得到的，故仅用于描述线性定常系统。

2. 传递函数是在零初始条件下定义的

传递函数表示了系统内部没有任何能量储存条件下的系统描述，即 $Y(s)=G(s)X(s)$。如果系统内部有能量储存，将会产生系统在非零初始条件下的叠加项，即

$$Y(s)=G(s)X(s)+V(s)$$

3. 传递函数可以有量纲

传递函数的物理单位由输入、输出的物理量的量纲来确定。如力学系统其传递函数的物理单位可以为 m/N，也就是作用力产生位移的刚度系数。电压引起的电流响应的物理单位为 A/V，也就是复数导纳。当然，如果输入、输出具有相同的物理单位，传递函数就没有物理单位。

4. 传递函数表示系统的端口关系

传递函数只表示了系统的端口关系，不明显表示系统内部部件的信息。明显表示系统内部变量关系的描述方法为状态空间法，在本课程中不予详述。

对于传递函数要注意以下几点：

(1)同一个物理系统，由于描述不同的端口关系，其传递函数可能不同。

(2)不同的物理系统，如机械系统和电气网络，其传递函数可能相同。

5. 传递函数描述了系统的固有特性

传递函数的分母多项式描述了系统的固有特性，包括系统的结构及运动特性等。同一结构的系统，端口关系不同时，其传递函数的分母多项式是相同的。所以传递函数的分母多项式称为系统的特征多项式，对应的方程称为特征方程，方程的根称为系统的特征根。传递函数的分子多项式描述了系统与外界输入的作用关系。系统与外界输入的作用关系不同，则传递函数的分子多项式不同。

2.4.3 典型基本环节的传递函数

实际上控制系统往往由各种元部件组成，各个元部件的传递函数可能不同，也可能相同。为了分析方便，我们把具有相同传递函数的元部件统称为一个环节，从动态方程、传递函数和运动特性角度不宜再分的最小环节称为基本环节。下面介绍常用的典型基本环节的传递函数，令 $G(s)$表示传递函数，$R(s)=L[r(t)]$表示输入变量，$C(s)=L[c(t)]$表示输出变量。

1. 比例环节

传递函数为

$$G(s)=\frac{C(s)}{R(s)}=K \tag{2-75}$$

的环节称为比例环节，也称为放大环节。K 表示放大倍数(增益)。

比例环节由于响应迅速，可以提高控制系统的快速性，减小跟踪误差，但当放大倍数过大时会破坏系统的稳定性。控制系统中比例环节应用很多，如运算放大器、电位器、齿轮减速器(相同类型物理量做输入/输出时)、直流测速发电机等。

2. 积分环节

传递函数为

$$G(s)=\frac{C(s)}{R(s)}=\frac{1}{Ts} \tag{2-76}$$

的环节称为积分环节。T 为积分环节的时间常数，表示积分的快慢程度。

积分环节的输出变量反映的是输入变量在时间上的积累效应，所以运用于控制系统时可以跟踪系统的误差直至消除。积分型运算放大器、齿轮减速器的输入变量为角速度且输出变量为角位移时，为积分环节。

3. 微分环节

传递函数为

$$G(s)=\frac{C(s)}{R(s)}=\tau s \tag{2-77}$$

的环节称为微分环节。τ 为微分环节的时间常数，表示微分速率的大小。

微分环节输出变量反映的是输入变量的变化率，所以运用于控制系统时可以增加系统的快速性。微分型运算放大器、齿轮减速器的输入变量为角位移且输出变量为角速度时，为微分环节。

4. 惯性环节

传递函数为

$$G(s)=\frac{C(s)}{R(s)}=\frac{1}{Ts+1} \tag{2-78}$$

的环节称为惯性环节，也称为一阶惯性环节。T 为惯性环节的时间常数。

惯性环节输出响应要经过一定时间才能达到稳态值。电路中的 RC 滤波电路、温度控制系统、电动机控制系统等都是常用的惯性环节。

5. 比例-微分环节

传递函数为

$$G(s)=\frac{C(s)}{R(s)}=\tau s+1 \tag{2-79}$$

的环节称为比例-微分环节，也称为一阶微分环节。τ 为比例-微分环节的时间常数。

比例-微分环节是比例环节和微分环节的叠加。比例-微分型运算放大器是一阶微分环节。

6. 振荡环节

传递函数为

$$G(s)=\frac{C(s)}{R(s)}=\frac{1}{T^2s^2+2\zeta Ts+1} \tag{2-80}$$

的环节称为振荡环节，也称为二阶振荡环节。T 为时间常数，ζ 为阻尼系数。

当 $0<\zeta<1$ 时，系统的单位阶跃响应是振荡曲线，称为欠阻尼系统；当 $\zeta>1$ 时，称为过阻尼系统；当 $\zeta=1$ 时，称为临界阻尼系统；当 $\zeta=0$ 时，称为无阻尼系统。RLC 电路网络、电枢控制的直流电动机转速控制系统等都是振荡环节。

7. 二阶微分环节

传递函数为

$$G(s)=\frac{C(s)}{R(s)}=\tau^2s^2+2\zeta\tau s+1 \tag{2-81}$$

的环节称为二阶微分环节。τ 为时间常数，ζ 为阻尼系数。

8. 延迟环节

传递函数为

$$G(s)=\frac{C(s)}{R(s)}=e^{-\tau s} \tag{2-82}$$

的环节称为延迟环节，也称为迟滞环节。τ 为时间常数。

延迟环节表示任意时刻输出的值等于输入 τ 时刻之前的值，即输出信号比输入信号延迟了 τ 时刻。在机、电、液系统，尤其是化工领域中经常会遇到延迟环节。

以上就是八种常用的典型基本环节，了解了它们的传递函数，就可以求一个控制系统的传递函数了。一个控制系统，不管结构如何复杂，一般是由基本环节组合构成的。写出各基本环节的传递函数，在符合信号流通的约束关系之下，将各基本环节的传递函数按照相应的关系组合，再消去中间变量就可以得到控制系统的传递函数。

2.5 动态结构图

2.5.1 动态结构图的组成

动态结构图又称方框图(Block Diagram)、结构图，是一种网络拓扑约束下的有向线图。控制系统的动态结构图一般由以下几部分组成。

(1)有向线段：带有箭头的线段，表示信号的传递方向，线段上标注信号的原函数或象函数，如图 2-13(a)所示。

(2)方框：方框中为元部件的传递函数，如图 2-13(b) 所示。

(3)分支点(分离点)：表示信号分支或引出位置，从同一点引出的信号完全相同，如图 2-13(c)所示。

(4)相加点(综合点)：对两个及以上信号进行代数和运算，"＋"表示相加，"－"表示相减，如图 2-13(d) 所示。

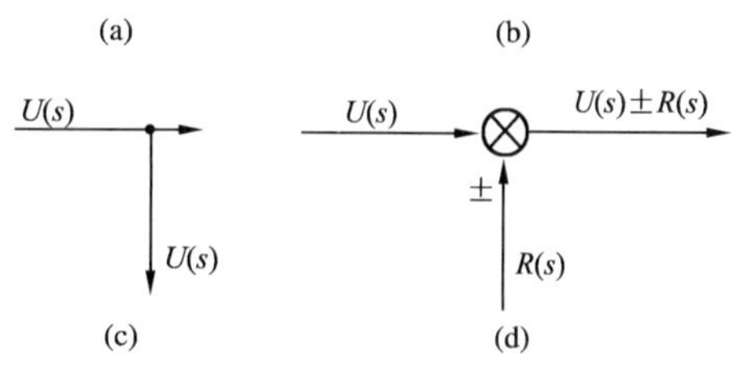

图 2-13　组成动态结构图的基本单元

2.5.2　系统动态结构图的建立

把组成系统的每一个环节用一个方框表示，方框内写上该环节的传递函数，然后把这些方框按照实际系统的信号流通关系联结起来，用箭头标出信号的传递方向，就构成了系统的动态结构图。

【例 2-9】　如例 2-6 位置随动系统，试建立系统的动态结构图。

解：该系统由电位器、比较元件、放大器、直流电动机、齿轮系和负载组成，根据建立动态结构图的步骤，首先建立各元件的微分方程。

根据例 2-6，位置随动系统各部分的微分方程如下：

$$\begin{cases} \varepsilon(t)=k_w\theta_r(t)-k_w\theta_c(t)=k_w[\theta_r(t)-\theta_c(t)] \\ u_a(t)=k_f\varepsilon(t) \\ T_m\dfrac{d^2\theta(t)}{dt^2}+\dfrac{d\theta(t)}{dt}=\dfrac{1}{C_e}u_a(t) \\ \theta_c(t)=\dfrac{1}{i}\theta(t) \end{cases}$$

对此方程组各方程两边进行零初始条件下的拉氏变换得

$$\begin{cases} E(s)=k_w\Theta_r(s)-k_w\Theta_c(s)=k_w[\Theta_r(s)-\Theta_c(s)]=k_w\Delta\Theta(s) \\ U_a(s)=k_fE(s) \\ T_ms^2\Theta(s)+s\Theta(s)=\dfrac{1}{C_e}U_a(s) \\ \Theta_c(s)=\dfrac{1}{i}\Theta(s) \end{cases}$$

得到四个环节的传递函数为

$$\begin{cases} G_1(s)=\dfrac{E(s)}{\Delta\Theta(s)}=k_w \\ G_2(s)=\dfrac{U_a(s)}{E(s)}=k_f \\ G_3(s)=\dfrac{\Theta(s)}{U_a(s)}=\dfrac{1/C_e}{T_ms^2+s} \\ G_4(s)=\dfrac{\Theta_c(s)}{\Theta(s)}=\dfrac{1}{i} \end{cases}$$

把各环节传递函数放在一个方框中，其输入/输出关系如图 2-14 所示。

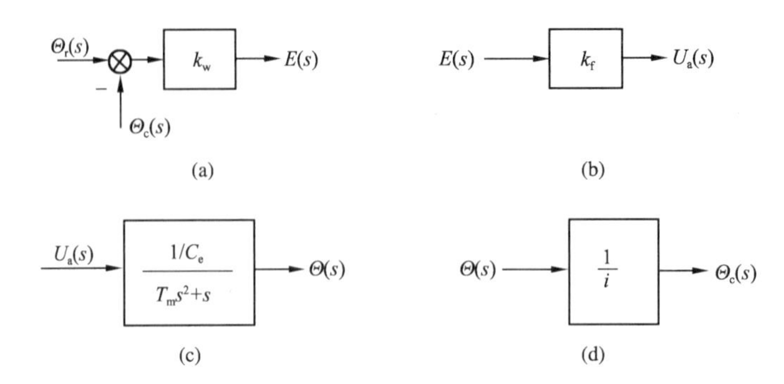

图 2-14　位置随动系统输入/输出关系图

按照系统中各信号的传递关系，用有向线段将各环节的方框图（或结构图）联结起来，得出如图 2-15 所示的位置随动系统的动态结构图。

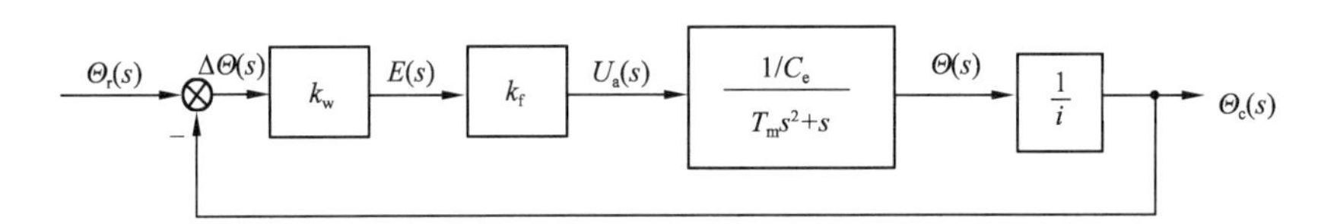

图 2-15　位置随动系统的动态结构图

另外，还可以运用一种复阻抗的方法求解电路网络，直接绘制网络的动态结构图。复阻抗法指电阻、电容、电感分别用它们的复阻抗 R、$1/Cs$、Ls 表示，这样复阻抗与电流 $I(s)$ 和电压 $U(s)$ 之间直接满足欧姆定律关系。

【例 2-10】 已知两级 RC 网络电路图如图 2-16 所示，做出该系统的动态结构图。

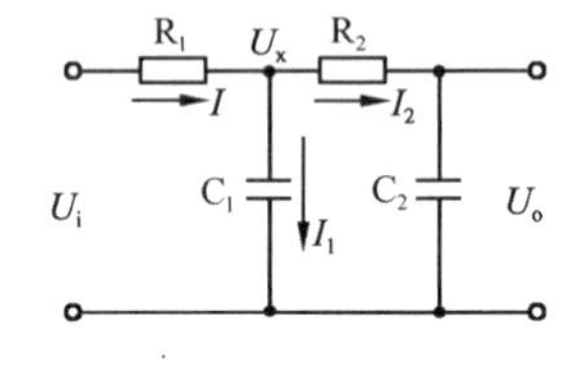

图 2-16　两级 RC 网络电路图

解：设一个中间变量为电容 C_1 的电压 U_x，采用复阻抗法顺序写出各算子代数方程和绘出相应的方框图如下：

(1) $U_i(s)-U_x(s)=U_{R_1}(s)$

(2) $U_{R_1}(s)\dfrac{1}{R_1}=I(s)$

(3) $I(s)-I_2(s)=I_1(s)$

(4) $I_1(s)\dfrac{1}{C_1 s}=U_x(s)$

(5) $U_x(s)-U_o(s)=U_{R_2}(s)$

(6) $U_{R_2}(s)\frac{1}{R_2}=I_2(s)$

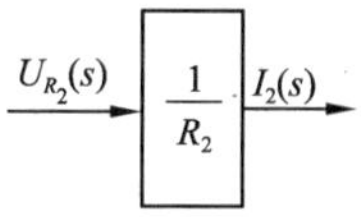

(7) $I_2(s)\frac{1}{C_2 s}=U_o(s)$

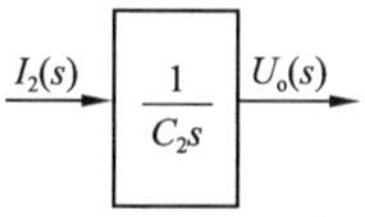

将各基本环节的方框按照信号流通方向联结起来就可以得到如图 2-17 所示的网络系统结构图。至于系统总的传递函数 $G(s)=\frac{U_o(s)}{U_i(s)}$，可以联立化简上述代数方程组得到，也可以在结构图上直接通过结构图化简得到。

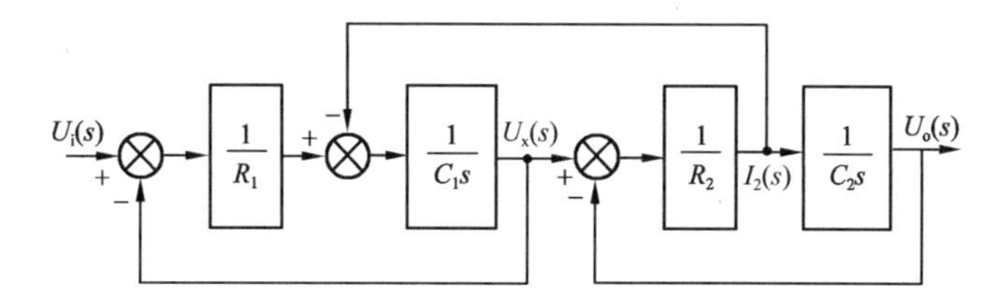

图 2-17　两级 RC 网络系统结构图

2.5.3　动态结构图的化简

欲根据图 2-15 和图 2-17 求出系统的传递函数，涉及动态结构图的化简问题。

（一）等效变换原则

结构图化简需要遵循一定的基本原则，也就是要保证化简前后的代数等价关系不变，即满足动态结构图在变换前后要保持等效，把这种对结构图的化简原则称为等效变换原则。

1. 串联联结的化简

串联联结系统的结构图如图 2-18 所示，串联联结是各个环节首尾相连。

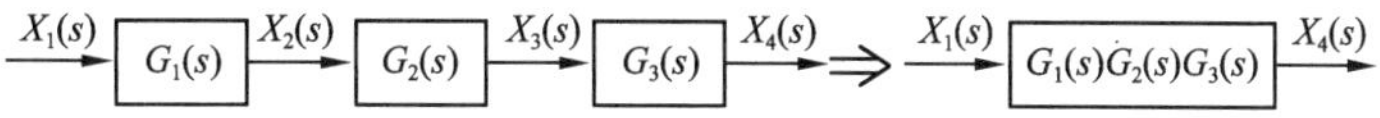

图 2-18　串联联结系统的结构图

由传递函数的定义得串联系统总的传递函数为

$$G(s)=\frac{X_4(s)}{X_1(s)}$$

作简单变形如下：

$$G(s)=\frac{X_4(s)}{X_1(s)}=\frac{X_4(s)}{X_3(s)}\cdot\frac{X_3(s)}{X_2(s)}\cdot\frac{X_2(s)}{X_1(s)}$$
$$=G_1(s)G_2(s)G_3(s) \tag{2-83}$$

可见，若干个串联环节组成的系统的传递函数等于各串联环节传递函数的乘积。

2. 并联联结的化简

并联联结系统的结构图如图 2-19 所示。并联联结的各环节输入变量均等于系统总的输入变量，各环节输出变量的代数和等于系统总的输出。

由传递函数的定义有并联系统总的传递函数为

$$G(s)=\frac{X_2(s)}{X_1(s)}$$

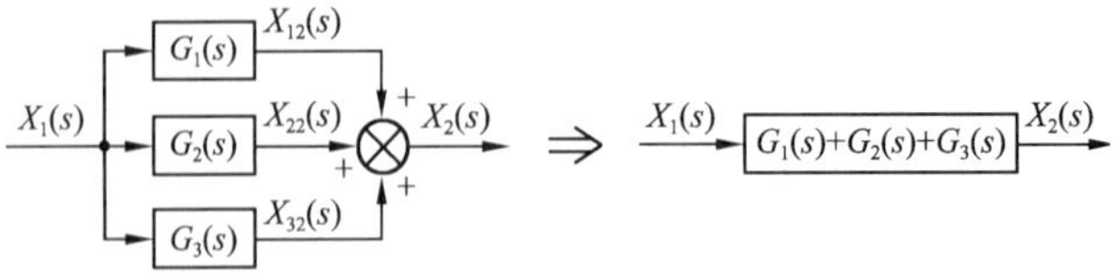

图 2-19　并联联结系统的结构图

作简单变形如下：

$$G(s)=\frac{X_2(s)}{X_1(s)}=\frac{X_{12}(s)+X_{22}(s)+X_{32}(s)}{X_1(s)}=\frac{X_{12}(s)}{X_1(s)}+\frac{X_{22}(s)}{X_1(s)}+\frac{X_{32}(s)}{X_1(s)}$$
$$=G_1(s)+G_2(s)+G_3(s) \tag{2-84}$$

并联环节的传递函数等于各并联环节传递函数的代数和。

3. 反馈联结的化简

反馈联结系统的结构图如图 2-20 所示，由于加了一个反馈回路而构成了闭环系统。

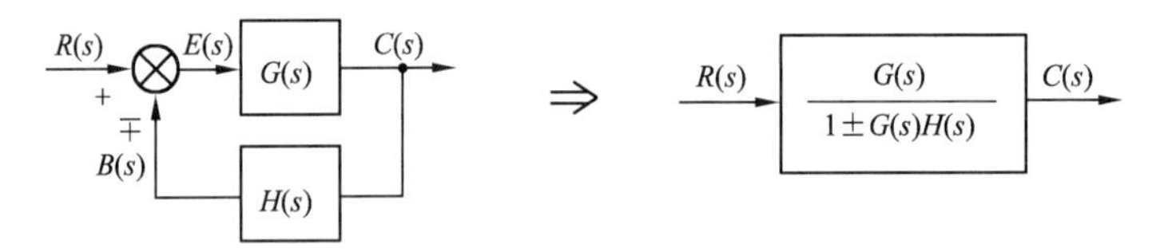

图 2-20　反馈联结系统的结构图

由传递函数的定义有

$$\begin{cases}C(s)=G(s)E(s)\\E(s)=R(s)\mp B(s)\\B(s)=H(s)C(s)\end{cases}$$

联立求解，消去 $E(s)$ 和 $B(s)$，得到系统的传递函数为

$$G_c(s)=\frac{C(s)}{R(s)}=\frac{G(s)}{1\pm G(s)H(s)} \tag{2-85}$$

式中，正号表示负反馈，负号表示正反馈。可见，反馈联结系统的传递函数是一个分式，分子是前向通路的传递函数，分母是 1 和前向通路传递函数与反馈通路传递函数乘积的代数和。

对于反馈回路，把 $G_c(s)=\dfrac{G(s)}{1\pm G(s)H(s)}$ 称为闭环系统的传递函数。相对地，把 $G_0(s)=G(s)H(s)$ 称为闭环系统的开环传递函数，即从反馈环节末端断开系统时，闭环系统的开环传递函数等于前向通路传递函数 $G(s)$ 和反馈通路传递函数 $H(s)$ 的乘积。

说明：对于负反馈系统，当开环传递函数 $G(s)H(s)>0$ 时，闭环传递函数的分母大于 1，则 $G_c(s)<G(s)$，即系统由开环构成闭环后，增益变小；当 $G(s)H(s)<0$ 时，闭环传递函数的分母小于 1，即系统由开环构成闭环后，增益变大；当 $G(s)H(s)=-1$ 时，$G_c(s)=\infty$，

即无论原开环系统如何，构成闭环后系统将失去稳定输出。因而，有人把反馈看作一把“双刃剑”，它既可以使原开环系统变成精确跟踪输入目标的稳定系统，也可以使系统永远失去稳定性，所以应用反馈控制时要加以注意。

4. 相加点(综合点)移动

相加点的移动，也就是将位于方框输入端(或者输出端)的相加点移动到方框的输出端(或者输入端)，跨越中间环节的传递函数，其移动不外乎有逆着信号方向移动(逆移)、顺着信号方向移动(顺移)和两个相邻的相加点位置的互易三种形式。各种移动的原则就是保证移动前后系统要保持等效。相加点的不同移动规则如图 2-21～图 2-23 所示。

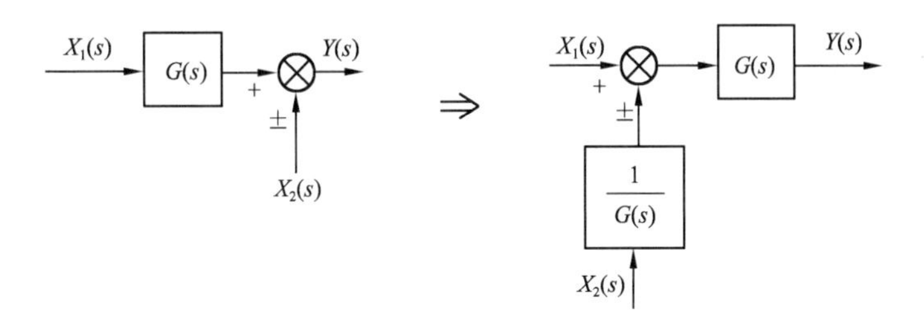

图 2-21　相加点逆移

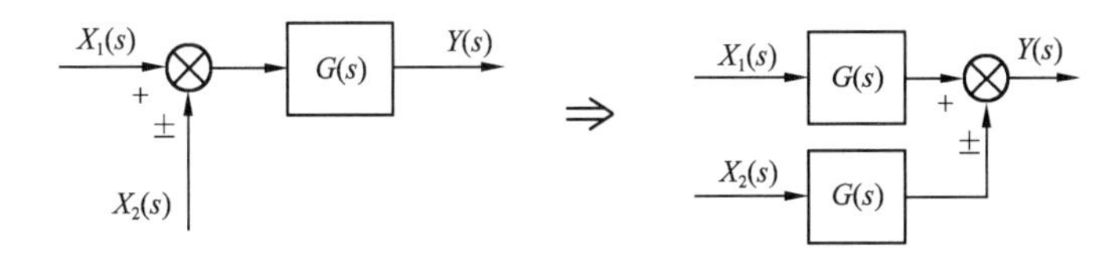

图 2-22　相加点顺移

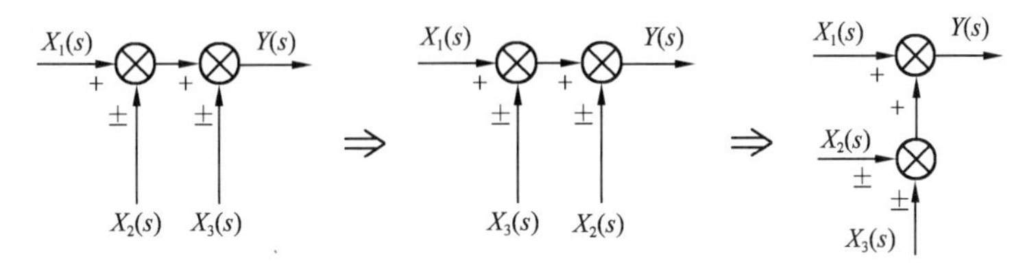

图 2-23　相加点位置的互易

从以上结构图的分析可以看出，相加点逆移时，为保证等效，应在移动支路中除以跨越的传递函数；相加点顺移时，为保证等效，应在移动支路中乘以跨越的传递函数；两个相邻的相加点位置互易时，若中间不跨越环节，其位置可以互换。

5. 分支点(分离点)移动

分支点的移动，也是将位于方框输入端(或者输出端)的分支点移动到方框的输出端(或者输入端)，跨越中间环节的传递函数，其移动也有逆着信号方向移动(逆移)和顺着信号方向移动(顺移)两种形式，各种移动同样遵循等效变换原则。分支点的不同移动规则如图 2-24 和图 2-25 所示。

可见，分支点逆移时，为保证等效，应在移动支路中乘以跨越的传递函数；分支点顺移时，为保证等效，应在移动支路中除以跨越的传递函数。

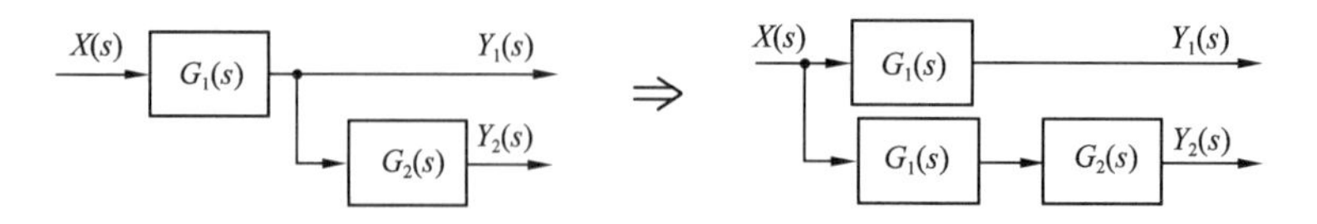

图 2-24 分支点逆移规则

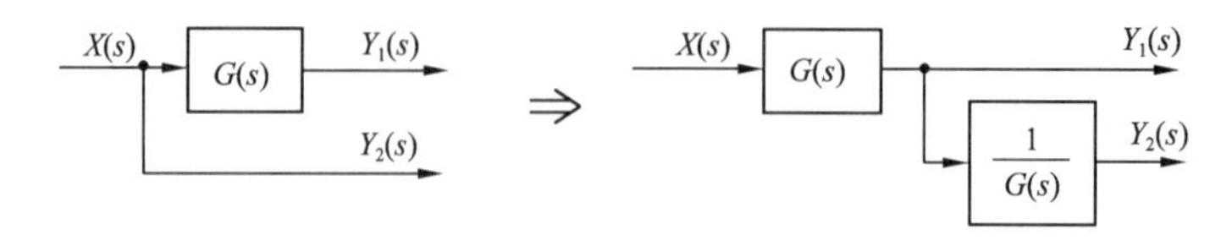

图 2-25 分支点顺移规则

结合相加点的移动规则，为了方便记忆，不妨记忆其中的任意三个字，如“加顺乘”“加逆除”“分顺除”“分逆乘”。“加”和“分”相对，“顺”和“逆”相对，“乘”和“除”相对。三个字中有且仅有两个字同时变化。

注意：相加点与分支点之间没有位置互易法则。

【例 2-11】 两级 RC 滤波网络的结构图如图 2-26(a)所示，试采用结构图等效变换法则化简结构图。

解：由结构图可见，该图只有一条前向通路，三条反馈通路，也就是有三个自闭合回路，但回路中信号并不独立，回路内部有信号的相加点和分支点。所以在结构图分析时，首先将回路内部的相加点与分支点移出闭合回路外，就可以利用化简公式了。

第一步：作相加点的逆移和分支点的顺移，如图 2-26(b)所示。

第二步：化简两个内部回路，并合并反馈支路中的串联环节，如图 2-26(c)所示。

第三步：令 $T_1=R_1C_1$、$T_2=R_2C_2$、$T_3=R_1C_2$，作反馈回路化简，如图 2-26(d)所示。

所以，得到该网络的传递函数为

$$G(s)=\frac{U_o(s)}{U_i(s)}=\frac{1}{T_1T_2s^2+(T_1+T_2+T_3)s+1}$$

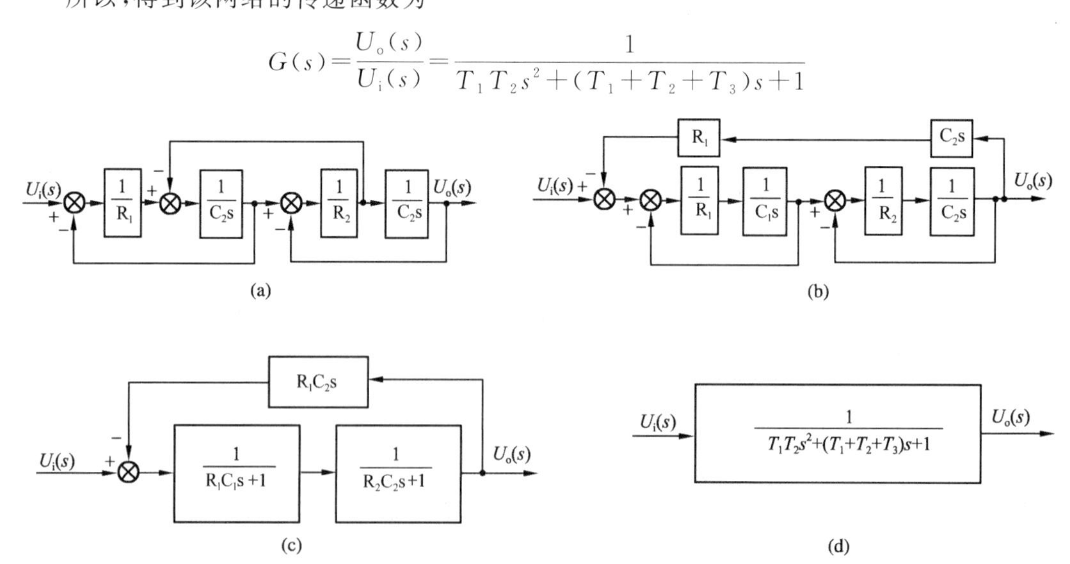

图 2-26 两级 RC 滤波网络的结构图及化简过程示意图

几种基本的结构图等效变换法则列于表 2-3 中。

表 2-3　　结构图等效变换法则

原方框图	等效方框图	变换法则
R → G_1 → U → G_2 → C	R → G_1G_2 → C	串联联结 $C=G_2U=G_2G_1R$
R, G_1, G_2, ±, C	R → $G_1\pm G_2$ → C	并联联结 $C=G_1R\pm G_2R=(G_1\pm G_2)R$
R, ±, G, H, C	R → $\dfrac{G}{1\mp GH}$ → C	反馈联结 $C=\dfrac{GR}{1\mp GH}$
R → G → C, C	R, G → C, G → C	分支点逆移 $C=RG$
R → G → C, R	R → G → C, $\dfrac{1}{G}$ → R	分支点顺移 $R=RG\dfrac{1}{G}$
C, a, b, C, C	C, a, b, C	相邻分支点位置的互易 $C=C$
R, ±, U, G, C	R → G, U → G, ±, C	相加点顺移 $C=GR\pm GU=G(R\pm U)$
R → G, ±, U, C	R, ±, G → C, $\dfrac{1}{G}$, U	相加点逆移 $C=G(R\pm\dfrac{1}{G}U)=GR\pm U$
R, ±, U_1, ±, U_2, C	R, ±, U_2, ±, U_1, C 或者 R, ±, U_2, ±, U_1, C	相加点位置的互易 $C=R\pm U_1\pm U_2$
R, −, U, C, C	U −, C, R, −, U, C	相加点、分支点位置的互易

掌握了上述几种结构图等效变换法则后，对于一般的结构图都能等效地变成串联、并联和反馈联结三种典型的联结形式，并求出其传递函数。但是，对于更复杂的结构图，只用等效变换法则还不能简化，例如，在结构图中有相加点分支点相间存在时，为了简化结构图就要使它们之间互相移位，这种问题就要具体分析，但仍然遵循变换后信号传递关系不变的原则，如图 2-27(a)所示。相加点、分支点在图中的位置是相间存在的，若变成典型结构连接，用前面介绍的几种原则都不适用，只能首先根据信号传递关系，将结构图重新排列，变相加点分支点相间为相邻，从而达到简化目的，如图 2-27(b)所示。

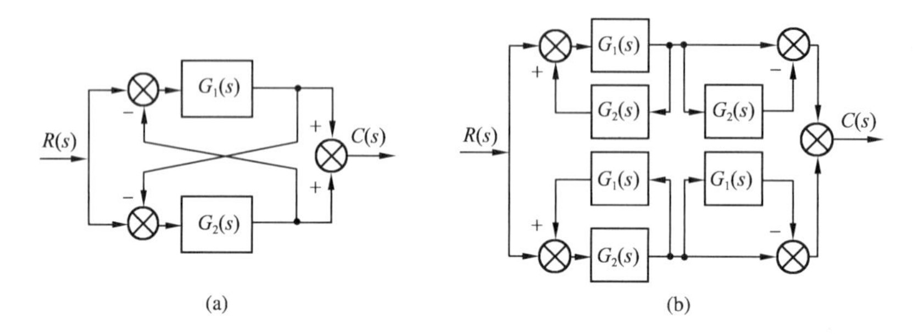

图 2-27 相加点和分支点之间移位的等效变换

(二)梅森(S. J. Mason)公式

根据结构图等效变换原则，将结构图转化成最简方框图，可以求得系统的传递函数。只是化简步骤仍然需要一步一步进行。而采用梅森公式化简结构图，求得系统的传递函数，只需要做少量的计算，就可以将传递函数一次写出。所以梅森公式是一种简捷方便地化简结构图求传递函数的方法，尤其当结构图的联结较复杂时，优势更明显。

梅森公式是基于信号流图理论的一套计算公式，用于计算系统的总增益。

1. 信号流图中的基本概念

(1)节点：表示变量，如 $x_1, x_2, \cdots$。节点自左向右顺序设置，每个节点标志的变量是所有流向该节点的信号的代数和，而从同一节点流向各支路的信号均用该节点的变量表示。

(2)源节点(输入节点)：在该节点上，只有信号的流出，没有信号的流入。它一般代表系统的输入变量，故也称输入节点，如图 2-28 所示的典型的信号流图中的 x_1 节点。

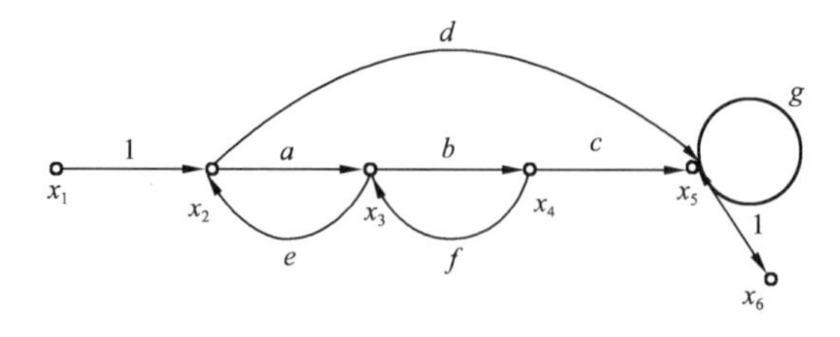

图 2-28 典型的信号流图

(3)阱节点(输出节点)：在该节点上，只有信号的流入而没有信号的流出，它一般代表系统的输出变量，故也称输出节点，如图 2-28 所示的 x_6 节点。

(4)混合节点：在该节点上，既有信号的流入又有信号的流出，如图 2-28 所示的 x_2 节点。

(5)支路:两节点之间的定向线段,如图 2-28 所示的 $x_2 \to x_3$。

(6)支路增益:两变量间的增益(即两变量间的传递函数),如图 2-28 所示的 $x_2 \to x_3$ 支路增益为 a。

(7)通路:沿支路箭头方向穿过各相连支路的途径。如图 2-28 所示的 $x_2 \to x_3 \to x_4 \to x_5$ 节点。

(8)前向通路:从输入节点到输出节点的通路上,通过任何节点不多于一次,则该通路称为前向通路。如图 2-28 所示有两条前向通路,一条是 $x_1 \to x_2 \to x_3 \to x_4 \to x_5 \to x_6$,另一条是 $x_1 \to x_2 \to x_5 \to x_6$。

(9)前向通路增益:前向通路中,各支路的增益的乘积称为前向通路增益(包括正负号),一般用 P_k 表示,如图 2-28 所示的 $P_1 = 1 \times abc \times 1$,$P_2 = 1 \times d \times 1$。

(10)回路:若通路的终点就是通路的起点,并且与其他任何节点相交不多于一次的通路就称为回路,如图 2-28 所示的 $x_2 \to x_3 \to x_2$,$x_3 \to x_4 \to x_3$,$x_5 \to x_5$ 等。

(11)回路增益:回路中各支路的增益乘积称为回路增益(包括正负号),一般用 L_i 表示,如图 2-28 所示的 $L_1 = ae$、$L_2 = bf$、$L_3 = g$ 等。

(12)不接触回路:若一些回路之间没有任何公共点就称这些回路为不接触回路。如图 2-28 所示有两组不接触回路,一组是 $x_2 \to x_3 \to x_2$ 和 $x_5 \to x_5$,另一组是 $x_3 \to x_4 \to x_3$ 和 $x_5 \to x_5$。

2. 动态结构图和信号流图

动态结构图和信号流图如图 2-29 所示,动态结构图中信号放在有向线段上,传递函数放在方框中作为节点,而信号流图中信号成为节点,传递函数放在有向线段上。支路、支路增益、回路、回路增益等相关因素,两图均是一一对应的。所以应用梅森公式作结构图化简时,可以省去结构图与信号流图之间的转换,直接用公式求解即可。

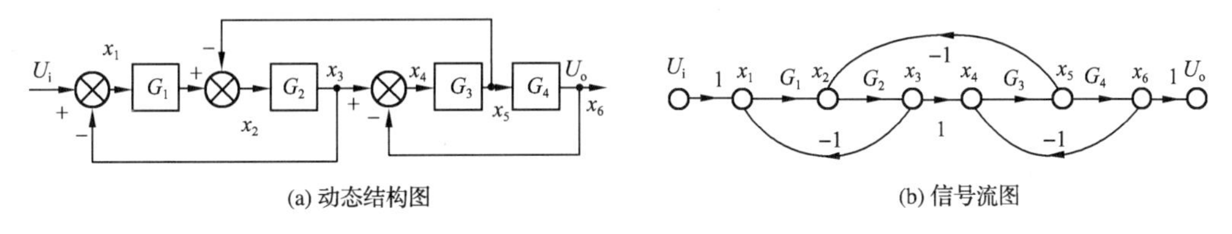

图 2-29　动态结构图和信号流图

3. 梅森公式

梅森总增益计算公式如下:

$$P = \frac{\sum_{i=1}^{n} p_i \Delta_i}{\Delta} \tag{2-86}$$

式中　P——系统的总增益(总的传递函数);

p_i——从输入到输出的第 i 条前向通路的增益;

Δ——梅森公式的特征式;

Δ_i——第 i 条前向通路的余子式。

梅森公式的特征式为

$$\Delta = 1 - \sum_a L_a + \sum_{b,c} L_b L_c - \sum_{d,e,f} L_d L_e L_f + \cdots \tag{2-87}$$

式中 $\sum_{a} L_a$——所有独立回路增益之和；

$\sum_{b,c} L_b L_c$——所有两两互不接触回路增益乘积之和；

$\sum_{d,e,f} L_d L_e L_f$——所有三三互不接触回路增益乘积之和。

梅森公式中第 i 条前向通路的余子式 Δ_i 的计算公式是在特征式Δ 中，将与第 i 条前向通路 p_i 相接触的回路各项全部去除后剩下的余子式即 Δ_i。

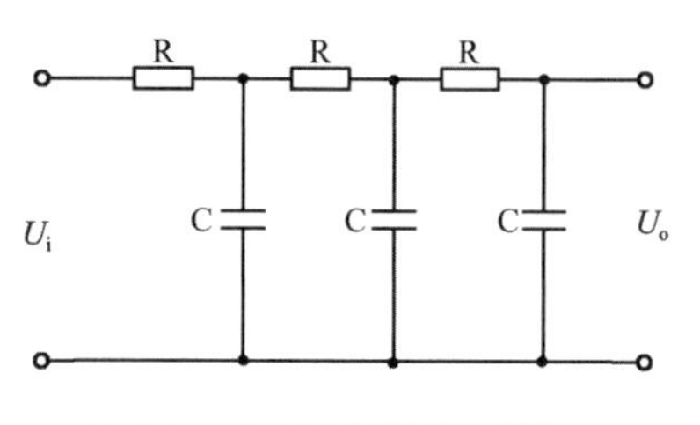

图 2-30　三级 RC 滤波网络图

【例 2-12】 三级 RC 滤波网络如图 2-30 所示，试用梅森公式求取系统的传递函数。

解：三级 RC 滤波网络结构图如图 2-31 所示。

(1)有一条前向通路为

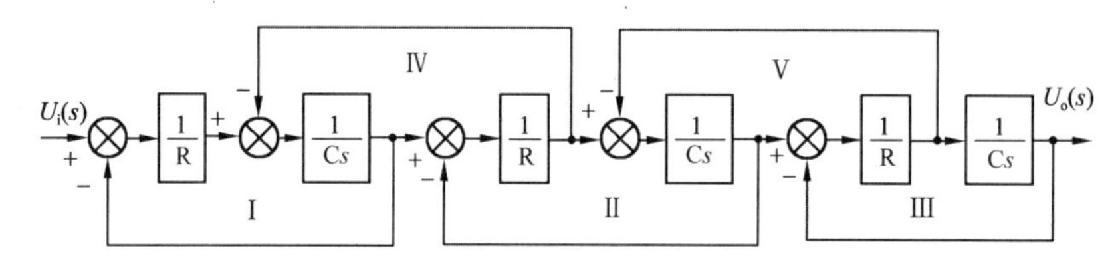

图 2-31　三级 RC 滤波网络结构图

$$p_1=\frac{1}{RCs}\cdot\frac{1}{RCs}\cdot\frac{1}{RCs}=\frac{1}{R^3C^3s^3}$$

(2)有 5 个独立回路为

$$L_{\mathrm{I}}=L_{\mathrm{II}}=L_{\mathrm{III}}=L_{\mathrm{IV}}=L_{\mathrm{V}}=-\frac{1}{RCs}$$

(3)有 6 组两两互不接触回路为

$$L_{\mathrm{I}}L_{\mathrm{II}}=L_{\mathrm{I}}L_{\mathrm{III}}=L_{\mathrm{I}}L_{\mathrm{V}}=L_{\mathrm{II}}L_{\mathrm{III}}=L_{\mathrm{III}}L_{\mathrm{IV}}=L_{\mathrm{IV}}L_{\mathrm{V}}=\frac{1}{R^2C^2s^2}$$

(4)有 1 组三三互不接触回路为

$$L_{\mathrm{I}}L_{\mathrm{II}}L_{\mathrm{III}}=-\frac{1}{R^3C^3s^3}$$

(5)特征式为

$$\begin{aligned}\Delta&=1-\sum_{a}L_a+\sum_{b,c}L_bL_c-\sum_{d,e,f}L_dL_eL_f+\cdots\\&=1+\frac{5}{RCs}+\frac{6}{R^2C^2s^2}+\frac{1}{R^3C^3s^3}\end{aligned}$$

(6)前向通路的余子式，由于各回路与前向通路均有接触，所以 $\Delta_1=1$。

(7)传递函数为

$$\begin{aligned}G(s)=P=\frac{p_1\Delta_1}{\Delta}&=\frac{\frac{1}{R^3C^3s^3}\times 1}{1+\frac{5}{RCs}+\frac{6}{R^2C^2s^2}+\frac{1}{R^3C^3s^3}}\\&=\frac{1}{R^3C^3s^3+5R^2C^2s^2+6RCs+1}\end{aligned}$$

2.6 数学模型的 MATLAB 仿真分析

2.6.1 传递函数的 MATLAB 表示

1. 多项式形式的传递函数表示

若控制系统传递函数表示为 $G(s)=\dfrac{b_m s^m+b_{m-1}s^{m-1}+\cdots+b_1 s+b_0}{a_n s^n+a_{n-1}s^{n-1}+\cdots+a_1 s+a_0}(n\geqslant m)$的形式，则在 MATLAB 软件中进行表示时，用到了多项式的表示方法。

首先，将传递函数分子、分母多项式按降幂排列，构成两个向量 num 和 den。分子多项式变量 num=$[b_m,b_{m-1},\cdots,b_1,b_0]$，分母多项式变量 den=$[a_n,a_{n-1},\cdots,a_1,a_0]$，然后用函数 tf( )建立传递函数的模型，调用格式为

sys=tf(num,den)

【例 2-13】 若系统传递函数为 $G(s)=\dfrac{2s^4+s^3+6s^2+10s+24}{s^4+10s^3+35s^2+50s+24}$，试用 MATLAB 建立其传递函数模型。

解：在 MATLAB 的命令行提示符“≫”下输入如下命令：

```
num=[2 1 6 10 24];
den=[1 10 35 50 24];
sys=tf(num,den)
```

回车后屏幕显示：

```
Transfer function:
 2 s^4 + s^3 + 6 s^2 + 10 s + 24
----------------------------------
s^4 + 10 s^3 + 35 s^2 + 50 s + 24
```

注意：每行语句后用“;”表示该行命令的运算结果不显示出来；每个变量的不同元素间可以用“,”，也可以用空格相分隔；函数的各个变量之间一定用“,”相分隔。

2. 零、极点形式的传递函数表示

若控制系统传递函数表示为 $G(s)=K\dfrac{(s+z_1)(s+z_2)\cdots(s+z_m)}{(s+p_1)(s+p_2)\cdots(s+p_n)}(n\geqslant m)$的零、极点形式，则在 MATLAB 中可将传递函数表示为零点向量、极点向量和增益向量的形式：零点向量 $\boldsymbol{z}=[-z_1,-z_2,\cdots,-z_m]$、极点向量 $\boldsymbol{p}=[-p_1,-p_2,\cdots,-p_n]$和增益向量 $k=[K]$。然后用函数 zpk( )建立系统的数学模型，调用格式为

sys=zpk(z,p,k)

【例 2-14】 若系统传递函数为$G(s)=\frac{1}{s(s+2)(s+4)}$,试用 MATLAB 建立其传递函数模型。

解:在 MATLAB 的命令行提示符“≫”下输入如下命令:

```
z=[ ];
p=[0 -2 -4];
sys=zpk(z,p,1)
```

回车后屏幕显示:

```
Zero/pole/gain:
      1
-------------
s(s+2)(s+4)
```

说明:“z=[ ]”表示 z 向量是个空矩阵,没有元素,不等同于 $z=[0]$。

3. 因式乘积形式的传递函数表示

若控制系统的传递函数是因式乘积的形式,但不是显式的零、极点形式,还可以用如下方式建立系统的数学模型。

【例 2-15】 若系统传递函数为$G(s)=\frac{3s+1}{s(s^2+2s+4)}$,试用 MATLAB 建立其传递函数模型。

解:在 MATLAB 的命令行提示符“≫”下输入如下命令:

```
num=[3 1];
den=conv([1 0],[1 2 4]);    %求多项式 s^2+2s+4 与 s 乘积的系数矩阵
sys=tf(num,den)
```

回车后屏幕显示:

```
Transfer function:
    3 s + 1
---------------
s^3 + 2 s^2 + 4 s
```

函数 conv(a,b)表示两个变量的卷积,也可以表示两个向量 a 和 b 构成的多项式的乘积。若多项式$(s^2+2s+4)(3s+2)(s+5)$可以用如下语句表示 num1=conv(conv([1 2 4],[3 2]),[1,5])或 conv([1 2 4],conv([3 2],[1 5]))。运行结果为

```
num1=3    23    56    88    40
```

4. 不同形式传递函数间的转换

运用 MATLAB 可以很容易地把不同形式的传递函数进行相互的转换。如把多项式形式转换为零、极点形式,也可以把零、极点形式转换成多项式的形式,例如:

```
[num,den]=zp2tf(z,p,k)      %分子分母零、极点形式转换为多项式形式
[z,p,k]=tf2zp(num,den)      %分子分母多项式形式转换为零、极点形式
```

另外，还可以把多项式形式的传递函数转换成通过部分分式法变换的留数、极点和整数项的形式，例如：

[r,p,k]=residue(num,den)　　%用部分分式法求传递函数的留数 r、极点 p 和整数项 k

[num,den]=residue(r,p,k)　　%把留数 r、极点 p 和整数项 k 形式的传递函数转换成多项式的传递函数

2.6.2　动态结构图的 MATLAB 表示及化简

1. 动态结构图串联联结

[num,den]=series(num1,den1,num2,den2)或 sys=series(sys1,sys2)

【例 2-16】　若系统为 $G_1(s)=\dfrac{3s+1}{s^2+2s+4}$ 与 $G_2(s)=\dfrac{1}{s(s+2)(s+4)}$ 串联，试用 MATLAB 建立其传递函数模型。

解：在 MATLAB 的命令行提示符"≫"下输入如下命令：

```
num1=[3 1];
den1=[1 2 4];
sys1=tf(num1,den1);
z1=[ ];
p1=[0 -2 -4];
sys2=zpk(z1,p1,1);
sys=series(sys1,sys2)
```

回车后屏幕显示：

```
Zero/pole/gain:
         3 (s+0.3333)
-------------------------------
s (s+2) (s+4) (s^2+2s+4)
```

2. 动态结构图并联联结

[num,den]=parallel(num1,den1,num2,den2) 或 sys=parallel(sys1,sys2)

【例 2-17】　若系统为 $G_1(s)=\dfrac{3s+1}{s^2+2s+4}$ 与 $G_2(s)=\dfrac{1}{s(s+2)(s+4)}$ 并联，试用 MATLAB 建立其传递函数模型。

解：在 MATLAB 的命令行提示符"≫"下输入如下命令：

```
num1=[3 1];
den1=[1 2 4];
sys1=tf(num1,den1);
```

```
z1=[ ];
p1=[0 -2 -4];
sys2=zpk(z1,p1,1);
sys=parallel(sys1,sys2)
```

回车后屏幕显示：

Zero/pole/gain：

$$\frac{3\ (s+3.852)(s+2.2)\ (s\hat{}2+\ 0.2809s\ +\ 0.1573)}{s\ (s+2)\ (s+4)\ (s\hat{}2+2s+4)}$$

3. 动态结构图反馈联结

[num,den]=feedback(numg,deng,numh,denh,sign)或 sys=feedback(sys1,sys2,sign)，表示前向通路传递函数 sys1 和反馈通路传递函数 sys2 的反馈联结，sign=1 为正反馈，sign=-1为负反馈。

【例 2-18】 若系统为 $G(s)=\dfrac{3s+1}{s^2+2s+4}$ 与 $H(s)=\dfrac{1}{s(s+2)(s+4)}$ 负反馈联结，试用 MATLAB 建立其传递函数模型。

解：在 MATLAB 的命令行提示符“≫”下输入如下命令：

```
num1=[3 1];
den1=[1 2 4];
sys1=tf(numg,deng);
z1=[ ];
p1=[0 -2 -4];
sys2=zpk(z1,p1,1);
sys=feedback(sys1,sys2,-1)
```

回车后屏幕显示：

Zero/pole/gain：

$$\frac{3\ s\ (s+2)\ (s+4)\ (s+0.3333)}{(s+3.869)\ (s+2.323)\ (s+0.02955)\ (s\hat{}2+\ 1.778s\ +\ 3.765)}$$

2.6.3 传递函数的特征根

MATLAB 提供了多项式求根函数 roots( )，其调用格式为

$$r=roots(p)$$

式中，p 为多项式系数向量，按降幂排列。

【例 2-19】 求多项式 $p(s)=s^4+5s^3+10s^2+20s+24$ 的根和传递函数

$$G(s)=\frac{3s+1}{s^5+2s^4+24s^3+48s^2-25s-50}$$

的特征根。

解:在 MATLAB 的命令行提示符“≫”下输入如下命令：

```
p=[1 5 10 20 24];
r=roots(p)
```

回车后屏幕显示：

```
r=
-3.0000
-2.0000
-0.0000 + 2.0000i
-0.0000 - 2.0000i
```

在 MATLAB 的命令行提示符“≫”下输入如下命令：

```
p=[1 2 24 48 -25 -50];
r=roots(p)
```

回车后屏幕显示：

```
r=
0.0000 + 5.0000i
0.0000 - 5.0000i
1.0000
-2.0000
-1.0000
```

本章主要介绍了自动控制系统的数学模型及其建立过程。控制系统的数学模型有微分方程、传递函数、动态结构图等,是进行系统分析的数学基础。

1. 要求掌握系统微分方程的建立方法,通过拉氏变换把微分方程变换到复频域,从而求解微分方程。

2. 掌握各类典型环节的传递函数,通过自动控制系统的原理图绘制动态结构图,并熟练运用等效变换原则和梅森公式法化简结构图,求得系统的传递函数。

3. 掌握自动控制系统和动态结构图、信号流图中的相关概念和术语。

4. 了解 MATLAB 进行数学模型表示和分析的常用命令及函数。

习　题

XI TI

2-1　已知电网络如图 2-32 所示,输入变量为 $u_i(t)$,输出变量为 $u_o(t)$,试列写微分方程。

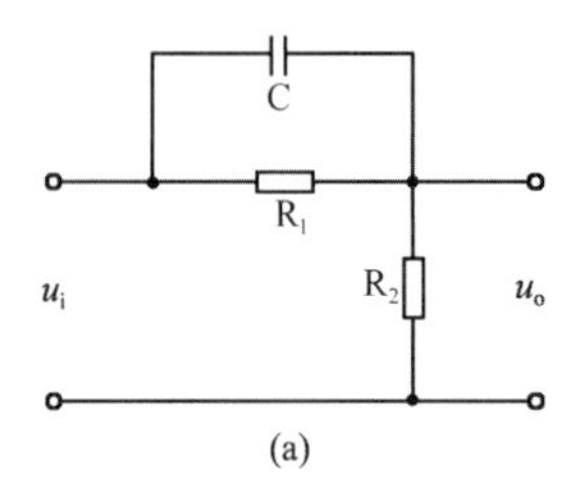

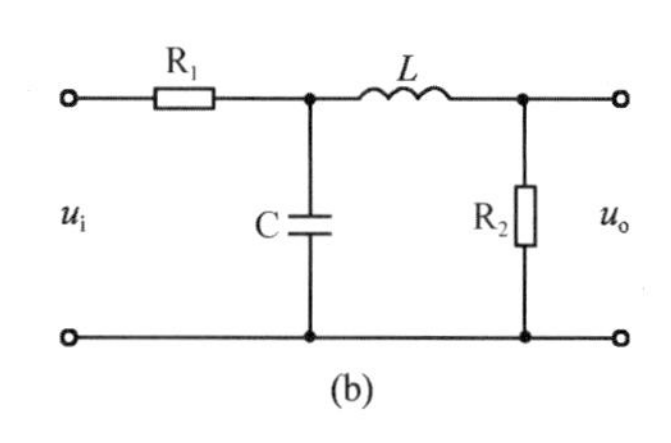

图 2-32 习题 2-1 电网络图

2-2 在液压系统管道中，设通过阀门的流量 Q 满足如下流量方程 $Q=K\sqrt{P}$。式中，K 为比例常数，P 为阀门前后的压差。若流量 Q 与压差 P 在其平衡点 (Q_0,P_0) 附近作微小变化，试导出线性化流量方程。

2-3 电磁铁的磁拉力计算公式为

$$F(x,i)=\frac{\mu_0 S(Ni)^2}{4x^2}\quad (\mathrm{N})$$

式中，μ_0 为空气磁导率；S 为磁极面积；N 为激磁绕组匝数；i 为激磁电流；x 为气隙大小。求出 $F(x,i)$ 的线性化微分方程。

2-4 用拉氏变换方法求解下列微分方程

(1) $\ddot{x}(t)+\dot{x}(t)+x(t)=\delta(t)$，$\dot{x}(0)=x(0)=0$

(2) $\ddot{x}(t)+2\dot{x}(t)+x(t)=1(t)$，$\dot{x}(0)=x(0)=0$

(3) $\ddot{x}(t)+3.5\dot{x}(t)+1.5x(t)=0$，$\dot{x}(0)=x_0, x(0)=0$

2-5 某系统建立数学模型，得到如下微分方程组

$$\begin{cases} e(t)=10r(t)-b(t) \\ 3\dfrac{\mathrm{d}c(t)}{\mathrm{d}t}+5c(t)=10e(t) \\ 4\dfrac{\mathrm{d}b(t)}{\mathrm{d}t}+b(t)=2c(t) \end{cases}$$

试绘出系统的动态结构图，并求传递函数 $\dfrac{C(s)}{R(s)}$ 和 $\dfrac{E(s)}{R(s)}$。

2-6 如图 2-33 所示，列出下列各无源网络的微分方程，并求出传递函数 $\dfrac{U_c(s)}{U_i(s)}$。

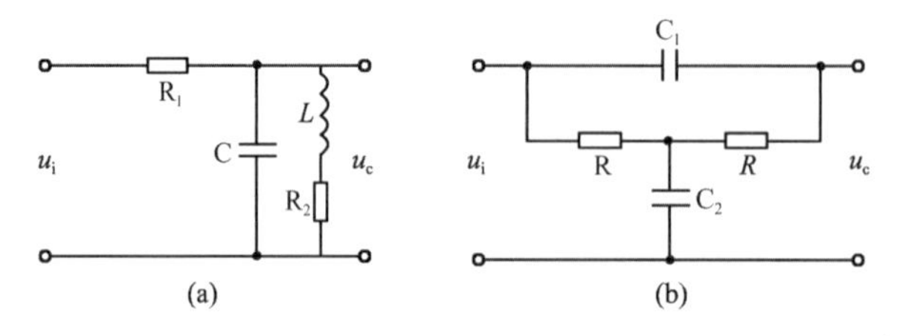

图 2-33 习题 2-6 图

2-7 用运算放大器组成的有源电网络如图 2-34 所示，试采用复数阻抗法写出它们的传递函数 $\dfrac{U_o(s)}{U_i(s)}$。

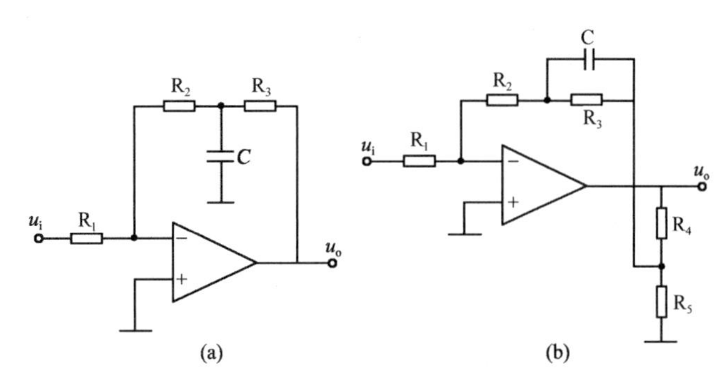

图 2-34　习题 2-7 图

2-8　已知陀螺动力学系统的结构图如图 2-35 所示。试分别求出传递函数$\frac{C_1(s)}{R_1(s)}$，$\frac{C_1(s)}{R_2(s)}$，$\frac{C_2(s)}{R_1(s)}$以及$\frac{C_2(s)}{R_2(s)}$。

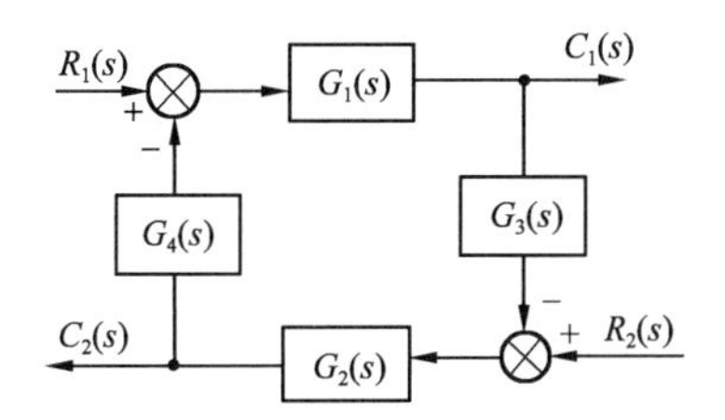

图 2-35　习题 2-8 图

2-9　惯性导航装置中的地垂线跟踪系统结构图如图 2-36 所示，试求其传递函数$\frac{U_o(s)}{U_i(s)}$。

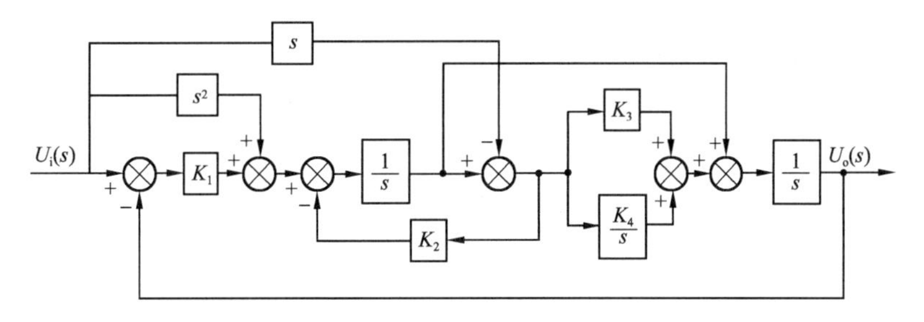

图 2-36　习题 2-9 图

2-10　已知控制系统结构图如图 2-37 所示。试通过结构图等效变换求系统传递函数$\frac{C(s)}{R(s)}$。

2-11　试化简如图 2-38 所示的系统结构图，并求出传递函数$\frac{C(s)}{R(s)}$和$\frac{C(s)}{N(s)}$。

2-12　用梅森公式求习题 2-10 各系统的传递函数$\frac{C(s)}{R(s)}$。

2-13　用梅森公式求习题 2-11 各系统的传递函数$\frac{C(s)}{R(s)}$和$\frac{C(s)}{N(s)}$。

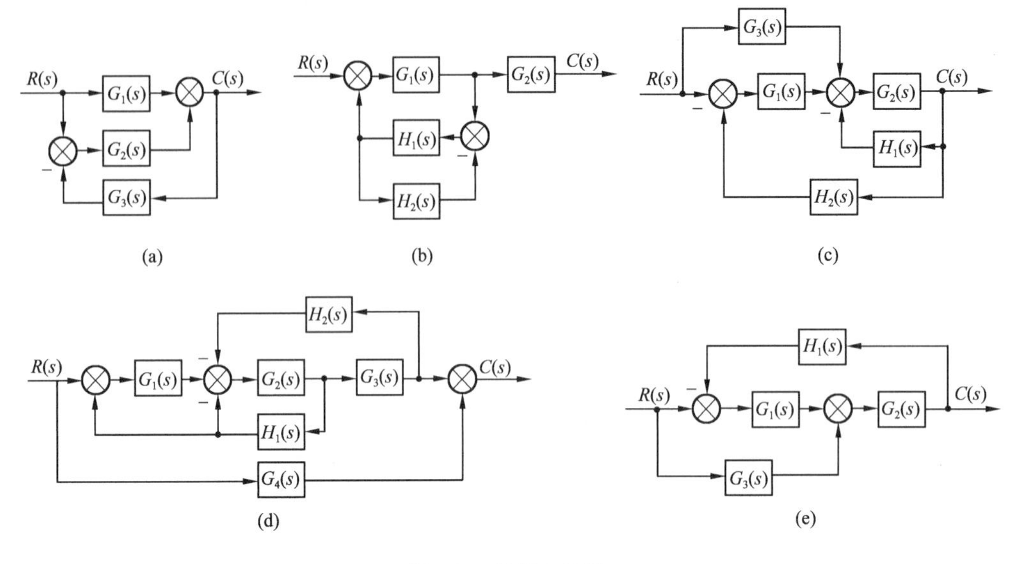

图 2-37　习题 2-10 图

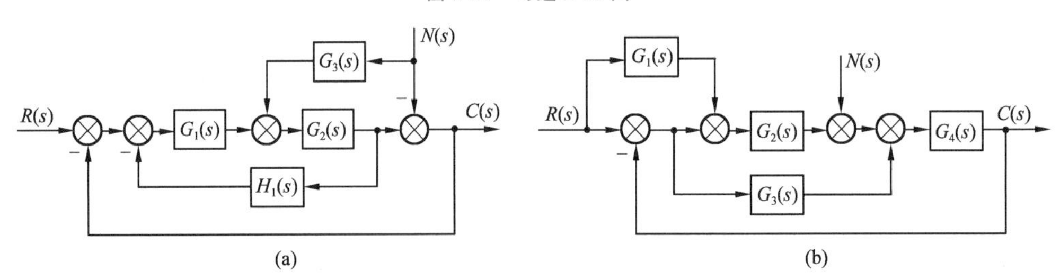

图 2-38　习题 2-11 图

2-14　已知系统信号流图如图 2-39 所示，试用梅森公式求取传递函数$\frac{C(s)}{R(s)}$。

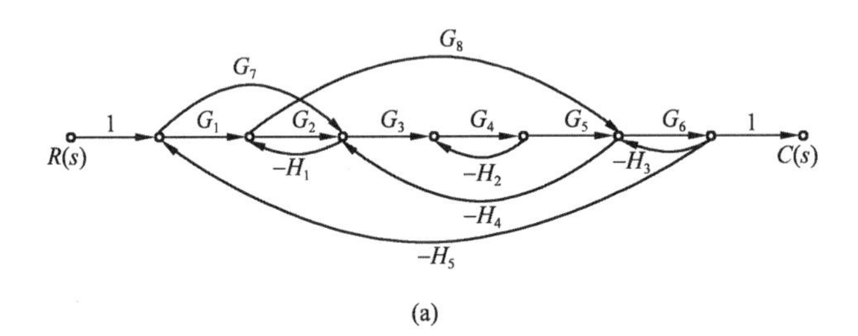

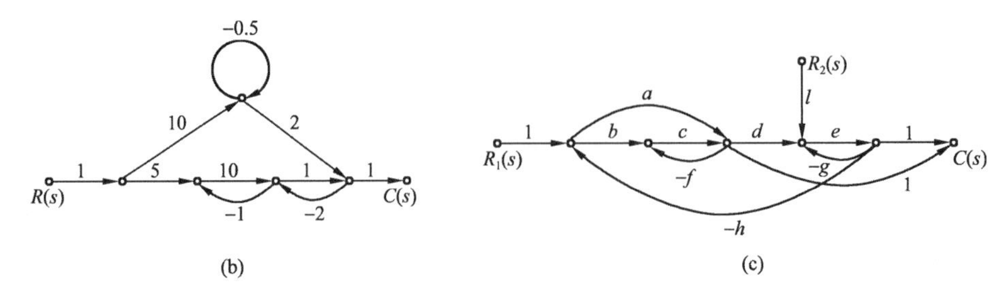

图 2-39　习题 2-14 图

第3章 自动控制系统时域分析

建立了合理的、便于分析的数学模型，就可以对控制系统的动态、稳态性能进行相应的分析。经典控制理论中，常用时域分析法、根轨迹法和频域分析法来分析控制系统的性能指标。本章将介绍其中的时域分析法。

时域分析法是在时间域内对控制系统的性能进行分析的方法，主要是通过拉氏正反变换及传递函数求时域微分方程的解，求出系统在典型输入下的输出响应，从而分析其时域响应的全部信息。与其他分析方法相比较，时域分析法是一种直接分析法，具有直观和准确的优点，尤其适用于一、二阶系统性能的分析和计算。对二阶以上的高阶系统则须采用频率分析法和根轨迹法。

3.1 典型输入信号和时域性能指标

3.1.1 典型输入信号

时域分析一般是考察系统在各种典型输入信号作用下，系统的输出响应特性。所以控制系统的输出响应不仅取决于系统本身的结构参数、初始状态，还与输入信号的形式有关。初始状态若统一规定为零初始状态，而输入信号采用统一的典型输入信号，则系统响应由系统本身的结构、参数确定。

自动控制系统常用的典型输入信号有以下几种形式：

1. 阶跃函数

阶跃函数定义为

$$f(t)=\begin{cases}R_0 & (t\geqslant 0)\\0 & (t<0)\end{cases} \tag{3-1}$$

式中，R_0 是常数，称为阶跃函数的阶跃值。

$R_0=1$ 的阶跃函数称为单位阶跃函数，记为 $1(t)$ 或 $\varepsilon(t)$，如图 3-1 所示。单位阶跃函数的拉氏变换为 $1/s$。

在 $t=0$ 处的阶跃信号，相当于一个不变的信号突然加到系统上，如指令的突然转换、电源的突然接通、负荷的突变等，都可视为阶跃作用。阶跃信号用于考察系统对于恒值信号的跟踪能力。

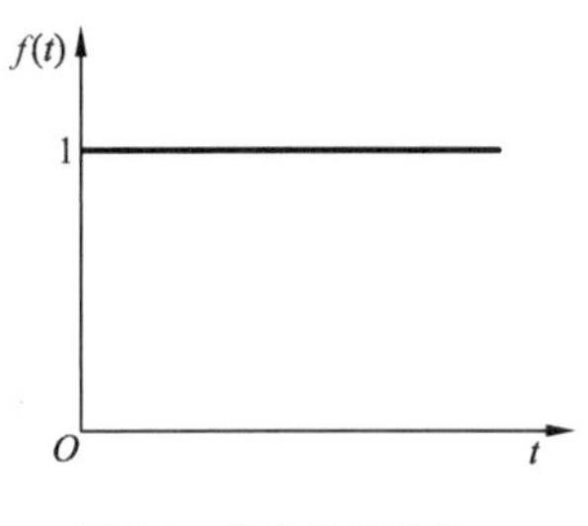

图 3-1 单位阶跃函数

2. 斜坡函数

斜坡函数定义为

$$f(t)=\begin{cases}v_0 t & (t\geqslant 0)\\0 & (t<0)\end{cases} \tag{3-2}$$

这种函数相当于系统中加入一个按恒速变化的位置信号，恒速度为 v_0，如图 3-2 所示。当 $v_0=1$ 时，斜坡函数称为单位斜坡函数。单位斜坡函数的拉氏变换为 $1/s^2$。单位斜坡信号用于考察系统对等速率递增信号的跟踪能力。

3. 抛物线函数

抛物线函数定义为

$$f(t)=\begin{cases}\dfrac{1}{2}a_0 t^2 & (t\geqslant 0)\\0 & (t<0)\end{cases} \tag{3-3}$$

这种函数相当于系统中加入一个按加速度变化的位置信号，加速度为 a_0，所以又称为加速度函数，如图 3-3 所示。当 $a_0=1$ 时，抛物线函数称为单位抛物线函数。单位抛物线函数的拉氏变换为 $1/s^3$。加速度信号主要用于考察系统的机动跟踪能力。

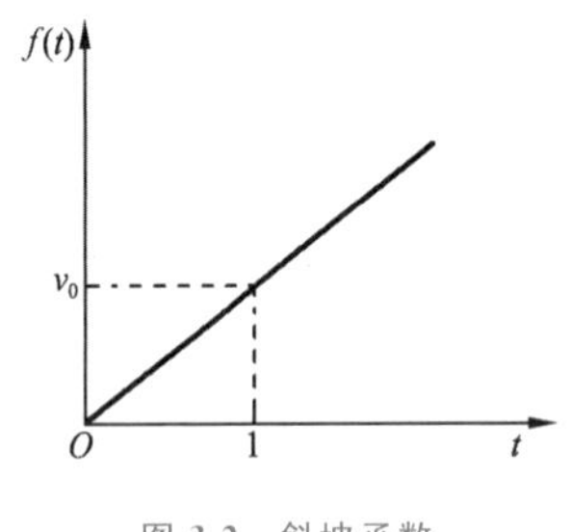

图 3-2 斜坡函数

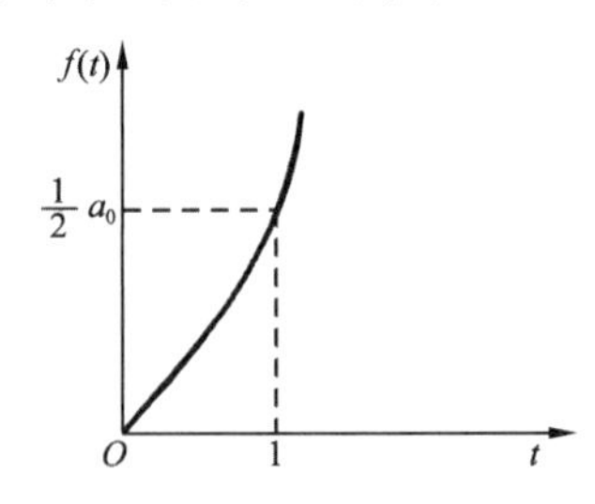

图 3-3 抛物线函数

4. 单位脉冲函数

单位脉冲函数定义为

$$\begin{cases}f(t)=\delta(t)=\begin{cases}\infty & (t=0)\\0 & (t\neq 0)\end{cases}\\ \displaystyle\int_{-\infty}^{+\infty}\delta(t)\,\mathrm{d}t=1\end{cases} \tag{3-4}$$

单位脉冲函数的积分面积是1，单位脉冲函数如图3-4所示。其拉氏变换为1。

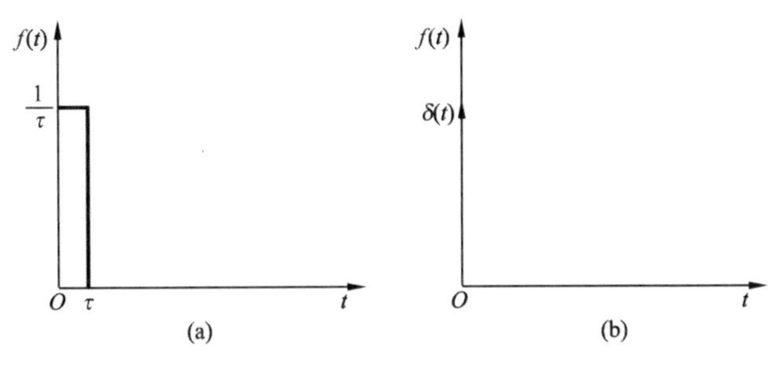

图3-4 单位脉冲函数

单位脉冲函数在现实中是不存在的，它只有数学上的意义。在系统分析中，它可以看作持续时间很短的信号，常用具有一定宽度 τ 的脉冲函数来代替，是重要的数学工具。单位脉冲函数用于考察系统在脉冲扰动下的跟踪调节能力。在实际中有很多信号与脉冲信号相似，如脉冲电压信号、冲击力、阵风等。

5. 正弦函数

正弦函数定义为

$$f(t)=A\sin(\omega t) \tag{3-5}$$

式中，A 为振幅，ω 为角频率，其拉氏变换为$\frac{A\omega}{s^2+\omega^2}$。

用正弦函数作输入信号，可以求得系统对不同频率的正弦输入函数的稳态频率域响应，由此可以间接判断系统的性能。所以正弦信号主要用于频域分析。

3.1.2 时域性能指标

以准确、定量的方式来描述系统性能所确定的指标称为系统的性能指标，性能指标是分析和评价系统性能好坏的标准，又可分为动态性能指标和稳态性能指标。动态性能表现在过渡过程结束之前的响应中，稳态性能表现在过渡过程结束之后的响应中。

动态性能指标是自动控制系统动态过渡过程表现出的性能指标。在给定信号 $r(t)$ 的作用下，系统输出 $c(t)$ 的变化情况可用动态性能指标来描述。一般对系统来说，能够跟踪和复现阶跃信号的作用，是较为严格的工作条件。如果系统在阶跃函数作用下的动态性能满足要求，那么系统在其他形式的函数作用下，其动态性能也是令人满意的。故通常以阶跃响应来衡量系统控制性能的优劣和定义时域动态性能指标，并在零初始条件下进行研究，即输入信号施加之前，系统的输出量及其各阶导数均为零。典型的阶跃响应曲线与时域性能指标如图3-5所示。为了评价系统的动态性能，规定如下指标：

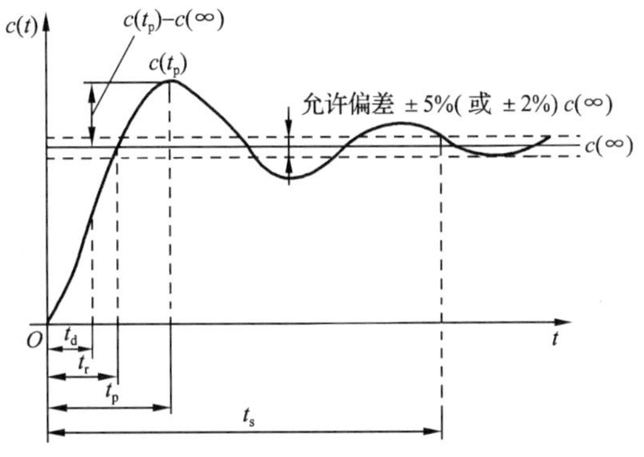

图3-5 典型的阶跃响应曲线与时域性能指标

1. 延迟时间 t_d

其是指输出响应第一次达到稳态值的50%所需的时间。

2. 上升时间 t_r

其是指输出响应从稳态值的10%上升到90%所需的时间。对有振荡的系统，则取响应从零到第一次达到稳态值所需的时间。

3. 峰值时间 t_p

其是指输出响应从零到超过稳态值而达到第一个峰值 $c(t_p)$ 所需的时间。

4. 调节时间 t_s

其是指当输出量 $c(t)$ 和稳态值 $c(\infty)$ 之间的偏差达到允许范围(一般取±2%或±5%)后不再超过此值所需的最短时间。

5. 超调量 $\sigma\%$

其是指动态过程中输出响应的最大值超过稳态值的百分比。即

$$\sigma\%=\frac{[c(t_p)-c(\infty)]}{c(\infty)}\times 100\% \tag{3-6}$$

6. 稳态误差 e_{ss}

控制系统的稳态性能一般是指其稳态精度，常用稳态误差 e_{ss} 来表述。稳态误差 e_{ss} 是指系统期望值与实际输出的最终稳态值之间的差值。e_{ss} 说明系统稳态精度的高低。

$$e_{ss}=\lim_{t\to\infty}e(t)=\lim_{t\to\infty}[r(t)-c(t)] \tag{3-7}$$

在上述几项指标中，峰值时间 t_p、上升时间 t_r 和延迟时间 t_d 均表征系统响应初始阶段的快慢；调节时间 t_s 表征系统过渡过程(动态过程)的持续时间，从总体上反映了系统的快速性；而超调量 $\sigma\%$ 表征动态过程的平稳性；稳态误差 e_{ss} 反映系统复现输入信号的最终精度。

3.2 一阶系统时域分析

一阶系统的闭环传递函数为

$$G(s)=\frac{1}{Ts+1} \tag{3-8}$$

式中，T 为时间常数，它是表征系统惯性的一个重要参数。所以一阶系统是一个非周期的惯性环节。

在三种不同的典型输入信号作用下，一阶系统的时域分析如下。

3.2.1 单位阶跃响应

如图3-6所示的一阶系统结构图，当输入信号 $r(t)=1(t)$，$R(s)=1/s$ 时，系统输出量的拉氏变换为

$$C(s)=\frac{1}{s(Ts+1)}=\frac{1}{s}-\frac{T}{Ts+1} \tag{3-9}$$

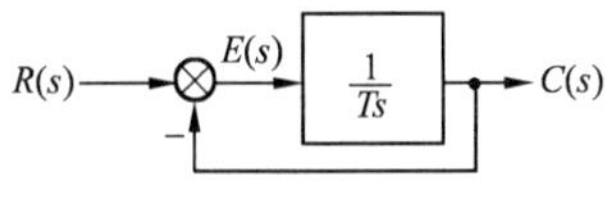

图3-6 一阶系统的结构图

对式(3-9)取拉氏反变换，得单位阶跃响应为

$$c(t)=1-\mathrm{e}^{-\frac{t}{T}} \quad (t\geqslant 0) \tag{3-10}$$

由此可见，一阶系统的阶跃响应是一条初始值为0，按指数规律上升到稳态值1的曲线，如图3-7所示。由系统的输出响应可得到如下的性能：

(1)由于 $c(t)$ 的终值为1，因此系统稳态误差 $e_{ss}=0$。

(2)时间常数 T 的确定。当 $t=T$ 时，$c(T)=0.632$。这表明当系统的单位阶跃响应达到稳态值的63.2%时所需的时间，就是该系统的时间常数 T。单位阶跃响应曲线的初始斜率为 $\left.\frac{\mathrm{d}c(t)}{\mathrm{d}t}\right|_{t=0}=\left.\frac{1}{T}\mathrm{e}^{-\frac{t}{T}}\right|_{t=0}=\frac{1}{T}$，这表明一阶系统的单位阶跃响应如果以初始速度上升到稳态值1，所需的时间恰好等于 T。

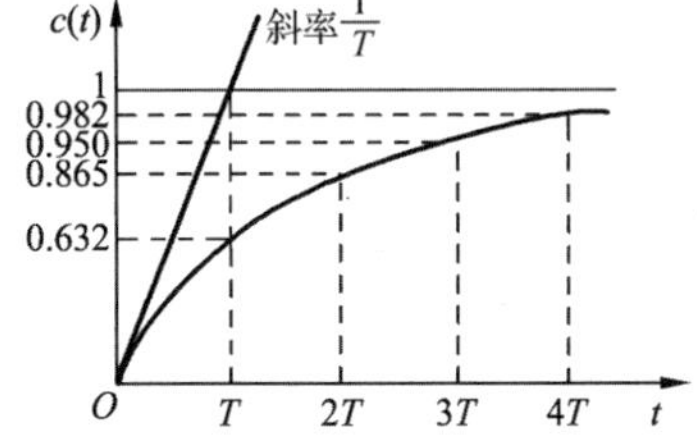

图3-7 一阶系统的阶跃响应曲线

(3)调节时间的确定。因为当 $t=3T$ 时，$c(3T)=0.950$，对应±5%的误差带宽，当 $t=4T$ 时，$c(4T)=0.982$，对应±2%的误差带宽，所以调节时间可以取为 $t_s=(3\sim 4)T$。

3.2.2 单位斜坡响应

当输入信号 $r(t)=t$ 时，$R(s)=1/s^2$ 时，系统输出量的拉氏变换为

$$C(s)=\frac{1}{s^2(Ts+1)}=\frac{1}{s^2}-\frac{T}{s}+\frac{T^2}{Ts+1} \quad (t\geqslant 0) \tag{3-11}$$

对式(3-11)取拉氏反变换，得单位斜坡响应为

$$c(t)=t-T+T\mathrm{e}^{-\frac{t}{T}} \quad (t\geqslant 0) \tag{3-12}$$

式中，$t-T$ 为稳态分量；$T\mathrm{e}^{-t/T}$ 为动态分量。单位斜坡响应曲线如图3-8所示。

由一阶系统单位斜坡响应可分析出，系统存在稳态误差。因为 $r(t)=t$，输出稳态为 $t-T$，所以稳态误差为 $e_{ss}=t-(t-T)=T$。从提高斜坡响应的精度来看，要求一阶系统的时间常数 T 要小。

3.2.3 单位脉冲响应

当 $r(t)=\delta(t)$ 时，因为 $L[\delta(t)]=1$，一阶系统的脉冲响应的拉氏变换为

$$C(s)=G(s)=\frac{1/T}{s+1/T} \tag{3-13}$$

对应单位脉冲响应为

$$c(t)=\frac{1}{T}\mathrm{e}^{-\frac{t}{T}} \quad (t\geqslant 0) \tag{3-14}$$

单位脉冲响应曲线如图 3-9 所示。时间常数 T 越小，系统响应速度越快。

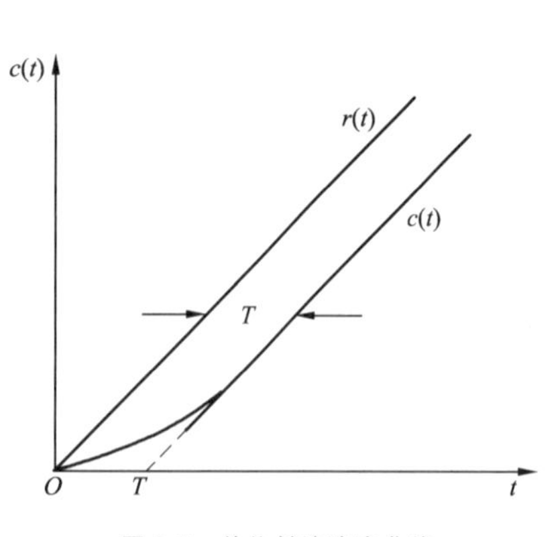

图 3-8　单位斜坡响应曲线

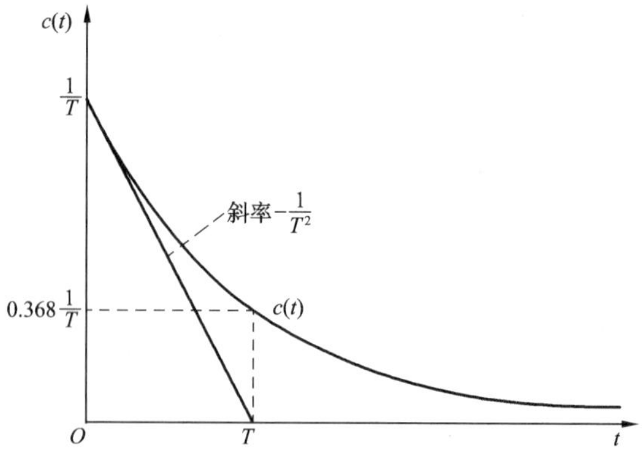

图 3-9　单位脉冲响应曲线

式(3-10)、式(3-12)、(3-14)分别为一阶系统的单位阶跃响应、单位斜坡响应和单位脉冲响应，从三者的关系可以看出：输入信号的导数的输出响应，就等于该输入信号输出响应的导数；同理，输入信号积分的输出响应，就等于该输入信号输出响应的积分。所以已知一种典型信号的响应，可直接推出其他输入的响应。

3.3 二阶系统时域分析

在工程实践中，二阶系统应用较多，而且高阶系统在一定条件下可用二阶系统的特性来近似表征。因此，研究典型二阶系统的分析和计算方法具有较大的实际意义。

3.3.1 典型的二阶系统

典型的二阶系统动态结构图如图 3-10 所示。

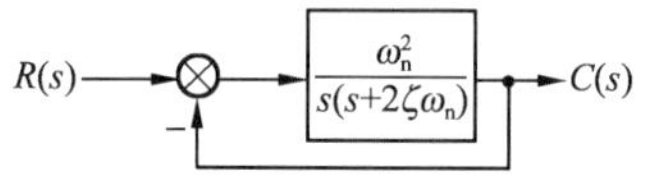

系统的开环传递函数为

$$G_0(s)=\frac{\omega_n^2}{s(s+2\zeta\omega_n)} \tag{3-15}$$

图 3-10　典型的二阶系统动态结构图

系统的闭环传递函数为

$$G(s)=\frac{\omega_n^2}{s^2+2\zeta\omega_n s+\omega_n^2} \tag{3-16}$$

式(3-16)称为典型二阶系统的传递函数，其中 ζ 为典型二阶系统的阻尼比(或相对阻尼比)，ω_n 为无阻尼振荡频率或自然振荡角频率。系统闭环传递函数的分母等于零所得的方程式称为系统的特征方程。典型二阶系统的特征方程式为

$$s^2+2\zeta\omega_n s+\omega_n^2=0 \tag{3-17}$$

它的两个特征根是

$$s_{1,2}=-\zeta\omega_n\pm\omega_n\sqrt{\zeta^2-1} \tag{3-18}$$

ζ 和 ω_n 是二阶系统两个重要参数，系统响应特性完全由这两个参数来描述。

3.3.2 二阶系统的阶跃响应

在单位阶跃函数作用下，二阶系统输出的拉氏变换为

$$C(s)=G(s)R(s)=G(s)\frac{1}{s} \tag{3-19}$$

由于特征根 $s_{1,2}$ 与系统阻尼比有关，当阻尼比 ζ 为不同值时，单位阶跃响应有不同的形式，下面分几种情况来分析二阶系统的动态特性。

1. 欠阻尼情况($0<\zeta<1$)

由于 $0<\zeta<1$，则系统的一对共轭复数根可写为

$$s_{1,2}=-\zeta\omega_{\mathrm{n}}\pm\mathrm{j}\omega_{\mathrm{n}}\sqrt{1-\zeta^2} \tag{3-20}$$

当输入信号为单位阶跃函数时，系统输出量的拉氏变换为

$$\begin{aligned}Y(s)&=\frac{\omega_{\mathrm{n}}^2}{s^2+2\zeta\omega_{\mathrm{n}}s+\omega_{\mathrm{n}}^2}\cdot\frac{1}{s}\\&=\frac{1}{s}-\frac{s+\zeta\omega_{\mathrm{n}}}{(s+\zeta\omega_{\mathrm{n}})^2+\omega_{\mathrm{d}}^2}-\frac{\zeta\omega_{\mathrm{n}}}{(s+\zeta\omega_{\mathrm{n}})^2+\omega_{\mathrm{d}}^2}\end{aligned} \tag{3-21}$$

式中，$\omega_{\mathrm{d}}=\omega_{\mathrm{n}}\sqrt{1-\zeta^2}$，$\omega_{\mathrm{d}}$ 称为阻尼振荡角频率，因此阻尼振荡周期为 $2\pi/\omega_{\mathrm{d}}$。对式(3-21)进行拉氏反变换，则欠阻尼二阶系统的单位阶跃响应为

$$\begin{aligned}c(t)&=1-\mathrm{e}^{-\zeta\omega_{\mathrm{n}}t}\left(\cos\sqrt{1-\zeta^2}\,\omega_{\mathrm{n}}t+\frac{\zeta}{\sqrt{1-\zeta^2}}\sin\sqrt{1-\zeta^2}\,\omega_{\mathrm{n}}t\right)\\&=1-\frac{1}{\sqrt{1-\zeta^2}}\mathrm{e}^{-\zeta\omega_{\mathrm{n}}t}\sin(\omega_{\mathrm{d}}t+\beta)\quad(t\geqslant0)\end{aligned} \tag{3-22}$$

式中，$\sin\beta=\sqrt{1-\zeta^2}$，$\cos\beta=\zeta$，从而得出

$$\beta=\arctan\frac{\sqrt{1-\zeta^2}}{\zeta}=\arccos\zeta \tag{3-23}$$

由式(3-22)知欠阻尼二阶系统的单位阶跃响应由两部分组成，第一部分为稳态分量，第二部分为动态分量。欠阻尼二阶系统是一个幅值按指数规律衰减的有阻尼的正弦振荡系统，振荡角频率为 ω_{d}。其响应曲线如图3-11所示。

2. 临界阻尼情况($\zeta=1$)

当 $\zeta=1$ 时，系统有两个相等的负实根，为

$$s_{1,2}=-\omega_{\mathrm{n}} \tag{3-24}$$

在单位阶跃函数作用下，输出量的拉氏变换为

$$C(s)=\frac{\omega_{\mathrm{n}}^2}{s(s^2+2\zeta\omega_{\mathrm{n}}s+\omega_{\mathrm{n}}^2)}=\frac{1}{s}-\frac{\omega_{\mathrm{n}}}{(s+\omega_{\mathrm{n}})^2}-\frac{1}{s+\omega_{\mathrm{n}}} \tag{3-25}$$

其拉氏反变换为

$$c(t)=1-\mathrm{e}^{-\omega_{\mathrm{n}}t}(1+\omega_{\mathrm{n}}t)\quad(t\geqslant0) \tag{3-26}$$

式(3-26)表明，临界阻尼二阶系统的单位阶跃响应是稳态值为1的非周期上升过程，整个响应特性不产生振荡。响应曲线如图3-11所示。

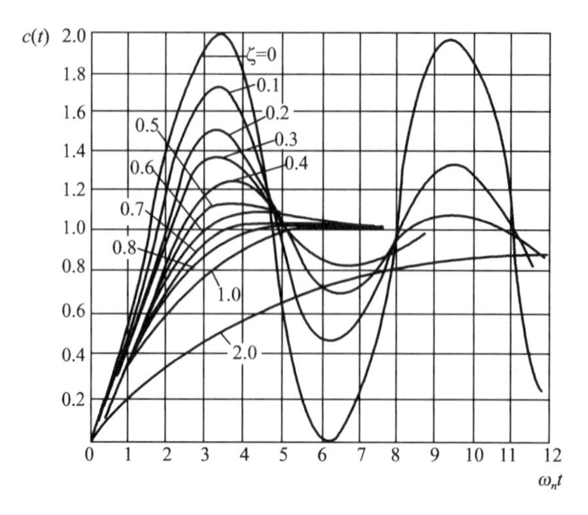

图 3-11 典型二阶系统的单位阶跃响应曲线

3. 过阻尼情况($\zeta>1$)

当 $\zeta>1$ 时，系统有两个不相等的负实根

$$s_{1,2}=-\zeta\omega_{\mathrm{n}}\pm\omega_{\mathrm{n}}\sqrt{\zeta^2-1} \tag{3-27}$$

当输入信号为单位阶跃函数时，输出量的拉氏变换为

$$C(s)=\frac{\omega_{\mathrm{n}}^2}{(s-s_1)(s-s_2)}\cdot\frac{1}{s} \tag{3-28}$$

其拉氏反变换为

$$c(t)=1-\frac{1}{2\sqrt{\zeta^2-1}}\left[\frac{\mathrm{e}^{-(\zeta-\sqrt{\zeta^2-1})\omega_{\mathrm{n}}^2 t}}{\zeta-\sqrt{\zeta^2-1}}-\frac{\mathrm{e}^{-(\zeta+\sqrt{\zeta^2-1})\omega_{\mathrm{n}}^2 t}}{\zeta+\sqrt{\zeta^2-1}}\right]\quad(t\geqslant 0) \tag{3-29}$$

式(3-29)表明，系统响应含有两个单调衰减的指数项，它们的代数和绝不会超过稳态值1，因而过阻尼二阶系统的单位阶跃响应是非振荡的。响应曲线如图 3-11 所示。

4. 无阻尼情况($\zeta=0$)

当 $\zeta=0$ 时，特征方程式的根为

$$s_{1,2}=-\mathrm{j}\omega_{\mathrm{n}} \tag{3-30}$$

输出量的拉氏变换为

$$C(s)=\frac{\omega_{\mathrm{n}}^2}{s(s^2+\omega_{\mathrm{n}}^2)}=\frac{1}{s}-\frac{s}{s^2+\omega_{\mathrm{n}}^2} \tag{3-31}$$

因此二阶系统的输出响应为

$$c(t)=1-\cos\omega_{\mathrm{n}}t\quad(t\geqslant 0) \tag{3-32}$$

式(3-32)表明，系统为不衰减的振荡，其振荡频率为 ω_{n}，系统属不稳定系统。

综上所述，当阻尼比 ζ 不同时，二阶系统的闭环极点和动态响应有很大区别。图 3-12 为二阶系统闭环极点分布与单位阶跃响应曲线。阻尼比 ζ 为二阶系统的重要特征参量。当 $\zeta=0$ 时，系统不能正常工作，而在 $\zeta>1$ 时，系统动态响应进行得太慢。所以，对二阶系统来说，欠阻尼情况是最有意义的，下面将以欠阻尼情况讨论动态特性指标。ζ 取值不同时根的分布及参数关系如图 3-13 所示。

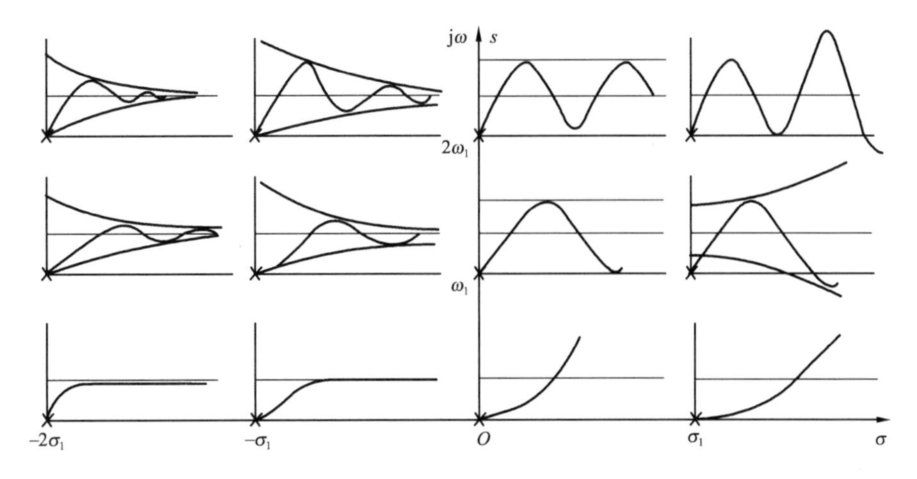

图 3-12 二阶系统闭环极点分布与单位阶跃响应曲线

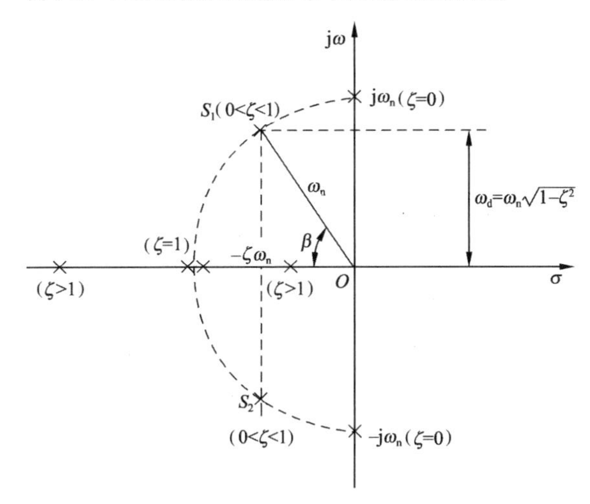

图 3-13 ζ取值不同时根的分布及参数关系

3.3.3 系统的动态性能指标

下面推导欠阻尼二阶系统动态响应的性能指标和计算公式。

1. 上升时间 t_r

根据定义,当 $t=t_r$ 时,$c(t_r)=1$。由式(3-22)得

$$c(t_r)=1-\frac{1}{\sqrt{1-\zeta^2}}e^{-\zeta\omega_n t_r}\sin(\omega_d t_r+\beta)=1$$

则

$$\frac{1}{\sqrt{1-\zeta^2}}e^{-\zeta\omega_n t_r}\sin(\omega_d t_r+\beta)=0 \tag{3-33}$$

由于

$$\frac{1}{\sqrt{1-\zeta^2}}\neq 0,e^{-\zeta\omega_n t_r}\neq 0 \tag{3-34}$$

所以有

$$\omega_d t_r+\beta=k\pi \quad (k=1,2,\cdots) \tag{3-35}$$

于是当 $k=1$ 时,得上升时间

$$t_r=(\pi-\beta)/\omega_d \tag{3-36}$$

显然,增大 ω_n 或减小 ζ,均能减小 t_r,从而加快系统的初始响应速度。

2. 峰值时间 t_p

将式(3-22)对时间 t 求导,并令其为零,可求得峰值时间 t_p,即

$$\frac{dc(t)}{dt}\Big|_{t=t_p}=-\frac{1}{\sqrt{1-\zeta^2}}[-\zeta\omega_n e^{-\zeta\omega_n t_p}\sin(\omega_d t_p+\beta)+\omega_d e^{-\zeta\omega_n t_p}\cos(\omega_d t_p+\beta)]=0 \tag{3-37}$$

则

$$\tan(\omega_d t_p+\beta)=\frac{\sqrt{1-\zeta^2}}{\zeta} \tag{3-38}$$

因为

$$\tan\beta=\frac{\sqrt{1-\zeta^2}}{\zeta} \tag{3-39}$$

从而得

$$\omega_d t_p=k\pi \quad (k=1,2,\cdots) \tag{3-40}$$

按峰值时间的定义,它对应最大超调量,即 $c(t)$第一次出现峰值所对应的时间 t_p,所以应取

$$t_p=\frac{\pi}{\omega_d}=\frac{\pi}{\omega_n\sqrt{1-\zeta^2}} \tag{3-41}$$

式(3-41)表明,峰值时间等于阻尼振荡周期($2\pi/\omega_d$)的一半。当阻尼比 ζ 不变时,极点离实轴的距离越远,系统的峰值时间 t_p 越短,或者说,极点离坐标原点的距离越远,系统的峰值时间越短。

3. 超调量 $\sigma\%$

当 $t=t_p$ 时,$c(t)$有最大值 $c(t)_{max}$,即 $c(t)_{max}=c(t_p)$。对于单位阶跃输入,系统的稳态值 $c(\infty)=1$,将峰值时间表达式(3-41)代入式(3-21),得最大输出为

$$c(t)_{max}=y(t_p)=1-\frac{e^{-\frac{\zeta\pi}{\sqrt{1-\zeta^2}}}}{\sqrt{1-\zeta^2}}\sin(\pi+\beta) \tag{3-42}$$

因为

$$\sin(\pi+\beta)=-\sin\beta=-\sqrt{1-\zeta^2} \tag{3-43}$$

所以

$$c(t_p)=1+e^{-\frac{\zeta\pi}{\sqrt{1-\zeta^2}}} \tag{3-44}$$

则超调量为

$$\sigma\% = e^{-\frac{\zeta\pi}{\sqrt{1-\zeta^2}}} \times 100\% \tag{3-45}$$

可见超调量仅由 ζ 决定，ζ 越大则 $\sigma\%$ 越小，$\sigma\%$ 和 ζ 的关系曲线如图 3-14 所示。

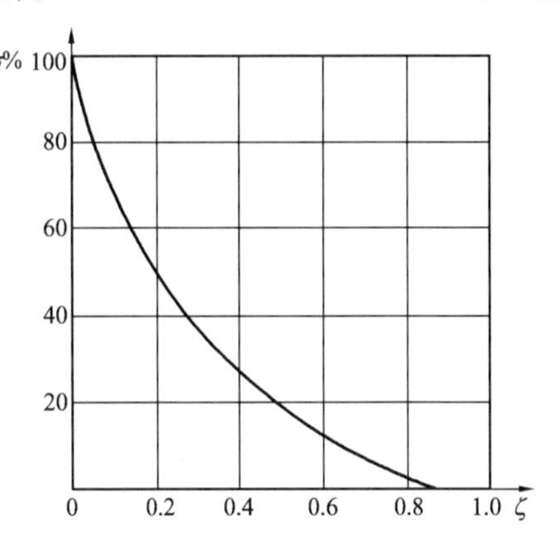

图 3-14　欠阻尼二阶系统超调量和阻尼比的关系曲线

4. 调节时间 t_s

根据调节时间的定义，t_s 应由下式求出

$$\Delta c = \left| \frac{c(\infty) - c(t)}{c(\infty)} \right| = \left| \frac{e^{-\zeta\omega_n t_s}}{\sqrt{1-\zeta^2}} \sin(\omega_d t_s + \beta) \right| \leqslant \Delta \tag{3-46}$$

由式(3-46)可看出，求解式(3-46)十分困难。由于正弦函数存在，t_s 值与 ζ 间的函数关系是不连续的，为了方便计算，可采用近似的计算方法，忽略正弦函数的影响，认为指数函数衰减到 $\Delta = 0.05$ 或 $\Delta = 0.02$ 时，动态过程即结束。这样得到

$$\frac{e^{-\zeta\omega_n t_s}}{\sqrt{1-\zeta^2}} = \Delta \tag{3-47}$$

即

$$t_s = -\frac{1}{\zeta\omega_n} \ln(\Delta \cdot \sqrt{1-\zeta^2}) \tag{3-48}$$

由此求得

$$\begin{aligned} t_s(5\%) &= \frac{1}{\zeta\omega_n}\left[3 - \frac{1}{2}\ln(1-\zeta^2)\right] \approx \frac{3}{\zeta\omega_n} \\ t_s(2\%) &= \frac{1}{\zeta\omega_n}\left[4 - \frac{1}{2}\ln(1-\zeta^2)\right] \approx \frac{4}{\zeta\omega_n} \end{aligned} \tag{3-49}$$

通过以上分析可知，t_s 近似与 $\zeta\omega_n$ 成反比。在设计系统时，ζ 通常由要求的最大超调量决定，所以调节时间 t_s 由无阻尼自然振荡频率 ω_n 所决定。也就是说，在不改变超调量的条件下，通过改变 ω_n 值来改变调节时间 t_s。

由上可得如下结论：

(1)阻尼比 ζ 是二阶系统的重要参数，由 ζ 值的大小可以间接判断一个二阶系统的动态品质。在过阻尼的情况下，动态特性为单调变化曲线，没有超调量和振荡，但调节时间较长，系统反应迟缓。当 $\zeta \leqslant 0$ 时，输出量作等幅振荡或发散振荡，系统不能稳定工作。

(2)一般情况下，系统在欠阻尼情况下工作。但是 ζ 过小，则超调量大，振荡次数多，调节时间长，动态特性品质差。应该注意，超调量只和阻尼比有关。因此，通常可以根据允许的超调量来选择阻尼比 ζ。

(3)调节时间与系统阻尼比 ζ 和 ω_n 这两个特征参数的乘积成反比。在阻尼比一定时，可通过改变 ω_n 来改变动态响应的持续时间。ω_n 越大，系统的调节时间越短。

(4)为了限制超调量，并使调节时间 t_s 较短，阻尼比范围一般为 0.4～0.8，这时阶跃响应的超调量范围为 25%～1.5%。

【例 3-1】 系统的结构图和单位阶跃响应曲线如图 3-15 所示，试确定 K_1，K_2 和 a 的值。

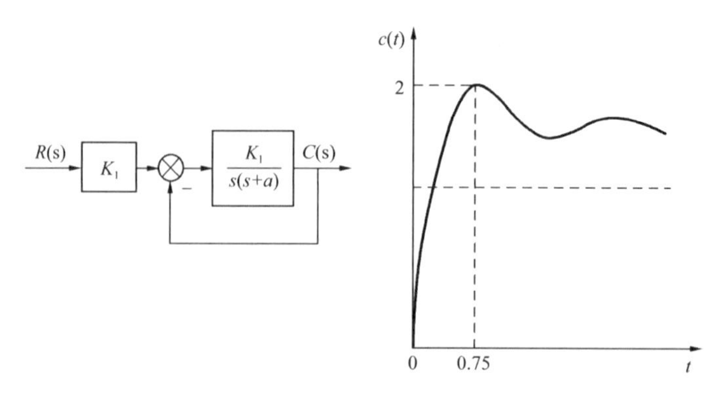

图 3-15 例 3-1 的系统结构图和单位阶跃响应曲线

解：根据系统的结构图可求其闭环传递函数为

$$\frac{C(s)}{R(s)}=\frac{K_1K_2}{s^2+as+K_2}$$

当输入为单位阶跃信号，即 $R(s)=1/s$ 时，输出 $C(s)$ 为

$$C(s)=\frac{K_1K_2}{s(s^2+as+K_2)}$$

稳态输出为

$$C(\infty)=\lim_{s\to 0}s\times\frac{K_1K_2}{s(s^2+as+K_2)}=2$$

于是求得 $K_1=2$。由系统的单位阶跃响应曲线图可得

$$\sigma\%=\mathrm{e}^{-\frac{\zeta\pi}{\sqrt{1-\zeta^2}}}=0.09$$

$$t_{\mathrm{p}}=\frac{\pi}{\omega_{\mathrm{n}}\sqrt{1-\zeta^2}}=0.75$$

解得 $\zeta=0.6$，$\omega_{\mathrm{n}}=5.6\mathrm{rad/s}$。系统闭环传递函数可表示成二阶系统标准表示式

$$\frac{C(s)}{R(s)}=\frac{K_1K_2}{s^2+as+K_2}=\frac{K_1\omega_{\mathrm{n}}^2}{s^2+2\zeta\omega_{\mathrm{n}}s+\omega_{\mathrm{n}}^2}$$

对应求得

$$K_2=\omega_{\mathrm{n}}^2=5.6^2=31.36,\quad a=2\zeta\omega_{\mathrm{n}}=6.72$$

3.4 高阶系统时域分析

设高阶系统的传递函数表示为

$$G(s)=\frac{b_0s^m+b_1s^{m-1}+\cdots+b_{m-1}s+b_m}{a_0s^n+a_1s^{n-1}+\cdots+a_{n-1}s+a_n}\quad(n\geqslant m)\tag{3-50}$$

设闭环传递函数的零点为$-z_1,-z_2,\cdots,-z_m$，极点为$-p_1,-p_2,\cdots,-p_n$，则闭环传递函数可表示为

$$G(s)=\frac{K(s+z_1)(s+z_2)\cdots(s+z_m)}{(s+p_1)(s+p_2)\cdots(s+p_n)}\quad(n\geqslant m)\tag{3-51}$$

当输入信号为单位阶跃信号时，输出信号为

$$C(s)=\frac{K\prod_{i=1}^{m}(s+z_i)}{s\prod_{j=1}^{q}(s+p_j)\prod_{k=1}^{r}(s^2+2\zeta_k\omega_{nk}s+\omega_{nk}^2)}\tag{3-52}$$

式中，$n=q+2r$，而q为闭环实极点的个数，r为闭环共轭复数极点的对数。

用部分分式展开得

$$C(s)=\frac{A_0}{s}+\sum_{j=1}^{q}\frac{A_j}{s+p_j}+\sum_{k=1}^{r}\frac{B_k(s+\zeta_k\omega_{nk})+C_k\omega_{nk}\sqrt{1-\zeta_k^2}}{s^2+2\zeta_k\omega_{nk}s+\omega_{nk}^2}\tag{3-53}$$

对式(3-53)取拉氏反变换得

$$c(t)=A_0+\sum_{j=1}^{q}A_j\mathrm{e}^{-p_jt}+\sum_{k=1}^{r}B_k\mathrm{e}^{-\zeta_k\omega_{nk}t}\cos\omega_{nk}\sqrt{1-\zeta_k^2}\,t+\sum_{k=1}^{r}C_k\mathrm{e}^{-\zeta_k\omega_{nk}t}\sin\omega_{nk}\sqrt{1-\zeta_k^2}\,t\quad(t\geqslant0)\tag{3-54}$$

由式(3-54)分析可知，高阶系统的动态响应是一阶惯性环节和二阶振荡响应分量的合成。系统的响应不仅和ζ_k、ω_{nk}有关，还和闭环零点及系数A_j、B_k、C_k的大小有关。这些系数的大小和闭环系统的所有零极点相关，所以单位阶跃响应取决于高阶系统闭环零极点的分布情况。从分析高阶系统单位阶跃响应表达式可以得到如下结论：

(1)高阶系统动态响应各分量衰减的快慢由$-p_j$和ζ_k、ω_{nk}决定，即由在s平面左半边的闭环极点与虚轴的距离决定。闭环极点离虚轴越远，相应的指数分量衰减得越快，系统动态分量的影响越小；反之，闭环极点离虚轴越近，相应的指数分量衰减得越慢，系统动态分量的影响越大。

(2)高阶系统动态响应各分量的系数不仅和极点在s平面的位置有关，还与零点的位置有关。如果某一极点$-p_j$靠近一个闭环零点，又远离原点及其他极点，则相应项的系数A_j比较小，该动态分量的影响也越小。如果极点和零点靠得很近，则该零极点对动态响应几乎没有影响。

(3)如果所有的闭环极点都具有负实部，由式(3-54)可知，随着时间的推移，系统的动态分量不断地衰减，最后只剩下由极点所决定的稳态分量。此时的系统称为稳定系统。稳定性是系统正常工作的首要条件，下一节将详细探讨系统的稳定性。

(4)假如高阶系统中距虚轴最近的极点的实部绝对值仅为其他极点的1/5或更小，并且附近又没有闭环零点，则可以认为系统的响应主要由该极点(或共轭复数极点)来决定。这种对高阶系统起主导作用的极点，称为系统的主导极点。因为在通常情况下，总是希望高阶系统的动态响应能获得衰减震荡的过程，所以主导极点常常是共轭复数极点。找到一对共轭复数主导极点后，高阶系统就可近似为二阶系统来分析，相应的动态响应性能指标可以根据二阶系统的计算公式进行近似估算。

3.5 控制系统的稳定性分析

3.5.1 系统稳定的概念

稳定性是控制系统正常工作的前提和基础。只有在系统稳定的前提下，讨论它的准确性和快速性（求稳态误差和动态性能指标）才有意义。

所谓稳定性，是指系统受到扰动作用后，经过一段过渡时间能否恢复到原来的平衡状态或足够准确地回到原来的平衡状态的性能。若系统能恢复到原来的平衡状态，则称系统是稳定的；若扰动消失后系统不能恢复到原来的平衡状态，则称系统是不稳定的。

3.5.2 系统稳定的充分必要条件

线性系统的稳定性取决于系统本身固有的特性，它决定于扰动消失后动态分量的衰减情况，而与扰动信号无关。从上节动态特性分析中可以看出，动态分量的衰减与否，决定于系统闭环传递函数的极点（系统的特征根）在 s 平面的分布，即如果所有极点都分布在 s 平面的左侧，系统的动态分量将逐渐衰减为零，则系统是稳定的；如果有共轭极点分布在 s 平面的虚轴上，则系统的动态分量做等幅振荡，系统处于临界稳定状态；如果有闭环极点分布在 s 平面的右侧，系统具有发散的动态分量，则系统是不稳定的。所以，线性系统稳定的充分必要条件是：系统特征方程所有的根（即闭环传递函数的极点）全部为负实数或为具有负实部的共轭复数，也就是所有的极点分布在 s 平面虚轴的左侧。

因此，可以根据求解特征方程式的根来判断系统稳定与否。例如，一阶系统的特征方程式为

$$a_1 s + a_0 = 0 \tag{3-55}$$

特征方程式的根为

$$s = -\frac{a_0}{a_1} \tag{3-56}$$

显然特征方程式根为负的充分必要条件是 a_0、a_1 均为正值，即

$$a_1 > 0, a_0 > 0 \tag{3-57}$$

二阶系统的特征方程式为

$$a_2 s^2 + a_1 s + a_0 = 0 \tag{3-58}$$

特征方程式的根为

$$s_{1,2} = -\frac{a_1}{2a_2} \pm \sqrt{\left(\frac{a_1}{2a_2}\right)^2 - \frac{a_0}{a_2}} \tag{3-59}$$

要使系统稳定，特征方程式的根必须有负实部。因此二阶系统稳定的充分必要条件是

$$a_2 > 0, a_1 > 0, a_0 > 0 \tag{3-60}$$

由于求解高阶系统特征方程式的根很麻烦，所以对高阶系统一般都采用间接方法来判断其稳定性。经常应用的间接方法是代数稳定判据（也称劳斯-赫尔维茨判据）和频率域稳定判据（也称奈奎斯特判据）。本章只介绍代数判据，频域判据将在第 5 章中介绍。

3.5.3 劳斯判据

1877年，英国数学家E. J. 劳斯(E. J. Routh)发表了研究线性定常系统稳定性的方法，具体步骤如下：

(1)首先列出系统闭环特征方程式

$$a_n s^n + a_{n-1} s^{n-1} + a_{n-2} s^{n-2} + \cdots + a_1 s + a_0 = 0 \tag{3-61}$$

式中，各个项系数均为实数，且使 $a_n > 0$。

(2)根据特征方程式列出劳斯阵列表

$$D = \left| \begin{array}{cccccc} s^n & a_n & a_{n-2} & a_{n-4} & a_{n-6} & \cdots \\ s^{n-1} & a_{n-1} & a_{n-3} & a_{n-5} & a_{n-7} & \cdots \\ s^{n-2} & b_1 & b_2 & b_3 & b_4 & \cdots \\ s^{n-3} & c_1 & c_2 & c_3 & c_4 & \cdots \\ \vdots & \vdots & \vdots & \vdots & \vdots & \vdots \\ s^2 & e_1 & e_2 & & & \\ s^1 & f_1 & & & & \\ s^0 & g_1 & & & & \end{array} \right| \tag{3-62}$$

表中各未知元素由计算得出，其中

$$b_1 = \frac{a_{n-1}a_{n-2} - a_n a_{n-3}}{a_{n-1}}, b_2 = \frac{a_{n-1}a_{n-4} - a_n a_{n-5}}{a_{n-1}}, b_3 = \frac{a_{n-1}a_{n-6} - a_n a_{n-7}}{a_{n-1}}, \cdots$$

$$c_1 = \frac{b_1 a_{n-3} - a_{n-1} b_2}{b_1}, c_2 = \frac{b_1 a_{n-5} - a_{n-1} b_3}{b_1}, c_3 = \frac{b_1 a_{n-7} - a_{n-1} b_4}{b_1}, \cdots \tag{3-63}$$

使用同样的方法，求取表中其余行的系数，一直到第 $n+1$ 行排完为止。

(3)根据劳斯表中第一列各元素的符号，用劳斯判据来判断系统的稳定性

劳斯判据：如果劳斯表中第一列的系数均为正值，则其特征方程式的根都在 s 平面的左半平面，相应的系统是稳定的；如果劳斯表中第一列系数的符号发生变化，则系统不稳定，且第一列元素正负号的改变次数等于特征方程式的根在 s 平面右半部分的个数。

【例3-2】 三阶系统的特征方程式如下，应用劳斯判据判断系统闭环的稳定性。

$$a_3 s^3 + a_2 s^2 + a_1 s + a_0 = 0 \tag{3-64}$$

解：列出劳斯表为

$$\begin{array}{ccc} s^3 & a_3 & a_1 \\ s^2 & a_2 & a_0 \\ s^1 & \dfrac{a_1 a_2 - a_0 a_3}{a_2} & \\ s^0 & a_0 & \end{array}$$

系统稳定的充要条件是

$$a_3 > 0, a_2 > 0, a_1 > 0, a_0 > 0, a_1 a_2 - a_0 a_3 > 0$$

【例3-3】 设系统的特征方程式为

$$s^4 + 2s^3 + 3s^2 + 4s + 5 = 0 \tag{3-65}$$

使用劳斯判据判断系统的稳定性。

解： 劳斯表如下：

$$
\begin{array}{llll}
s^4 & 1 & 3 & 5 \\
s^3 & 2 & 4 & \\
s^2 & \dfrac{2\times 3-1\times 4}{2}=1 & \dfrac{2\times 5-1\times 0}{2}=5 & \\
s^1 & \dfrac{1\times 4-2\times 5}{1}=-6 & & \\
s^0 & \dfrac{(-6)\times 5}{-6}=5 & &
\end{array}
$$

劳斯表左端第一列中有负数，所以系统不稳定；又由于第一列数的符号改变两次，1→−6→5 所以系统有两个根在 s 平面的右半平面。

注意： 在劳斯阵列表的计算过程中，可能出现以下两种特殊情况。

(1)劳斯表中第一列某个元素为零，而同行的其余元素不为零或没有其余项。在这种情况下，可以用一个很小的正数 ε 代替这个零，并据此计算出数组中其余各项。如果劳斯表第一列中 ε 上下各项的符号相同，则说明系统存在一对虚根，系统处于临界稳定状态；如果 ε 上下各项的符号不同，表明有符号变化，则系统不稳定。

【例 3-4】 系统特征方程式为

$$s^3+2s^2+s+2=0 \tag{3-66}$$

试用劳斯判据判别系统的稳定性。

解： 特征方程式各项系数均为正数，劳斯表如下：

$$
\begin{array}{lll}
s^3 & 1 & 1 \\
s^2 & 2 & 2 \\
s^1 & 0(\varepsilon) & \\
s^0 & 2 &
\end{array}
$$

由于 ε 是很小的正数，第一列元素除了一个零值外，其余元素全部大于零，所以系统是临界稳定的。

(2) 如果劳斯表中某一行的所有元素都为零，则表明系统存在大小相等符号相反的实根和(或)共轭虚根，这时可以利用该行上面一行的系数构成一个辅助多项式，将对辅助多项式求导后的系数列入该行，这样劳斯表中其余各行的计算可继续下去。s 平面中这些大小相等、方向相反的根可以通过辅助多项式构成的辅助方程得到，而且这些根的个数总是偶数。

【例 3-5】 系统特征方程式为

$$s^5+s^4+3s^3+3s^2+2s+2=0 \tag{3-67}$$

使用劳斯判据判别系统的稳定性。

解： 该系统劳斯表如下：

$$
\begin{array}{llll}
s^5 & 1 & 3 & 2 \\
s^4 & 1 & 3 & 2 \\
s^3 & 0 & 0 &
\end{array}
$$

由上表可以看出，算到 s^3 行的时候，各项全部为零。为了求出 s^3 各行的元素，将 s^4 行的各行组成辅助多项式为

$$F(s)=s^4+3s^2+2 \tag{3-68}$$

将辅助多项式 $F(s)$ 对 s 求导数得

$$\frac{\mathrm{d}F(s)}{\mathrm{d}s}=4s^3+6s \tag{3-69}$$

用式(3-69)中的各项系数作为 s^3 行的系数，并计算以下各行的系数，得劳斯表为

$$\begin{array}{llll}
s^5 & 1 & 3 & 2 \\
s^4 & 1 & 3 & 2 \\
s^3 & 4 & 6 & \\
s^2 & \frac{3}{2} & 2 & \\
s^1 & \frac{2}{3} & & \\
s^0 & 2 & &
\end{array}$$

从劳斯表的第一列元素可以看出，各行符号没有改变，说明系统没有特征根在 s 平面的右半平面。但求解辅助方程式 $F(s)=s^4+3s^2+2=0$ 可解得系统有两对共轭虚根，即 $s_{1,2}=\pm\mathrm{j}$，$s_{3,4}=\pm\sqrt{2}\mathrm{j}$，因而系统处于临界稳定状态。

3.5.4 赫尔维茨判据

另一种应用比较广泛的稳定性判据是1895年由德国数学家赫尔维茨(A. Harwitz)提出的赫尔维茨稳定判据。

重写系统的特征方程(3-61)如下：

$$a_n s^n+a_{n-1}s^{n-1}+a_{n-2}s^{n-2}+\cdots+a_1 s+a_0=0$$

列写出赫尔维茨各阶子行列式为

$$D_1=|a_{n-1}| \tag{3-70}$$

$$D_2=\begin{vmatrix} a_{n-1} & a_{n-3} \\ a_n & a_{n-2} \end{vmatrix} \tag{3-71}$$

$$D_3=\begin{vmatrix} a_{n-1} & a_{n-3} & a_{n-5} \\ a_n & a_{n-2} & a_{n-4} \\ 0 & a_{n-1} & a_{n-3} \end{vmatrix} \tag{3-72}$$

$$\vdots$$

$$D=\begin{vmatrix}
a_{n-1} & a_{n-3} & a_{n-5} & a_{n-7} & \cdots & 0 & 0 & 0 \\
a_n & a_{n-2} & a_{n-4} & a_{n-6} & \cdots & 0 & 0 & 0 \\
0 & a_{n-1} & a_{n-3} & a_{n-5} & \cdots & 0 & 0 & 0 \\
\vdots & \vdots & \vdots & \vdots & \vdots & \vdots & \vdots & \vdots \\
0 & 0 & 0 & 0 & \cdots & a_2 & a_0 & 0 \\
0 & 0 & 0 & 0 & \cdots & a_3 & a_1 & 0 \\
0 & 0 & 0 & 0 & \cdots & a_4 & a_2 & a_0
\end{vmatrix} \tag{3-73}$$

即在主对角线上写出从第二项系数(a_{n-1})到最末一项系数(a_0);在主对角线以上的各行中填充下标号码递减的各项系数,而在主对角线以下的各行中填充下标号码递增的各项系数。如果在某位置上按次序应填入的系数大于 a_n 或小于 a_0,则在该位置上填零。

赫尔维茨判据:如果赫尔维茨各阶行列式都大于零,即 $D_i>0(i=1,2,\cdots,n)$,则系统稳定,即特征方程式的根都具有负实部;否则系统不稳定。

【例 3-6】 控制系统闭环特征方程式为

$$2s^4+s^3+3s^2+5s+10=0 \tag{3-74}$$

应用赫尔维茨判断,判别系统的稳定性。

解:赫尔维茨各阶子行列式为

$$D_1=1>0$$

$$D_2=\begin{vmatrix}1 & 5\\2 & 3\end{vmatrix}=1\times3-2\times5<0$$

由于 $D_2<0$,因此不满足赫尔维茨各阶行列式全部为正的条件,属于不稳定系统。D_3、D_4 可以不再进行计算。

另外,林纳得-齐帕特(Lienard-Chipart)在赫尔维茨判据的基础上提出了更简洁的判别方法,可以减小计算量。林纳得-齐帕特判据内容如下:

已知线性定常系统的特征方程为 $a_ns^n+a_{n-1}s^{n-1}+a_{n-2}s^{n-2}+\cdots+a_1s+a_0=0$,如果

(1)特征方程的各项系数全部大于零,即

$$a_i>0\quad(i=0,1,\cdots,n)$$

(2)各阶赫尔维茨子行列式中,奇数阶子行列式全部大于零,或者偶数阶子行列式全部大于零,即

$$D_{奇}>0 \text{ 或 } D_{偶}>0$$

则该线性定常系统是稳定的。上述稳定条件既是充分条件又是必要条件。

如例 3-6 中,因特征方程的系数 $a_i>0(i=0,1,\cdots,4)$,所以只要求出奇数阶或偶数阶赫尔维茨行列式的值。因为奇数阶更易求取,所以求

$$D_1=1>0$$

$$D_3=\begin{vmatrix}1 & 5 & 0\\2 & 3 & 10\\0 & 1 & 5\end{vmatrix}=5\times\begin{vmatrix}1 & 5\\2 & 3\end{vmatrix}-1\times\begin{vmatrix}1 & 0\\2 & 10\end{vmatrix}=-45<0$$

所以该系统属于不稳定系统。应用偶数阶行列式也同样,但考虑到可能要计算四阶行列式的值,计算量较大。

3.5.5 谢绪恺判据

根据多项式系数来判断系统的稳定性虽然早已由 E. J. Routh 和 A. Hurwitz 等人解决,但其判据的充要条件都由多个式子组成,尤其在阶次高时,表达式多且繁琐。中国学者谢绪恺于 1957 年研究系统稳定性时得到如下结论:

系统的特征方程为

$$a_ns^n+a_{n-1}s^{n-1}+a_{n-2}s^{n-2}+\cdots+a_1s+a_0=0 \tag{3-75}$$

其特征根全部具有负实部的必要条件为

$$a_0 a_{i+1} > a_{i-1} a_{i+2} \quad (i=1,2,\cdots,n-2) \tag{3-76}$$

其特征根全部具有负实部的充分条件为

$$\frac{1}{3} a_i a_{i+1} > a_{i-1} a_{i+2} \quad (i=1,2,\cdots,n-2) \tag{3-77}$$

1976年中国学者聂义勇进一步证明，可将此充分条件放宽为

$$0.465 a_i a_{i+1} > a_{i-1} a_{i+2} \quad (i=1,2,\cdots,n-2) \tag{3-78}$$

此判据被称为谢绪恺判据。谢绪恺判据完全避免了除法，且节省了计算量。需要指出，式(3-78)有过量的稳定性储备，即有些不满足此式的系统仍可能稳定。

3.5.6 代数判据的应用

代数判据除可以根据系统特征方程式的系数判别其稳定性外，还可以检验稳定裕度、求解系统的临界参数、分析系统的结构参数对稳定性的影响、鉴别延迟系统的稳定性等，并从中可以得到一些重要的结论。下面分别进行说明。

应用代数判据只能给出系统是稳定还是不稳定，即只解决了绝对稳定性的问题。在处理实际问题时，只判断系统是否稳定是不够的。因为对于实际的系统，如果一个负实部的特征根紧靠虚轴，尽管满足稳定条件，但其动态过程具有过大的超调量和过于缓慢的响应，甚至由于系统内部参数的微小变化就使特征根转移到 s 平面的右半平面，导致系统不稳定。考虑这些因素，往往希望知道系统距离稳定边界有多少裕度，这就是相对稳定性或稳定裕度的问题。

将 s 平面的虚轴向左移动某个数值 a，系统的稳定裕度如图3-16所示，即令 $s=z-a$（a 为正实数），当 $z=0$ 时，$s=-a$。将 $s=z-a$ 带入系统特征方程式，则得到 z 的多项式，利用代数判据对新的特征多项式进行判别，即可检验系统的稳定裕度。因为新特征方程式的所有根如果均在新虚轴的左半平面，则说明 s 系统至少具有稳定裕度 a。

【例3-7】 设比例-积分控制系统如图3-17所示，K 为与积分器时间常数有关的待定参数。已知参数 $\zeta=0.2$ 及 $\omega_n=86.6$，试用代数稳定判据确定使闭环系统稳定的 K 值范围。如果要求闭环系统的极点全部位于 $s=-1$ 垂线之左，求 K 的取值范围。

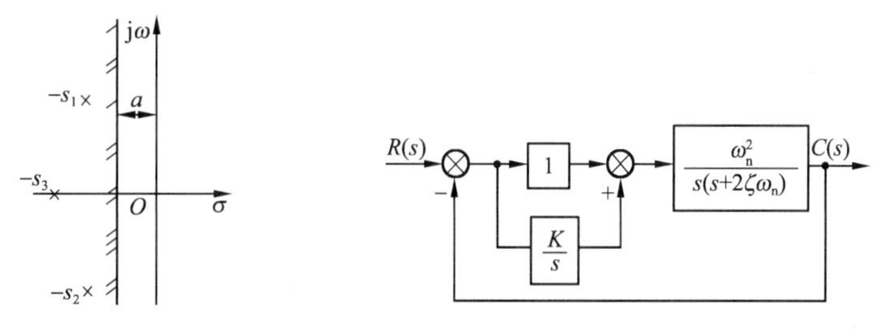

图3-16 系统的稳定裕度　　图3-17 例3-7系统的结构图

解： 根据图3-17，可得其闭环传递函数为

$$G(s)=\frac{\omega_n^2(s+K)}{s^3+2\zeta\omega_n s^2+\omega_n^2 s+K\omega_n^2}$$

因而，闭环特征方程式为

$$D(s)=s^3+2\zeta\omega_n s^2+\omega_n^2 s+K\omega_n^2=0$$

代入已知的 ζ 和 ω_n，得

$$D(s)=s^3+34.6s^2+7500s+7500K=0$$

运用劳斯判据，列出相应的劳斯表为

$$\begin{array}{lcc} s^3 & 1 & 7500 \\ s^2 & 34.6 & 7500K \\ s^1 & (34.6\times7500-7500K)/34.6 & \\ s^0 & 7500K & \end{array}$$

为使系统稳定，必须保证劳斯表中第一列元素均大于零，即

$$\begin{cases}(34.6\times7500-7500K)/34.6>0\\7500K>0\end{cases}$$

因此，K 的取值范围为

$$0<K<34.6$$

当要求闭环极点全部位于 $s=-1$ 垂线之左时，可令 $s=s_1-1$，代入原特征方程式，得到如下新特征方程式为

$$(s_1-1)^3+34.6(s_1-1)^2+7500(s_1-1)+7500K=0$$

整理得

$$s_1^3+31.6s_1^2+7433.8s_1+(7500K-7466.4)=0$$

相应的劳斯表为

$$\begin{array}{lcc} s^3 & 1 & 7433.8 \\ s^2 & 31.6 & 7500K-7466.4 \\ s^1 & [31.6\times7433.8-(7500K-7466.4)]/31.6 & \\ s^0 & 7500K-7466.4 & \end{array}$$

同理，令劳斯表的第一列各元素为正，必须保证下式成立

$$\begin{cases}[31.6\times7433.8-(7500K-7466.4)]/31.6>0\\7500K-7466.4>0\end{cases}$$

得使全部闭环极点位于 $s=-1$ 垂线之左的 K 的取值范围为

$$1<K<32.3$$

利用代数稳定判据可确定系统个别参数变化对稳定性的影响，以及使系统稳定的这些参数的取值范围，如开环放大系数，使系统稳定的开环放大系数的临界值称为临界放大系数，一般用 K_1 表示。

3.6 控制系统稳态误差分析

稳态误差是控制系统时域指标之一，用来评价系统稳态性能的好坏。系统稳态时输出量的期望值与稳态值之间存在的误差，称为系统的稳态误差。具有稳态误差的系统称为有差系统，没有稳态误差的系统称为无差系统。

3.6.1　稳态误差的定义

设控制系统的典型动态结构如图 3-18 所示。

设给定信号为 $r(t)$，主反馈信号为 $b(t)$，一般定义其差值 $e(t)$ 为误差信号，即

$$e(t)=r(t)-b(t) \tag{3-79}$$

当时间 $t\to\infty$ 时，此值就是稳态误差，用 e_{ss} 表示，即

$$e_{ss}=\lim_{t\to\infty}[r(t)-b(t)] \tag{3-80}$$

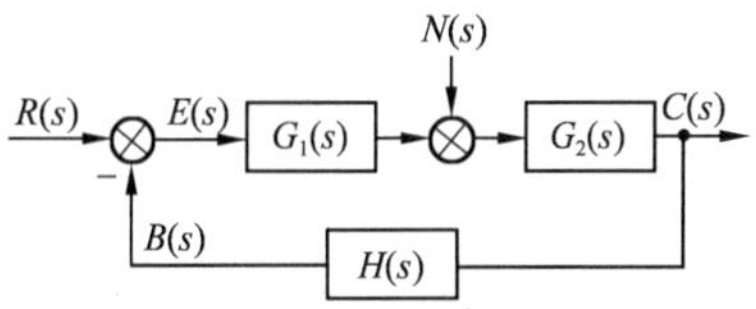

图 3-18　控制系统的典型动态结构图

这种稳态误差的定义是由系统输入端定义的。这个误差在实际系统是可以测量的，因而具有一定的物理意义。

另一种定义稳态误差的方法是由系统的输出端定义。系统输出量的实际值与期望值之差为稳态误差，这种方法定义的误差在实际系统中有时无法测量，因而只有数学上的意义。

对于单位反馈系统，这两种定义是相同的。对于如图 3-18 所示的系统，两种定义有如下的简单关系：

$$E'(s)=\frac{E(s)}{H(s)} \tag{3-81}$$

式中　$E(s)$——由系统输入端定义的稳态误差；

　　$E'(s)$——由系统输出端定义的稳态误差。

本书以下均采用由系统输入端定义的稳态误差。

根据前一种定义，由图 3-18 可得系统的误差传递函数为

$$G_{ER}(s)=\frac{E(s)}{R(s)}=\frac{R(s)-B(s)}{R(s)}=\frac{R(s)-C(s)H(s)}{R(s)}=\frac{1}{1+G_1(s)G_2(s)H(s)}=\frac{1}{1+G_0(s)} \tag{3-82}$$

式中，$G_0(s)=G_1(s)G_2(s)H(s)$ 为系统开环传递函数。

由此误差的拉氏变换为

$$E(s)=\frac{R(s)}{1+G_0(s)} \tag{3-83}$$

给定稳态误差为

$$e_{ss}=\lim_{t\to\infty}e(t)=\lim_{s\to 0}sE(s)=\lim_{s\to 0}\frac{sR(s)}{1+G_0(s)} \tag{3-84}$$

由此可见，有两个因素决定稳态误差，即系统的开环传递函数 $G_0(s)$ 和输入信号 $R(s)$。系统的结构和参数不同，输入信号的形式和大小有差异，都会引起系统稳态误差的变化。下面就讨论这两个因素对稳态误差的影响。

3.6.2　系统的类型

根据开环传递函数中串联的积分个数，将系统分为几种不同类型。把系统开环传递函数表示成如下形式：

$$G_0(s)=\frac{K\prod_{i=1}^{m}(\tau_i s+1)}{s^{\nu}\prod_{j=1}^{n-\nu}(T_j s+1)} \tag{3-85}$$

式中 K——系统的开环增益；

ν——开环传递函数中积分环节的个数。

系统按 ν 的不同取值可以分为不同类型。$\nu=0,1,2$ 时，系统分别称为 0 型、Ⅰ型和Ⅱ型系统。$\nu>2$ 的系统很少见，实际上很难使之稳定，所以这种系统在控制工程中一般不会遇到。

3.6.3 给定输入作用下的稳态误差

控制系统的稳态性能一般是以单位阶跃、单位斜坡和单位抛物线信号作用在系统上产生的稳态误差来表征。下面分别讨论这三种不同输入信号作用于不同类型的系统时产生的稳态误差。

1. 单位阶跃输入信号

当 $R(s)=1/s$ 时，由式(3-84)得到系统稳态误差为

$$e_{ss}=\lim_{s\to 0}\frac{s\cdot\frac{1}{s}}{1+G_0(s)}=\frac{1}{1+\lim\limits_{s\to 0}G_0(s)}=\frac{1}{1+K_p} \tag{3-86}$$

式中，$K_p=\lim\limits_{s\to 0}G_0(s)$ 称为稳态位置误差系数，则

$$K_p=\lim_{s\to 0}\frac{K\prod_{i=1}^{m}(\tau_i s+1)}{s^\nu\prod_{j=1}^{n-\nu}(T_j s+1)} \tag{3-87}$$

对于 0 型系统，$\nu=0$，$K_p=K$，则 $e_{ss}=\dfrac{1}{1+K_p}$；

对于Ⅰ型及高于Ⅰ型系统，$\nu=1,2,\cdots,\infty$ 且 $K_p=\infty$，则 $e_{ss}=0$。

由此可见，对于单位阶跃输入信号，只有 0 型系统有稳态误差，其大小与系统的开环增益成反比。而Ⅰ型及高于Ⅰ型系统的稳态位置误差系数均为无穷大，稳态误差均为零。

2. 单位斜坡输入信号

当 $R(s)=1/s^2$ 时，系统稳态误差为

$$e_{ss}=\lim_{s\to 0}\frac{s\cdot\frac{1}{s^2}}{1+G_0(s)}=\frac{1}{\lim\limits_{s\to 0}sG_0(s)}=\frac{1}{K_v} \tag{3-88}$$

式中，$K_v=\lim\limits_{s\to 0}sG_0(s)$ 称为稳态速度误差系数，则

$$K_v=\lim_{s\to 0}\frac{sK\prod_{i=1}^{m}(\tau_i s+1)}{s^\nu\prod_{j=1}^{n-\nu}(T_j s+1)} \tag{3-89}$$

对于 0 型系统，$\nu=0$，$K_v=0$，则 $e_{ss}=\infty$；

对于Ⅰ型系统，$\nu=1$，$K_v=K$，则 $e_{ss}=\dfrac{1}{K}$；

对于Ⅱ型及高于Ⅱ型系统，$\nu=2,3,\cdots,\infty$，且 $K_v=\infty$，则 $e_{ss}=0$。

由此可见，对于单位斜坡输入信号，0 型系统稳态误差为无穷大；Ⅰ型系统可以跟踪输

入信号，但有稳态误差，该误差与系统的开环增益成反比；Ⅱ型及高于Ⅱ型系统的稳态误差为零。

3. 单位抛物线输入信号

当 $R(s)=1/s^3$ 时，系统的稳态误差为

$$e_{ss}=\lim_{s\to 0}\frac{s\cdot\frac{1}{s^3}}{1+G_0(s)}=\frac{1}{\lim\limits_{s\to 0}s^2G_0(s)}=\frac{1}{K_a} \tag{3-90}$$

式中，$K_a=\lim\limits_{s\to 0}s^2G_0(s)$ 称为稳态加速度误差系数，则

$$K_a=\lim_{s\to 0}\frac{s^2K\prod\limits_{i=1}^{m}(\tau_i s+1)}{s^{\nu}\prod\limits_{j=1}^{n-\nu}(T_j s+1)} \tag{3-91}$$

对于0型系统，$\nu=0$，$K_a=0$，则 $e_{ss}=\infty$；

对于Ⅰ型系统，$\nu=1$，$K_a=0$，则 $e_{ss}=\infty$；

对于Ⅱ型系统，$\nu=2$，$K_a=K$，则 $e_{ss}=\frac{1}{K}$；

对于Ⅲ型及高于Ⅲ型系统，$\nu=3,4,\cdots,\infty$ 且 $K_a=\infty$，则 $e_{ss}=0$。

由此可知，0型及Ⅰ型系统都不能跟踪单位抛物线输入信号；Ⅱ型系统可以跟踪单位抛物线输入信号，但存在一定的误差，该误差与系统的开环增益成反比；只有Ⅲ型及高于Ⅲ型的系统，才能准确跟踪单位抛物线输入信号。

表3-1列出了不同类型的系统在不同参考输入下的稳态误差系数和稳态误差。

表3-1　　**稳态误差系数和稳态误差**

系统类型	稳态误差系数			典型输入作用下稳态误差		
	K_p	K_v	K_a	阶跃输入 $r(t)=R\times 1(t)$	斜坡输入 $r(t)=\nu t$	抛物线输入 $r(t)=\frac{1}{2}at^2$
0型	K	0	0	$\frac{R}{1+K}$	∞	∞
Ⅰ型	∞	K	0	0	$\frac{\nu}{K}$	∞
Ⅱ型	∞	∞	K	0	0	$\frac{a}{K}$

【例3-8】 设控制系统的结构如图3-19所示，输入信号 $r(t)=1(t)$，试分别确定 K_k 为1和0.1时，系统输出量的稳态误差 e_{ss}。

解：系统的开环传递函数为

$$G_0(s)=\frac{10K_k}{s+1}$$

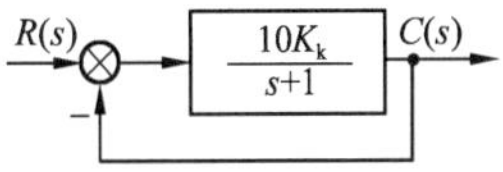

图3-19　例3-8系统的结构图

由于是0型系统，所以稳态位置误差系数为

$$K_p=\lim_{s\to 0}G_0(s)=10K_k$$

所以

$$e_{ss}=\frac{1}{1+K_p}=\frac{1}{1+10K_k}$$

当 $K_k=1$ 时，

$$e_{ss}=\frac{1}{1+10K_k}=\frac{1}{11}$$

当 $K_k=0.1$ 时，

$$e_{ss}=\frac{1}{2}=0.5$$

可以看出，随着 K_k 的增加，系统稳态误差 e_{ss} 下降。

3.6.4 扰动输入作用下的稳态误差

系统除有给定输入信号外，还承受扰动信号的作用。扰动信号破坏了系统输出和给定输入间的关系，因此干扰对输出的影响反映了系统的抗干扰能力。

以如图 3-18 所示的典型恒值控制系统为例，系统总的稳态误差由两部分组成，一部分是给定量 $R(s)$ 引起的误差，一部分是扰动量 $N(s)$ 作用下的误差，即

$$E(s)=E_R(s)+E_N(s) \tag{3-92}$$

所以可以看出，扰动作用下系统的稳态误差就是系统在扰动作用下输出的负值，其表达式为

$$E_N(s)=-\frac{G_2(s)H(s)N(s)}{1+G_0(s)}=G_{EN}(s)N(s) \tag{3-93}$$

式中，$G_0(s)$ 为系统开环传递函数。

扰动作用下系统的误差传递函数为

$$G_{EN}(s)=\frac{E_N(s)}{N(s)}=-\frac{G_2(s)H(s)}{1+G_0(s)} \tag{3-94}$$

根据拉氏变换终值定理，求得扰动作用下的稳态误差为

$$\begin{aligned} e_{ssn}&=\lim_{t\to\infty}e_n(t)=\lim_{s\to 0}sE_N(s)=\lim_{s\to 0}sG_{EN}(s)N(s) \\ &=\lim_{s\to 0}\frac{-sG_2(s)H(s)N(s)}{1+G_0(s)} \end{aligned} \tag{3-95}$$

由式(3-95)可知，系统扰动误差决定于系统的误差传递函数和扰动量。

【例 3-9】 设系统结构图如图 3-20 所示，$n(t)=0.1\times 1(t)$，为使其稳态误差 $|e_{ss}|\leqslant 0.05$，试求 K 的取值范围。

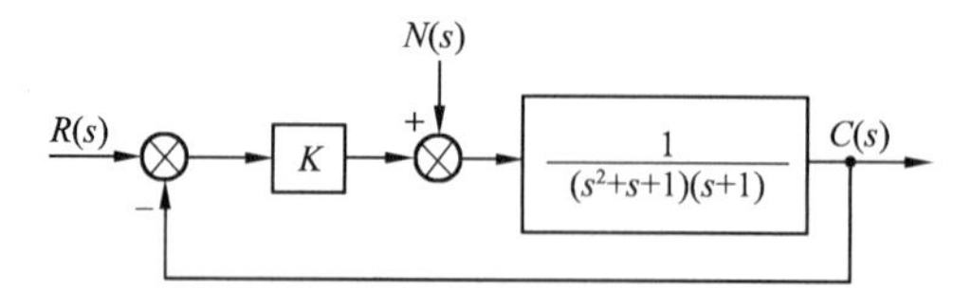

图 3-20 例 3-9 系统的结构图

解：扰动作用下系统的误差传递函数为

$$G_{EN}(s)=\frac{-\frac{1}{(s^2+s+1)(s+1)}}{1+\frac{K}{(s^2+s+1)(s+1)}}=\frac{-1}{s^3+2s^2+2s+1+K}$$

因而

$$E_{\mathrm{N}}(s)=G_{\mathrm{EN}}(s)\cdot N(s)=\frac{-1}{s^3+2s^2+2s+K+1}\cdot\frac{0.1}{s}$$

$$e_{\mathrm{ssn}}=\lim_{s\to 0}sE_{\mathrm{N}}(s)=\lim_{s\to 0}(s\cdot\frac{-1}{s^3+2s^2+2s+K+1}\cdot\frac{0.1}{s})=\frac{-0.1}{1+K}$$

根据要求 $|e_{\mathrm{ss}}|\leqslant 0.05$，又 $K>0$，则有

$$\frac{0.1}{1+K}\leqslant 0.05$$

即

$$K\geqslant 1$$

应用劳斯判据可以计算出系统稳定时 K 的数值范围是 $0<K<3$。因此既满足稳态误差的要求，又保证系统稳定，应选取 $1\leqslant K<3$。

【例 3-10】 如图 3-21 所示是典型工业过程控制系统的动态结构图。设被控对象的传递函数为 $G_{\mathrm{p}}(s)=\dfrac{K}{s(T_2s+1)}$。求当采用比例调节器和比例-积分调节器时系统的稳态误差。

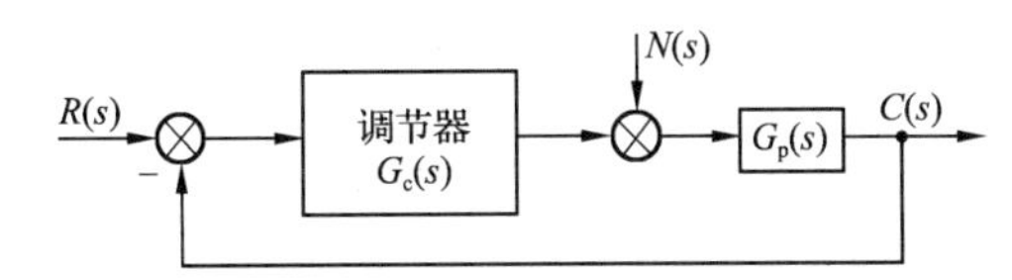

图 3-21　典型工业过程控制系统的动态结构图

解：(1) 若采用比例调节器，即 $G_{\mathrm{c}}(s)=K_{\mathrm{p}}$。

由图 3-21 可以看出，控制系统对于给定输入来说为Ⅰ型系统，令扰动 $N(s)=0$，给定输入 $R(s)=R/s$，则系统对阶跃给定输入的稳定误差为零。

若令 $R(s)=0, N(s)=N/s$，则系统对阶跃扰动输入的稳态误差为

$$e_{\mathrm{ssn}}=\lim_{s\to 0}\frac{-s\cdot\dfrac{K}{s(T_2s+1)}}{1+\dfrac{K_{\mathrm{p}}K}{s(T_2s+1)}}\cdot\frac{N}{s}=\lim_{s\to 0}\frac{-KN}{s(T_2s+1)+K_{\mathrm{p}}K}=-\frac{N}{K_{\mathrm{p}}}$$

可见，阶跃扰动输入下系统的稳态误差为常值，它与阶跃信号的幅值成正比，与控制器比例系数 K_{p} 成反比。

(2) 若采用比例-积分调节器，即 $G_{\mathrm{c}}(s)=K_{\mathrm{p}}(1+\dfrac{1}{T_is})$，这时控制系统对于给定输入来说为Ⅱ型系统，因此给定输入为阶跃信号、斜率信号时，系统的稳定误差为零。

设 $R(s)=0, N(s)=N/s$ 时

$$e_{\mathrm{ssn}}=\lim_{s\to 0}\frac{-s\cdot\dfrac{K}{s(T_2s+1)}}{1+\dfrac{K_{\mathrm{p}}K(T_is+1)}{T_is^2(T_2s+1)}}\cdot\frac{N}{s}=\lim_{s\to 0}\frac{-KNT_is}{T_iT_2s^3+T_is^2+K_{\mathrm{p}}KT_is+K_{\mathrm{p}}K}=0$$

当 $R(s)=0, N(s)=N/s^2$ 时

$$e_{\mathrm{ssn}}=\lim_{s\to 0}\frac{-NKT_i}{T_iT_2s^3+T_is^2+K_{\mathrm{p}}KT_is+K_{\mathrm{p}}K}=-\frac{NT_i}{K_{\mathrm{p}}}$$

可见，采用比例-积分调节器后，能够消除阶跃扰动作用下的稳态误差。其物理意义为：因为调节器中包含积分环节，只要稳态误差不为零，调节器的输出必然继续增加，并力图减小这个误差。只有当稳态误差为零时，才能使调节器的输出与扰动信号大小相等而方向相反。这时，系统才进入新的平衡状态。在斜坡扰动作用下，由于扰动为斜坡函数，因此调节器必须有一个反向斜坡输出与之平衡，但只有当调节输入的误差信号为负常值才行。

3.6.5 减小稳态误差的方法

通过上面的分析，为了减小系统给定或扰动作用下的稳态误差，可以采取以下几种方法。

1. 保证系统中各个环节（或元件），特别是反馈回路中元件的参数具有一定的精度和恒定性，必要时需采用误差补偿措施。

2. 增大开环放大系数，以提高系统对给定输入的跟踪能力；增大扰动作用前系统前向通道的增益，以降低扰动稳态误差。增大系统开环放大系数是降低稳态误差的一种简单而有效的方法，但同时会使系统的稳定性降低。为了解决这个问题，在增大开环放大系数的同时附加校正装置，以确保系统的稳定性。

3. 增加系统前向通道中积分环节数目，使系统型别提高，可以消除不同信号输入时的稳态误差。但是，积分环节数目的增加会降低系统的稳定性，并影响到其他动态性能指标。在过程控制系统中，采用比例-积分-调节器可以消除系统在扰动作用下的稳态误差，但为了保证系统的稳定性，相应地要降低比例增益。如果采用比例-积分-微分调节器，则可以得到更满意的调节效果。

4. 采用前馈控制（复合控制）。为了进一步减小给定和扰动稳态误差，可采用补偿方法。所谓补偿，是指作用于控制对象的控制信号中，除了偏差信号，还引入与扰动或给定量有关的补偿信号，以提高系统的控制精度，减小误差。这种控制称为前馈控制或复合控制。具体可参见本书第6章相关内容。

3.7 运用MATLAB进行控制系统时域分析

利用MATLAB程序设计语言可以方便、快捷地对控制系统进行时域分析。由于控制系统的稳定性决定于系统闭环极点的位置，所以欲判断系统的稳定性，只需求出系统的闭环极点的分布状况。利用MATLAB命令可以快速求解和绘制出系统的零、极点位置。欲分析系统的动态特性，只要给出系统在某典型输入信号下的输出响应曲线即可。同样，利用MATLAB可以十分方便地求解和绘制出系统的各种典型响应曲线。

3.7.1 应用MATLAB分析系统的稳定性

在MATLAB中，可利用pzmap( )函数绘制连续的零、极点图，也可以利用tf2zp( )函数求出系统的零、极点，还可利用root( )函数求分母多项式的根来确定系统的极点，从而判断系统的稳定性。

【例 3-11】 已知连续系统的传递函数为

$$G(s)=\frac{3s^4+2s^3+5s^2+4s+6}{s^5+3s^4+4s^3+2s^2+7s+2}$$

要求:(1)求出该系统的零、极点及增益;(2)绘出其零、极点图,判断系统稳定性。

解:在 MATLAB 的命令行提示符"≫"下输入如下命令:

```
num=[3, 2, 5, 4, 6];             %产生分子多项式系数矩阵
den=[1, 3, 4, 2, 7, 2];          %产生分母多项式系数矩阵
[z,p,k]=tf2zp(num,den)           %传递函数化为零、极点增益的形式
pzmap(num,den)                   %绘制传递函数的零极点分布图
title('Poles and zeros map')     %添加图形的标题
```

程序执行后屏幕显示结果如下:

```
z=
   0.4019 + 1.1965i
   0.4019 - 1.1965i
  -0.7352 + 0.8455i
  -0.7352 - 0.8455i
p=
  -1.7680 + 1.2673i
  -1.7680 - 1.2673i
   0.4176 + 1.1130i
   0.4176 - 1.1130i
  -0.2991
k=
   3
```

同时屏幕上显示系统的零、极点分布图,如图 3-22 所示。

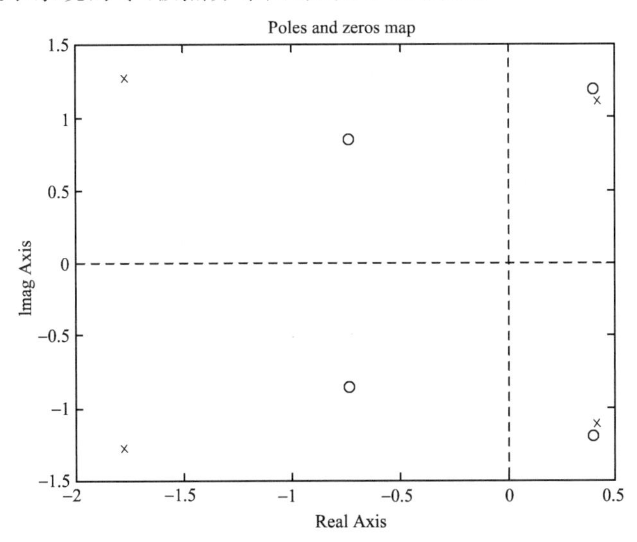

图 3-22 例 3-11 系统的零、极点分布图

可以看出系统有在 s 平面的右平面内的极点,所以系统不稳定。

3.7.2 应用 MATLAB 分析系统的动态特性

在 MATLAB 中，提供了求取连续控制系统的单位阶跃响应函数 step( )、单位脉冲响应函数 impulse( )、零输入响应函数 initial( )及任意输入下的仿真函数 lsim( )。

【例 3-12】 已知典型二阶系统的传递函数为

$$G(s)=\frac{\omega_n^2}{s^2+2\zeta\omega_n s+\omega_n^2}$$

式中，$\omega_n=6$。绘制系统在 $\zeta=0.1,0.3,0.5,0.7,0.9,1.0,2.0$ 时的单位阶跃响应曲线。

解：在 MATLAB 的命令行提示符“≫”下输入如下命令：

```
wn=6;
zt=[0.1:0.2:1.0,1.0,2.0];
figure(1)
hold on
for z=zt
num=wn.^2;
den=[1,2*z*wn,wn.^2];
step(num,den)
end
title('Step Response')
legend('0.1','0.3','0.5','0.7','1.0','2.0')
hold off
```

程序中利用 step( )函数计算系统的阶跃响应，该程序执行后单位阶跃响应曲线如图 3-23 所示。从图中可以看出，在过阻尼和临界阻尼曲线中，临界阻尼响应具有最短的上升时间，响应速度最快；在欠阻尼的响应曲线中，阻尼系数越小，超调量越大，上升时间越短，所以通常取 $\zeta=0.4\sim0.8$ 为宜。

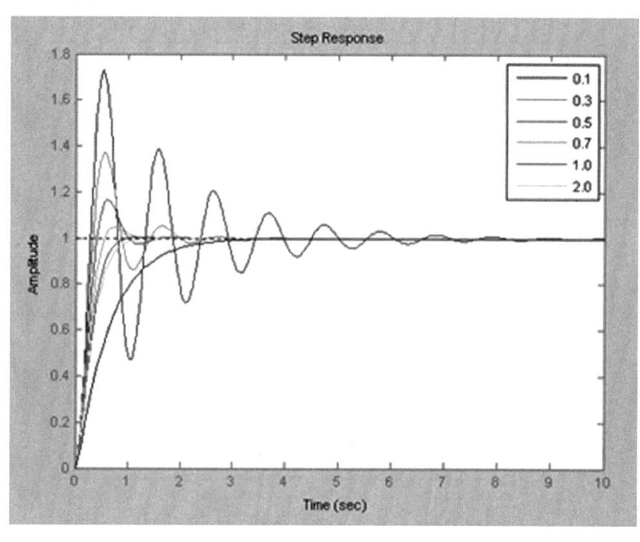

图 3-23 例 3-12 系统的单位阶跃响应曲线

【例 3-13】 已知三阶系统的传递函数为

$$G(s)=\frac{100(s+2)}{s^3+1.4s^2+100.44s+100.04}$$

绘制系统的单位阶跃响应和单位脉冲响应曲线。

解:在 MATLAB 的命令行提示符"≫"下输入如下命令:

```
Clf                          %清图形窗口命令
num=[100 200];
den=[1 1.4 100.44 100.04];
h=tf(num,den);
[y,t,x]=step(h);             %计算系统的单位阶跃响应并把计算结果存于变量
[y1,t1,x1]=impulse(h);       %计算系统的单位脉冲响应并把计算结果存于变量
subplot(211),plot(t,y)       %子图窗口分图绘图
title('Step Response')
xlabel('time'),ylabel('amplitude')
subplot(212),plot(t1,y1)
title('impulse response')
label('time'),ylabel('amplitude')
```

该程序执行后,系统的单位阶跃响应和单位脉冲响应曲线如图 3-24 所示。

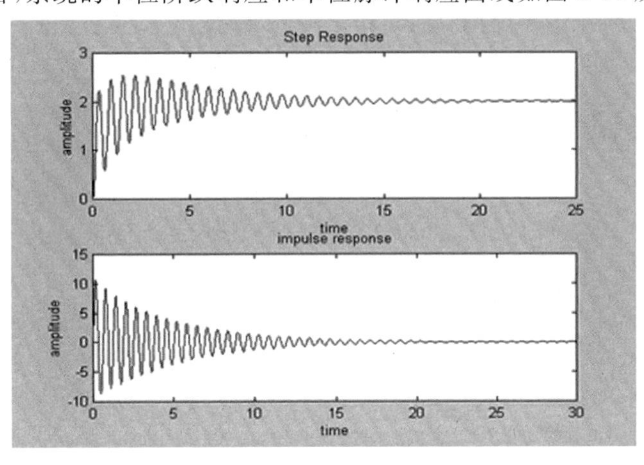

图 3-24 例 3-13 系统的单位阶跃响应和单位脉冲响应曲线

【例 3-14】 反馈控制系统如图 3-25(a)所示,系统输入信号为如图 3-25(b)所示的三角波,求取系统的输出响应。

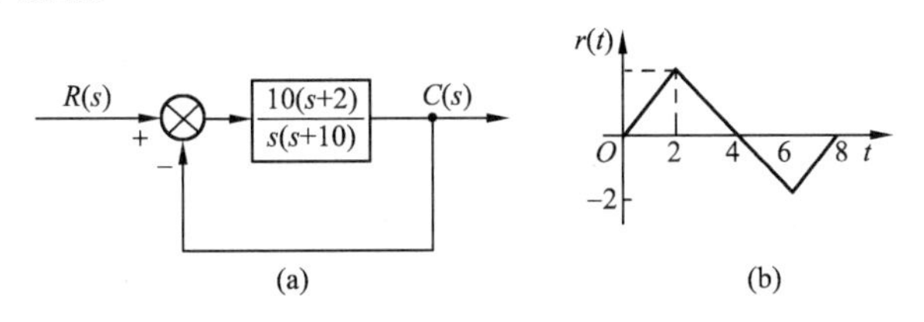

图 3-25 例 3-14 的反馈控制系统

解:在 MATLAB 的命令行提示符“≫”下输入如下指令:

```
numg=[10,20];
deng=[1,10,0];
[num,den]=cloop(numg,deng,-1);    %构成闭环控制系统
v1=[0:0.1:2];                     %产生三角波函数
v2=[1.9:-0.1:-2];
v3=[-1.9:0.1:0];
t=[0:0.1:8];
u=[v1,v2,v3];
[y,x]=lsim(num,den,u,t);          %产生传递函数在三角波下的响应数据
plot(t,y,t,u,':');                %绘制传递函数在三角波下的响应曲线
grid
xlabel('时间')
ylabel('幅值')
title('系统在三角波函数作用下的响应')
legend('y','u')
```

该程序执行后,系统的输出响应曲线如图 3-26 所示。

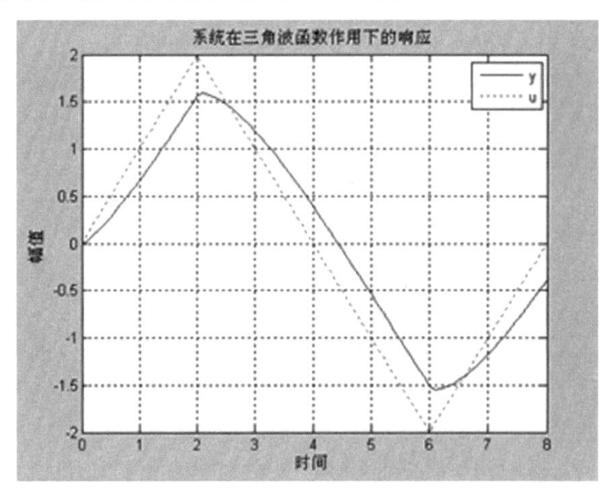

图 3-26 例 3-14 系统的输出响应曲线

MATLAB 中所提供的单位阶跃响应函数 step( )、单位脉冲响应函数 impulse( )、零输入响应函数 initial( )和任意输入下的仿真函数 lsim( ),其输入变量不仅可以是系统的零、极点形式,传递函数形式,还可以是状态空间模型形式。具体用法可参见 MATLAB 的在线帮助系统或相关参考书。

本章小结

1. 时域分析法是通过直接求解系统在典型输入信号作用下的时域响应，来分析控制系统的稳定性、动态性能和稳态性能。对于稳定系统，在工程上常用单位阶跃响应的超调量、调节时间和稳态误差等性能指标来评价控制系统性能的优劣。

2. 由于传递函数和微分方程之间具有确定的关系，故常利用传递函数进行时域分析。例如，由闭环传递函数的极点决定系统的稳定性，由阻尼比确定超调量以及由于开环传递函数中积分环节的个数和放大系数确定稳态误差等。此时无须直接求解微分方程，这样使系统分析工作大为简化。

3. 对二阶系统的分析，在时域分析中占有重要位置。应牢牢掌握系统性能和系统特征参数间的关系。对一、二阶系统理论分析的结果，常是分析高阶系统的基础。

二阶系统在欠阻尼的响应下虽有振荡，但只要阻尼比 ζ 取值适当（如 $\zeta=0.7$ 左右），则系统既有响应的快速性，又有过渡过程的平稳性，因而在控制工程中常把二阶系统设计为欠阻尼系统。

如果高阶系统中含有一对闭环主导极点，则该系统的动态响应就可以近似用这对主导极点所描述的二阶系统来表征。

4. 稳定性是系统正常工作的首要条件。线性控制系统的稳定性是系统的一种固有特性，完全由系统的结构和参数所决定。判别稳定性的主要代数判据是劳斯判据和赫尔维茨判据。稳定性判据只回答特征方程式的根在 s 平面上的分布情况，而不能确定根的具体数值。

5. 稳态误差是系统中很重要的性能指标，它标志着系统最终可能达到的精度。稳态误差既与系统的结构、参数有关，又与外作用的形式及大小有关。系统型号和误差系数既是衡量稳态误差的一种标志，同时也是计算稳态误差的简便方法。系统型号越高，误差系数越大，系统稳态误差越小。

稳态精度与动态性能在对系统的型号和开环增益的要求上是相矛盾的。解决这一矛盾的方法，除了在系统中设置校正装置外，还可用前馈补偿的方法来提高系统的稳态精度。

习　题

XI TI

3-1　系统的结构图如图3-27所示。已知传递函数 $G(s)=10/(0.2s+1)$，欲采用加负反馈的办法，将过渡过程时间 t_s 减小为原来的0.1倍，并保证总放大系数不变。试确定参数 K_H 和 K_0 的数值。

3-2　某系统在输入信号 $r(t)=(1+t)\times 1(t)$ 的作用下，测得输出响应为 $c(t)=(t+0.9)-0.9e^{-10t}(t\geqslant 0)$。已知初始条件为零，试求系统的传递函数 $G(s)$。

3-3　设一个二阶控制系统的单位阶跃响应曲线如图3-28所示。试确定系统的传递函数。

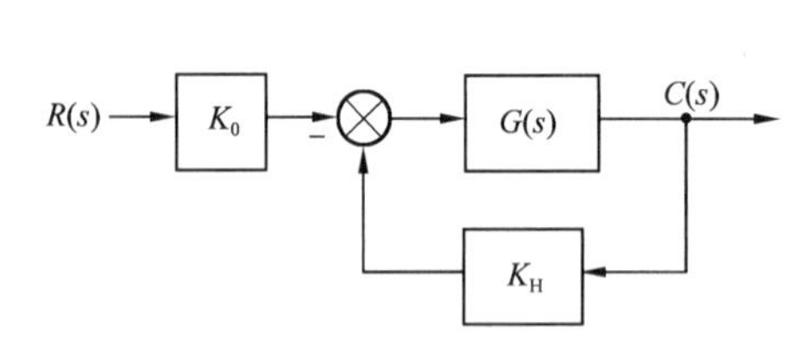

图 3-27　习题 3-1 图

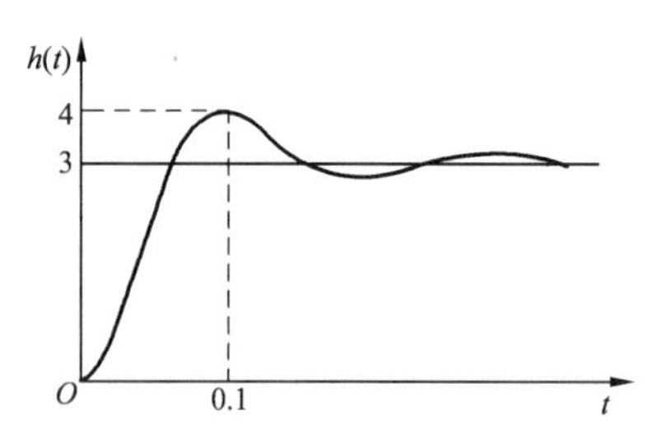

图 3-28　习题 3-3 图

3-4　设一个控制系统如图 3-29 所示。(1)若 $H(s)=1$，求系统单位阶跃响应的上升时间 t_r、峰值时间 t_p、超调量 $\sigma\%$ 和调整时间 t_s。(2)若 $H(s)=1+0.8s$，则重新求上述(1)中的各项指标。(3)比较(1)和(2)两项的结果，并说明增加比例-微分反馈的作用。

3-5　设控制系统如图 3-30 所示。要求按下列两组参数值分别求该系统的单位阶跃响应，并在 s 平面上表示该系统极点的位置：(1)$K=4, a=6$；(2)$K=4, a=2$。

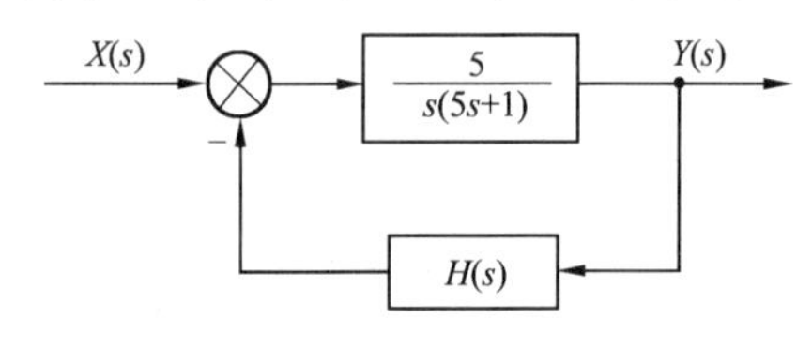

图 3-29　习题 3-4 图

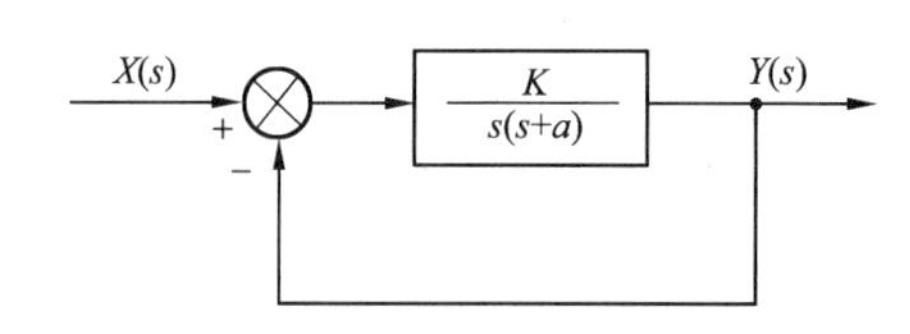

图 3-30　习题 3-5 图

3-6　已知系统特征方程为

$$s^6+30s^5+20s^4+10s^3+5s^2+20=0$$

试判断系统的稳定性。

3-7　已知控制系统结构图如图 3-31 所示，求：(1)确定使系统稳定的 K 的取值范围；(2)如果要求系统的闭环特征方程式的根全部位于 $s=-1$ 垂线之左，求 K 的取值范围。

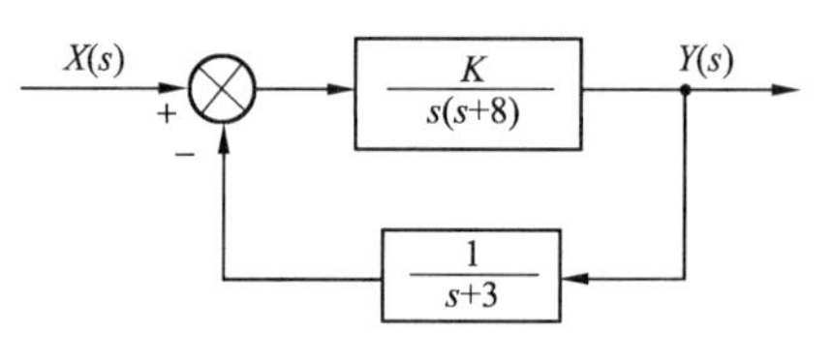

图 3-31　习题 3-7 图

3-8　已知系统特征方程为

$$s^6+2s^5+8s^4+12s^3+20s^2+16s+16=0$$

试求：(1)在 s 平面右半面的根的个数；(2)虚根。

3-9　已知单位负反馈控制系统的开环传递函数为

$$G_0(s)=\frac{K}{s(as+1)(bs^2+cs+1)}$$

试求：(1)位置误差系数、速度误差系数和加速度误差系数；(2)当参考输入信号为 $r\times 1(t)$、$rt\times 1(t)$ 和 $rt^2\times 1(t)$ 时系统的稳态误差。

3-10　单位负反馈控制系统的开环传递函数为

$$G_0(s)=\frac{10}{s(1+T_1 s)(1+T_2 s)}$$

输入信号为 $r(t)=A+\omega t$，A 为常量，$\omega=0.5$ rad/s。试求系统的稳态误差。

3-11　控制系统的结构图如图 3-32 所示。假设输入信号为 $r(t)=at$（a 为任意常数）。

证明：通过适当地调节 K_i 的值，该系统对斜坡输入响应的稳态误差能达到零。

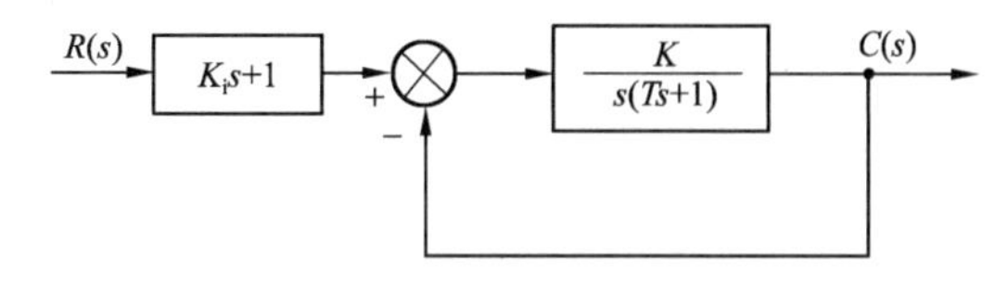

图 3-32　习题 3-11 图

3-12　设单位负反馈系统开环传递函数为 $G_0(s)=K_p\dfrac{K_g}{Ts+1}$。如果要求系统的位置稳态误差 $e_{ss}=0$，单位阶跃响应的超调量 $\sigma\%=4.3\%$，试问 K_p、K_g、T 各参数之间应保持什么关系。

3-13　设复合控制系统如图 3-33 所示。其中 $K_1=2K_2=1$，$T_2=0.25$ s，$K_2K_3=1$

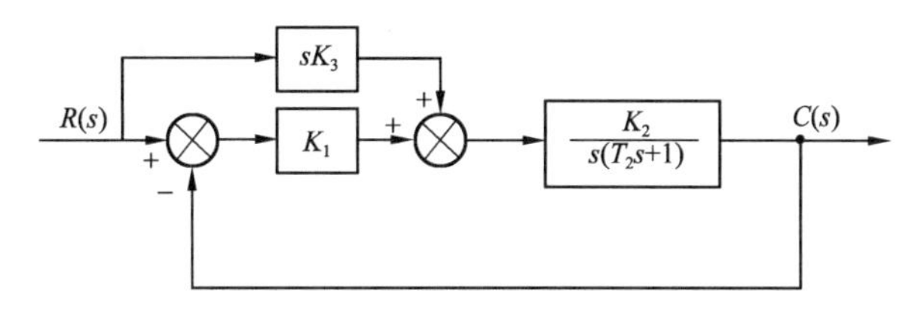

图 3-33　习题 3-13 图

试求：$r(t)=(1+t+\dfrac{t^2}{2})\times 1(t)$ 时，系统的稳态误差。

第4章 根轨迹法

闭环系统的特征根的位置不仅决定了系统的稳定性，而且对系统的动态特性也有着重要的影响。因此，研究系统的特征根在 s 平面上的位置随参数变化的规律很有意义。但对于高阶系统，采用解析法求取系统的闭环特征根通常是比较困难的。

1948 年，*W. R.* 伊万思(W. R. Evans)提出了一种在复平面上利用开环系统的零、极点来确定闭环系统极点分布规律的图解方法，称为根轨迹法。利用这一方法可以分析系统的性能，确定系统的结构和参数，也可用于校正装置的综合。根轨迹法是一种简便的图解方法，在控制工程上得到了广泛的应用。

4.1 根轨迹法的基本概念

本节主要介绍根轨迹的基本概念，根轨迹与系统性能之间的关系，并从闭环极点与开环零、极点之间的关系推导出根轨迹方程，同时将向量形式的根轨迹方程转化为工程中常用的相角条件方程和幅值条件方程形式。

4.1.1 根轨迹的概念

所谓根轨迹，是指开环系统某一参数从零到无穷变化时，闭环系统特征方程的根在 s 平面上移动的轨迹。

下面结合例 4-1 所示系统，说明什么是根轨迹以及根轨迹应该满足的条件。

【例 4-1】 设控制系统的动态结构图如图 4-1 所示，绘出此系统的根轨迹。

解：开环传递函数为

$$G_0(s)=\frac{k_g}{s(s+2)}$$

闭环传递函数为

$$G_c(s)=\frac{k_g}{s^2+2s+k_g}$$

闭环特征方程为

$$s^2+2s+k_g=0$$

用解析法可求得两个特征根为

$$s_{1,2}=-1\pm\sqrt{1-k_g}$$

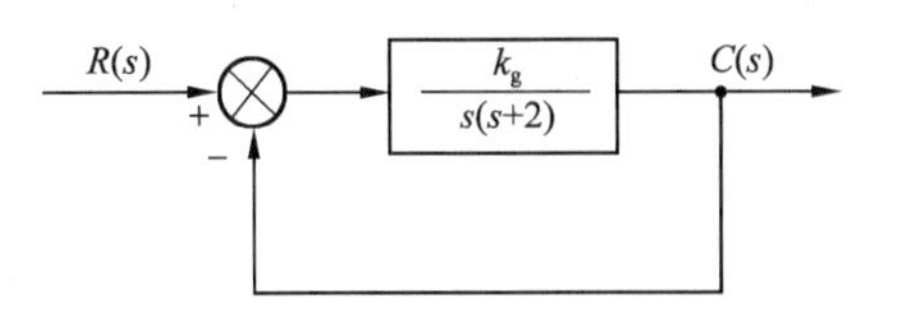

图 4-1　例 4-1 的控制系统动态结构图

当增益从 $k_g=0$ 开始逐渐增加取不同值时，可求得相应的特征根 s_1 和 s_2，见表 4-1。因为系统的闭环极点是连续变化的，表现在 s 平面上的轨迹即例 4-1 系统的根轨迹，如图 4-2 所示。图中箭头方向表示增益 k_g 增大时闭环极点移动的方向，开环极点用"×"来表示，开环零点用"○"来表示(本例系统没有开环零点)，粗实线即增益 k_g 变化时闭环极点移动的轨迹。

表 4-1　例 4-1 系统的增益与闭环特征根的值

k_g	0	0.1	0.5	1	2	3	4	5	…
s_1	0	−0.05	−0.29	−1	−1+j	$-1+\sqrt{2}$j	$-1+\sqrt{3}$j	−1+2j	…
s_2	−2	−1.95	−1.71	−1	−1−j	$-1-\sqrt{2}$j	$-1-\sqrt{3}$j	−1−2j	…

在图 4-2 上，$k_g=0$ 时为根轨迹的起点。闭环特征方程为

$$s^2+2s=0$$

即

$$s(s+2)=0$$

所以根轨迹的起点也是系统的开环极点。

当增益增加到 $k_g=1$ 时，方程为 $s^2+2s+1=0$，方程有两个重根 $s_{1,2}=-1$，所以增益的范围为 $0\leqslant k_g\leqslant 1$ 时，闭环极点在实轴上的轨迹如图 4-2 中粗实线所示。

当增益 $k_g>1$ 时，闭环特征根为

$$s_{1,2}=-1\pm\sqrt{1-k_g}$$

共轭复数根的实部为常数 −1，虚部随着 k_g 的增大向上下延伸，如图 4-2 所示。

当 $k_g\to\infty$时，有 $s_{1,2}=-1\pm\sqrt{1-k_g}\,\big|_{k_g\to\infty}=-1\pm j\infty$。

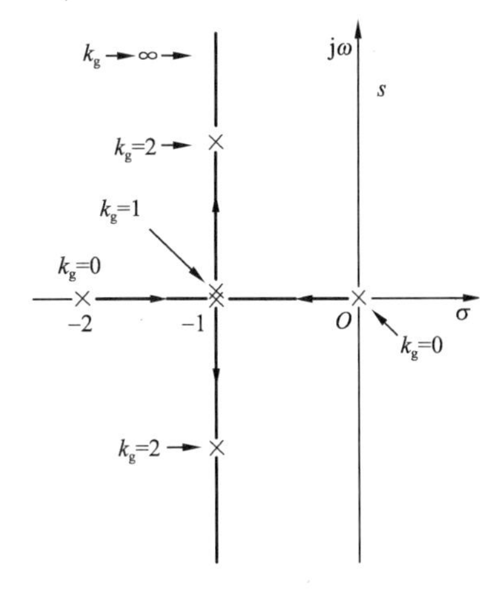

图 4-2　例 4-1 系统的根轨迹图

如果令增益 k_g 从零变到无穷，可以用解析的方法求出闭环特征根的全部数值，将这些数值标注在 s 平面上，并连成光滑的粗实线，如图 4-2 所示。粗实线即系统的根轨迹。根轨迹上的箭头表示随着 k_g 值的增加根轨迹的变化趋势，而标注的数值则代表与闭环极点位置相应的增益 k_g 的数值。

4.1.2　根轨迹与系统性能

根据根轨迹图可以分析系统的各种性能。下面以图 4-2 为例进行说明。

1. 稳定性

当增益 k_g 从零变到无穷时，图 4-2 上的根轨迹不会越过虚轴进入 s 平面的右半面，因此例 4-1 系统对所有的 k_g 值都是稳定的，这与第 3 章所得出的结论完全相同。如果分析高阶系统的根轨迹图，根轨迹有可能越过虚轴进入 s 平面的右半面，此时根轨迹与虚轴交点处的 k_g 值就是临界增益值。

2. 稳态性能

如图 4-2 所示，开环系统在坐标原点有一个极点，所以系统属Ⅰ型系统，因而根轨迹上的 k_g 值与稳态速度误差系数对应。如果给定系统的稳态误差要求，则由根轨迹图可以确定闭环极点位置的容许范围。在一般情况下，根轨迹图上标注出来的参数不是开环增益，而是所谓的根轨迹增益。下面内容将要指出开环增益和根轨迹增益之间仅相差一个比例常数，很容易进行换算。对于其他参数变化的根轨迹图，情况是类似的。

3. 动态性能

如图 4-2 所示，当 $0<k_g<1$ 时，所有闭环极点位于实轴上，系统为过阻尼系统，单位阶跃响应为非周期过程；当 $k_g=1$ 时，闭环两个实数极点重合，系统为临界阻尼系统，单位阶跃响应仍为非周期过程，但响应速度比 $0<k_g<1$ 的情况要快；当 $k_g>1$ 时，闭环极点为复数极点，系统为欠阻尼系统，单位阶跃响应为阻尼振荡过程，且超调量将随 k_g 值的增大而增大，但调节时间不会显著变化。

上述分析表明，根轨迹与系统性能之间有着密切的联系。然而，对于高阶系统，由于其特征方程的根往往很难具体求出，用解析的方法绘制系统的根轨迹图显然是不适用的。希望能有简便的图解方法，可以根据已知的开环传递函数迅速绘出闭环系统的根轨迹。下面对一般控制系统进行分析。

4.1.3 根轨迹的条件方程

一般控制系统的结构如图 4-3 所示。

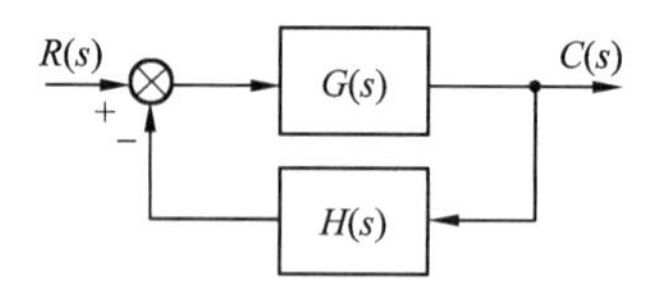

图 4-3 一般控制系统的结构图

开环传递函数为

$$G_0(s)=G(s)H(s) \tag{4-1}$$

闭环传递函数为

$$G_c(s)=\frac{C(s)}{R(s)}=\frac{G(s)}{1+G(s)H(s)}=\frac{G(s)}{1+G_0(s)} \tag{4-2}$$

系统的开环传递函数以开环零、极点来表示时可以写为

$$G_0(s)=k_g\frac{\prod_{j=1}^{m}(s+z_j)}{\prod_{i=1}^{n}(s+p_i)} \tag{4-3}$$

式中，$s=-z_j(j=1,2,\cdots,m)$为系统的开环零点；$s=-p_i(i=1,2,\cdots,n)$为系统的开环极点；k_g 为根轨迹增益，它与系统开环增益 k_0 的关系为

$$k_0=k_g\frac{\prod_{j=1}^{m}z_j}{\prod_{i=1}^{n}p_i} \tag{4-4}$$

根轨迹增益 k_g 对应的开环传递函数，即式(4-3)称为首一型传递函数，而开环增益 k_0 对应的开环传递函数

$$G_0(s)=k_0\frac{\prod_{j=1}^{m}(\tau_j s+1)}{\prod_{i=1}^{n}(T_i s+1)} \tag{4-5}$$

则称为尾一型传递函数。

由式(4-2)可得系统的闭环特征方程为

$$1+G_0(s)=0 \tag{4-6}$$

用系统的开环传递函数 $G_0(s)$ 来表示，则有根轨迹方程

$$G_0(s)=-1 \tag{4-7}$$

或

$$G_0(s)=k_g\frac{\prod_{j=1}^{m}(s+z_j)}{\prod_{i=1}^{n}(s+p_i)}=-1 \tag{4-8}$$

通过根轨迹的概念可知根轨迹上的每个点都满足闭环特征方程 $G_0(s)=-1$ 的条件；反之，方程 $G_0(s)=-1$ 的根必定在根轨迹上，所以把 $G_0(s)=-1$ 叫作根轨迹的条件方程。

由于开环传递函数 $G_0(s)$ 是复变函数，分别要满足如下的幅值方程

$$|G_0(s)|_{s=s_g}=1 \tag{4-9}$$

和相角方程

$$\angle G_0(s)|_{s=s_g}=\pm 180°(2k+1)\quad (k=0,1,2,\cdots) \tag{4-10}$$

用零点和极点表示分别为

$$\left|k_g\frac{\prod_{j=1}^{m}(s+z_j)}{\prod_{i=1}^{n}(s+p_i)}\right|_{s=s_g}=1 \tag{4-11}$$

和

$$\sum_{j=1}^{m}\angle(s+z_j)|_{s=s_g}-\sum_{i=1}^{n}\angle(s+p_i)|_{s=s_g}=\pm 180°(2k+1)\quad (k=0,1,2,\cdots) \tag{4-12}$$

式(4-9)与式(4-10)的幅值方程与相角方程称为根轨迹的条件方程。也就是说，s 平面上的任意点 $s=s_g$ 如果满足根轨迹的幅值方程和相角方程，则该点在根轨迹上；s 平面上的任意点 $s=s_g$ 如果不满足根轨迹的幅值方程和相角方程，则复平面上的根轨迹不通过 $s=s_g$。应当指出，幅值方程和相角方程是根轨迹上的点应该同时满足的两个条件，而相角条件是确定 s 平面上根轨迹的充分必要条件，也就是说，绘制根轨迹时只需使用相角条件即可，当需要确定根轨迹上各点的 k_g 值时才用幅值条件。

4.2 根轨迹的基本绘制法则

根据根轨迹条件方程绘制的图即系统的根轨迹图，但不可能遍历 s 平面上所有的点来绘制。因为根轨迹图有一定的规律可循，所以工程上可以根据一些基本法则来绘制根轨迹的草图，也可以利用计算机等辅助工具更准确地作图。

在下面的讨论中，假定所研究的变化参数是根轨迹增益 k_g，当可变参数为系统的其他参数时，这些基本法则仍然适用。应当指出，用这些法则绘制的根轨迹，其相角遵循 $\pm 180°(2k+1)$ 条件，因此又称为 180°根轨迹，相应的绘制法则叫作 180°根轨迹绘制法则。若相角条件遵循 0°(360°)条件（如正反馈系统），则相应的根轨迹称为 0°根轨迹，相应的绘制法则称为 0°根轨迹绘制法则。

4.2.1 根轨迹的分支数、起点和终点

n 阶系统对于任意增益值其特征方程都有 n 个根，所以当增益 k_g 由 $0\to\infty$ 变化时，在 s 平面有 n 条根轨迹，即根轨迹的分支数等于 n，与系统的阶数相等。

又

$$\frac{\prod_{j=1}^{m}(s+z_j)}{\prod_{i=1}^{n}(s+p_i)}=-\frac{1}{k_g} \tag{4-13}$$

当 $k_g=0$ 时是根轨迹的起点，为使式(4-13)成立，必有 $s=-p_i\ (i=1,2,\cdots,n)$，而 $s=-p_i$ 为系统的开环极点，所以 n 条根轨迹起始于系统的 n 个开环极点。

当 $k_g\to\infty$ 时是根轨迹的终点，为使式(4-13)成立，必有 $s=-z_j\ (j=1,2,\cdots,m)$，而 $s=-z_j$ 为系统的开环零点，所以 n 条根轨迹终止于系统的 m 个开环零点。

一般情况下，在式(4-13)中，满足 $n\geqslant m$，所以 n 阶系统只有 m 个有限零点，n 条根轨迹中的 m 条根轨迹终止于 m 个有限零点。对于其余 $n-m$ 条根轨迹，当 $k_g\to\infty$ 时方程右边有

$$\lim_{k_g\to\infty}-\frac{1}{k_g}=0$$

当 $k_g\to\infty$ 时 $s\to\infty$，方程左边有

$$\lim_{\substack{k_g\to\infty\\ s\to\infty}}\frac{\prod_{j=1}^{m}(s+z_j)}{\prod_{i=1}^{n}(s+p_i)}=\lim_{s\to\infty}\frac{s^m}{s^n}=\lim_{s\to\infty}\frac{1}{s^{n-m}}=0$$

即当 $s\to\infty$ 时，方程两边才相等。由此可知，若 $n>m$，则 $k_g\to\infty$ 时，有 $n-m$ 条根轨迹趋于 s 平面的无穷远处。

法则 1 有 n 个开环极点、m 个开环零点的系统 $(n\geqslant m)$，根轨迹的分支有 n 条，它们分别起始于 n 个开环极点，有 m 条终止于开环零点，尚有 $n-m$ 条终止于无穷远处的零点。

注：若特征方程中 $m\geqslant n$，则方程的阶数与 m、n 中大者 m 相等，则根轨迹的分支数也与 m 相等，根轨迹起始于 n 个开环极点和 $n-m$ 个无穷远处的极点，而终止于 m 个开环零点。

4.2.2　根轨迹的连续性和对称性

由于根轨迹增益 k_g 由 $0\to\infty$ 的变化是连续的，所以系统闭环特征方程的根也是连续变化的，即 s 平面上的根轨迹是连续的。

由于线性定常系统闭环特征方程的系数全部是实数，其根必为实数或共轭复数，所以 s 平面上的根轨迹是关于实轴对称的。

法则 2　根轨迹连续且关于实轴对称。

4.2.3　实轴上的根轨迹

设某一系统的开环零、极点分布如图 4-4 所示，若实轴上某一点是根轨迹上的点，它必满足式(4-12)的相角方程。在实轴上任取一试验点 s_1，如图 4-4 所示，在复平面上任何一对共轭复数极点(或零点)到 s_1 处向量的相角之和为零，如$\angle(s_1+p_2)+\angle(s_1+p_3)=0$。而试验点 s_1 左侧实轴上的开环零、极点到 s_1 处向量的相角也为零，所以它们都不影响相角方程的成立。只需考虑试验点 s_1 右侧实轴上开环零、极点到 s_1 点处向量的相角，每个相角都为 π。将上述关系代入式(4-12)的相角方程中，则有

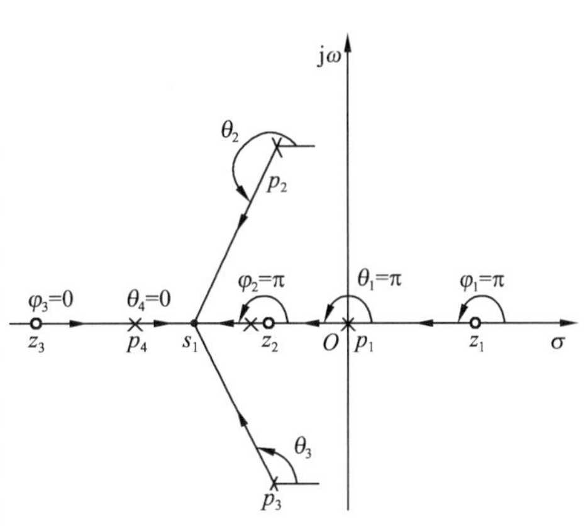

图 4-4　实轴上的根轨迹

$$
\begin{aligned}
&\sum_{j=1}^{3}\angle(s_1+z_j)-\sum_{i=1}^{4}\angle(s_1+p_i)\\
&=\angle(s_1+z_1)+\angle(s_1+z_2)-\angle(s_1+p_1)\\
&=\pi+\pi-\pi\\
&=\pi\\
&=(2k+1)\pi\quad(k=0)
\end{aligned}
$$

所以相角方程成立，即 s_1 是根轨迹上的点。而且 s_1 右侧有两个开环零点，一个开环极点，零、极点数目之和为奇数。一般情况下，设试验点右侧有 l 个开环零点，h 个开环极点，则有关系式

$$\sum_{j=1}^{l}\angle(s_1+z_j)-\sum_{i=1}^{h}\angle(s_1+p_i)=(l-h)\pi$$

若满足相角条件，必有关系式

$$(l-h)\pi=(2k+1)\pi$$

所以，$l-h$ 必为奇数，当然 $l+h$ 也为奇数。

法则 3　实轴上的根轨迹完全由实轴上的开环极点和零点所确定。若某段实轴右侧的实极点数与实零点数之和是奇数，则这段实轴就是根轨迹的一部分；若某段实轴右侧的实极点数和实零点数之和为偶数，则它不是系统的根轨迹。

【例 4-2】　设一单位负反馈系统的开环传递函数为 $G_0(s)=\dfrac{k(s+1)}{s(0.5s+1)}$，求 $k=0\to\infty$ 时闭环系统根轨迹。

解：将开环传递函数写成首一型形式为

$$G(s)=\frac{2k(s+1)}{s(s+2)}$$

有一个开环零点，$-z_1=-1$；两个开环极点，$-p_1=0$、$-p_2=-2$。开环传递函数分子的阶数 $m=1$，分母的阶数 $n=2$。首先将开环零、极点布置在 s 平面上，如图 4-5 所示，然后按绘制根轨迹的基本法则逐步画出根轨迹。

(1)依据法则 1，有两条根轨迹，分别起始于开环极点 0、-2，一条终止于有限零点 -1，另一条趋于无穷远处。

(2)依据法则 2，两条根轨迹对称于实轴且连续。

(3)依据法则 3，在负实轴上，0 到 -1 之间和 -2 到负无穷之间是根轨迹。最后绘制出根轨迹如图 4-5 所示。

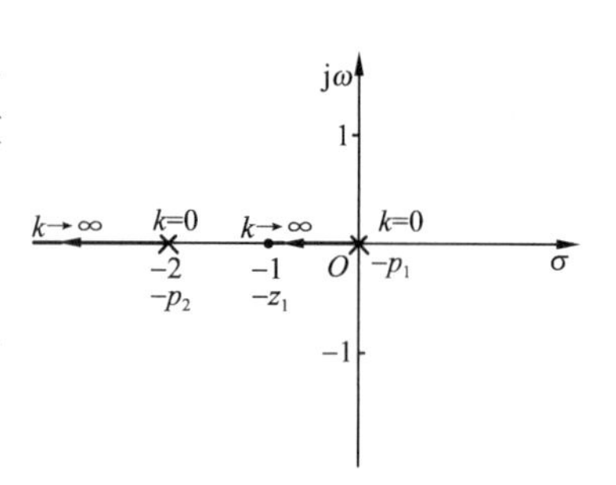

图 4-5 例 4-2 系统的根轨迹图

4.2.4 根轨迹的渐近线

由法则 1 可知，若 $n \geqslant m$，当 $k_g \to \infty$，有 $n-m$ 条根轨迹趋于 s 平面的无穷远处。以下讨论 $n-m$ 条根轨迹以何种方式趋于无穷远处。由式(4-13)可得

$$\frac{\prod_{j=1}^{m}(s+z_j)}{\prod_{i=1}^{n}(s+p_i)}=\frac{s^m+b_{m-1}s^{m-1}+\cdots+b_1 s+b_0}{s^n+a_{n-1}s^{n-1}+\cdots+a_1 s+a_0}=-\frac{1}{k_g} \tag{4-14}$$

式中，$b_{m-1}=\sum_{j=1}^{m}z_j$ 为负的零点之和；$a_{n-1}=\sum_{i=1}^{n}p_i$ 为负的极点之和。当 $k_g \to \infty$ 时，由 $n \geqslant m$，有 $s \to \infty$，式(4-14)可近似为

$$s^{m-n}+(b_{m-1}-a_{n-1})s^{m-n-1}=-\frac{1}{k_g} \tag{4-15}$$

$$s^{m-n}\left(1+\frac{b_{m-1}-a_{n-1}}{s}\right)=-\frac{1}{k_g} \tag{4-16}$$

$$s\left(1+\frac{b_{m-1}-a_{n-1}}{s}\right)^{\frac{1}{m-n}}=\left(-\frac{1}{k_g}\right)^{\frac{1}{m-n}} \tag{4-17}$$

由于 $s \to \infty$，将式(4-17)左边按牛顿二项式定理展开，近似取线性项(即略去高次项)则有

$$\left(1+\frac{b_{m-1}-a_{n-1}}{s}\right)^{\frac{1}{m-n}}=1+\frac{1}{m-n}\cdot\frac{b_{m-1}-a_{n-1}}{s}+\frac{1}{2!}\cdot\frac{1}{m-n}\left(\frac{1}{m-n}-1\right)\left(\frac{b_{m-1}-a_{n-1}}{s}\right)^2+\cdots \tag{4-18}$$

当 s 取较大值时，

$$s\left(1+\frac{b_{m-1}-a_{n-1}}{s}\right)^{\frac{1}{m-n}}=s\left(1+\frac{1}{m-n}\cdot\frac{b_{m-1}-a_{n-1}}{s}\right)=\left(-\frac{1}{k_g}\right)^{\frac{1}{m-n}} \tag{4-19}$$

令

$$\frac{b_{m-1}-a_{n-1}}{m-n}=\frac{a_{n-1}-b_{m-1}}{n-m}=\sigma \tag{4-20}$$

可得

$$s+\sigma=\left(-\frac{1}{k_g}\right)^{\frac{1}{m-n}} \tag{4-21}$$

$$s=-\sigma+(-k_g)^{\frac{1}{n-m}} \tag{4-22}$$

以 $-1=\mathrm{e}^{\pm \mathrm{j}180^\circ(2k+1)}$ $(k=0,1,2,\cdots)$ 代入式(4-22)，则有

$$s=-\sigma+k_g^{\frac{1}{n-m}}\mathrm{e}^{\pm \mathrm{j}180^\circ\frac{2k+1}{n-m}} \tag{4-23}$$

式(4-23)是当 $s\to\infty$ 时根轨迹的渐近线方程。此方程由如下两项组成：

第一项为实轴上的常数向量，为渐近线与实轴的交点，其坐标为

$$-\sigma=-\frac{a_{n-1}-b_{m-1}}{n-m}=-\frac{\sum_{i=1}^{n}p_i-\sum_{j=1}^{m}z_j}{n-m}=\frac{\sum_{j=1}^{m}z_j-\sum_{i=1}^{n}p_i}{n-m} \tag{4-24}$$

第二项为通过坐标原点的直线，与实轴的夹角(称为渐近线的倾斜角)为

$$\alpha=\pm\frac{180^\circ(2k+1)}{n-m} \tag{4-25}$$

式中，$k=0,1,2,\cdots$。由于相角的周期为 360°，k 取到 $n-m-1$ 即可。

法则 4 根轨迹的渐近线与实轴的夹角 α 和与实轴的交点 σ_0 由下式确定

$$\alpha=\pm\frac{180^\circ(2k+1)}{n-m}\quad(k=0,1,2,\cdots)$$

$$\sigma_0=-\frac{\sum_{i=1}^{m}p_i-\sum_{j=1}^{m}z_j}{n-m}=\frac{\sum_{j=1}^{m}z_j-\sum_{i=1}^{n}p_i}{n-m}$$

【例 4-3】 已知控制系统的开环传递函数为

$$G_0(s)=\frac{k_g}{s(s+1)(s+5)}$$

试确定根轨迹的分支数、起点和终点。若终点在无穷远处，试确定渐近线与实轴的交点及渐近线的倾斜角。

解：由于 $n=3$，所以有 3 条根轨迹，起点分别在 $-p_1=0$、$-p_2=-1$ 和 $-p_3=-5$。由于 $m=0$，开环传递函数没有有限值零点，所以 3 条根轨迹的终点都在无穷远处，其渐近线与实轴的交点 σ_0 及倾斜角 α 分别为

$$\sigma_0=-\frac{\sum_{i=1}^{3}p_i}{n-m}=-\frac{0+1+5}{3-0}=-2$$

$$\alpha=\pm\frac{180^\circ(2k+1)}{n-m}=\pm\frac{180^\circ(2k+1)}{3}$$

当 $k=0$ 时，$\alpha_1=\pm60^\circ$；当 $k=1$ 时，$\alpha_2=\pm180^\circ$。根轨迹的起点和 3 条渐近线如图 4-6 所示。

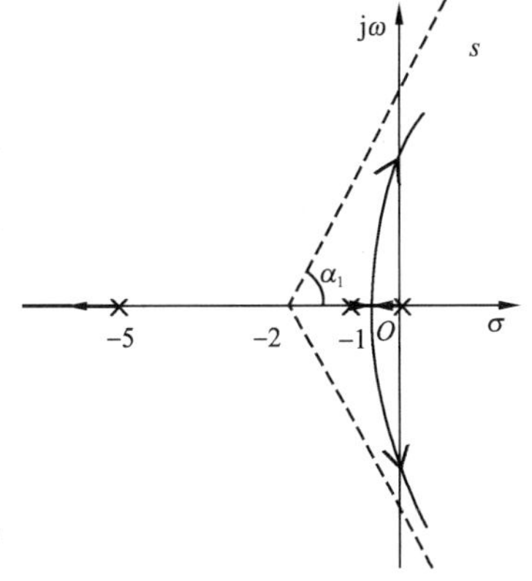

图 4-6 例 4-3 的根轨迹渐近线图

4.2.5 根轨迹的分离点与会合点

若干条根轨迹在复平面上的某一点相遇后又分开，称该点为分离点或会合点，如图 4-7 所示。由开环极点 $-p_1$ 和 $-p_2$ 出发的两支根轨迹，随 k_g 的增大在实轴上 A 点相遇后即分离进入复平面。随着 k_g 的继续增大，又在实轴上的 B 点相遇并分别沿实轴的左右两方运动。当 k_g 趋于无穷大时，一支根轨迹终止于开环零点 $-z$，另一支根轨迹趋于实轴的负无

穷远处。实轴上有两个交点 A 和 B，分别称为根轨迹在实轴上的分离点和会合点。一般把根轨迹离开实轴进入复平面的点称为分离点，把根轨迹从复平面进入实轴的点称为会合点。

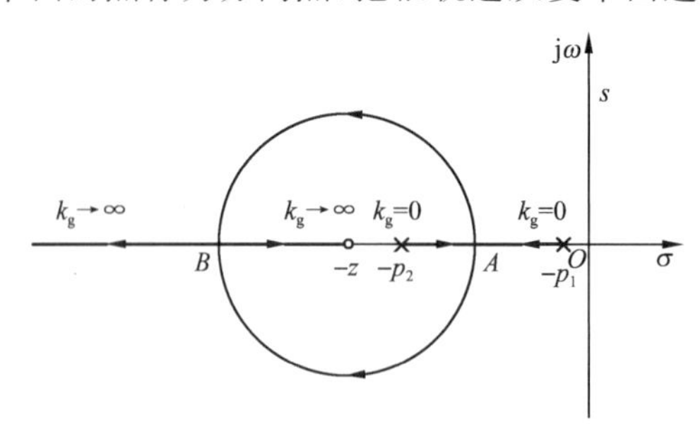

图 4-7 分离点与会合点

1. 实轴分离点和会合点的判别

如果实轴上两个相邻开环极点之间是根轨迹（由实轴根轨迹的判别得到），则它们之间必有分离点；如果实轴上两个相邻开环零点（其中一个可为无穷远零点）之间是根轨迹，则这两相邻零点之间必有会合点；如果实轴上根轨迹在开环零点与极点之间，则它们中间可能既无分离点也无会合点，也可能既有分离点也有会合点。

在分离点或会合点上，根轨迹的切线和实轴的夹角称为分离角。分离角 θ_d 与相分离的根轨迹的分支数 k 有关，即

$$\theta_d = \pm\frac{180^\circ}{k} \tag{4-26}$$

例如，实轴上两支根轨迹的分离角为 $\pm 90^\circ$；三支根轨迹的分离角为 0°、$\pm 60^\circ$、$\pm 180^\circ$。式(4-26)的分离角公式可以由相角条件公式证得。

2. 分离点或会合点位置的计算

分离点或会合点位置的计算可用重根法、试探法等方法来求取。

(1)重根法

几条根轨迹在复平面上某点相遇又分开，该点必为特征方程的重根点。如两条根轨迹相遇又分开，则该点为二重根点；如三条根轨迹相遇又分开，则该点为三重根点……。重根的确定可以借助于代数重根法则：

已知 n 次代数方程为

$$f(x) = x^n + a_{n-1}x^{n-1} + \cdots + a_1 x + a_0 x^0 = 0 \tag{4-27}$$

方程(4-27)有 n 个根。若 n 个根全部是单根，则满足其一阶导数方程 $f'(x)=0$ 的根不是原方程 $f(x)=0$ 的根；如果方程(4-27)有二重根，则满足其一阶导数方程 $f'(x)=0$ 的根仍然含有原方程 $f(x)=0$ 的根；如果方程(4-27)有 m 重根，则满足其一阶导数方程 $f'(x)=0$ 的根，二阶导数方程 $f''(x)=0$ 的根……直至满足其 $m-1$ 阶导数方程 $f^{(m-1)}(x)=0$ 的根，都含有原方程 $f(x)=0$ 的根。

根据代数重根法则，可以计算根轨迹的分离点。系统的开环传递函数为

$$G_0(s) = k_g\frac{\prod_{j=1}^{m}(s+z_j)}{\prod_{i=1}^{n}(s+p_i)} = k_g\frac{N(s)}{D(s)}$$

式中 $N(s)$——变量 s 的分子多项式,最高次为 m;

$D(s)$——变量 s 的分母多项式,最高次为 n。

闭环特征方程可以写为

$$1+k_{g}\frac{N(s)}{D(s)}=0 \tag{4-28}$$

即

$$F(s)=D(s)+k_{g}N(s)=0 \tag{4-29}$$

方程(4-29)的根即系统的闭环极点。根据代数重根法则,如果闭环极点为二重根,即分离点处为二重根,则有方程

$$F'(s)=D'(s)+k_{g}N'(s)=0 \tag{4-30}$$

的根也是方程(4-29)的根,联立式(4-29)和式(4-30)可得分离点的计算公式为

$$N'(s)D(s)-N(s)D'(s)=0 \tag{4-31}$$

由于系统的重根数目不会太多,一般只按照式(4-31)计算即可。另外,计算结果是否是分离点,还要做一下校验。如计算所得的值在实轴上,那么要判别该线段是否是根轨迹。如果该线段是根轨迹,则计算结果就是分离点。否则,不是分离点,要舍去。

(2)试探法

还可以用试探法来计算分离点坐标 d,计算公式为

$$\sum_{j=1}^{m}\frac{1}{d+z_{j}}=\sum_{i=1}^{n}\frac{1}{d+p_{i}} \tag{4-32}$$

式中,m、n 分别为开环传递函数在实轴上的零、极点个数。关于公式的证明可以参阅其他参考教材。

图4-8绘出了4支根轨迹在实轴上分离的情况。图4-9绘出了在复平面上有分离点的情况,复平面上的分离点是关于实轴对称的。

法则5 根轨迹上的分离点和会合点的条件方程可由开环传递函数 $G_{0}(s)=k_{g}\dfrac{N(s)}{D(s)}$ 求得,即 $N'(s)D(s)-N(s)D'(s)=0$ 的解,并需验证在实轴的分离点和会合点。

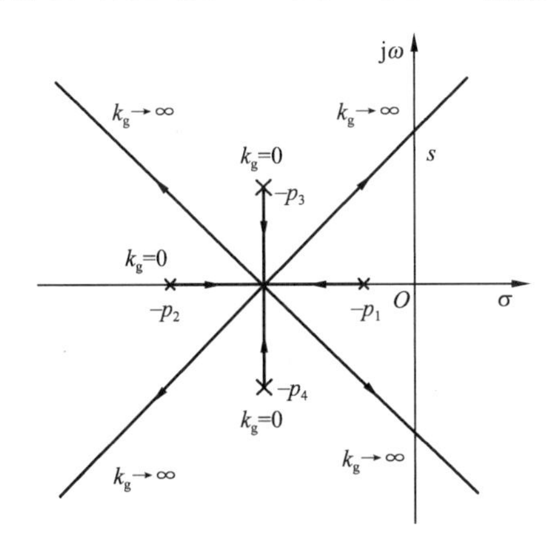

图4-8 四重根的分离点

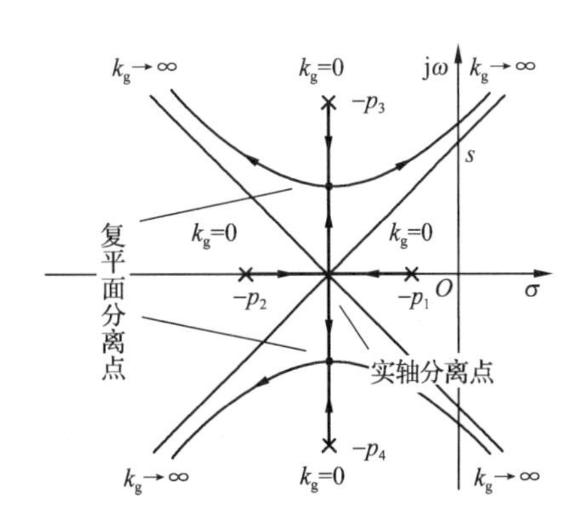

图4-9 复平面上分离点

【例4-4】 设控制系统结构图与开环零、极点分布如图4-10所示,试绘制其概略根

轨迹。

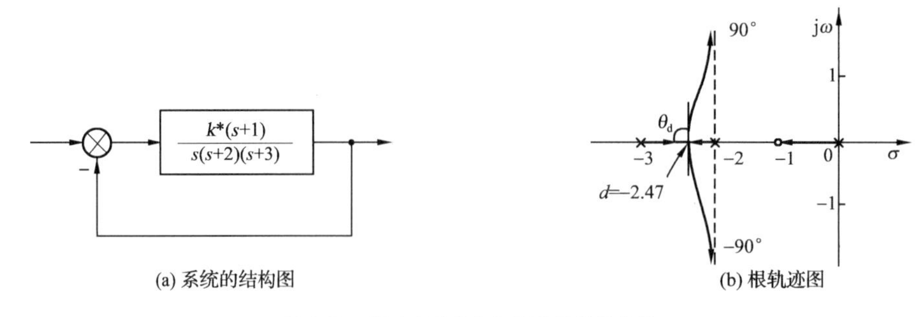

图 4-10 例 4-4 系统的结构图及根轨迹图

解:由法则 1 可知,系统有 3 条根轨迹分支,分别起始于(0,j0)、(−2,j0)、(−3,j0)点,一条终止于(−1,j0)点,另外两条终止于无穷远处。

由法则 2 可知,根轨迹连续且关于实轴对称。

由法则 3 可知,实轴上区域[−1,0]和[−3,−2]是根轨迹,在图 4-10 中以粗实线表示。

由法则 4 可知,两条终止于无穷远处的根轨迹的渐近线与实轴的夹角和交点坐标为

$$\alpha=\pm\frac{180^\circ(2k+1)}{n-m}=\pm\frac{180^\circ(2k+1)}{3-1}=\pm 90^\circ \quad (k=0)$$

$$\sigma_0=-\frac{\sum_{i=1}^{3}p_i-\sum_{j=1}^{1}z_j}{n-m}=-\frac{0+2+3-1}{3-1}=-2$$

由法则 5 可知,分离点方程为

$$N'(s)D(s)-N(s)D'(s)=0$$

$$N(s)=s+1,D(s)=s(s+2)(s+3)$$

即

$$s^3+4s^2+5s+3=0$$

解这个高次方程可用试探法。因为分离点必在[−3,−2]区间,所以不妨试 $s=-2.5$,左侧为−0.125,右侧为零;再试 $s=-2.47$,两边近似相等。所以分离点坐标 $s\approx-2.47$。

另用试探法求法如下:

实轴区域[−3,−2]必有一个根轨迹的分离点 d,它满足下述分离点方程

$$\frac{1}{d+1}=\frac{1}{d}+\frac{1}{d+2}+\frac{1}{d+3}$$

考虑到 d 必在−2 和−3 之间,初步试探时,设 $d=-2.5$,算出 $\frac{1}{d+1}=-0.67$ 和 $\frac{1}{d}+\frac{1}{d+2}+\frac{1}{d+3}=-0.4$,因方程两边不等,所以 $d=-2.5$ 不是欲求的分离点坐标。现在重取 $d=-2.47$,方程两边近似相等,故本例 $d\approx-2.47$。最后画出的系统概略根轨迹如图 4-10(b) 所示。

4.2.6 根轨迹的出射角和入射角

当系统的开环极点和零点位于复平面上时,根轨迹离开共轭复数极点的角称为根轨迹的出射角,根轨迹趋于共轭复数零点的角称为根轨迹的入射角。根据根轨迹的相角条件,可求得根轨迹的出射角和入射角,如图 4-11 所示。其中 $-p_1$ 和 $-p_2$ 为共轭复数极点,两支根

轨迹以 θ_{1c} 和 θ_{2c} 的出射角离开 $-p_1$ 和 $-p_2$。

在离开 $-p_1$ 的根轨迹上取一点 s_1，s_1 应满足以下相角条件，即 $\alpha'_1-(\beta'_1+\beta'_2+\beta'_3+\beta'_4)=\pm180°(2k+1)$，则 $\beta'_1=\mp180°(2k+1)+\alpha'_1-(\beta'_2+\beta'_3+\beta'_4)$。

当 s_1 点趋于 $-p_1$ 时，β'_1 即根轨迹离开 $-p_1$ 点的出射角，β'_1 趋于 θ_{1c}，而 α'_1、β'_2、β'_3 和 β'_4 也分别趋于各开环零点和极点相对于 $-p_1$ 点的向量的相角 α_1、β_2、β_3 和 β_4。这时

$$\theta_{1c}=\mp180°(2k+1)+\alpha_1-(\beta_2+\beta_3+\beta_4)$$

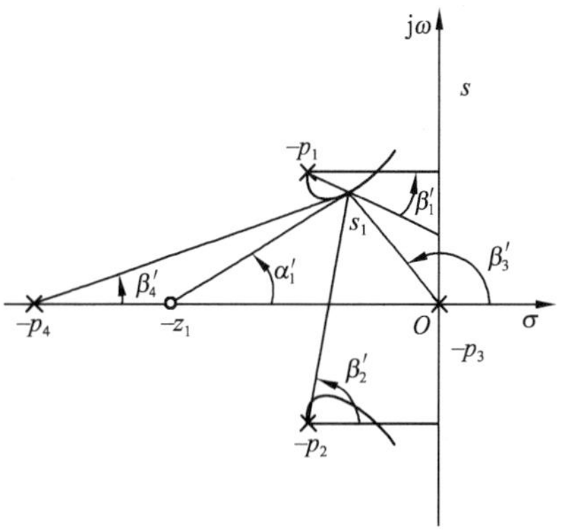

图 4-11　出射角和入射角

法则 6　根轨迹的出射角和入射角可用如下公式确定：

$$\theta_{xc}=\mp180°(2k+1)+\sum_{j=1}^{m}\alpha_j-\sum_{\substack{i=1\\i\neq x}}^{n}\beta_i \tag{4-33}$$

$$\theta_{yr}=\pm180°(2k+1)-(\sum_{\substack{j=1\\j\neq y}}^{m}\alpha_j-\sum_{i=1}^{n}\beta_i) \tag{4-34}$$

式中，θ_{xc} 表示根轨迹离开复数极点 $-p_x$ 的出射角；θ_{yr} 表示根轨迹趋于复数零点 $-z_y$ 的入射角；α_j 表示 $-p_x(-z_y)$ 与各零点的夹角；β_i 表示 $-p_x(-z_y)$ 与各极点的夹角；α_j 和 β_i 是由各零、极点指向 $-p_x(-z_y)$ 的有向线段与实轴正向的夹角。

【例 4-5】　设系统开环传递函数为

$$G(s)\frac{k^*(s+1.5)(s+2+\mathrm{j})(s+2-\mathrm{j})}{s(s+2.5)(s+0.5+\mathrm{j}1.5)(s+0.5-\mathrm{j}1.5)}$$

试绘制该系统概略根轨迹。

解： 将开环零、极点画在图 4-12 中。按如下步骤绘制根轨迹：

（1）确定实轴上的根轨迹。本例实轴上区域 $[-1.5,0]$ 和 $(-\infty,-2.5]$ 为根轨迹。

（2）确定根轨迹的渐近线。本例 $n=4$，$m=3$，故只有一条趋于 180°的渐近线，它正好与实轴上的根轨迹区域 $(-\infty,-2.5]$ 重合，所以在 $n-m=1$ 的情况下，不必再去确定根轨迹的渐近线。

（3）确定分离点。一般来说，如果根轨迹位于实轴上一个开环极点和一个开环零点（有限零点或无限零点）之间，则在这两个相邻的零、极点之间，可能不存在任何分离点，或者同时存在离开实轴和进入实轴的两个分离点。本例无分离点。

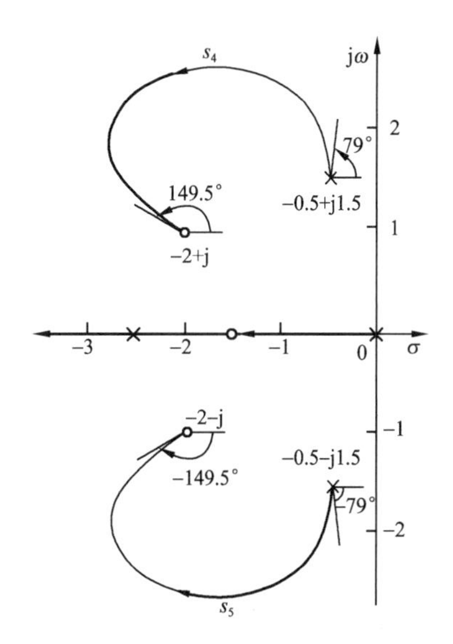

图 4-12　例 4-5 系统的概略根轨迹图

（4）确定出射角与入射角。本例概略根轨迹如图 4-12 所示，为了比较准确地画出这一根轨迹图，应当确定根轨迹的出射角和入射角的数值。

先求出射角。作各开环零、极点对$(-0.5+\mathrm{j}1.5)$的向量，并算出相应角度，如图 4-13(a) 所示。按式(4-25)算出根轨迹在极点$(-0.5+\mathrm{j}1.5)$处的出射角为

$$\theta_{p_1}=180^\circ+(\varphi_1+\varphi_2+\varphi_3)-(\theta_1+\theta_2+\theta_3)=79^\circ$$

根据对称性，根轨迹在极点$(-0.5-\mathrm{j}1.5)$处的出射角为-79°。

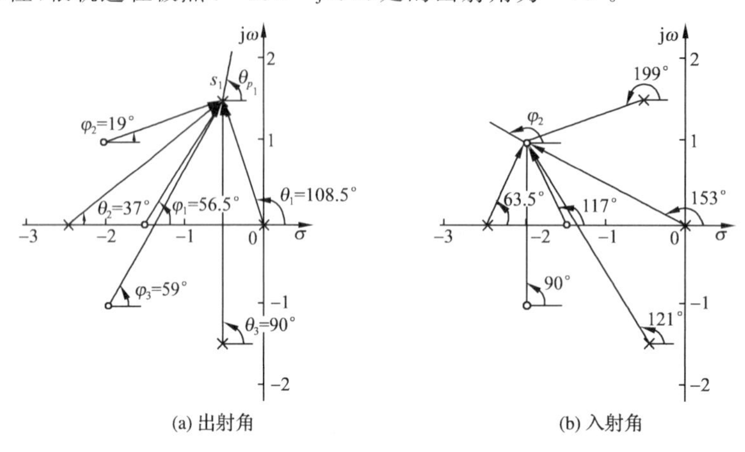

图 4-13 例 4-5 根轨迹的出射角和入射角

用类似方法可算出根轨迹在复数零点$(-2+\mathrm{j})$处的入射角为 149.5°。各开环零、极点到$(-2+\mathrm{j})$的向量相角如图 4-13(b)所示。

4.2.7 根轨迹与虚轴的交点

根轨迹与虚轴相交，对应于系统闭环处于临界稳定状态，则交点处的增益 k_g 值和频率 ω 值可用劳斯判据确定，也可令闭环特征方程中的 $s=\mathrm{j}\omega$，然后分别令其实部和虚部为零而求得。

说明：根轨迹与虚轴相交，则表示闭环系统存在纯虚根，这意味着增益 k_g 的数值使闭环系统处于临界稳定状态。因此令劳斯表第一列中包含 k_g 的项为零，即可确定根轨迹与虚轴交点上的 k_g 值。此外，因为一对纯虚根是数值相同、符号相异的根，所以利用劳斯表中 s^2 行的系数构成辅助方程，必可解出纯虚根的数值，这一数值就是根轨迹与虚轴交点上的 ω 值。如果根轨迹与正虚轴(或者负虚轴)有一个以上交点，则应采用劳斯表中幂大于 2 的 s 偶次方行的系数构造辅助方程。

确定根轨迹与虚轴交点处参数的另一种方法，是将 $s=\mathrm{j}\omega$ 代入闭环特征方程，得到

$$1+G(\mathrm{j}\omega)H(\mathrm{j}\omega)=0$$

令上述方程的实部和虚部分别为零，有

$$\mathrm{Re}[1+G(\mathrm{j}\omega)H(\mathrm{j}\omega)]=0$$

和

$$\mathrm{Im}[1+G(\mathrm{j}\omega)H(\mathrm{j}\omega)]=0$$

利用这种实部方程和虚部方程，不难解出根轨迹与虚轴交点处的 k_g 值和 ω 值。

法则 7 根轨迹与虚轴的交点可用劳斯判据求得，也可将 $s=\mathrm{j}\omega$ 代入闭环特征方程，得到实部和虚部均为零的两个方程。将两个方程联立求解，即得根轨迹与虚轴交点的增益 k_g 值与频率 ω 值。

【例 4-6】 设单位负反馈系统开环传递函数为 $G_0(s)=\dfrac{k_g}{s(s+1)(s+2)}$ ，试求根轨迹和虚轴的交点，并计算临界增益。

解：闭环系统特征方程为

$$s(s+1)(s+2)+k_g=0$$

即

$$s^3+3s^2+2s+k_g=0$$

当 $k_g=k_{gp}$ 时，根轨迹和虚轴相交，将 $s=\mathrm{j}\omega$ 代入，则特征方程为

$$(\mathrm{j}\omega)^3+3(\mathrm{j}\omega)^2+2\mathrm{j}\omega+k_{gp}=0$$

将其分解为实部和虚部，并分别等于零，即

$$k_{gp}-3\omega^2=0$$
$$2\omega-\omega^3=0$$

解得 $\omega=0,\pm\sqrt{2}$ 且相应 $k_{gp}=0,6$。$k_{gp}=0$ 时，为根轨迹起点；$k_{gp}=6$ 时，根轨迹和虚轴相交，交点坐标为 $\pm\mathrm{j}\sqrt{2}$，$k_{gp}=6$ 为临界根轨迹增益。可以计算出临界开环增益为

$$k_{op}=k_{gp}\frac{1}{p_1p_2}=6\times\frac{1}{1\times2}=3$$

也可利用劳斯判据确定 k_{gp} 和 ω 值，可列出劳斯阵为

$$\begin{array}{lll} s^3 & 1 & 2 \\ s^2 & 3 & k_{gp} \\ s^1 & \dfrac{6-k_{gp}}{3} & \\ s^0 & k_{gp} & \end{array}$$

当劳斯阵 s^1 行等于 0 时，特征方程出现共轭虚根。令 s^1 行等于 0，则得

$$k_{gp}=6$$

共轭虚根值可由 s^2 行的辅助方程求得

$$3s^2+k_{gp}=3s^2+6=0$$

即

$$s=\pm\mathrm{j}\sqrt{2}$$

4.2.8　根轨迹的根之和与根之积

如果系统的特征方程写成如下形式：

$$\begin{aligned} k_g\prod_{j=1}^{m}(s+z_j)+\prod_{i=1}^{n}(s+p_i)&=\prod_{i=1}^{n}(s-s_i) \\ &=s^n+a_1s^{n-1}+a_2s^{n-2}+\cdots+a_{n-1}s+a_n \end{aligned} \tag{4-35}$$

式中，$-z_j$、$-p_i$ 分别为开环零、极点；s_i 为闭环极点。有如下结论：

1. 闭环特征根的负值之和，等于闭环特征方程的第二项系数 a_1。若 $n-m\geqslant2$，根之和与开环根轨迹增益 k_g 无关。

2. 闭环特征根之积乘以 $(-1)^n$，等于闭环特征方程的常数项 a_n。上述的结论写成表达式，即

$$\begin{cases} -\sum_{i=1}^{n} s_i = a_1 \\ (-1)^n \prod_{i=1}^{n} s_i = a_n \end{cases} \tag{4-36}$$

这是显然的，不需证明。这里只是告诉读者当 $n-m \geqslant 2$ 时，根之和与 k_g 无关，是个常数，这样，当 k_g 增加时，闭环的根如果有一部分向左移动，就一定相应的有一部分向右移动，使其根之和保持不变。另外也可以根据根之和与根之积的关系确定出闭环极点。

法则 8 若系统的特征方程可写为 $D(s)+k_g N(s)=s^n+A_1 s^{n-1}+A_2 s^{n-2}+\cdots+A_n=0$，则对于 k_g 的每一个确定值，根轨迹上的各对应点之和为 $s_1+s_2+\cdots+s_n=-A_1$，各对应点之积为 $s_1 \cdot s_2 \cdot \cdots \cdot s_n=(-1)^n A_n$。

图 4-14 画出了常见闭环系统的根轨迹图。

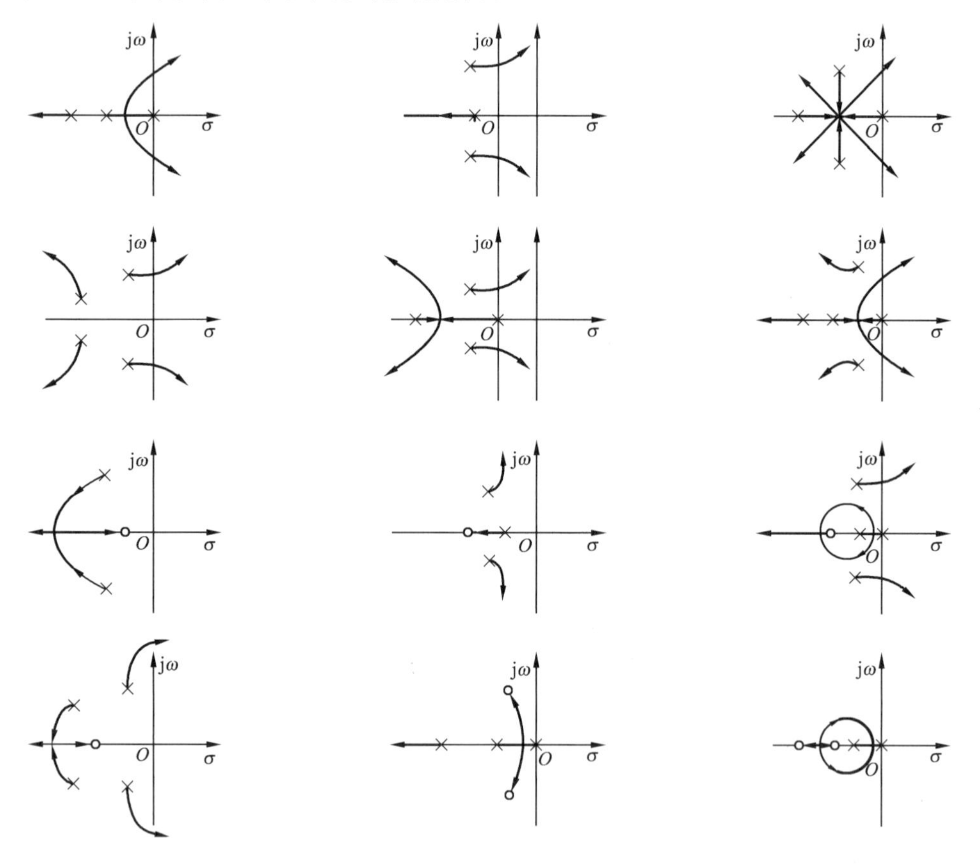

图 4-14 常见闭环系统的根轨迹图

【例 4-7】 已知单位负反馈系统开环传递函数为

$$G(s)=\frac{k}{s(0.05s+1)(0.05s^2+0.2s+1)}$$

试画出 $k=0\to\infty$ 时的闭环系统的概略根轨迹，并求出 $k=k_{临}$ 时的闭环传递函数及闭环极点。其中，根轨迹通过虚轴时的开环增益 k 称为 $k_{临}$。

解：首先把尾一型传递函数化成首一型为

$$G(s)=\frac{400k}{s(s+20)(s^2+4s+20)}=\frac{k_g}{s(s+20)(s^2+4s+20)}$$

根据根轨迹绘制的基本法则，按步计算出各个有关参数，然后绘制根轨迹草图，具体步骤如下：

(1)根据传递函数可得 $n=4$，即有四条根轨迹。

(2)系统的根轨迹起始于开环极点 $-p_1=0$，$-p_2=-20$，$-p_3=-2-\mathrm{j}4$，$-p_4=-2+\mathrm{j}4$，终止于无穷远处。

(3)实轴上的根轨迹在 $[-20,0]$ 区间。

(4)因为 $n=4$，$m=0$，则有四条根轨迹趋于无穷远，它们的渐近线与实轴的交点和夹角为

$$\sigma_0=-\frac{\sum_{i=1}^{4}p_i}{n-m}=-\frac{20+2+\mathrm{j}4+2-\mathrm{j}4}{4}=-6$$

$$\alpha=\pm\frac{(2k+1)\pi}{n-m}=\pm\frac{(2k+1)\pi}{4}=\pm\frac{\pi}{4},\pm\frac{3\pi}{4}\quad(k=0,1)$$

(5)求根轨迹的出射角。由于开环传递函数没有零点，则只需计算出射角。设两个复极点为 $-p_3$、$-p_4$，相应的出射角为

$$\theta_{-p_3}=180°-\theta_{p_1,p_3}-\theta_{p_2,p_3}-\theta_{p_4,p_3}=180°-116.5°-12.5°-90°=-39°$$

$$\theta_{-p_4}=+39°$$

(6)求分离点坐标 d。根据分离点的性质，在 $[-20,0]$ 区间必有分离点，则用试探法有

$$\frac{1}{d+p_1}+\frac{1}{d+p_2}+\frac{1}{d+p_3}+\frac{1}{d+p_4}=0$$

$$\frac{1}{d}+\frac{1}{d+20}+\frac{1}{d+2+\mathrm{j}4}+\frac{1}{d+2-\mathrm{j}4}=0$$

解上述方程，得到

$$d_1=-15.1\ ,\ d_2=-1.45+\mathrm{j}2.07\ ,\ d_3=-1.45-\mathrm{j}2.07$$

舍去 d_2、d_3，所以 $d_1=-15.1$。

(7)求根轨迹与虚轴交点。根据渐近线与实轴的夹角可知，一定有两条根轨迹通过虚轴。根据特征方程，用劳斯判据或令 $s=\mathrm{j}\omega$ 的方法，可以求出与虚轴相交处的 k_g 与 ω 值。

系统特征方程为

$$D(s)=s(s+20)(s^2+4s+20)+k_g=s(s+20)(s^2+4s+20)+400k_{临}=0$$

令 $s=\mathrm{j}\omega$，代入 $D(s)$，将虚部和实部分别写成方程式如下：

$$\begin{cases}\omega^4-100\omega^2+400k_{临}=0\\-24\omega^3+400\omega=0\end{cases}$$

解上面方程组，得

$$\omega_1=0,\omega_2=4.1,\omega_3=-4.1,k_{临}=3.47$$

根轨迹如图 4-15 所示。

当 $k=k_{临}=3.47$ 时，此时两个闭环极点 $s_1=\mathrm{j}4.1$，$s_2=-\mathrm{j}4.1$，而另外两个闭环极点可由特征方程求出。此时特征方程为

$$D(s)=s(s+20)(s^2+4s+20)+400k_{临}=0$$

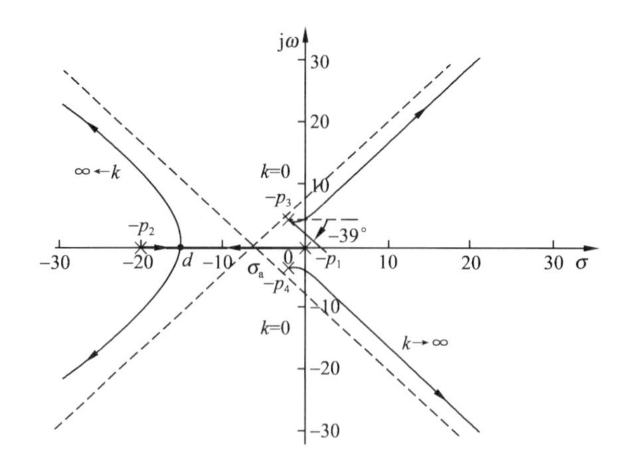

图 4-15 例 4-7 题根轨迹图

$$D(s)=s^4+24s^3+100s^2+400s+1388.9=0$$

利用综合除法,可求出其他两个闭环极点,因为

$$D(s)=(s-s_1)(s-s_2)(s-s_3)(s-s_4)=0$$

式中,s_1、s_2、s_3、s_4 为闭环极点,而 s_1、s_2 已知,则

$$\begin{aligned}(s-s_3)(s-s_4)&=\frac{D(s)}{(s-s_1)(s-s_2)}\\&=\frac{s^4+24s^3+100s^2+400s+1388.9}{s^2+16.81}\\&=s^2+24s+83.19\end{aligned}$$

所以

$$s_3=-4.2,s_4=-19.8$$

闭环系统传递函数为

$$\begin{aligned}G_c(s)&=\frac{400k_{临}}{(s+4.2)(s+19.8)(s+j4.1)(s-j4.1)}\\&=\frac{1388.9}{(s+4.2)(s+19.8)(s+j4.1)(s-j4.1)}\end{aligned}$$

本题也可以利用幅值条件方程,用试探法求出其他两个闭环极点。

4.3 广义根轨迹

上一节讨论的是根轨迹增益 k_g 变化时系统的根轨迹。在许多控制系统的设计问题中,常常还需要其他参数的变化,例如利用系统的开环零点、极点、时间常数、反馈比例系数等作为可变参数来绘制根轨迹,称之为广义根轨迹。

如果引入等效传递函数的概念,则广义根轨迹的绘制法则与常规根轨迹绘制法则相同。但零度根轨迹的绘制法则与常规根轨迹略有不同。

4.3.1 开环零点变化时的根轨迹

设系统的开环传递函数为

$$G(s)H(s)=\frac{k^*(s-z_1)}{s(s^2+2s+2)} \tag{4-37}$$

式中，k^* 为开环根轨迹增益，这里是已知的，而 z_1 是开环零点，现在要研究当 $z_1=0\to\infty$ 时，系统的闭环根轨迹变化情况。显然不能利用常规根轨迹法，但是，考虑到闭环系统常规根轨迹方程是从闭环特征方程推导出来的，而无论是 k^* 变化还是 z_1 变化，闭环系统特征方程是相同的，这样就可以仿照关于 k^* 变化的常规根轨迹方程写出关于 z_1 变化的广义根轨迹方程。首先从特征方程式相同出发，引入等效开环传递函数的概念，然后用常规根轨迹所有法则来绘制广义根轨迹。下面以式(4-37)所示系统为例，说明什么是等效开环传递函数，以及等效开环传递函数的一般求法。

式(4-37)所对应的闭环特征方程为

$$D(s)=s(s^2+2s+2)+k^*(s-z_1)=0 \tag{4-38}$$

$$D(s)=s(s^2+2s+2)+k^*s-k^*z_1=0 \tag{4-39}$$

对式(4-39)进行等效变换，可写成

$$\frac{-k^*z_1}{s(s^2+2s+2)+k^*s}+1=0 \tag{4-40}$$

令

$$G_1(s)H_1(s)=\frac{-k^*z_1}{s(s^2+2s+2)+k^*s} \tag{4-41}$$

式(4-41)就是等效开环传递函数。与式(4-37)比较可见，两系统具有相同的闭环特征方程，但具有不同的闭环传递函数，即闭环极点相同，而零点不一定相同。一般情况下，闭环系统特征方程为

$$G(s)H(s)+1=0 \tag{4-42}$$

进行等效变换，写成如下形式

$$A\frac{P(s)}{Q(s)}+1=0 \tag{4-43}$$

式中，A 为系统除 k^* 以外的任意变化的参数，如开环零、极点等，$P(s)$和 $Q(s)$为与 A 无关的首项系数为 1 的多项式。与式(4-40)比较，$A\frac{P(s)}{Q(s)}$为等效开环传递函数，即

$$G_1(s)H_1(s)=A\frac{P(s)}{Q(s)} \tag{4-44}$$

显然，利用式(4-44)就可画出关于零点变化时的根轨迹，它就是广义根轨迹。

4.3.2 开环极点变化时的根轨迹

设单位负反馈系统的开环传递函数为

$$G(s)H(s)=\frac{k^*}{s(s+2)(s-p_1)}$$

式中，k^* 为开环根轨迹增益，而 p_1 是系统的开环极点。现在研究 $p_1=0\to\infty$ 变化时的根轨迹，显然这也是广义根轨迹，它的等效开环传递函数为

$$G(s)H(s)=\frac{-p_1(s^2+2s)}{s^3+2s^2+k^*} \tag{4-45}$$

根据等效开环传递函数式(4-45)可以画出开环极点 p_1 变化时的广义根轨迹。

4.3.3 零度根轨迹

如果所研究系统的根轨迹方程的右侧不是“-1”而是“$+1$”，这时根轨迹方程的幅值方程不变，而相角方程右侧不再是“$(2k+1)\pi$”，而是“$2k\pi$”，因此这种根轨迹称为零度根轨迹。这种情况主要来源于正反馈系统和某些非最小相位系统，关于非最小相位系统的概念在下一章介绍。

零度根轨迹的绘制法则与常规根轨迹绘制法则略有不同。以正反馈系统为例，设某复杂控制系统如图 4-16 所示，其中内回路采用正反馈。为了分析整个控制系统的性能，需要求出内回路的闭环零、极点。可以用根轨迹的方法，这就要绘制正反馈系统的根轨迹。

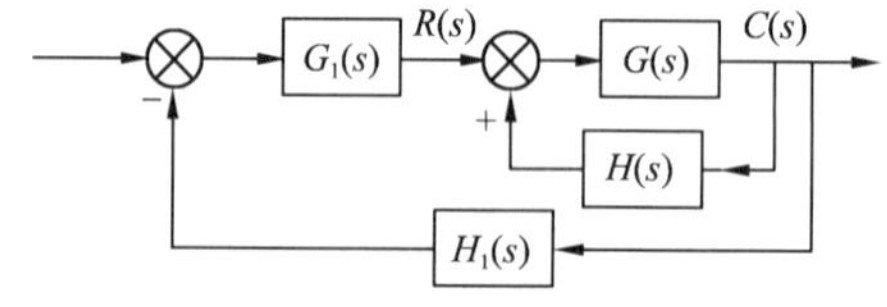

图 4-16　某复杂控制系统结构图

系统中正反馈回路的闭环传递函数为

$$\frac{C(s)}{R(s)}=\frac{G(s)}{1-G(s)H(s)}$$

正反馈回路的特征方程为

$$D(s)=1-G(s)H(s) \tag{4-46}$$

正反馈回路的根轨迹方程为

$$G(s)H(s)=1 \tag{4-47}$$

将式(4-47)写成相角方程和幅值方程的形式，相角方程为

$$\sum_{j=1}^{m}\angle(s+z_j)-\sum_{i=1}^{n}\angle(s+p_i)=2k\pi \quad (k=0,\pm1,\pm2,\cdots) \tag{4-48}$$

幅值方程为

$$\left|\frac{k^*\prod_{j=1}^{m}(s+z_j)}{\prod_{i=1}^{n}(s+p_i)}\right|=1 \tag{4-49}$$

将式(4-48)和式(4-49)与常规根轨迹方程式(4-11)和式(4-12)相比，显然幅值方程相同，而相角方程不同。因此，使用常规根轨迹法绘制零度根轨迹时，对于与相角方程有关的某些法则要进行修改，应修改的法则如下：

法则 3　实轴上某一区域，若其右方开环实数零、极点个数之和为偶数，则该区域必是根轨迹的一部分。

法则 4　根轨迹的渐近线与实轴的夹角为

$$\alpha=\pm\frac{2k\pi}{n-m} \quad (k=0,1,2,\cdots,n-m-1) \tag{4-50}$$

交点 σ_0 计算公式不变。

法则 6　根轨迹的出射角与入射角分别为

$$\theta_{xc}=\pm2k\pi+\left(\sum_{j=1}^{m}\alpha_j-\sum_{\substack{i=1\\i\neq x}}^{n}\beta_i\right) \tag{4-51}$$

$$\theta_{yr}=\pm 2k\pi-\left(\sum_{\substack{j=1\\ j\neq y}}^{m}\alpha_j-\sum_{i=1}^{n}\beta_i\right) \tag{4-52}$$

除上述三个法则外，其他法则不变。

4.4 根轨迹分析法

在经典控制理论中，控制系统设计的重要评价取决于系统的单位阶跃响应。应用根轨迹法，可以迅速确定系统在某一开环增益或某一参数值下的闭环零、极点位置，从而得到相应的闭环传递函数。这时，可以利用拉氏反变换法确定系统的单位阶跃响应，由阶跃响应不难求出系统的各项性能指标。同时，在系统初步设计过程中，还可以更多地用到根据已知的闭环零、极点去定性地分析系统的性能。

4.4.1 主导极点与偶极子

用根轨迹法求出了闭环零点和极点，便可以写出系统的闭环传递函数。于是，采用拉氏反变换法，或用计算机求根程序，都不难得到系统的时域响应。在工程实践中，常常采用主导极点对高阶系统进行近似分析。由于系统的动态性能基本上由接近虚轴的闭环极点确定，这些极点是整个时域响应过程起重要作用的闭环极点，称为主导极点。必须注意，时域响应分量的衰减速度，除取决于相应闭环极点的实部值外，还与该极点处的留数，即闭环零、极点之间的相互位置有关。所以，只有既接近虚轴，又不十分接近闭环零点的闭环极点，才可能成为主导极点。

如果闭环零、极点相距很近，那么这样的闭环零、极点常称为偶极子。偶极子有实数偶极子和复数偶极子之分，而复数偶极子必共轭出现。不难看出，只要偶极子不十分接近坐标原点，它们对系统动态性能的影响就甚微，从而可以忽略它们的存在。如果偶极子十分接近原点，它们对系统动态性能的影响必须考虑。然而，不论偶极子接近坐标原点的程度如何，它们并不影响系统主导极点的地位。

确定偶极子可以采用经验法则。经验指出，如果闭环零、极点之间的距离比它们本身的幅值小一个数量级，则这一对闭环零、极点就构成了偶极子。

在工程计算中，采用主导极点代替系统全部闭环极点来估算系统性能指标的方法，称为主导极点法。采用主导极点法时，在全部闭环极点中，选留最靠近虚轴而又不十分靠近闭环零点的一个或几个闭环极点作为主导极点，略去不十分接近原点的偶极子，以及比主导极点距虚轴远6倍以上的闭环零、极点。这样，在设计中所遇到的绝大多数有实际意义的高阶系统，就可以简化为只有一、两个闭环零点和两、三个闭环极点的系统，因而可用比较简便的方法来估算高阶系统的性能。为了使估算得到满意的结果，选留的主导零点数不要超过选留的主导极点数。

在许多实际应用中，比主导极点距虚轴远2～3倍的闭环零、极点，也常可放在略去之列。此外，用主导极点代替全部闭环极点绘制系统时间响应曲线时，形状误差仅出现在曲线的起始段，而主要决定性能指标的曲线中、后段，其形状基本不变。应当注意，输入信号极点不在主导极点的选择范围之内。

最后指出，在略去偶极子和非主导零、极点的情况下，闭环系统的根轨迹增益常会发生改变，必须注意核算，否则将导致性能的估算错误。

4.4.2 系统性能的定性分析

采用根轨迹法分析或设计线性控制系统时，了解闭环零点和实数主导极点对系统性能指标的影响是非常重要的。

1. 闭环零点对系统性能的影响

例如某一控制系统，由于闭环零点的存在，将使系统的峰值时间提前，这相当于减小闭环系统的阻尼，从而使超调量加大，当闭环零点接近坐标原点时，这种作用尤甚。对于具有一个闭环实数零点的振荡二阶系统，不同零点相对位置与超调量关系曲线如图 4-17 所示。一般说来，闭环零点对调节时间的影响是不定的。

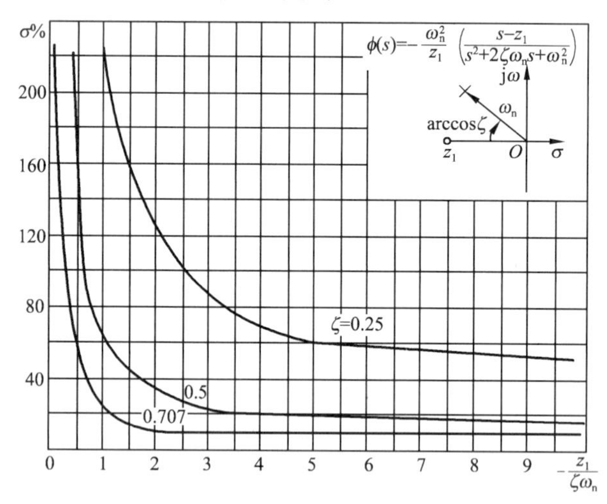

图 4-17 零点相对位置与超调量关系曲线

2. 闭环实数主导极点对系统性能的影响

闭环实数主导极点的作用，相当于增大系统的阻尼，使峰值时间滞后，超调量下降。如果实数极点比共轭复数极点更接近坐标原点，甚至可以使振荡过程变为非振荡过程。闭环实数极点的这种作用，可以用下面的物理浅释来说明：显然，无零点三阶系统相当于欠阻尼二阶系统与一个滞后的平滑滤波器的串联，因此欠阻尼二阶系统的时间响应经过平滑滤波器后，其峰值时间被滞后，超调量被削弱，过渡过程趋于平缓。实数极点越接近坐标原点，意味着滤波器的时间常数越大，上述这种作用越强。

闭环系统零、极点位置对时间响应性能的影响，可以归纳为以下几点。

(1)稳定性：如果闭环极点全部位于 s 平面的左半面，则系统一定是稳定的，即稳定性只与闭环极点位置有关，而与闭环零点位置无关。

(2)运动形式：如果闭环系统无零点，且闭环极点均为实数极点，则时间响应一定是单调的；如果闭环极点均为复数极点，则时间响应一般是振荡的。

(3)超调量：超调量主要取决于闭环复数主导极点的衰减率$\frac{\sigma_1}{\omega_d}=\frac{\zeta}{\sqrt{1-\zeta^2}}$，并与其他闭环零、极点接近坐标原点的程度有关。

(4)调节时间:调节时间主要取决于最靠近虚轴的闭环复数极点的实部绝对值 $\sigma_1=\zeta\omega_n$,σ_1 越大,调节时间越短。如果实数极点距虚轴最近,并且它附近没有实数零点,则调节时间主要取决于该实数极点的幅值。

(5)实数零、极点影响:零点减小系统阻尼,使峰值时间提前,超调量增大;极点增大系统阻尼,使峰值时间滞后,超调量减小。它们的作用随着其本身接近坐标原点的程度而加强。

(6)偶极子及其处理:如果零、极点之间的距离比它们本身的幅值小一个数量级,则它们就构成了偶极子。远离原点的偶极子,其影响可略;接近原点的偶极子,其影响必须考虑。

(7)主导极点:在 s 平面上,最靠近虚轴而附近又无闭环零点的一些闭环极点,对系统性能影响最大,称为主导极点。凡比主导极点的实部大 6 倍以上的其他闭环零、极点,其影响均可忽略。

4.5 运用 MATLAB 绘制根轨迹及分析

手工绘制根轨迹草图有很多步骤,要花去很多时间。利用 MATLAB 则可以迅速绘制出较精确的根轨迹图形,并且可求取根轨迹上某闭环极点的值和相应的根轨迹增益值。

rlocus(sys):绘制系统 sys 的根轨迹图。与此类似的命令还有 rlocus(num,den)。

[r,K_r]=rlocus(sys):返回系统计算的闭环极点的值以及对应的根轨迹增益 k_g 的值。

[k,poles]=rlocfind:在根轨迹图上指定根轨迹的某个闭环极点,获取该极点的增益。方法是用鼠标选择希望的闭环极点,执行结果是显示指定点的根轨迹增益和闭环极点的值。

sgrid:在 s 平面上绘制连续根轨迹的等 ζ、ω 格线。

sgrid(ζ,ω):在 s 平面上绘制指定的等 ζ、ω 格线。

【例 4-8】 已知系统的开环传递函数为 $G_0(s)=\dfrac{k_g}{s(s+1)(s+5)}$,绘制系统的根轨迹,并求出根轨迹上任意一点对应的根轨迹增益及闭环极点。

解:(1)绘制系统的根轨迹,并求出根轨迹与虚轴交点处的根轨迹增益 k_g。

利用 MATLAB 中的 rlocus( )函数绘制闭环系统的根轨迹,利用 rlocfind( )函数求出根轨迹上与虚轴交点处的增益 k_g。程序如下:

```
k=1;                      %k 表示根轨迹增益 kg
z=[];                     %零点
p=[0,-1,-5];              %极点
[n,d]=zp2tf(z,p,k);       %零、极点模型转化为传递函数模型
rlocus(n,d)               %绘制根轨迹
title('4-11')             %图形命名
[k2,p2]=rlocfind(n,d)     %求根轨迹上某点所对应的闭环极点 p2 与根轨迹增益 k2
```

程序执行时先绘制出系统的根轨迹,并有十字光标提示用户,根轨迹如图 4-18 所示。点击根轨迹与虚轴交点,在 MATLAB 指令窗口中显示此点的根轨迹增益及所有闭环极点的值。而命令窗口会显示与虚轴交点处临界点的根轨迹增益为 30.9605,三个闭环极点分别为-6.0233、0.0116+2.2672i、0.0116-2.2672i,此时系统临界稳定。

(2)确定根轨迹上任意一点对应的其他闭环极点及根轨迹增益,并判断系统的稳定性。

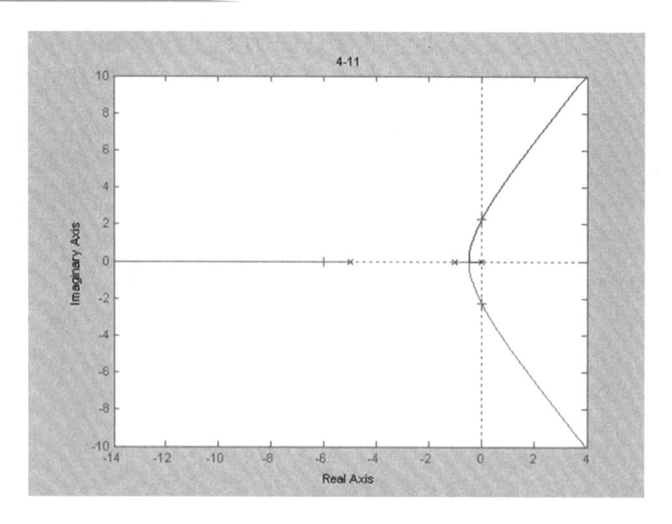

图 4-18 例 4-8 系统的根轨迹(临界稳定的根)

重新输入指令“[k2,p2]=rlocfind(n,d)”,并移动光标选择根轨迹上的某点,如图 4-19 所示,则在 MATLAB 窗口中显示在选择的点上,根轨迹增益为 343.0564,系统的 3 个闭环极点为−9.3721、1.6861+5.8104i、1.6861−5.8104i,此时系统不稳定。

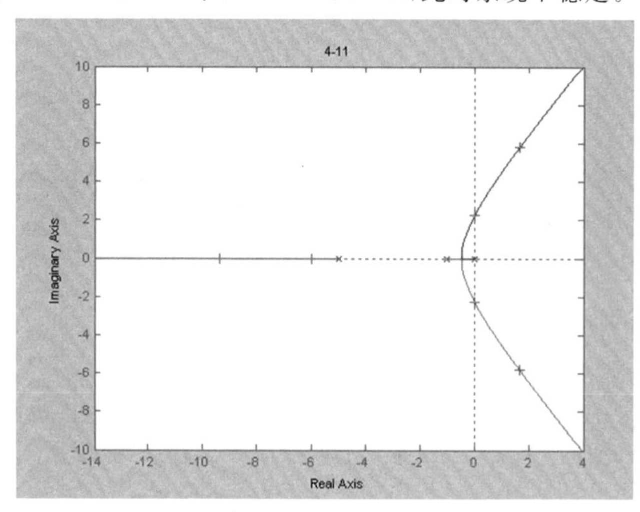

图 4-19 例 4-8 系统的根轨迹(临界稳定与不稳定的根)

【例 4-9】 已知系统开环传递函数为 $G_0(s)=k_g\dfrac{s+1}{s^3+5s^2+6s}$,绘制系统的根轨迹。

解:如果系统的开环传递函数的形式是本题中的形式,则绘制根轨迹的 MATLAB 命令如下:

```
p=[1,1];              %分子多项式系数矩阵
q=[1,5,6,0];          %分母多项式系数矩阵
sys=tf(p,q);          %形成传递函数表示的系统形式
rlocus(sys)           %绘制系统的根轨迹
```

图 4-20 即得出的根轨迹图形。系统有三条根轨迹,所有的根轨迹均在 s 平面的左半平面内,所以系统是稳定的。

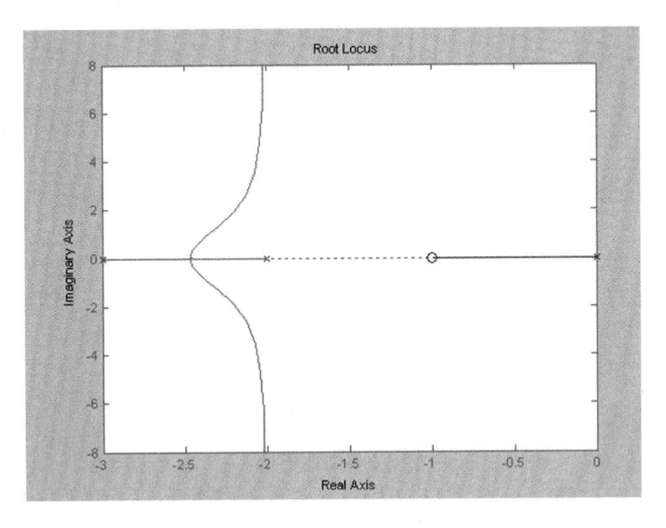

图 4-20　例 4-9 稳定系统的根轨迹

本章小结

根轨迹法是经典控制理论的三大支柱之一，它的特点在于通过系统的开环某一(或某些)参数变化求出系统闭环特征根的变化轨迹，从而对系统进行定性分析和定量估算。

利用根轨迹法，能方便地确定高阶系统中某个参数变化时闭环极点的分布规律，可以形象地看出参数对系统动态过程的影响，特别是可以看到增益变化的影响。

通过本章的学习要求正确理解根轨迹的基本概念，掌握绘制根轨迹的基本法则，正确绘制一般控制系统的根轨迹图。根据根轨迹图和主导极点、偶极子的概念对系统稳定性和动态性能进行分析。明确广义根轨迹的概念和绘制法则，并且可以根据闭环系统的广义根轨迹参数的变化分析系统的动态性能。了解 MATLAB 进行根轨迹绘制的常用命令和函数。

习　题

XI TI

4-1　设系统的开环零、极点分布如图 4-21 所示，试绘制相应的根轨迹草图。

4-2　设单位负反馈系统的开环传递函数如下，试概略绘制出相应的根轨迹图。

(1)$G(s)=\dfrac{k(s+5)}{s(s+2)(s+3)}$

(2)$G(s)=\dfrac{k}{s(0.2s+1)(0.5s+1)}$

(3)$G(s)=\dfrac{k}{s^2(s+0.5)(s+1)}$

(4)$G(s)=\dfrac{k}{(s+1)(s+5)(s^2+6s+13)}$

4-3　设单位负反馈控制系统开环传递函数如下，要求：

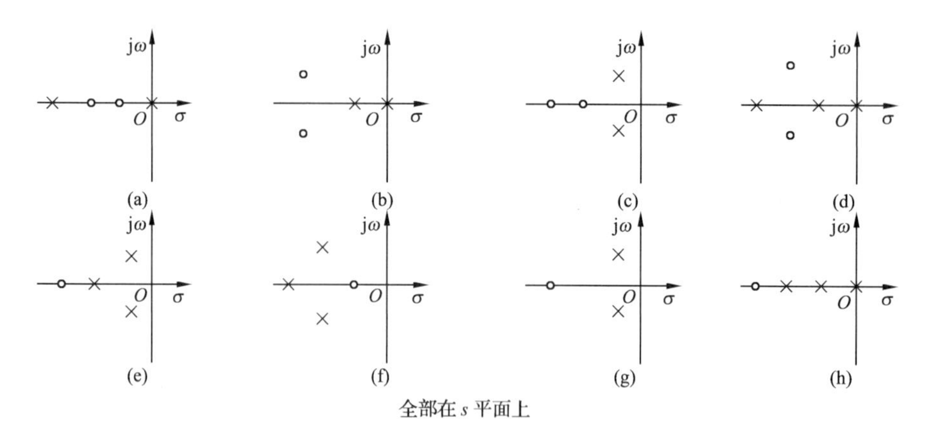

图 4-21　习题 4-1 图

(1)确定 $G(s)=\dfrac{k_g}{s(s+1)(s+10)}$ 产生纯虚根的增益 k_g；

(2)确定 $G(s)=\dfrac{k_g(s+z)}{s^2(s+10)(s+20)}$ 产生纯虚根为 $\pm$j1 的 z 值和 k_g 值；

4-4　设单位负反馈控制系统的开环传递函数为

$$G(s)=\frac{k_g(s+2)}{s(s+1)}$$

试从数学上证明，复数根轨迹部分是以$(-2,\text{j}0)$为圆心，以$\sqrt{2}$为半径的一个圆。

4-5　设负反馈控制系统中

$$G(s)=\frac{K_g}{s^2(s+2)(s+5)},H(s)=1$$

要求：(1)概略绘制系统根轨迹图$(0<K_g<\infty)$，并判定闭环系统的稳定性。

(2) 如果改变反馈通道的传递函数，使 $H(s)=1+2s$，重做第(1)小题，并讨论 $H(s)$的变化对系统稳定性的影响。

4-6　设单位负反馈控制系统的开环传递函数为

$$G(s)=\frac{K_g(s+2)}{s(s+1)(s+3)}$$

要求：(1)作 K_g 从 $0\to\infty$的闭环根轨迹图。

(2)求当 $\zeta=0.5$ 时闭环的一对主导极点，并求其相应的 K_g 值。

4-7　已知单位负反馈控制系统的开环传递函数为

$$G(s)=\frac{\frac{1}{4}(s+a)}{s^2(s+1)}$$

作以 a 为参量的根轨迹$(0<a<\infty)$。

4-8　已知单位负反馈控制系统的开环传递函数为

$$G(s)=\frac{2.6}{s(0.1s+1)(Ts+1)}$$

试绘制时间常数 T 从 $0\to\infty$时的闭环根轨迹。

第5章 频域分析法

频域分析法是研究控制系统的一种经典方法，是在频率域内应用图解分析法评价系统性能的一种工程方法。频域分析法不必求解微分方程即可分析系统的性能，同时可以方便地指导参数调整来进行性能的改善。其主要优点如下：

1. 利用系统的开环传递函数作图，判断闭环系统的稳定性。

2. 频域分析法具有明显的物理意义，可以用实验方法得到系统的频率特性。

3. 对于二阶系统，频域性能指标和时域性能指标具有对应关系。对高阶系统存在可以满足工程要求的近似关系，使时域分析法的直接性和频域分析法的直观性有机地结合起来。

4. 可以方便地研究系统参数和结构的变化对系统性能指标带来的影响，为系统参数的调整和结构的设计提供方便而实用的手段，同时可以设计出能有效抑制噪声的系统。

5. 在一定条件下，可推广应用于某些非线性系统。频域分析法不仅适用于线性定常系统分析，还适用于传递函数中含有延迟环节和部分非线性环节系统的分析。

5.1 频率特性

频率特性又称频率响应，它是系统对不同频率正弦输入信号的响应特性。设线性系统的输入为一频率为 ω 的正弦信号，则系统的输出是和输入同频率的正弦信号，但其振幅和相位一般均不同于输入，且均随着输入信号频率的变化而变化。

5.1.1 频率特性的定义

以 RC 电路为例，说明频率特性的定义，如图 5-1 所示。

电路的传递函数为

$$\frac{C(s)}{R(s)}=\frac{1}{Ts+1}\quad (T=RC) \tag{5-1}$$

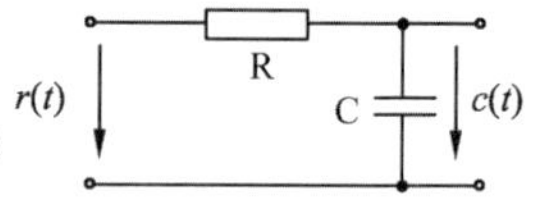

图 5-1　RC 电路

若输入为正弦信号，即 $r(t)=A\sin\omega t$ 时，可得

$$c(t)=\frac{A\omega T}{1+\omega^2T^2}\mathrm{e}^{-\frac{t}{T}}+\frac{A}{\sqrt{1+\omega^2T^2}}\sin(\omega t-\arctan\omega T) \tag{5-2}$$

$\lim\limits_{t\to\infty}c(t)=\dfrac{A}{\sqrt{1+\omega^2T^2}}\sin(\omega t-\arctan\omega T)$，可见 RC 电路的稳态输出仍然是正弦信号，其频率和输入信号频率相同，幅值是输入的 $\dfrac{1}{\sqrt{1+\omega^2T^2}}$ 倍，相角比输入滞后 $\arctan\omega T$，两者都是 ω 的函数，$\dfrac{1}{\sqrt{1+\omega^2T^2}}$ 表示输出幅值与输入幅值之比，称为 RC 网络的幅频特性，$-\arctan\omega T$ 表示输出相角与输入相角之差，称为 RC 网络的相频特性。

$$\frac{1}{\sqrt{1+\omega^2T^2}}\mathrm{e}^{-\mathrm{j}\arctan\omega T}=\left|\frac{1}{1+\mathrm{j}\omega T}\right|\mathrm{e}^{\mathrm{j}\angle\frac{1}{1+\mathrm{j}\omega T}}=\frac{1}{1+\mathrm{j}\omega T} \tag{5-3}$$

式(5-3)即 RC 网络的频率特性，习惯上用 $G(\mathrm{j}\omega)$ 表示，即

$$G(\mathrm{j}\omega)=\frac{1}{1+\mathrm{j}\omega T} \tag{5-4}$$

可见频率特性与传递函数具有十分相似的形式，将频率特性和传递函数比较可知，只要将传递函数中的 s 以 $\mathrm{j}\omega$ 置换，就得到系统(元件)的频率特性，即 $\dfrac{1}{1+\mathrm{j}\omega T}=\dfrac{1}{1+Ts}\Big|_{s=\mathrm{j}\omega}$。这一结论对任何稳定的线性定常系统都是成立的，即有

$$G(\mathrm{j}\omega)=G(s)|_{s=\mathrm{j}\omega} \tag{5-5}$$

控制系统微分方程、传递函数和频率特性之间的关系如图 5-2 所示。

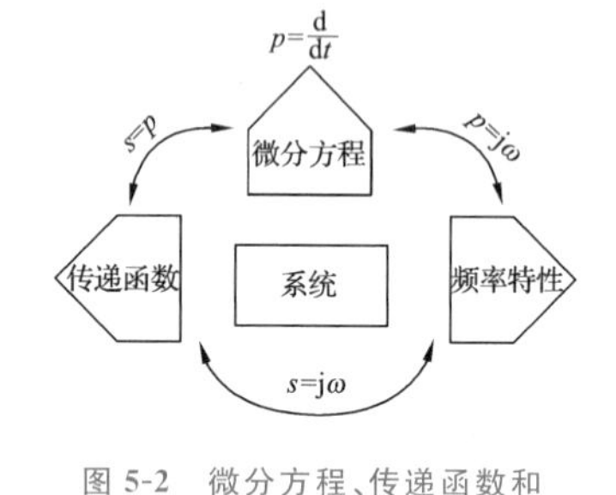

图 5-2　微分方程、传递函数和频率特性之间的关系

频率特性也可以用输出信号的傅立叶(Fourier)变换与输入信号的傅立叶变换之比来定义，即 $G(\mathrm{j}\omega)=\dfrac{C(\mathrm{j}\omega)}{R(\mathrm{j}\omega)}=G(s)|_{s=\mathrm{j}\omega}$。

其中，幅频特性为

$$A(\omega)=|G(\mathrm{j}\omega)| \tag{5-6}$$

相频特性为

$$\varphi(\omega)=\angle G(\mathrm{j}\omega) \tag{5-7}$$

实频特性为

$$P(\omega)=\mathrm{Re}[G(\mathrm{j}\omega)] \tag{5-8}$$

虚频特性为

$$Q(\omega)=\mathrm{Im}[G(\mathrm{j}\omega)] \tag{5-9}$$

5.1.2　频率特性的数学表示及作图

用频率特性研究控制系统时常采用图解法，因为图解法可方便、迅速地获得问题的近似

解。频率特性图解法是描述频率 ω 从 $0 \to \infty$ 变化时频率响应的幅值、相位与频率之间关系的一组图形。由于采用的坐标系不同可分为常用的两种图形：极坐标图和对数坐标图。

1. 极坐标图

极坐标图又称幅相图、幅相曲线、奈奎斯特(Nyquist)图，简称奈氏图，是指当频率 ω 从 $-\infty$ 变化到 $+\infty$ 时，复数 $G(\mathrm{j}\omega)=A(\omega)\angle\varphi(\omega)$ 的向量终端轨迹。

极坐标图把频率 ω 作为参变量，将幅频与相频特性同时表示在复平面上。实轴正方向为相角的零度线，逆时针方向转过的角度为正角度，顺时针方向转过的角度为负角度。由于 $G(\mathrm{j}\omega)=A(\omega)\angle\varphi(\omega)$ 中 $A(\omega)$ 为偶函数，$\varphi(\omega)$ 为奇函数，所以向量 $G(\mathrm{j}\omega)=A(\omega)\angle\varphi(\omega)$ 的轨迹一定是关于实轴对称的。因此，在绘制极坐标图时，常常只绘出 ω 从 0 到 $+\infty$ 的一段即可。

2. 对数坐标图

工程上，为了较方便地绘制频率特性曲线，常常将 $A(\omega)$ 和 $\varphi(\omega)$ 分别画在两个图上，并用对数坐标表示，称为对数坐标图，即对数频率特性曲线，又称伯德(Bode)图，它包括对数幅频特性曲线与对数相频特性曲线。

对数幅频特性曲线的纵坐标是以幅频 $A(\omega)$ 取常用对数(以 10 为底)后再乘以 20，即 $20\lg A(\omega)$，用 $L(\omega)$ 表示，单位为分贝，用 dB 表示，即

$$L(\omega)=20\lg A(\omega)\quad(\mathrm{dB})\tag{5-10}$$

横坐标为频率 ω，但按 $\lg\omega$ 刻度，标注的数字是 ω 的真实值，由于是按以 10 为底的对数刻度，因此，频率每变化十倍，横坐标轴上就变化一个单位长度，称为“十倍频程(dec)”。对数刻度对频率 ω 是不均匀的刻度，但对于 $\lg\omega$ 却是均匀的刻度。

对数相频特性曲线的纵坐标表示相频特性 $\varphi(\omega)$ 值，是线性刻度，单位是“度”。横坐标是以 $\lg\omega$ 刻度，标注的仍然是 ω 的真实值，与对数幅频特性的横坐标相同。图 5-3 为对数坐标刻度图。

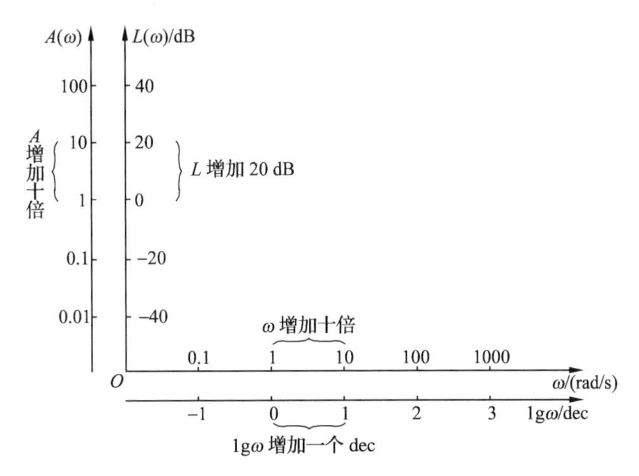

图 5-3　对数坐标刻度图

伯德图可以非常方便地展示控制系统的各种性能，因为伯德图有如下优点：

(1)伯德图可以双重展宽频带。伯德图采用 ω 的对数分度实现了横坐标的非线性压缩，将高频频段的各十倍频程拉近，展宽了可视频带宽度；将低频频段的各十倍频程分得很

细，展宽了表示频带宽度，便于细致观察幅值、相角随频率变化的程度与趋势。

(2)对数幅频特性曲线采用 $20\lg A(\omega)$，则将幅值的乘除运算化为加减运算，使得其控制系统的伯德图可由各组成环节的伯德图叠加而成，简化了曲线的绘制过程。

(3)各基本环节的伯德图可由渐近线绘出。最大误差在折点处，惯性环节的误差只有 -3dB，所以可以忽略，又进一步简化了曲线的绘制。

5.2 典型环节的频率特性

由第 2 章可知，一个控制系统可由若干个典型环节所组成。要用频率特性的图解法分析控制系统的性能，首先要掌握典型环节频率特性及其作图方法。因此，本节叙述各典型环节极坐标图和对数坐标图的绘图要点及绘图方法。

5.2.1 典型环节的频率特性

1. 比例环节

频率特性为

$$G(s)|_{s=j\omega}=G(j\omega)=K \quad (K>0) \tag{5-11}$$

幅频特性为

$$A(\omega)=K \quad (K>0) \tag{5-12}$$

相频特性为

$$\varphi(\omega)=0^{\circ} \tag{5-13}$$

对数幅频特性为

$$L(\omega)=20\lg A(\omega)=20\lg K \tag{5-14}$$

对数相频特性为

$$\varphi(\omega)=0^{\circ} \tag{5-15}$$

比例环节的极坐标曲线是一个长度为 K，角度为 0°的一个向量的端点，如图 5-4 所示。对数幅频特性和相频特性均为水平线，伯德图如图 5-5 所示。

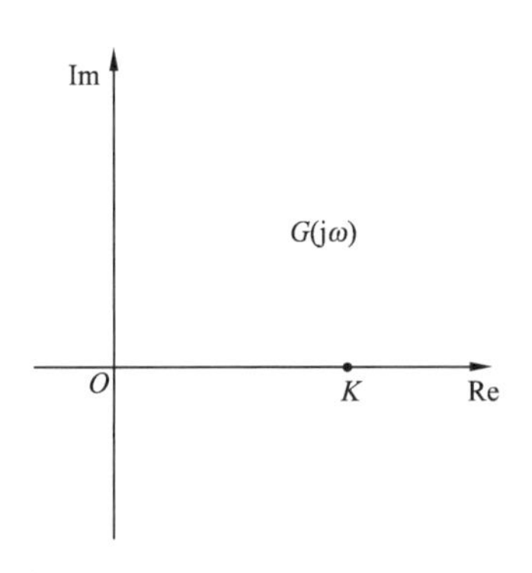

图 5-4　比例环节的极坐标图

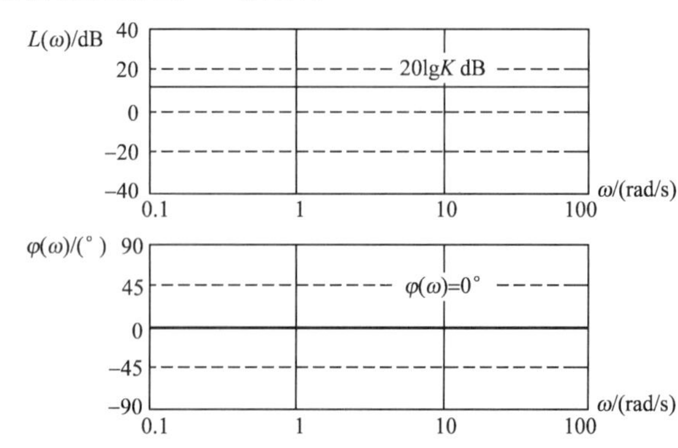

图 5-5　比例环节的伯德图

2. 积分环节

频率特性为

$$G(\mathrm{j}\omega)=\frac{1}{s}\Big|_{s=\mathrm{j}\omega}=\frac{1}{\mathrm{j}\omega} \tag{5-16}$$

幅频特性为

$$A(\mathrm{j}\omega)=\left|\frac{1}{\mathrm{j}\omega}\right|=\frac{1}{\omega} \tag{5-17}$$

相频特性为

$$\varphi(\omega)=\angle\frac{1}{\mathrm{j}\omega}=-90^\circ \tag{5-18}$$

对数幅频特性为

$$L(\omega)=20\lg\frac{1}{\omega}=-20\lg\omega \tag{5-19}$$

对数相频特性为

$$\varphi(\omega)=\angle\frac{1}{\mathrm{j}\omega}=-90^\circ \tag{5-20}$$

当 ω 由 $0_+\to\infty$ 时，其相角 $\varphi(\omega)$ 恒为 -90°，幅值 $A(\mathrm{j}\omega)$ 的大小与 ω 成反比。因此，极坐标曲线在负虚轴上，积分环节的极坐标图如图 5-6 所示。对数幅频特性 $L(\omega)=20\lg\frac{1}{\omega}=-20\lg\omega$，为每十倍频程衰减 20 dB 的一条斜线，成等斜率变化。对数相频特性是相角 $\varphi(\omega)$ 为 -90° 的一条直线。积分环节的伯德图如图 5-7 所示。

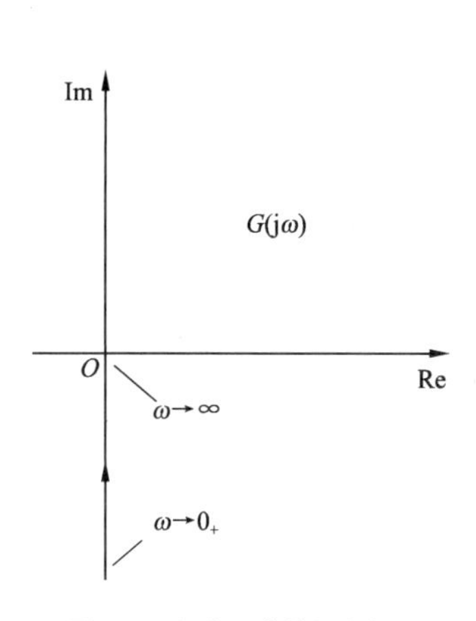

图 5-6　积分环节的极坐标图

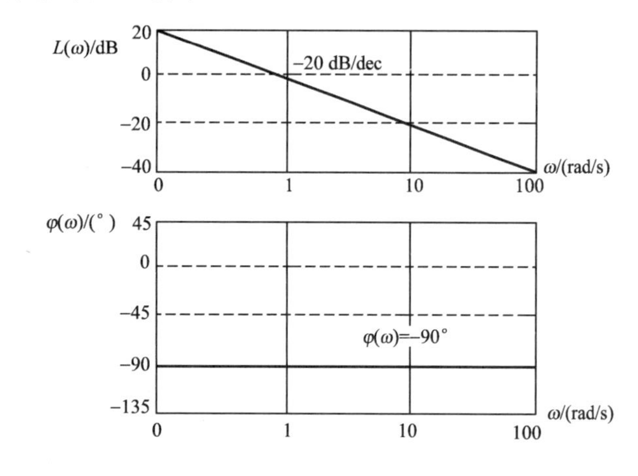

图 5-7　积分环节的伯德图

3. 微分环节

频率特性为

$$G(\mathrm{j}\omega)=s\big|_{s=\mathrm{j}\omega}=\mathrm{j}\omega \tag{5-21}$$

幅频特性为

$$A(\mathrm{j}\omega)=|\mathrm{j}\omega|=\omega \tag{5-22}$$

相频特性为

$$\varphi(\omega)=\angle \mathrm{j}\omega=90^\circ \tag{5-23}$$

对数幅频特性为

$$L(\omega)=20\lg\omega \tag{5-24}$$

对数相频特性为

$$\varphi(\omega)=\angle \mathrm{j}\omega=90^\circ \tag{5-25}$$

当 ω 由 $0_+\to\infty$ 时，微分环节的相角恒为 90°，幅值的大小与 ω 成正比。因此，极坐标曲线在正虚轴上与积分环节的极坐标图相反，如图 5-8 所示。对数幅频特性 $L(\omega)$ 与积分环节相对称，为每十倍频程增加 20 dB 的一条成等斜率变化的曲线。对数相频特性是相角 $\varphi(\omega)$ 为 90° 的一条直线。微分环节的伯德图如图 5-9 所示。

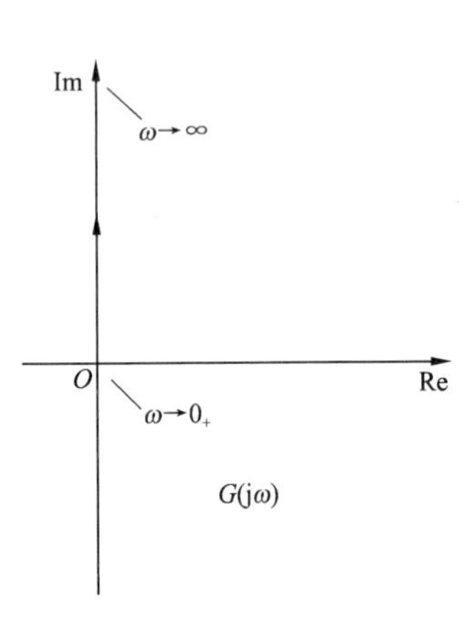

图 5-8 微分环节的极坐标图

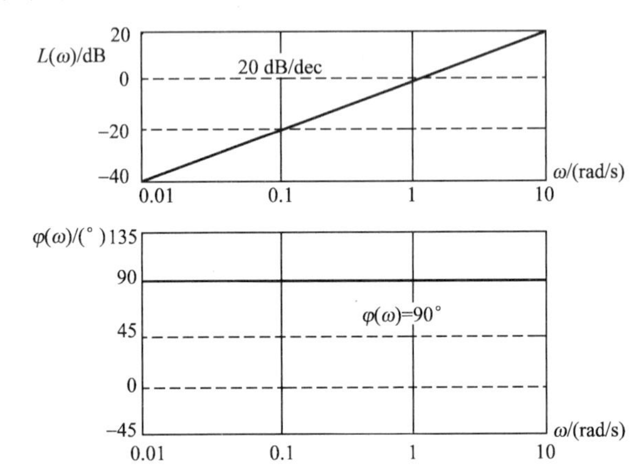

图 5-9 微分环节的伯德图

4. 惯性环节

频率特性为

$$G(\mathrm{j}\omega)=\frac{1}{1+Ts}\Big|_{s=\mathrm{j}\omega}=\frac{1}{1+\mathrm{j}\omega T} \tag{5-26}$$

即

$$G(\mathrm{j}\omega)=\frac{1}{1+\omega^2T^2}-\mathrm{j}\frac{\omega T}{1+\omega^2T^2}$$

$$G(\mathrm{j}\omega)=\frac{1}{\sqrt{1+\omega^2T^2}}\angle-\arctan\omega T$$

幅频特性为

$$A(\omega)=\frac{1}{\sqrt{1+\omega^2T^2}} \tag{5-27}$$

相频特性为

$$\varphi(\omega)=-\arctan\omega T \tag{5-28}$$

对数幅频特性为

$$L(\omega)=20\lg\frac{1}{\sqrt{1+\omega^2T^2}} \tag{5-29}$$

对数相频特性为

$$\varphi(\omega)=-\arctan\omega T \tag{5-30}$$

幅频特性的极限值为 $A(\omega)|_{\omega\to 0_+}=1, A(\omega)|_{\omega\to\infty}=0$，相频特性的极限值为 $\varphi(\omega)|_{\omega\to 0_+}=0°, \varphi(\omega)|_{\omega\to\infty}=-90°$，依照此趋势分析可以做出惯性环节的极坐标图，如图5-10所示。可以证明，惯性环节的极坐标图为下半圆。

惯性环节的伯德图，如果徒手近似作图，可以采用渐近线作图。首先确定它的两条渐近线。由于 $L(\omega)|_{\omega\to 0}=20\lg 1=0$ dB，所以当频率趋于零时，是一条水平渐近线。由于 $L(\omega)|_{\omega\to\infty}=20\lg\dfrac{1}{\omega T}=-20\lg\omega T$，所以当频率趋于无穷大时，是一条等斜率递减的渐近线，斜率为−20 dB/dec。

两条渐近线的交点处的频率称为转折频率，其值为

$$\omega=\omega_c=\frac{1}{T} \tag{5-31}$$

当频率 $\omega\to 0_+$ 时，$\varphi(\omega)=0°$；当 $\omega\to\dfrac{1}{T}$ 时，$\varphi(\omega)=-45°$；当 $\omega\to\infty$ 时，$\varphi(\omega)=-90°$。且对于所有的频率有 $\dfrac{d}{d\omega}[\varphi(\omega)]|_{\forall\omega}<0$，相频特性 $\varphi(\omega)$ 是单调递减的，而且以转折频率为中心，两边的角度是反对称的。依照上述分析作惯性环节的对数幅频特性和对数相频特性曲线，伯德图如图5-11所示。

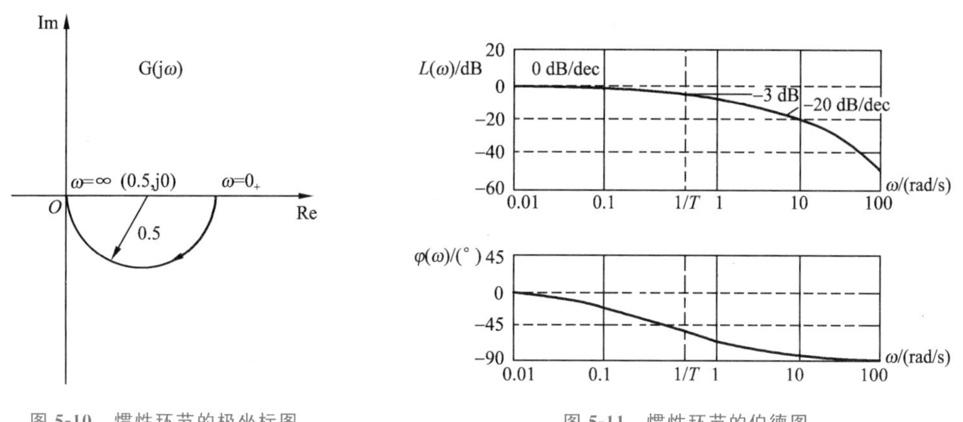

图5-10 惯性环节的极坐标图

图5-11 惯性环节的伯德图

从对数幅频特性 $L(\omega)$ 上可以看出，用渐近线作图是有近似误差的，最大误差发生在转折频率处。将其坐标 $\omega=\dfrac{1}{T}$ 代入表达式 $L(\omega)$，可以算出最大误差为

$$L(\omega)=20\lg\frac{1}{\sqrt{1+\omega^2T^2}}\bigg|_{\omega=\frac{1}{T}}=20\lg\frac{1}{\sqrt{2}}=-3.01\quad(\text{dB}) \tag{5-32}$$

因最大误差两端的误差值是对称的，故可以作折线误差修正曲线如图5-12所示，对渐近线作图所产生的误差进行修正。

从误差修正曲线可以看到，在转折频率处，最大误差为−3.01 dB，两端十倍频程处的误差降到−0.04 dB。所以两端十倍频程之外的误差可以忽略不计。

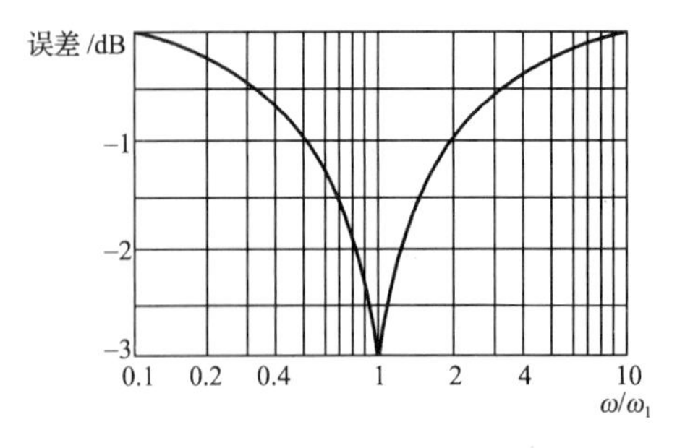

图 5-12 惯性环节折线误差修正曲线

5. 一阶微分环节

频率特性为

$$G(\mathrm{j}\omega)=1+Ts\big|_{s=\mathrm{j}\omega}=1+\mathrm{j}\omega T \tag{5-33}$$

幅频特性为

$$A(\omega)=\sqrt{1+\omega^2 T^2} \tag{5-34}$$

相频特性为

$$\varphi(\omega)=\arctan\omega T \tag{5-35}$$

对数幅频特性为

$$L(\omega)=20\lg\sqrt{1+\omega^2 T^2} \tag{5-36}$$

对数相频特性为

$$\varphi(\omega)=\arctan\omega T \tag{5-37}$$

幅频特性：当频率 ω 由 $0_+\rightarrow\infty$ 时，实部始终为单位 1，虚部则随着 ω 线性增长；相频特性随着 ω 由 $0_+\rightarrow\infty$ 时，角度由 $0°\rightarrow 90°$。所以，它的极坐标图比较特殊，如图 5-13 所示。

从上述的表达式可以看出，由于一阶微分环节与一阶惯性环节的对数频率特性是上下对称的，可以利用一阶惯性环节的对数频率特性对称画出。其对数频率特性曲线伯德图如图 5-14 所示。

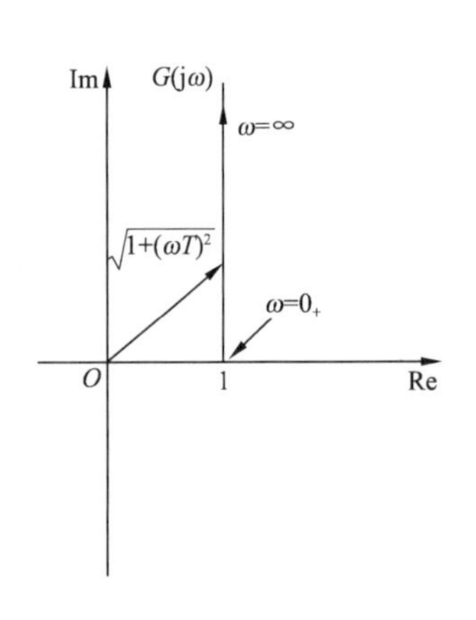

图 5-13 一阶微分环节的极坐标图

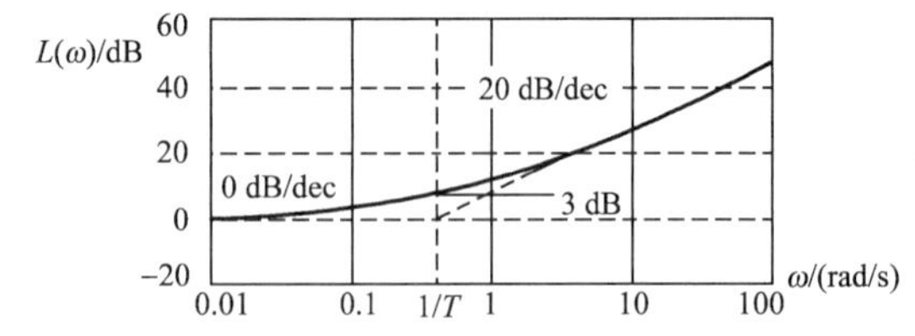

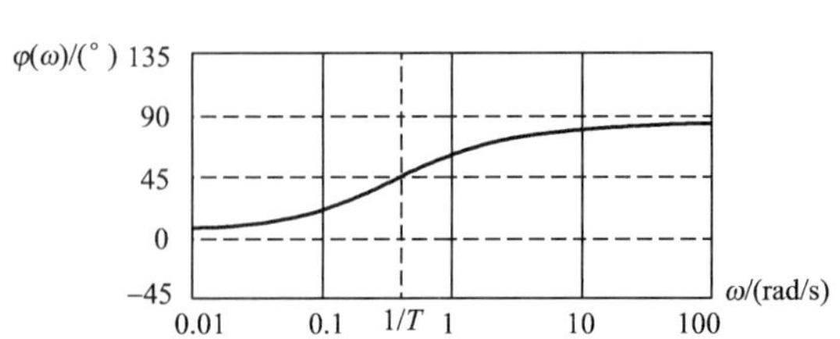

图 5-14 一阶微分环节的伯德图

6. 二阶振荡环节

频率特性为

$$G(\mathrm{j}\omega)=\frac{1}{T^2s^2+2\zeta Ts+1}\bigg|_{s=\mathrm{j}\omega}=\frac{1}{T^2(\mathrm{j}\omega)^2+\mathrm{j}2\zeta T\omega+1}$$
$$=\frac{1-T^2\omega^2}{(1-T^2\omega^2)^2+(2\zeta T\omega)^2}-\mathrm{j}\frac{2\zeta T\omega}{(1-T^2\omega^2)^2+(2\zeta T\omega)^2}$$
$$=\frac{1}{\sqrt{(1-T^2\omega^2)^2+(2\zeta T\omega)^2}}\angle-\arctan\frac{2\zeta T\omega}{1-T^2\omega^2} \tag{5-38}$$

幅频特性为

$$A(\omega)=\frac{1}{\sqrt{(1-T^2\omega^2)^2+(2\zeta T\omega)^2}} \tag{5-39}$$

相频特性为

$$\varphi(\omega)=-\arctan\frac{2\zeta T\omega}{1-T^2\omega^2} \tag{5-40}$$

对数幅频特性为

$$L(\omega)=20\lg\frac{1}{\sqrt{(1-T^2\omega^2)^2+(2\zeta T\omega)^2}} \tag{5-41}$$

对数相频特性为

$$\varphi(\omega)=-\arctan\frac{2\zeta T\omega}{1-T^2\omega^2} \tag{5-42}$$

当 $\omega\to0_+$ 时，$A(0_+)=1$，$\varphi(0_+)=0°$；当 $\omega\to\infty$ 时，$A(\infty)=0$，$\varphi(\infty)=-180°$。由于频率增加时，相角 $\varphi(\omega)=-\arctan\frac{2\zeta T\omega}{1-T^2\omega^2}$ 是单调递减的，所以曲线从实轴出发，射向第四、三象限，曲线的模以相角 $-180°$ 趋于零。其极坐标图如图 5-15 所示。

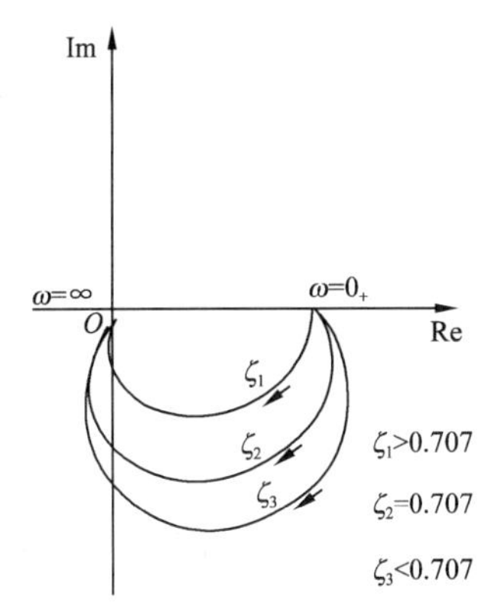

图 5-15 二阶振荡环节的极坐标图

另外，从图上可以看到，有的曲线的模超出了单位圆。可以求得系统的最大模值，也称为谐振峰值 M_r，即在某一振荡频率 $\omega=\omega_r$ 处，二阶振荡环节产生谐振峰值，则有 $\frac{\mathrm{d}}{\mathrm{d}\omega}A(\omega)=0\big|_{\omega=\omega_r}$。因此，可以解出谐振频率为

$$\omega_r=\frac{1}{T}\sqrt{1-2\zeta^2} \tag{5-43}$$

将其代入幅值表达式，求得谐振峰值为

$$M_r=A(\omega_r)=\frac{1}{2\zeta\sqrt{1-\zeta^2}} \tag{5-44}$$

无谐振峰值时的系统参数临界值为 $\omega_r\leqslant0$，$\zeta\geqslant0.707$。$\zeta>0.707$、$\zeta=0.707$ 和 $\zeta<0.707$ 的无谐振峰值、临界谐振峰值和有谐振峰值的三条极坐标图的曲线如图 5-15 所示。

对数坐标图仍可以渐近线作图。由于 $L(\omega)\big|_{\omega\to0_+}=20\lg1=0$ dB，是一条水平线；

$L(\omega)|_{\omega\to\infty}=20\lg\frac{1}{\sqrt{(1-T^2\omega^2)^2+(2\zeta T\omega)^2}}|_{\omega\to\infty}=20\lg\frac{1}{T^2\omega^2}=-40\lg T\omega$，是一条斜率为$-40$ dB/dec的等斜率直线，其转折频率为 $\omega=\frac{1}{T}$，类似于惯性环节，可以绘出振荡环节的伯德图的渐近线来近似，如图 5-16 虚线所示。在阻尼比 ζ 不同时，对数幅频特性 $L(\omega)$的准确曲线如图 5-16 中曲线所示。

二阶振荡环节的对数相频特性，当 $\omega\to0_+$ 时，$\varphi(0_+)=0°$；当 $\omega=\frac{1}{T}$时，$\varphi(\frac{1}{T})=-90°$；当 $\omega\to\infty$时，$\varphi(\omega)|_{\omega\to\infty}=-\arctan\frac{1}{-\omega}|_{\omega\to\infty}=-180°$。并且由于系统阻尼比 ζ 取值不同，$\varphi(\omega)$在 $\omega=\frac{1}{T}$邻域的角度变化率也不同，阻尼比越小，变化率就越大。阻尼比分别为 $\zeta>0.707$、$\zeta=0.707$ 和 $\zeta<0.707$ 时三条对数相频特性如图 5-16 所示。

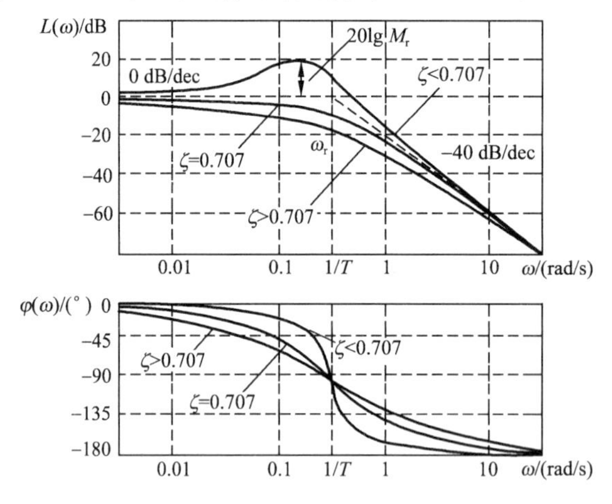

图 5-16　阻尼系数不同时二阶振荡环节的伯德图

7. 二阶微分环节

频率特性为

$$G(j\omega)=T^2s^2+2\zeta Ts+1|_{s=j\omega}=T^2(j\omega)^2+j2\zeta T\omega+1 \tag{5-45}$$

幅频特性为

$$A(\omega)=\sqrt{(1-T^2\omega^2)^2+(2\zeta T\omega)^2} \tag{5-46}$$

相频特性为

$$\varphi(\omega)=\arctan\frac{2\zeta T\omega}{1-T^2\omega^2} \tag{5-47}$$

对数幅频特性为

$$L(\omega)=20\lg\sqrt{(1-T^2\omega^2)^2+(2\zeta T\omega)^2} \tag{5-48}$$

对数相频特性为

$$\varphi(\omega)=\arctan\frac{2\zeta T\omega}{1-T^2\omega^2} \tag{5-49}$$

当 $\omega\to0_+$ 时，$A(0_+)=1$，$\varphi(0_+)=0°$；当 $\omega=\infty$时，$A(\infty)=\infty$，$\varphi(\infty)=180°$。由于频

率增加时，相角 $\varphi(\omega)=\arctan\dfrac{2\zeta T\omega}{1-T^2\omega^2}$ 是单调增的，所以曲线从实轴出发，经过第一象限射向第二象限，曲线的模以相角 180°趋于无穷远。其极坐标图如图 5-17 所示。

由于二阶微分环节与二阶振荡环节互为倒数，因此，其伯德图可以参照二阶振荡环节的伯德图对称画出，如图 5-18 所示。

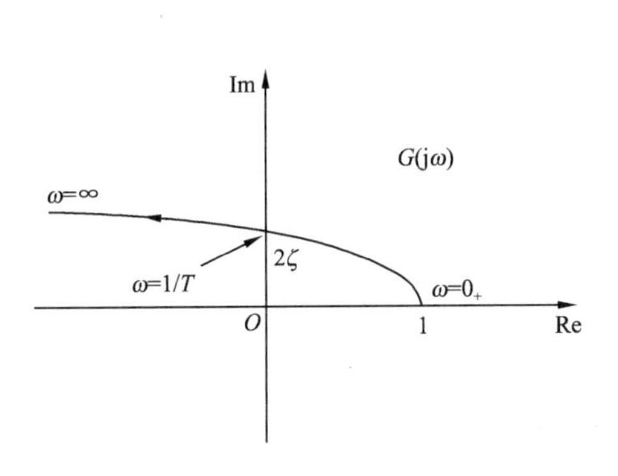

图 5-17　二阶微分环节的极坐标图

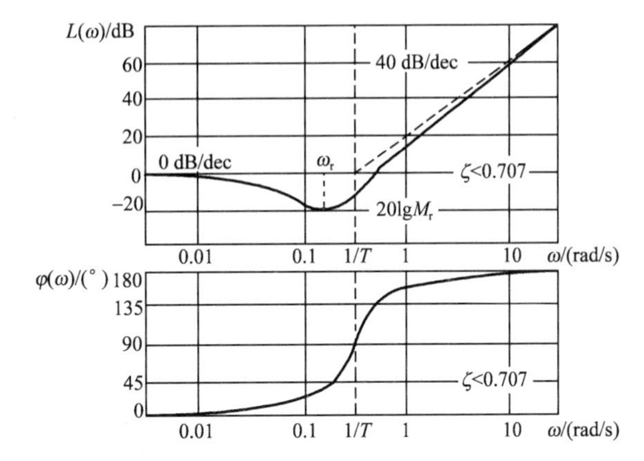

图 5-18　二阶微分环节的伯德图

8. 延迟环节

频率特性为

$$G(\mathrm{j}\omega)=\mathrm{e}^{-\tau s}\big|_{s=\mathrm{j}\omega}=\mathrm{e}^{-\mathrm{j}\omega\tau} \tag{5-50}$$

幅频特性为

$$A(\omega)=1 \tag{5-51}$$

相频特性为

$$\varphi(\omega)=-\omega\tau \tag{5-52}$$

对数幅频特性为

$$L(\omega)=20\lg A(\omega)=20\lg 1=0 \tag{5-53}$$

对数相频特性为

$$\varphi(\omega)=-\omega\tau \tag{5-54}$$

延迟环节的极坐标图如图 5-19 所示，其伯德图如图 5-20 所示。

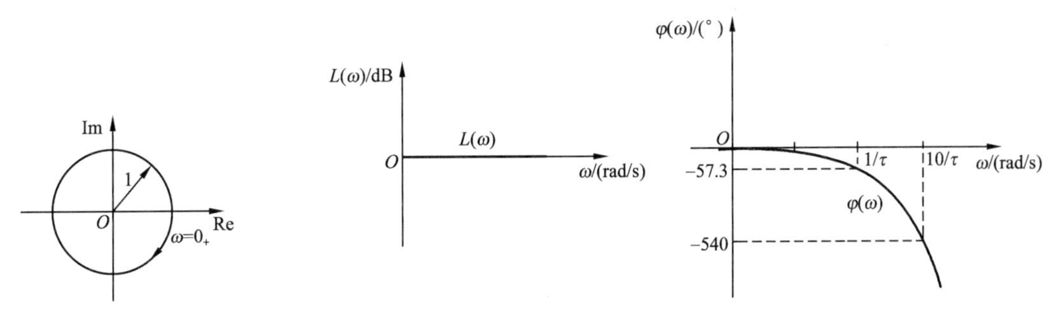

图 5-19　延迟环节的极坐标图

图 5-20　延迟环节的伯德图

说明：

(1)非最小相位环节和对应的最小相位环节

典型环节可分为两大类:一类为最小相位环节;另一类为非最小相位环节。最小相位环节指开环零极点全部位于 s 左半平面的环节,如比例环节 $K(K>0)$、惯性环节 $\frac{1}{(Ts+1)}$ $(T>0)$、一阶微分环节 $Ts+1(T>0)$ 等;非最小相位环节指开环零极点位于 s 右半平面的环节,如比例环节 $K(K<0)$、惯性环节 $\frac{1}{(-Ts+1)}(T>0)$、一阶微分环节 $-Ts+1(T>0)$ 等。

对于每一种非最小相位的典型环节都有一种最小相位环节与之对应,其特点是典型环节中的某个参数的符号相反。所以它们的幅频特性是完全相同的,而相频特性不同,但关于实轴对称,所以它们的极坐标图也是关于实轴对称的。对数幅频曲线相同,对数相频曲线关于 0°线对称。

(2)传递函数互为倒数的典型环节

最小相位典型环节中,积分环节和微分环节、惯性环节和一阶微分环节、振荡环节和二阶微分环节的传递函数互为倒数,即 $G_1(s)=\frac{1}{G_2(s)}$。设 $G_1(j\omega)=A_1(\omega)e^{j\varphi_1(\omega)}$,则

$$\begin{cases}\varphi_2(\omega)=-\varphi_1(\omega)\\ L_2(\omega)=20\lg A_2(\omega)=20\lg\dfrac{1}{A_1(\omega)}=-L_1(\omega)\end{cases}\tag{5-55}$$

可知,传递函数互为倒数的典型环节,对数幅频曲线关于 0 dB 线对称,对数相频曲线关于 0°线对称。在非最小相位环节中,同样存在传递函数互为倒数的典型环节,其对数频率特性曲线的对称性亦成立。

5.3 控制系统的开环频率特性

5.3.1 开环极坐标图作图

根据系统开环频率特性 $G_0(j\omega)$ 的表达式可以通过取点、计算来绘制系统开环极坐标图,用于进行系统的定性分析,这里着重介绍结合工程需要,绘制概略开环极坐标图的方法。

由于线性定常系统分子多项式与分母多项式均为常数,可将开环传递函数 $G_0(j\omega)$ 的分子多项式和分母多项式做因式分解如下:

$$\begin{aligned}G_0(s)\big|_{s=j\omega}&=\frac{K_0}{s^{\nu}}\cdot\left.\frac{\prod\limits_{k=1}^{m_1}(\tau_k s+1)\prod\limits_{l=1}^{m_2}(\tau_l^2 s^2+2\zeta_l\tau_l s+1)}{\prod\limits_{i=1}^{n_1}(T_i s+1)\prod\limits_{j=1}^{n_2}(T_j^2 s^2+2\zeta_j T_j s+1)}\right|_{s=j\omega}\\&=\frac{K_0}{(j\omega)^{\nu}}\cdot\frac{\prod\limits_{k=1}^{m_1}(\tau_k j\omega+1)\prod\limits_{l=1}^{m_2}[\tau_l^2(j\omega)^2+2\zeta_l\tau_l j\omega+1]}{\prod\limits_{i=1}^{n_1}(T_i j\omega+1)\prod\limits_{j=1}^{n_2}[T_j^2(j\omega)^2+2\zeta_j T_j j\omega+1]}\end{aligned}\tag{5-56}$$

1. 极坐标图的起点

极坐标图的起点是 $\omega\to0_+$ 时 $G_0(j0_+)$ 在复平面上的位置。当前向通路积分环节的个数

ν 大于零且 $\omega \to 0_+$ 时有

$$G_0(s)|_{\omega \to 0_+} = \frac{K_0}{s^{\nu}} \tag{5-57}$$

幅值大小为

$$|\frac{K_0}{(\mathrm{j}\omega)^{\nu}}|_{\omega \to 0_+} = \infty \tag{5-58}$$

相角大小为

$$\angle \frac{K_0}{(\mathrm{j}\omega)^{\nu}}|_{\omega \to 0_+} = -\nu \times \frac{\pi}{2} \tag{5-59}$$

所以极坐标图的起点位置与前向通路积分环节的个数 ν 有关。ν 为不同值时，极坐标图的起点位置如图 5-21 所示。

2. 极坐标图的终点

极坐标图的终点是 $\omega \to \infty$ 时 $G_0(\mathrm{j}\infty)$ 在复平面上的位置，当 $\omega \to \infty$ 时有

$$G_0(s)|_{\omega \to \infty} = \frac{K_0}{s^{n-m}} \tag{5-60}$$

幅值大小为

$$|\frac{K_0}{(\mathrm{j}\omega)^{n-m}}|_{\omega \to \infty} = 0 \tag{5-61}$$

相角大小为

$$\angle \frac{K_0}{(\mathrm{j}\omega)^{n-m}}|_{\omega \to \infty} = -(n-m)\frac{\pi}{2} \tag{5-62}$$

所以极坐标图终点的入射角度是不同的，入射角度的大小由分母多项式的次数与分子多项式次数之差 $n-m$ 来决定。各种趋近情况如图 5-22 所示。

3. 坐标轴穿越点与单位圆穿越点

坐标轴穿越点与单位圆穿越点如图 5-23 所示。这两类穿越除了要确定穿越位置之外，还需要做如下考虑。

在坐标轴穿越点邻域需要确定的是 $\omega = \omega_x$ 时，$G_0(\mathrm{j}\omega_x)$ 是以角度增加方式还是以角度减少的方式穿越坐标轴。

在单位圆穿越点邻域需要确定的是 $\omega = \omega_y$ 时，$G_0(\mathrm{j}\omega_y)$ 是以幅值增加方式还是以幅值减少的方式穿越单位圆。

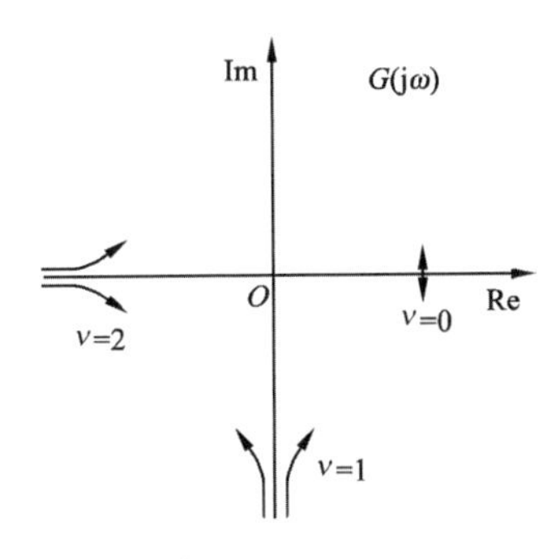

图 5-21 极坐标图的起点

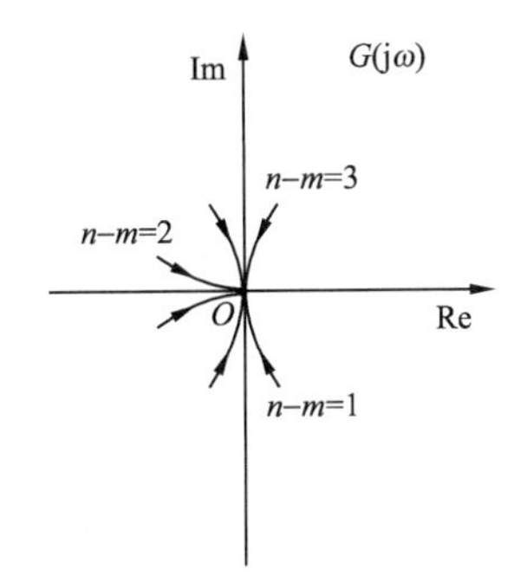

图 5-22 极坐标图的终点

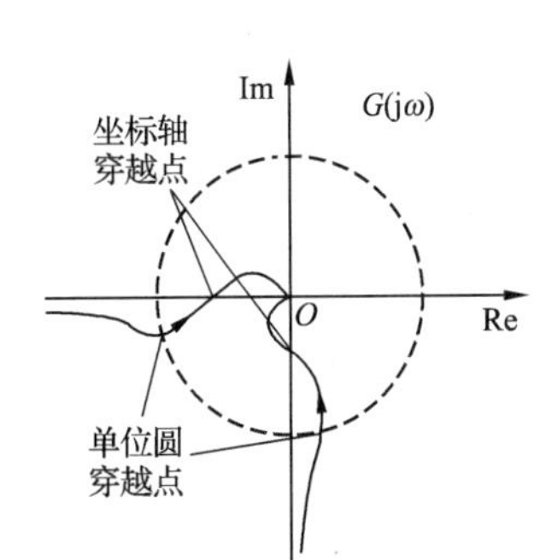

图 5-23 极坐标图的穿越点

在不需要准确作图时，根据上述三条，可以定性地做出开环频率特性 $G_0(\mathrm{j}\omega)$ 的极坐标草图。

【例 5-1】 已知单位负反馈系统开环传递函数为 $G_0(s)=\dfrac{1}{s(1+s)}$，试作其极坐标草图。

解：由于 $\nu=1$，有 $\begin{cases}A(0_+)=\infty\\ \varphi(0_+)=-90^\circ\end{cases}$，所以起点位于负虚轴无穷远处。

由于 $n-m=2$，有 $\begin{cases}A(\infty)=0\\ \varphi(\infty)=-180^\circ\end{cases}$，所以曲线以相位角 -180° 趋于原点。相角为 $\varphi(\omega)=-90^\circ-\angle(1+\mathrm{j}\omega)$，当 ω 增加时，$\varphi(\omega)$ 是单调递减的。由以上定性分析，可以作极坐标草图，如图 5-24(a)所示。

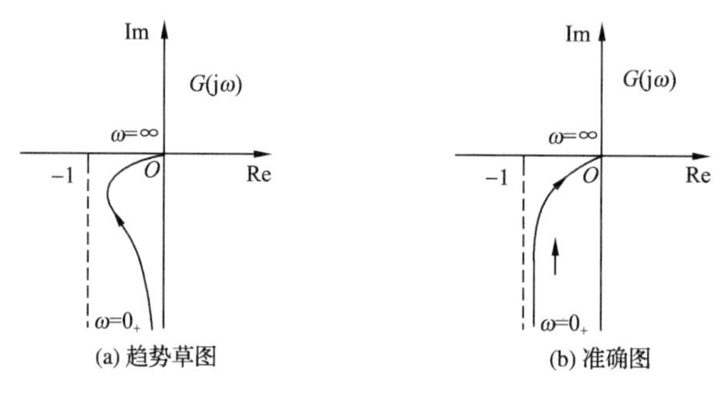

图 5-24 例 5-1 的极坐标图

当然，该系统比较简单，可以写出它的实部函数与虚部函数表达式来比较准确地描点作图。

由于

$$G_0(\mathrm{j}\omega)=\frac{1}{\mathrm{j}\omega(1+\mathrm{j}\omega)}=-\frac{1}{1+\omega^2}-\mathrm{j}\,\frac{1}{\omega(1+\omega^2)}$$

所以有

$$\begin{cases}\mathrm{Re}[G_0(\mathrm{j}\omega)]|_{\omega\to0_+}=-1\\ \mathrm{Im}[G_0(\mathrm{j}\omega)]|_{\omega\to0_+}=-\mathrm{j}\infty\end{cases}\text{和}\begin{cases}\mathrm{Re}[G_0(\mathrm{j}\omega)]|_{\omega\to\infty}=0\\ \mathrm{Im}[G_0(\mathrm{j}\omega)]|_{\omega\to\infty}=0\end{cases}$$

当 $\omega\to0_+$ 时，实部函数有渐近线为 -1，可以先作出渐近线，然后描点将极坐标图作出，如图 5-24(b)所示。图 5-24 中的两图看上去差别较大，但是应用该图做系统分析时，从定性分析的观点来看差别不大，也就是说图 5-24(a)的粗略性，基本不影响该图在系统分析时的应用。

【例 5-2】 已知单位负反馈系统的开环传递函数为 $G_0(s)=\dfrac{K(1+20s)}{s^2(1+5s)(1+2s)}$，试做出极坐标图的草图。

解：由于 $\nu=2$，有 $\begin{cases}A(0_+)=\infty\\ \varphi(0_+)=-180^\circ\end{cases}$；由于 $n-m=3$，有 $\begin{cases}A(\infty)=0\\ \varphi(\infty)=-270^\circ\end{cases}$

所以曲线起点位于负实轴无穷远处；终点以相位角 -270° 趋于原点，相角为

$$\varphi(\omega)=-180^\circ+\angle(1+\mathrm{j}20\omega)-\angle(1+\mathrm{j}5\omega)-\angle(1+\mathrm{j}2\omega)$$

当 ω 增加时，$\varphi(\omega)$ 从 $-180°$ 先增后减；当 $\omega\to\infty$ 时，$\varphi(\omega)$ 减至 $-270°$。

所以可以算出 $\omega_x=0.255$ 时，$\varphi(0.255)=-180°$。曲线从第三象限穿越负实轴到第二象限。由以上分析，做出极坐标图草图，如图 5-25 所示。

图中增益 K 不同时，曲线穿越负实轴的位置不同。但是穿越频率 ω_x 是相同的，曲线的形状是相似的。

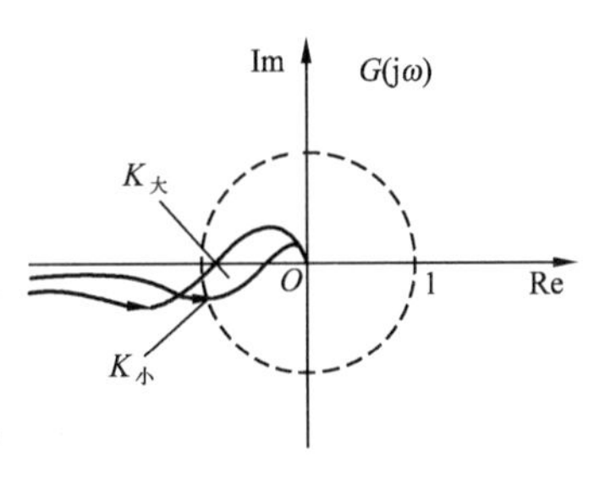

图 5-25 例 5-2 的极坐标结构图

5.3.2 开环对数频率特性作图

控制系统的结构图如图 5-26 所示。其开环传递函数为 $G_0(s)=G(s)H(s)$，因此，开环频率特性为 $G_0(j\omega)=G(j\omega)\cdot H(j\omega)$。由于线性定常系统分子多项式与分母多项式均为常系数，可以将开环频率特性 $G_0(j\omega)$ 的分子多项式与分母多项式作因式分解：

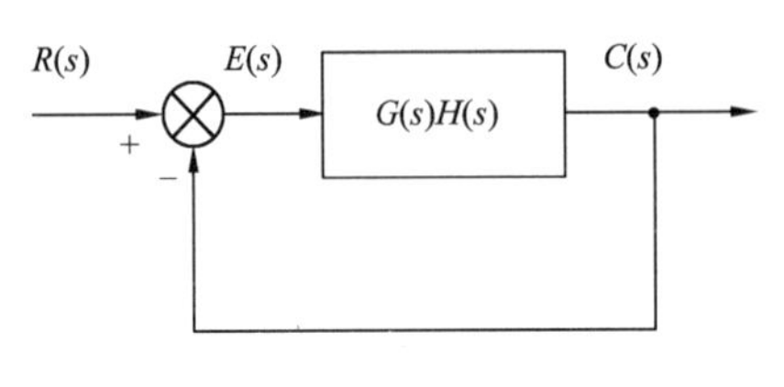

图 5-26 控制系统的结构图

$$G_0(s)=\frac{K_0}{s^{\nu}}\cdot\frac{\prod\limits_{k=1}^{m_1}(\tau_k s+1)\prod\limits_{l=1}^{m_2}(\tau_l^2 s^2+2\zeta_l\tau_l s+1)}{\prod\limits_{i=1}^{n_1}(T_i s+1)\prod\limits_{j=1}^{n_2}(T_j^2 s^2+2\zeta_j T_j s+1)} \tag{5-63}$$

该式包括比例因子、一阶因子和二阶共轭复数因子，都是基本环节，所以 $G_0(j\omega)$ 的一般表达式可以写为基本因子的乘积，即

$$G_0(j\omega)=G_1(j\omega)G_2(j\omega)\cdots G_k(j\omega)=\prod_{i=1}^{k}G_i(j\omega) \tag{5-64}$$

采用模、角表达式可表示为

$$\begin{aligned}G_0(j\omega)&=|G_1(j\omega)|\angle G_1(j\omega)\cdot|G_2(j\omega)|\angle G_2(j\omega)\cdot\cdots\\&=\prod_{i=1}^{k}|G_i(j\omega)|\angle G_i(j\omega)\end{aligned} \tag{5-65}$$

开环对数幅频特性为

$$\begin{aligned}L_0(\omega)&=20\lg\left[\prod_{i=1}^{k}|G_i(j\omega)|\right]=\sum_{i=1}^{k}20\lg|G_i(j\omega)|=\sum_{i=1}^{k}L_i(\omega)\\&=L_1(\omega)+L_2(\omega)+\cdots+L_k(\omega)\end{aligned} \tag{5-66}$$

开环对数相频特性为

$$\varphi_0(\omega)=\sum_{i=1}^{k}\angle G_i(j\omega)=\sum_{i=1}^{k}\varphi_i(\omega)=\varphi_1(\omega)+\varphi_2(\omega)+\cdots+\varphi_k(\omega) \tag{5-67}$$

式(5-66)和式(5-67)说明了 $L_0(\omega)$ 和 $\varphi_0(\omega)$ 分别都是各典型环节的叠加。

通过以上的分析，可以采用下述两种方法中的任意一种方法，来绘制控制系统的开环对数频率特性图，但使用更多的还是后一种方法。

1. 典型环节叠加作图

分别做出各基本环节的 $L_i(\omega)$，在图上叠加得到 $L_0(\omega)$，以及分别做出各基本环节的 $\varphi_i(\omega)$，在图上叠加得到 $\varphi_0(\omega)$。

【例 5-3】 已知单位负反馈控制系统如图 5-27 所示，其开环传递函数为

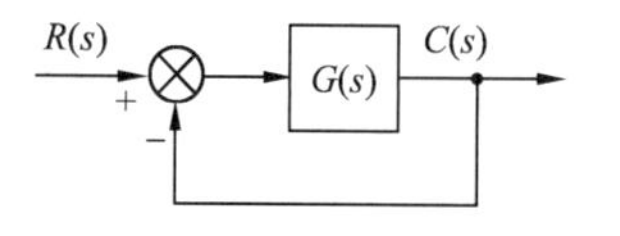

图 5-27 例 5-3 的控制系统结构图

$$G(s)=\frac{100(s+2)}{s(s+1)(s+20)}$$

试绘制开环系统伯德图。

解：按照基本环节写出系统的开环频率特性为

$$G(s)=\frac{100(j\omega+2)}{j\omega(j\omega+1)(j\omega+20)}=\frac{10(1+j0.5\omega)}{j\omega(1+j\omega)(1+j0.05\omega)}$$

各基本环节为

(1) $G_1(j\omega)=10$　　$L_1(\omega)=20\lg10=20\ \text{dB}$

$\varphi_1(\omega)=0^\circ$

两条特性曲线均为水平线，幅频特性的高度为 20 dB。

(2) $G_2(j\omega)=1+j0.5\omega$　　$L_2(\omega)=\sqrt{1+0.5^2\omega^2}$

$\varphi_2(\omega)=\arctan0.5\omega$

一阶微分环节，转折频率为 $\omega=\frac{1}{0.5}=2$，转折斜率为 20 dB/dec。

(3) $G_3(j\omega)=\frac{1}{j\omega}$　　$L_3(\omega)=-20\lg\omega$

$\varphi_3(\omega)=-90^\circ$

积分环节，等斜率斜线，斜率为 −20 dB/dec。

(4) $G_4(j\omega)=\frac{1}{1+j\omega}$　　$L_4(\omega)=20\lg\frac{1}{\sqrt{1+\omega^2}}$

$\varphi_4(\omega)=-\arctan\omega$

一阶惯性环节，转折频率为 $\omega=1$，转折斜率为 −20 dB/dec。

(5) $G_5(j\omega)=\frac{1}{1+j0.05\omega}$　　$L_5(\omega)=20\lg\frac{1}{\sqrt{1+0.05^2\omega^2}}$

$\varphi_5(\omega)=-\arctan0.05\omega$

一阶惯性环节，转折频率为 $\omega=\frac{1}{0.05}=20$，转折斜率为 −20 dB/dec。

各基本环节的对数幅频特性曲线如图 5-28 所示。在图上作叠加合成，即可得到

$$L(\omega)=L_1(\omega)+L_2(\omega)+L_3(\omega)+L_4(\omega)+L_5(\omega)$$

由此得到系统总的对数幅频特性曲线。

同理，做出各基本环节的对数相频特性曲线如图 5-29 所示，经叠加合成，可以得到

$$\varphi(\omega)=\varphi_1(\omega)+\varphi_2(\omega)+\varphi_3(\omega)+\varphi_4(\omega)+\varphi_5(\omega)$$

由此得到系统总的对数相频特性曲线。

2. 转折渐近作图

转折渐近作图主要是依照转折渐近表做出 $L_0(\omega)$，而开环对数相频特性 $\varphi_0(\omega)$ 仍然要依照叠加方法作图。但是从后面的分析可以看到，在许多情况下，可以省略 $\varphi_0(\omega)$ 的作图，

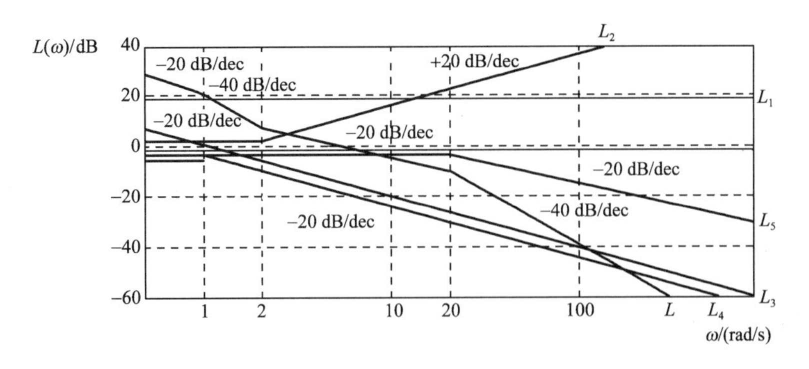

图 5-28 例 5-3 对数幅频特性曲线

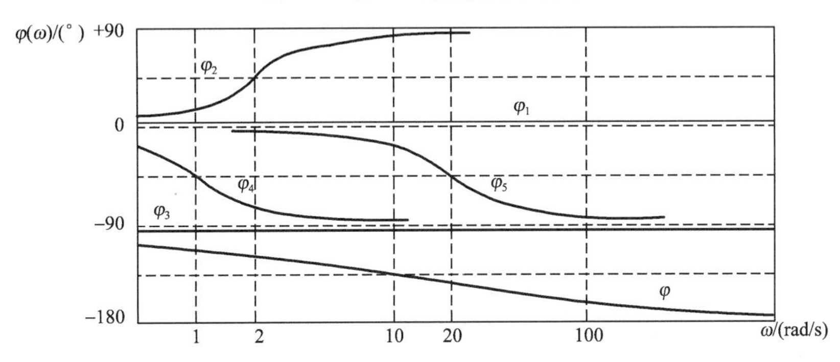

图 5-29 例 5-3 对数相频特性曲线

这样，转折渐近作图就又快又方便了。

具体作图步骤可归纳如下：

(1)将开环传递函数写成尾一型标准形式；

(2)根据比例环节，求出 $20\lg K_0$；

(3)过 $\omega=1$、$L(\omega)=20\lg K_0$，即$(1,20\lg K_0)$点作一条斜率为-20ν dB/dec 的斜线（ν 是积分环节的个数）；

(4)计算各典型环节的转折频率（$\omega_i=\dfrac{1}{T_i}$），并按 ω_i 由小到大的顺序，依次改变各对应频段的斜率，并依次叠加，即得出最后的对数幅频特性；

(5)作各环节对数相频特性，并依次叠加得到最后的对数相频特性。

【例 5-4】 单位负反馈系统开环传递函数如下，绘制系统对数幅频特性曲线的渐近线。

$$G_0(s)=\frac{10(s+3)}{s(s+2)(s^2+s+2)}$$

解：(1)把开环传递函数化为尾一型标准形式为

$$G_0(s)=\frac{10(s+3)}{s(s+2)(s^2+s+2)}=\frac{7.5(\frac{1}{3}s+1)}{s(0.5s+1)[(\frac{\sqrt{2}}{2})^2s^2+\frac{1}{2}s+1]}$$

(2)$20\lg K_0=20\lg 7.5=17.5$ dB；

(3)过(1,17.5)点作斜率为−20 dB/dec 的斜线；

(4)求各转折频率(表 5-1)；

表 5-1 各转折频率 1

渐近顺序	$\left(\left(\frac{\sqrt{2}}{2}\right)^2s^2+0.5s+1\right)^{-1}$	$(0.5s+1)^{-1}$	$\frac{1}{3}s+1$
转折频率	1.414	2	3
转折斜率/(dB/dec)	−40	−20	20
相角/(°)	0～−180	0～−90	0～90

(5)依次作图,如图 5-30 所示。

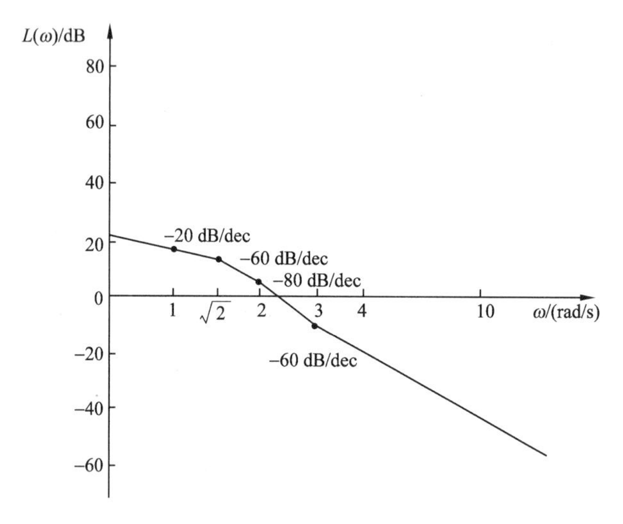

图 5-30 例 5-4 系统的对数幅频特性曲线

【例 5-5】 已知单位负反馈系统的开环传递函数为

$$G_0(s)=\frac{1.58(1+10s)(1+s)}{s(1+50s)(1+0.2s+0.5^2s^2)}$$

作开环对数幅频特性曲线。

解:(1)首先,把开环传递函数化为尾一型标准形式;其次,求 $20\lg K_0=20\lg 1.58=3.97$ dB;

(2)过(1,3.97)点作斜率为-20ν dB/dec=−20 dB/dec 的斜线；

(3)求各转折频率(表 5-2)；

表 5-2 各转折频率 2

渐近顺序	$(1+50s)^{-1}$	$1+10s$	$1+s$	$(1+0.2s+0.5^2s^2)^{-1}$
转折频率	0.02	0.1	1	2
转折斜率/(dB/dec)	−20	20	20	−40
相角/(°)	0～−90	0～90	0～90	0～−180

(4)作系统的伯德图,如图 5-31 所示。

另外,由于二阶振荡因子的阻尼比为 $\zeta=0.2$,在谐振频率 $\omega_r=\frac{1}{T}\sqrt{1-2\zeta^2}=1.918$ 处,

谐振峰值为

$$M_r = A(\omega_r) = \frac{1}{2\zeta\sqrt{1-\zeta^2}} = 2.55$$

对数峰值为

$$20\lg 2.55 = 8.13\ \text{dB}$$

在图5-31上作谐振峰值修正曲线。

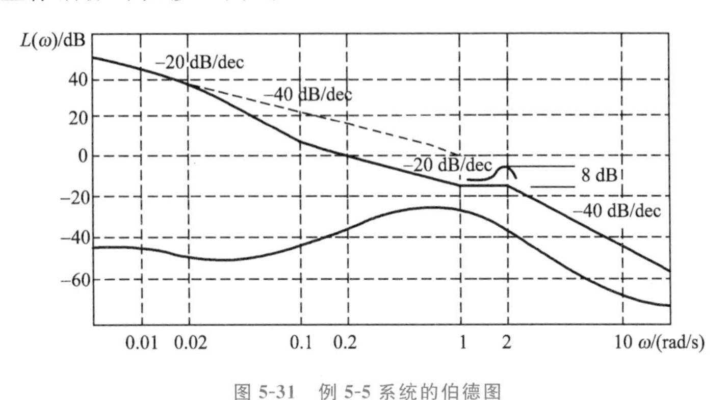

图5-31 例5-5系统的伯德图

【例5-6】 已知系统的开环对数幅频特性曲线如图5-32所示，试确定系统的开环传递函数。

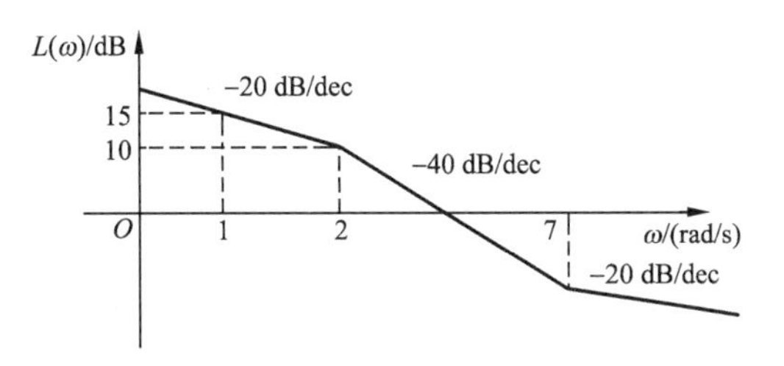

图5-32 例5-6系统的开环对数幅频特性曲线

解：由图可见，低频段的斜率为−20 dB/dec，所以开环传递函数有一个积分环节。由于在低频段$\omega=1$时，$L(\omega)=15$ dB，所以系统的开环放大倍数满足$20\lg K_0=15$，从而求得$K_0=10^{\frac{15}{20}}=10^{0.75}=5.6$。由此可以写出系统的开环传递函数为

$$G_0(s) = \frac{5.6\left(\frac{1}{7}s+1\right)}{s\left(\frac{1}{2}s+1\right)} = \frac{5.6(0.14s+1)}{s(0.5s+1)}$$

5.4 频域稳定判据

控制系统的闭环稳定性是系统分析和设计所需解决的首要问题，奈奎斯特稳定判据(简称奈氏判据)和对数频域稳定判据是常用的两种频域稳定判据。频域稳定判据的特点是根

据开环系统频率特性曲线判定闭环系统的稳定性。

奈氏判据是根据开环极坐标图判别闭环系统稳定性的一种准则。对数频域稳定判据本质上和奈氏判据没有什么区别，它是根据系统的伯德图判断闭环系统的稳定性。

5.4.1 奈奎斯特(H. Nyquist)稳定判据

对于图5-33所示反馈控制系统，$G(s)$和$H(s)$分别为两个多项式之比的有理分式，设

$$G(s)=\frac{M_1(s)}{N_1(s)},H(s)=\frac{M_2(s)}{N_2(s)}$$

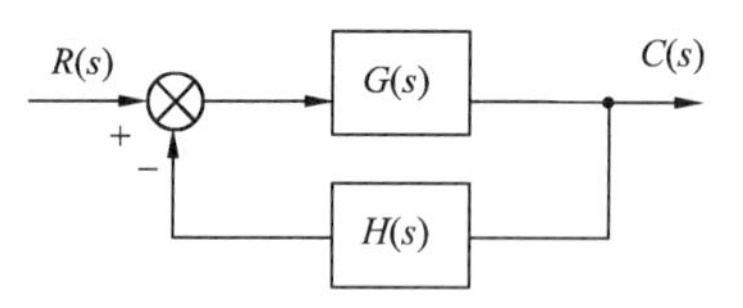

图5-33 反馈控制系统

如果$G(s)$和$H(s)$没有零点和极点对消，则系统的开环传递函数为

$$G(s)H(s)=\frac{M_1(s)M_2(s)}{N_1(s)N_2(s)}$$

其闭环传递函数为

$$\Phi(s)=\frac{G(s)}{1+G(s)H(s)}=\frac{M_1(s)N_2(s)}{N_1(s)N_2(s)+M_1(s)M_2(s)}$$

奈氏判据是从研究闭环与开环特征多项式之比入手的，这一函数仍是复变量s的函数，称之为辅助函数，记作$F(s)$，即

$$F(s)=1+G(s)H(s)=\frac{N_1(s)N_2(s)+M_1(s)M_2(s)}{N_1(s)N_2(s)}$$

辅助函数$F(s)$的分子是系统闭环特征多项式，分母是系统开环特征多项式。

将$F(s)$写成零、极点形式，为

$$F(s)=\frac{\prod_{j=1}^{m}(s-z_j)}{\prod_{i=1}^{n}(s-p_i)} \tag{5-68}$$

式中 z_j——$F(s)$的零点，也是闭环传递函数的极点；

p_i——$F(s)$的极点，也是开环传递函数的极点。

辅助函数$F(s)$具有如下特点：

(1)其零点和极点分别是闭环和开环的特征根；

(2)其零点的个数与极点的个数相同；

(3)辅助函数$F(s)$与系统开环传递函数只差常数1。

式(5-68)中的极点p_i通常是已知的，但要求出其零点z_j的分布就不容易了。下面利用复变函数中的辐角原理来寻找一种确定位于右半s平面内$F(s)$零点数目的方法，从而建立判断闭环系统稳定性的奈氏判据。

1. 辐角原理

在s平面上任选一复数s，通过复变函数$F(s)$的映射关系，可在$F(s)$平面上找到相应的像。设$F(s)$的零、极点分布映射关系如图5-34(a)所示。在右半s平面内任作一闭合路径Γ_s(注意不能使路径通过$F(s)$的任何一个零点或极点)，在路径上任选一点A，使s从A点开始移动，绕$F(s)$的零点z_j顺时针沿封闭曲线Γ_s转一周回到A点，相应的$F(s)$在F

(s)平面上从 B 点出发再回到 B 点，也描出一条封闭曲线 Γ_F，如图5-34(b)所示。

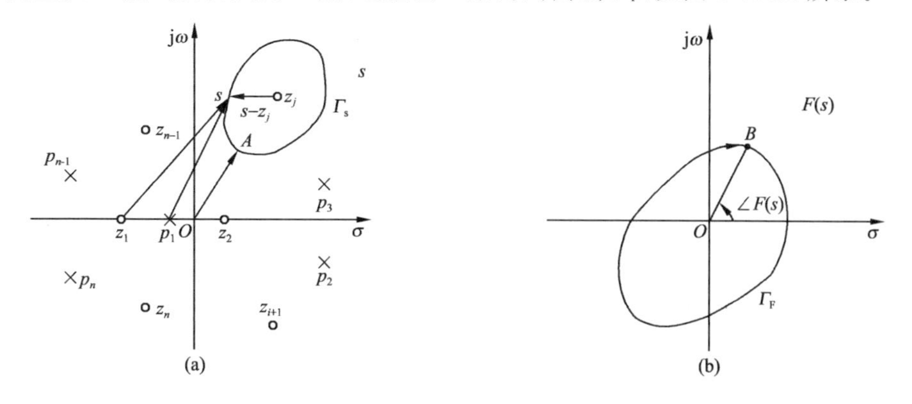

图5-34　s 与 $F(s)$ 的映射关系

当 s 依 Γ_s 变化时，$F(s)$的相角变化为 $\Delta\angle F(s)$，由式(5-68)可得

$$\Delta\angle F(s)=\Delta\angle(s-z_1)+\Delta\angle(s-z_2)+\cdots+\Delta\angle(s-z_n)$$
$$-\Delta\angle(s-p_1)-\Delta\angle(s-p_2)-\cdots-\Delta\angle(s-p_n) \tag{5-69}$$

式中，$\Delta\angle(s-z_j)(j=1,2,\cdots,n)$表示 s 依 Γ_s 变化时，向量 $s-z_j$ 的辐角变化量。$\Delta\angle(s-p_i)(i=1,2,\cdots,n)$含义类似。式(5-69)中，在 Γ_s 路径内的 z_j，其辐角变化量为 -2π；在 Γ_s 路径外的 z_j，其辐角变化量为0。根据图5-34(a)所示，路径 Γ_s 中只包围了一个 z_j，其余的 $F(s)$的零、极点均分布在 Γ_s 之外，所以

$$\Delta\angle F(s)=\Delta\angle(s-z_j)=-2\pi \tag{5-70}$$

式(5-70)表示，在 $F(s)$平面，$F(s)$曲线从 B 点开始，绕原点顺时针转了一圈。

同样当 s 从 s 平面上 A 点开始，绕 $F(s)$的一个极点 p_i 顺时针转一圈时，在 $F(s)$平面上的 $F(s)$曲线绕原点反时针转一圈。

辐角原理：如果封闭曲线 Γ_s 内有 Z 个 $F(s)$的零点，有 P 个 $F(s)$的极点，则 s 依 Γ_s 顺时针转一圈时，在 $F(s)$平面上的 $F(s)$曲线绕原点反时针转的圈数 R 为 P 和 Z 之差，即

$$R=P-Z \tag{5-71}$$

若 R 为负，表示 $F(s)$曲线绕原点顺时针转过的圈数。

2.奈氏判据

如果把 s 平面的封闭曲线 Γ_s 取为虚轴和右半 s 平面上半径 ρ 为无穷大的半圆，如图5-35所示。那么 Γ_s 就扩大到了整个右半 s 平面，则式(5-71)中的 P 和 Z 分别表示辅助函数 $F(s)$分布在右半 s 平面的极点和零点数，也就是开、闭环传递函数分布在右半 s 平面上的极点数。当 s 沿无穷大半圆及虚轴变化时，$F(s)$在 $F(s)$平面上绕原点反时针转的圈数 $R=P-Z$。若 $Z=0$，则 $F(s)$在 $F(s)$平面绕原点反时针方向转过的圈数 $R=P$，说明闭环系统是稳定的；若 $R\neq P$，说明闭环系统是不稳定的。闭环分布在右半 s 平面的极点数可由下式求得

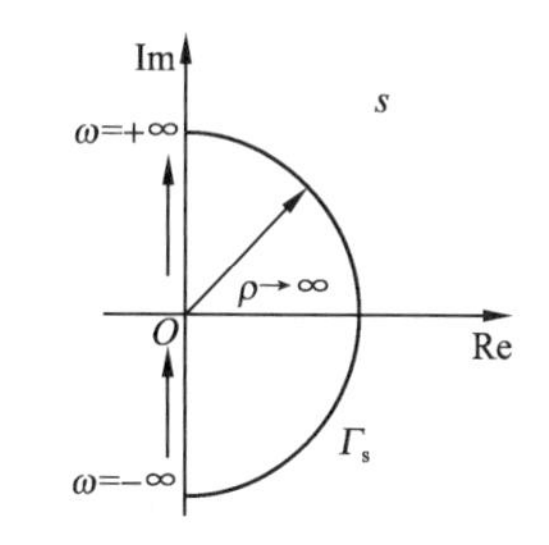

图5-35　包括全部右半 s 平面的封闭曲线 Γ_s

$$Z=P-R \tag{5-72}$$

如果开环稳定，即 $P=0$ 时，闭环系统稳定的条件是：$F(s)$ 绕原点转过的圈数 $R=0$。

辅助函数 $F(s)$ 与开环传递函数 $G(s)H(s)$ 之间仅相差 1。显然，$F(s)$ 在 $F(s)$ 平面绕原点反时针方向转过的圈数，变为在 $G(s)H(s)$ 平面上绕 $(-1,\mathrm{j}0)$ 点反时针方向转过的圈数。因此，式(5-71)中的 R 可用 $G(s)H(s)$ 绕 $(-1,\mathrm{j}0)$ 点反时针方向转过的圈数来确定。

当 ω 从 $-\infty\to0_-$ 和从 $0_+\to+\infty$ 时，对应的两条 $G(\mathrm{j}\omega)H(\mathrm{j}\omega)$ 曲线相对于实轴是对称的，所以实际上只要绘制 ω 从 $0_+\to\infty$ 变化时的曲线。这时对应的 $G(\mathrm{j}\omega)H(\mathrm{j}\omega)$ 曲线绕 $(-1,\mathrm{j}0)$ 点转过的圈数 N（反时针方向转过的圈数为正，顺时针方向转过的圈数为负）为

$$N=\frac{P-Z}{2} \tag{5-73}$$

闭环系统稳定的条件是 $Z=0$，则有

$$N=\frac{P}{2} \tag{5-74}$$

若闭环系统不稳定，则闭环在右半 s 平面的极点数为

$$Z=P-2N \tag{5-75}$$

奈奎斯特稳定判据：闭环系统稳定的充要条件是：当 ω 从 $0_+\to\infty$ 时，开环极坐标图 $G(\mathrm{j}\omega)H(\mathrm{j}\omega)$ 绕 $(-1,\mathrm{j}0)$ 点反时针方向转过 $\dfrac{P}{2}$ 圈。P 为开环传递函数位于右半 s 平面的极点数。若开环系统稳定，即 $P=0$ 时，则闭环系统稳定的充要条件是：开环极坐标图 $G(\mathrm{j}\omega)H(\mathrm{j}\omega)$ 不包围 $(-1,\mathrm{j}0)$ 点。

3. 关于开环传递函数包含积分环节的处理

当开环传递函数 $G(s)H(s)$ 包含有积分环节时，则开环具有 $s=0$ 的极点，此极点分布在坐标原点上。其开环传递函数可用下式表示

$$G(s)H(s)=\frac{K(\tau_1 s+1)\cdots(\tau_m s+1)}{s^{\nu}(T_1 s+1)\cdots(T_l s+1)} \tag{5-76}$$

由于 s 平面上的坐标原点是所选闭合路径 Γ_s 上的一点，把这一点的 s 值代入 $G(s)H(s)$ 后，使 $|G(0)H(0)|\to\infty$，这表明坐标原点是 $G(s)H(s)$ 的奇点，为了使 Γ_s 路径不通过此奇点，将它作些改变使其绕过分布在坐标原点上的极点，并把分布在坐标原点上的极点排除在被它所包围的面积之外，但仍应包含右半 s 平面内的所有闭环和开环极点。为此，以原点为圆心，作一个半径为无穷小的半圆，使 Γ_s 路径沿着这个无穷小的半圆绕过原点，如图 5-36 所示。

这样闭合路径 Γ_s 就由 $-\mathrm{j}\omega$ 轴、无穷小半圆、$\mathrm{j}\omega$ 轴、无穷大半圆四部分组成。当无穷小半径趋于 0 时，闭合路径 Γ_s 仍可包围整个右半 s 平面。

位于无穷小半圆上的 s 可用下式表示

$$s=\varepsilon e^{\mathrm{j}\theta} \tag{5-77}$$

下面讨论 $\nu=1$ 时，令 $\varepsilon\to0$。将式(5-77)代入式(5-76)中，得

$$G(s)H(s)=\frac{K}{\varepsilon e^{\mathrm{j}\theta}}=\frac{K}{\varepsilon}e^{-\mathrm{j}\theta} \tag{5-78}$$

根据式(5-78)可确定 s 平面上的无穷小半圆映射到 $G(s)H(s)$ 平面上的路径。在图

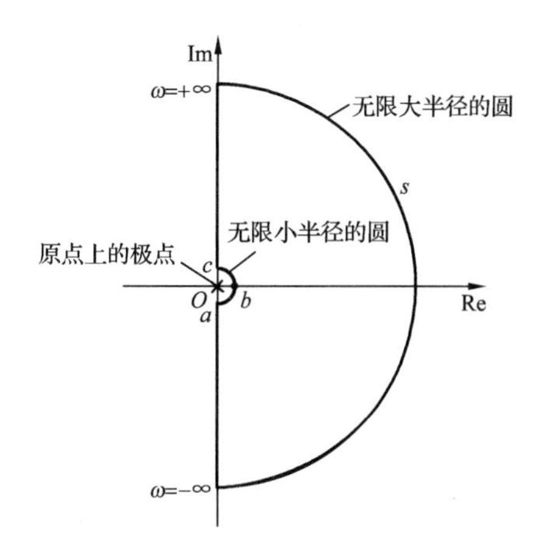

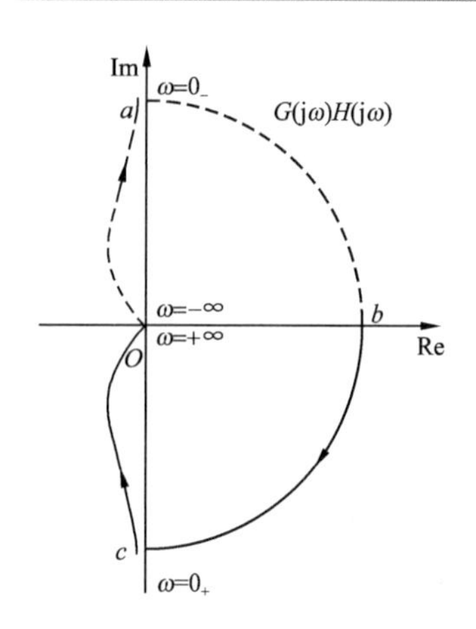

图 5-36　$G(s)H(s)$包含积分环节时的 Γ_s 路径和极坐标图

5-36 中的 a 点，s 的幅值 $\varepsilon\to0$，相角 θ 为 $-\dfrac{\pi}{2}$。对应 $|G(s)H(s)|\to\infty$，$\varphi=-\theta=\dfrac{\pi}{2}$，这说明无穷小半圆上的 a 点映射到 $G(s)H(s)$平面上为正虚轴上无穷远处的一点。在 b 点处，$\varepsilon\to0$，相角 θ 为 0，对应 $|G(s)H(s)|\to\infty$，$\varphi=-\theta=0$，说明 b 点映射到 $G(s)H(s)$平面上为正实轴上无穷远处的一点。对于 c 点，$\varepsilon\to0$，$\theta=\dfrac{\pi}{2}$，对应 $|G(s)H(s)|\to\infty$，$\varphi=-\theta=-\dfrac{\pi}{2}$。这说明 c 点映射到 $G(s)H(s)$平面上为负虚轴上无穷远处的一点。当 s 沿无穷小半圆由 a 点移到 b 点再移到 c 点时，角度 θ 反时针方向转过 180°，而 $G(s)H(s)$的角度，则是顺时针方向转过 180°。s 平面上的半圆 abc，映射到 $G(s)H(s)$平面上为无穷大的半圆 abc，如图 5-36 所示。

如果系统的类型是 ν 型，则 $G(s)H(s)$角度的变化是 $\nu\times180°$。对于 ω 从 $0\to\infty$的极坐标图补画的角度为$\dfrac{\nu\times180°}{2}$。

开环传递函数有积分环节时，作如上处理，是将开环系统分布在坐标原点的极点当成分布在 s 平面左半部的极点，然后按奈氏判据判断稳定性即可。

【例 5-7】 已知系统开环传递函数 $G(s)=\dfrac{1000}{(s+1)(s+2)(s+5)}$，试应用奈氏判据判别闭环系统稳定性。

解：(1)画出系统开环极坐标曲线

$$G(s)=\frac{100}{(s+1)(0.5s+1)(0.2s+1)}$$

$$G(j\omega)=\frac{100}{\sqrt{\omega^2+1}\cdot\sqrt{(0.5\omega)^2+1}\cdot\sqrt{(0.2\omega)^2+1}}e^{-j(\arctan\omega+\arctan0.5\omega+\arctan0.2\omega)}$$

给出 ω 的一系列数值，可绘出系统的开环极坐标如图 5-37 所示。

(2)根据奈氏判据判别闭环系统稳定性

由已知开环传递函数，可确定 $P=0$，即开环系统稳定，开环极坐标曲线包围$(-1,j0)$点，所以闭环系统不稳定。

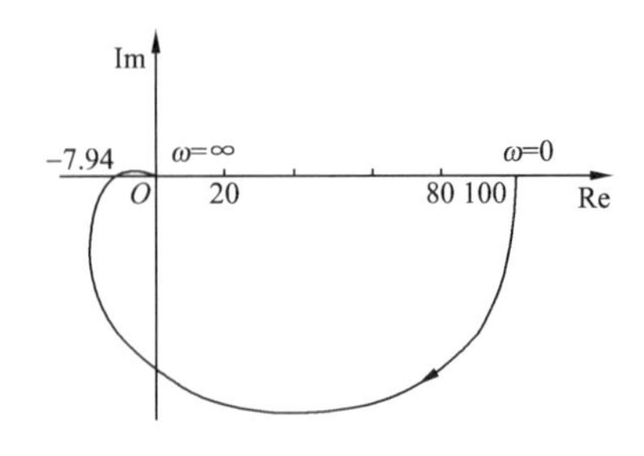

图 5-37 例 5-7 系统的开环极坐标图

【例 5-8】 已知系统开环传递函数 $G(s)=\dfrac{K}{s-1}$，试应用奈氏判据判别 $K=0.5$ 和 $K=2$ 时的闭环系统稳定性。

解：(1)分别做出 $K=0.5$ 和 $K=2$ 时开环极坐标图，如图 5-38 所示。

(2)根据开环传递函数，$P=1$。

当 $K=0.5$ 时，$G(\mathrm{j}\omega)$ 曲线 1 绕$(-1,\mathrm{j}0)$点转过的圈数为 0，不等于 $P/2$。所以，闭环系统不稳定。

当 $K=2$ 时，$G(\mathrm{j}\omega)$ 曲线 2 绕$(-1,\mathrm{j}0)$点沿 ω 增大的方向反时针转过 1/2 圈，正好等于 $P/2$，所以闭环系统稳定。

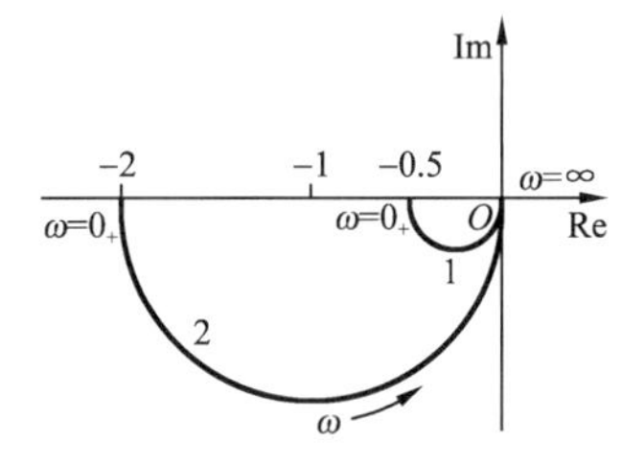

图 5-38 例 5-8 系统开环极坐标图

从图 5-38 看出，当开环增益 K 变化时，$G(\mathrm{j}\omega)$ 曲线的形状不变，只是曲线成比例地增大或缩小，但可能影响闭环系统的稳定性。

【例 5-9】 某单位负反馈系统的开环传递函数 $G(s)=\dfrac{K}{s^2(Ts+1)}$，试用奈氏判据判别闭环稳定性。

解：(1)画出系统开环极坐标图，如图 5-39 所示。

(2)开环传递函数有两个积分环节，则需要在开环极坐标曲线上 $\omega=0_+$ 的点开始向反时针方向补画一个半径为无穷大的半圆。

(3)开环正极点数 $P=0$，而开环 $G(\mathrm{j}\omega)$ 曲线包围了$(-1,\mathrm{j}0)$点，所以闭环系统不稳定。

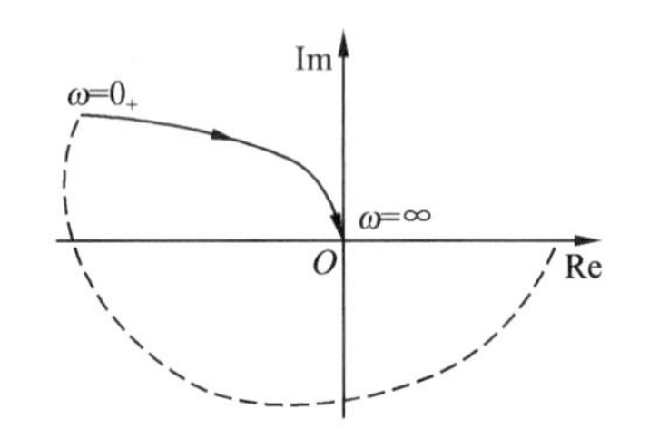

图 5-39 例 5-9 系统开环极坐标图

闭环特征方程正实部根的个数可由 $Z=P-2N$ 确定，N 为极坐标曲线绕$(-1,\mathrm{j}0)$点的圈数。由图 5-39 可知，$G(\mathrm{j}\omega)$ 曲线沿 ω 增加的方向，绕$(-1,\mathrm{j}0)$点顺时针转过一圈，所以 $N=-1$，则有 $Z=0-2\times(-1)=2$，闭环特征方程有两个正实部的根。

5.4.2 对数频域稳定判据

对数频域稳定判据，是奈氏判据的又一种形式，即根据开环对数幅频与对数相频曲线的相互关系来判别闭环系统稳定性。由于对数曲线作图方便，所以，对数判据应用较广。

在图 5-40 上，绘制了一条开环极坐标图及其对应的伯德图。

极坐标图沿 ω 增加方向绕$(-1,\mathrm{j}0)$点的圈数 $N=0$。这一结论也可根据极坐标图在

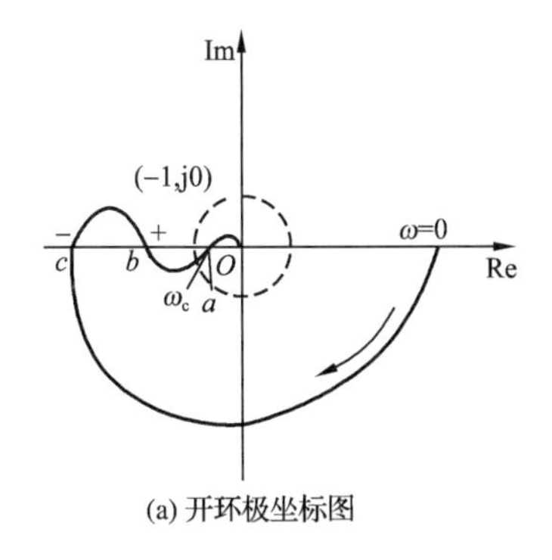

(a) 开环极坐标图

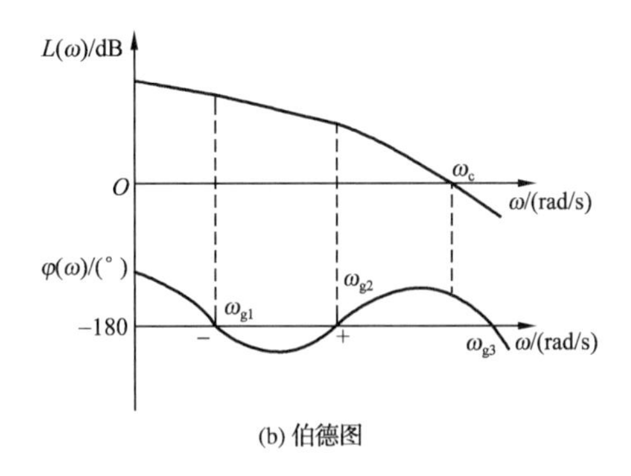

(b) 伯德图

图 5-40　开环极坐标图及其对应的伯德图

$(-1,\mathrm{j}0)$点左侧的负实轴的穿越次数确定。“穿越”的定义陈述如下：

正穿越——开环极坐标 $G(\mathrm{j}\omega)H(\mathrm{j}\omega)$ 曲线，沿 ω 增加的方向由上向下穿过$(-1,\mathrm{j}0)$点左侧的负实轴一次，称为一个正穿越，正穿越数用 N_+ 表示。

半个正穿越——$G(\mathrm{j}\omega)H(\mathrm{j}\omega)$曲线由上向下开始或终止于$(-1,\mathrm{j}0)$点左侧的负实轴，称为半个正穿越。

负穿越——开环极坐标 $G(\mathrm{j}\omega)H(\mathrm{j}\omega)$ 曲线，沿 ω 增加的方向由下向上穿过$(-1,\mathrm{j}0)$点左侧的负实轴一次，称为一个负穿越，负穿越数用 N_- 表示。

半个负穿越——$G(\mathrm{j}\omega)H(\mathrm{j}\omega)$曲线由下向上开始或终止于$(-1,\mathrm{j}0)$点左侧的负实轴，称为半个负穿越。

图 5-40(a)的 $G(\mathrm{j}\omega)H(\mathrm{j}\omega)$ 曲线对$(-1,\mathrm{j}0)$点左侧的负实轴的穿越次数为：$N_+=1$，$N_-=1$，则 $N=N_+-N_-=1-1=0$。

这样，奈氏判据也可叙述为：若开环极坐标 $G(\mathrm{j}\omega)H(\mathrm{j}\omega)$ 曲线，沿 ω 增加的方向，对$(-1,\mathrm{j}0)$点左侧的负实轴正、负穿越次数之差等于$\frac{P}{2}$，则闭环系统稳定。其中，P 为开环正极点数，即

$$N=N_+-N_-=\frac{P}{2}$$

将开环极坐标图与伯德图对照，可引出对数频域判据。

对数频域判据：闭环系统稳定的充要条件是在开环对数幅频 $L(\omega)>0$ dB 的频率范围内，对应的开环对数相频曲线 $\varphi(\omega)$对$-\pi$ 线的正、负穿越之差等于$\frac{P}{2}$，即

$$N=N_+-N_-=\frac{P}{2} \tag{5-79}$$

式中，P 为开环正极点数。这里正、负穿越的含义是：正穿越指在 $L(\omega)>0$ dB 的频率范围内，其相频曲线由下往上穿过$-\pi$ 线一次，用 N_+ 表示；从$-\pi$ 线开始往上称为半个正穿越；负穿越指在 $L(\omega)>0$ dB 的频率范围内，其相频曲线由上往下穿过$-\pi$ 线一次，用 N_- 表示；从$-\pi$ 线开始往下称为半个负穿越。

当开环传递函数含有积分环节时，对应在对数相频曲线上 ω 为 0_+ 处，用虚线向上补画$\nu\times\frac{\pi}{2}$角。在计算正、负穿越时，应将补上的虚线看成对数相频曲线的一部分。

图 5-40(b)的伯德图中，在 $L(\omega)>0$ dB 的频率范围内，对应相频 $\varphi(\omega)$ 曲线对 $-\pi$ 线的 $N_+=1,N_-=1$，则 $N=N_+-N_-=1-1=0$。此结果与前面的结果一致。

【例 5-10】 已知系统开环传递函数 $G(s)=\dfrac{10}{s(0.1s+1)}$，试用对数判据判别闭环稳定性。

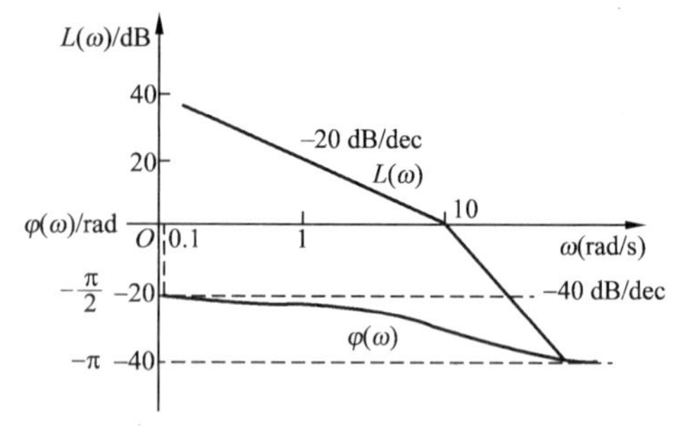

图 5-41 例 5-10 系统的伯德图

解：绘制系统的伯德图如图 5-41 所示。开环有一个积分环节，需在相频曲线 $\omega=0_+$ 处向上补画 $\dfrac{\pi}{2}$ 角。由开环传递函数可知 $P=0$。

由图 5-41 可知，在 $L(\omega)>0$ dB 的范围内。对应相频曲线对 $-\pi$ 线没有穿越，即 $N_+=0$，$N_-=0$，则 $N=N_+-N_-=0-0=\dfrac{P}{2}$，所以闭环系统稳定。

【例 5-11】 已知系统开环传递函数 $G(s)=\dfrac{K}{s(Ts-1)}$，试用对数判据判别闭环稳定性。

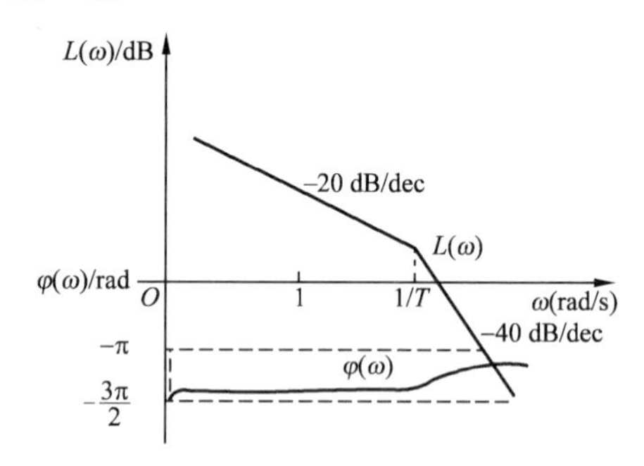

图 5-42 例 5-11 系统的伯德图

解：绘制系统的伯德图如图 5-42 所示。开环有一个积分环节，在相频曲线 $\omega=0_+$ 处向上补画 $\dfrac{\pi}{2}$ 角。由开环传递函数可知 $P=1$。

由图 5-42 可知，在 $L(\omega)>0$ dB 的范围内，对应相频曲线从 $-\pi$ 线开始向下变化，所以，$N_+=0$，$N_-=\dfrac{1}{2}$，则 $N=N_+-N_-=0-\dfrac{1}{2}\neq\dfrac{P}{2}$，所以闭环系统不稳定。

【例 5-12】 最小相位系统开环传递函数为 $G(s)=\dfrac{K}{(T_1s+1)(T_2s+1)(T_3s+1)}$，开环增益 K 的大小对系统稳定性的影响如图 5-43 所示。

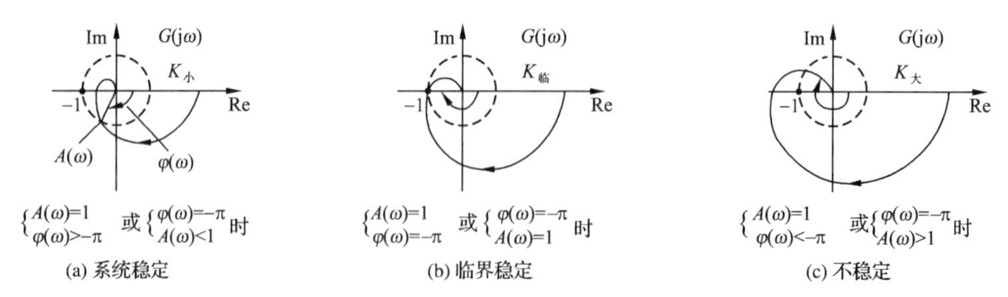

图 5-43 K 增大时系统稳定性的变化

由图 5-43 可以看出，当 K 较小时极坐标图不包围$(-1,j0)$点，系统是稳定的；K 取临界值时，极坐标图穿过$(-1,j0)$点，系统是临界稳定的；当 K 较大时，极坐标图包围了$(-1,j0)$点，系统是不稳定的。

由图5-43还可以看出，当奈氏图穿过单位圆，即模为1时，若系统稳定，相角大于$-\pi$；若系统临界稳定，相角等于$-\pi$；若系统不稳定，相角小于$-\pi$。

作为等价描述，还可以解释为：当相角为$-\pi$时，若系统稳定，模小于1；若系统临界稳定，模等于1；若系统不稳定，模大于1。

将上述情况表现在伯德图上，稳定性判据如图5-44所示。这样就得到了在伯德图上的等价判据。

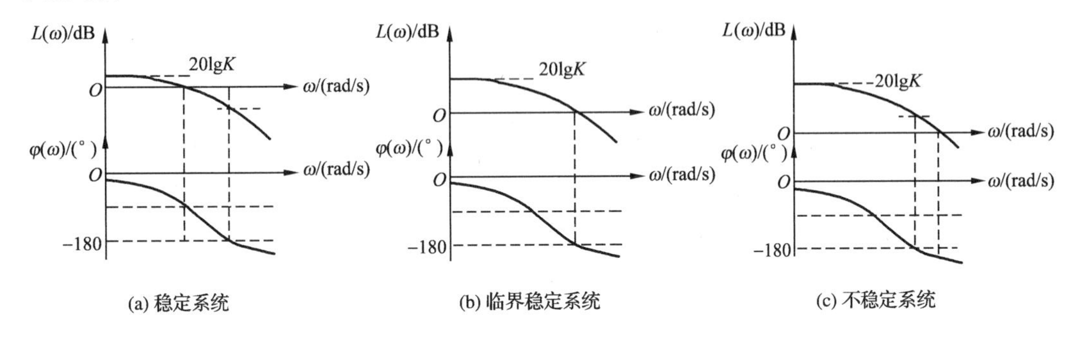

图5-44 伯德图上的稳定性判据

当对数幅频特性曲线穿过0 dB线时，相角大于$-\pi$，即

$$\begin{aligned} L(\omega)&=0\ \text{dB} \\ \varphi(\omega)&>-\pi \end{aligned} \tag{5-80}$$

则闭环系统是稳定的。

或者当对数相频特性为$-\pi$时，对数幅频特性小于0 dB，即

$$\begin{aligned} \varphi(\omega)&=-\pi \\ L(\omega)&<0\ \text{dB} \end{aligned} \tag{5-81}$$

则闭环系统是稳定的。

上述伯德图上的等价判据只适用于最小相位系统。对于非最小相位系统，可以采用前面介绍的方法判断。

从上面的分析可以看到，利用伯德图不仅可以确定系统的绝对稳定性，而且还可以确定系统的相对稳定性，即如果是稳定系统，那么相位角还差多少度系统就不稳定了或者增益再增大多少倍系统就不稳定了；如果系统不稳定，那么相位角还需要改善多少度，或者增益值还需要减小到多大，不稳定系统就成为稳定系统。此种稳定裕度的问题，正是在系统的设计中需要解决的问题。

5.4.3 稳定裕度

基于频域稳定性判据在伯德图上的描述，可以在伯德图上定义两个性能指标，称为稳定裕度，或稳定余度、稳定余量、稳定裕量等。开环系统的伯德图上有两个稳定裕度，一个称为幅值裕度L_g，另一个称为相位裕度γ_c，下面分别进行介绍。

1. 幅值裕度$h(L_g)$

极坐标图上稳定裕度示意图如图5-45所示。伯德图上稳定裕度示意图如图5-46所示，令幅相曲线穿越$-180°$相位线所对应的频率为ω_g，这个频率称为相角穿越频率，此频率

所对应的幅值为 $A(\omega_g)$。把相角穿越频率对应的幅频特性 $A(\omega_g)$ 的倒数称为幅值稳定裕度，简称幅值裕度，即

$$h=\frac{1}{A(\omega_g)} \text{或} h\cdot A(\omega_g)=1 \tag{5-82}$$

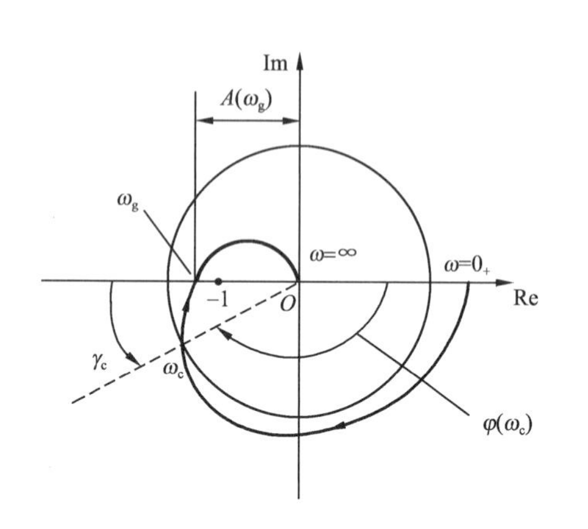

图 5-45　极坐标图上稳定裕度示意图

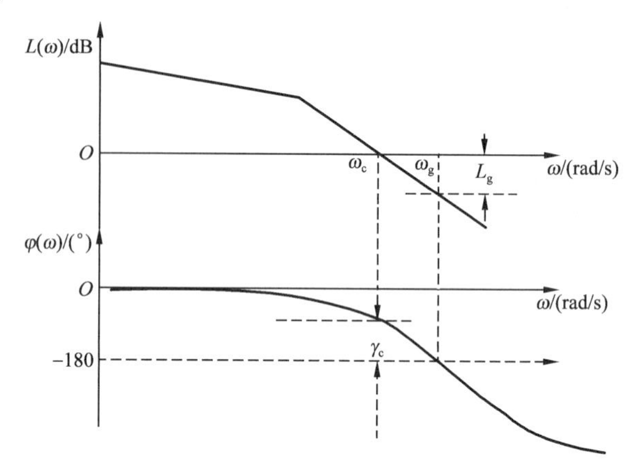

图 5-46　伯德图上稳定裕度示意图

在对数坐标图上，采用 L_g 表示 h 的分贝值，即

$$L_g=20\lg h=20\lg\frac{1}{A(\omega_g)}=-20\lg A(\omega_g)\ \text{dB} \tag{5-83}$$

幅值裕度的物理意义：对于稳定系统，若系统的开环放大倍数再增大为原来的 h 倍（或对数幅频特性曲线向上移动 L_g 分贝），则系统就将变为临界稳定状态，若开环放大倍数再进一步增大，则系统将变为不稳定；反之亦然。

2. 相位裕度 γ_c

令幅相曲线穿越单位圆或对数幅频特性曲线穿过 0 dB 线所对应的频率为 ω_c，称为幅值穿越频率，此频率所对应的相位为 $\varphi(\omega_c)$。把幅值穿越频率 ω_c 对应的相频特性 $\varphi(\omega_c)$ 与 $-180°$ 之差称为相位稳定裕度，简称相位裕度，即

$$\gamma_c=\varphi(\omega_c)-(-180°)=180°+\varphi(\omega_c) \tag{5-84}$$

相位裕度的物理意义：如果系统是稳定的，则相频特性 $\varphi(\omega)$ 再滞后 γ_c 角度（或对数相频特性 $\varphi(\omega)$ 再下移 γ_c 角度），则闭环系统将变为临界稳定状态，若对数相频特性 $\varphi(\omega)$ 再进一步减小，则系统将变为不稳定；反之亦然。

3. 利用稳定裕度判别系统稳定性

对于最小相位系统来说，$L_g>0$ 和 $\gamma_c>0$ 总是同时发生或同时不发生，因此工程上常只用相位裕度 γ_c 来表示。显然，系统稳定时，必有 $L_g>0$ 和 $\gamma_c>0$。

【例 5-13】 已知单位反馈的最小相位系统，其开环对数幅频特性曲线如图 5-47 所示，试求开环传递函数，并计算系统的稳定裕度。

解：（1）由给定的对数幅频特性可以求得开环传递函数为

$$G_0(s)=\frac{K(s+1)}{s^2(0.1s+1)^2}$$

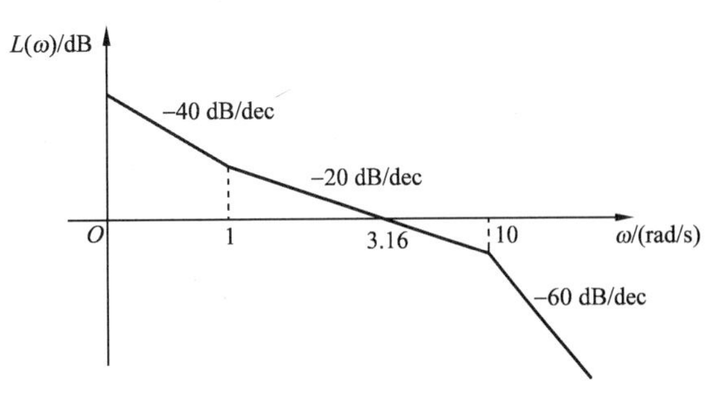

图 5-47　例 5-13 的开环对数幅频特性曲线

(2)计算放大倍数 K

$$A(\omega_c)=\frac{K\sqrt{\omega_c^2+1}}{\omega_c^2(\sqrt{(0.1\omega_c)^2+1})^2}=1$$

考虑到 $\omega_c=3.16>1$，所以 $\omega_c^2\gg1$，$(0.1\omega_c)^2\ll1$，于是，$A(\omega_c)$可以简化为

$$A(\omega_c)=\frac{K\omega_c}{\omega_c^2\times1}=1\Rightarrow K=\omega_c=3.16$$

或

$$\frac{20\lg K-\lg1}{\lg3.16-\lg1}=20\Rightarrow20\lg K=20\lg3.16\Rightarrow K=3.16$$

(3)计算稳定裕度

相位裕度：

$$\begin{aligned}\gamma_c&=180^\circ+\varphi(\omega_c)=180^\circ+\arctan\omega_c-2\times90^\circ-2\times\arctan0.1\omega_c\\&=180^\circ+\arctan3.16-2\times90^\circ-2\times\arctan(0.1\times3.16)\\&=180^\circ+72.4^\circ-180^\circ-2\times17.5^\circ\\&=37.4^\circ\end{aligned}$$

幅值裕度：

由 $\varphi(\omega_g)=-180^\circ$可得

$$\varphi(\omega_g)=\arctan\omega_g-2\times90^\circ-2\times\arctan0.1\omega_g=-180^\circ$$

化简得到 $\arctan\omega_g=2\times\arctan0.1\omega_g$。

令 $\varphi=\arctan0.1\omega_g$，则

$$\tan(\arctan\omega_g)=\tan(2\times\arctan0.1\omega_g)$$

由三角公式可得

$$\omega_g=\tan2\varphi=\frac{2\tan\varphi}{1-\tan^2\varphi}=\frac{2\times0.1\omega_g}{1-0.01\omega_g^2}$$

解得 $\omega_g=8.94(\mathrm{rad/s})$。

于是幅值稳定裕度为

$$L_g=-20\lg A(\omega_g)=-20\lg\frac{K\omega_g}{\omega_g^2}=-20\lg\frac{3.16}{8.94}=9.03\ \mathrm{dB}。$$

显然，由于 $L_g>0$，$\gamma_c>0$，所以闭环系统稳定。

5.5 控制系统的频域性能分析

5.5.1 闭环频率性能分析

在已知闭环系统稳定的条件下，可以只根据系统的闭环幅频特性曲线，对系统的动态响应过程进行定性分析和定量估算。

如图 5-48 所示闭环幅频特性曲线。

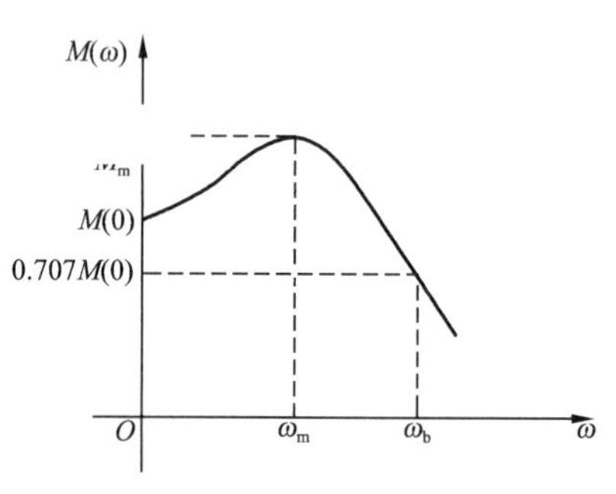

图 5-48 闭环幅频特性曲线

1. 定性分析

(1) 零频的幅值 $M(0)$ 反映系统在阶跃信号作用下是否存在静差。

因为 $M(0)=G_c(0)$，则有：

当 $M(0)=1$ 时，说明系统在阶跃信号作用下没有静差，即 $e_{ss}=0$；

当 $M(0)\neq 1$ 时，说明系统在阶跃信号作用下有静差，即 $e_{ss}\neq 0$。

(2) 谐振峰值 M_m 反映系统的平稳性。

M_m 值大，说明系统的阻尼弱，动态过程的超调量大，平稳性差。M_m 值小，说明系统的平稳性好。

一阶系统，幅频曲线没有峰值，其阶跃响应没有超调量，即 $\sigma\%=0$，平稳性好。

二阶系统，当阻尼比 ζ 较小时，幅频出现峰值，即

$$M_m=\frac{1}{2\zeta\sqrt{1-\zeta^2}} \tag{5-85}$$

可见，ζ 值越小，M_m 值越大，超调量 $\sigma\%$ 越大，则系统的平稳性差。

从一个极端情况看，当 $M_m\to\infty$ 时，即系统在某个频率 ω_m 的正弦信号作用下有

$$|G_c(j\omega_m)|\to\infty$$

这相当于其分母即系统闭环特征式趋于 0，即有为 $\pm j\omega_m$ 的特征根，系统处于临界稳定状态，动态过程具有持续的等幅振荡，对应超调量 $\sigma\%=100\%$，调节时间 $t_s\to\infty$。

(3) 带宽频率 ω_b 反映系统的快速性。

带宽频率 ω_b 是指幅频特性 $M(\omega)$ 的数值衰减到 $0.707M(0)$ 时所对应的频率。

ω_b 值大，则 $M(\omega)$ 曲线由 $M(0)$ 到 $0.707M(0)$ 所占据的频率区间 $(0,\omega_b)$ 较宽，表明系统复现快速变化的信号能力强，失真小，反映系统自身的惯性小，动态过程进行得迅速。即 ω_b 值越大，t_s 越小，系统快速性越好。

如果两个系统的频率特性分别为

$$G_{c1}(j\omega)=G_{c2}(jn\omega) \tag{5-86}$$

式中，n 为任意常数。则对应的单位阶跃响应具有如下关系：

$$h_1(t)=h_2(\frac{t}{n}) \tag{5-87}$$

带宽与响应速度的反比关系图如图 5-49 所示。

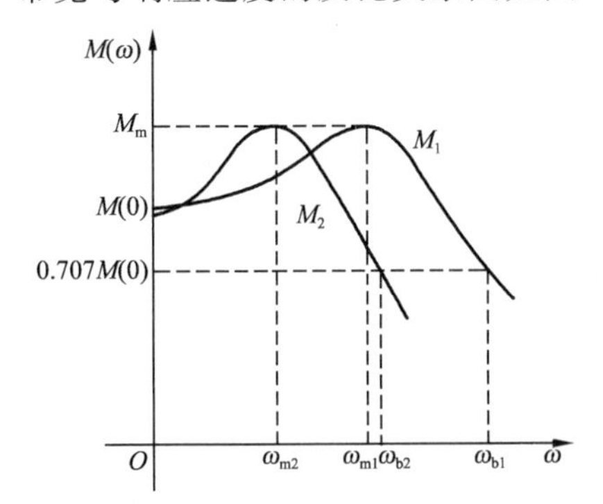

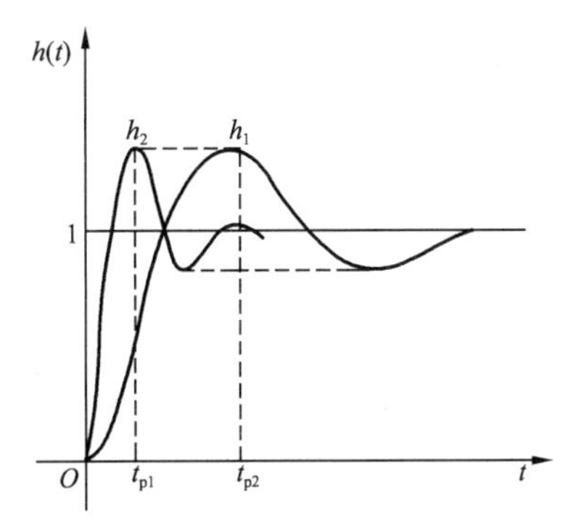

图 5-49　带宽与响应速度的反比关系图

以上关系说明，系统的频率特性放宽 n 倍，对应系统的单位阶跃响应就加快 n 倍。

(4) 闭环幅频 $M(\omega)$在 ω_b 处的斜率反映系统抗高频干扰的能力。

ω_b 处 $M(\omega)$曲线越陡，对高频正弦信号的衰减越快，抑制高频干扰的能力越强。

2. 定量估算

利用一些经统计计算得到的公式和图线，可以由闭环幅频 $M(\omega)$曲线直接估算出阶跃响应的性能指标 $\sigma\%$及 t_s。下面仅介绍一种方法。

设：闭环系统的幅频特性曲线如图 5-50 所示。

图 5-50 中 M_0 表示 $M(0)$；M_m 表示峰值；ω_b 表示 $M(\omega)$衰减至 $0.707M_0$ 处的角频率，即频带宽度；$\omega_{0.5}$ 表示 $M(\omega)$衰减至 $0.5M_0$ 处的角频率；ω_1 表示 $M(\omega)$过峰值后又衰减至 M_0 值所对应的角频率。依上述诸值，时域性能指标的估算公式为

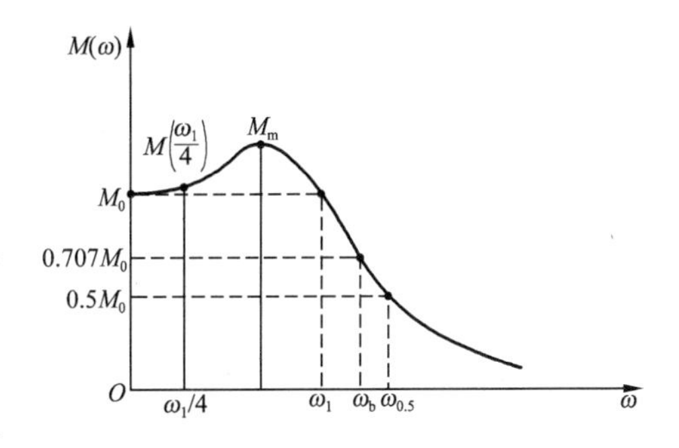

图 5-50　闭环系统的幅频特性曲线

$$\sigma\%=41\ln\left[\frac{M_m M(\frac{\omega_1}{4})}{M_0^2}\cdot\frac{\omega_b}{\omega_{0.5}}\right]\times 100\% \tag{5-88}$$

$$t_s=(13.57\frac{M_m\omega_b}{M_0\omega_{0.5}}-2.51)\frac{1}{\omega_{0.5}} \tag{5-89}$$

5.5.2　开环频率特性分析

对于单位反馈系统来说，其开、闭环传递函数之间的关系为

$$G_c(s)=\frac{G_0(s)}{1+G_0(s)}$$

$G_c(s)$的结构和参数，唯一地取决于开环传递函数 $G_0(s)$。这样可以直接利用开环频率特性来分析闭环系统的动态响应，而不必计算闭环幅频特性。

时域指标 $\sigma\%$ 及 t_s，主要取决于闭环幅频的峰值 M_m 及带宽频率 ω_b，它们正处在 $M(\omega)$ 曲线的中间频率范围内，即所谓中频段。

时域指标 e_{ss}，主要取决于系统开环传递函数中积分环节的数目 ν 和开环增益 K，它反映在对数幅频曲线的低频段。

下面介绍如何利用开环对数频率特性曲线在不同频率范围内的特性，来定性分析和定量估算闭环系统的动态响应。

图 5-51 是系统开环对数幅频渐近特性曲线，将它分成三个频段进行讨论。

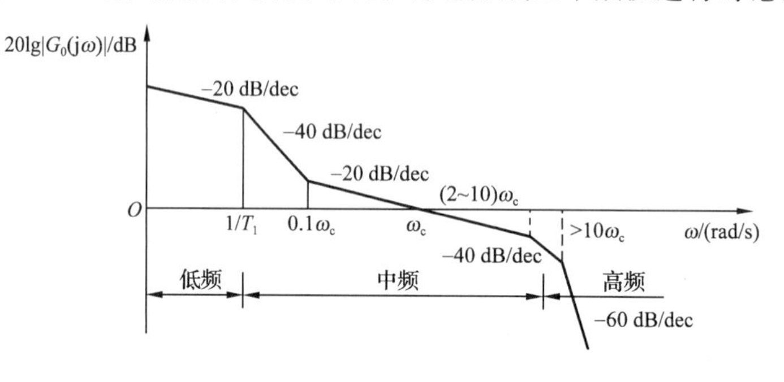

图 5-51　系统开环对数幅频渐近特性曲线

1. 低频段

低频段通常是指 $20\lg|G_0(j\omega)|$ 的渐近曲线在第一个转折频率以前的区段，这一段的特性完全由积分环节和开环增益决定。

低频段的斜率为 0 dB/dec 时，对应 0 型系统；低频段的斜率为 −20 dB/dec 时，对应 Ⅰ 型系统；低频段的斜率为 −40 dB/dec 时，对应 Ⅱ 型系统。

低频段的高度由 K 决定，$20\lg|G_0(j\omega)|$ 在低频段的特性反映系统的稳态精度。低频段对数幅频特性曲线如图 5-52 所示。

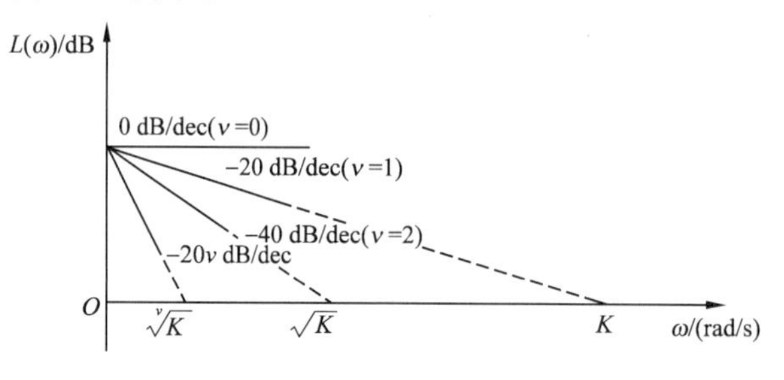

图 5-52　低频段对数幅频特性曲线

2. 中频段

中频段是指开环对数幅频 $20\lg|G_0(j\omega)|$ 曲线在截止频率 ω_c 附近的区段。这段特性集中反映了系统的平稳性和快速性。

(1) 如果 $20\lg|G_0(j\omega)|$ 曲线在中频段的斜率为 −20 dB/dec，而且占据的频率范围较宽，中频段对数频率特性曲线如图 5-53(a)，则只从平稳性和快速性着眼，可近似认为开环的整个特性为 −20 dB/dec 的直线，其对应的开环传递函数为 $G_0(s)\approx\dfrac{K}{s}=\dfrac{\omega_c}{s}$。对于单位负反馈系统，其闭环传递函数为

$$G_c(s)=\frac{G_0(s)}{1+G_0(s)}=\frac{\frac{\omega_c}{s}}{1+\frac{\omega_c}{s}}=\frac{1}{\frac{1}{\omega_c}s+1}$$

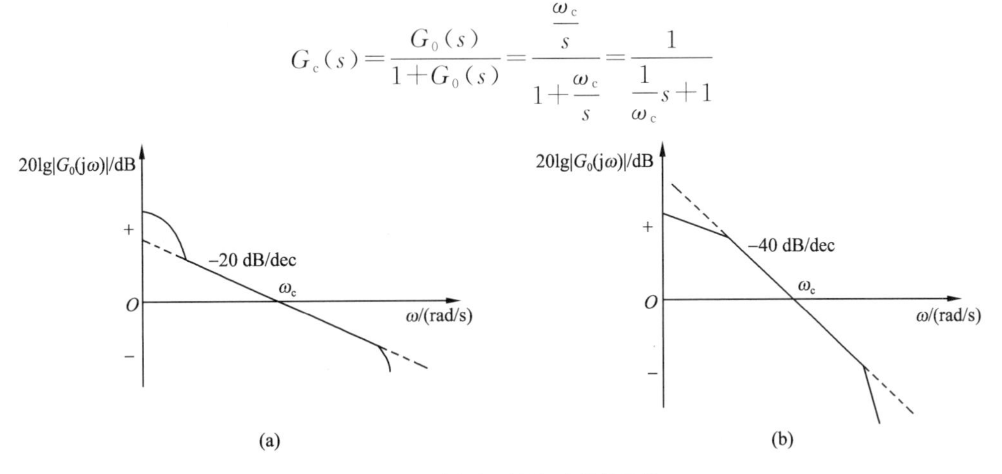

图 5-53 中频段对数频率特性曲线

这相当于一阶系统。其阶跃响应按指数规律变化,没有振荡,即系统具有较高的平稳性。而调节时间 $t_s=3T=\frac{3}{\omega_c}$,截止频率越大,$t_s$ 越小,系统快速性越好。

故中频段配置较宽的 -20 dB/dec 斜率线,截止频率 ω_c 大一些,系统将具有近似一阶模型的动态过程,$\sigma\%$ 及 t_s 较小。

(2)如果 $20\lg|G_0(j\omega)|$ 曲线在中频段的斜率为 -40 dB/dec,而且占据的频率范围较宽,中频段对数频率特性曲线如图 5-53(b)所示,则只从平稳性和快速性着眼,可近似认为整个开环特性为 -40 dB/dec 的直线。其对应的开环传递函数 $G_0(s)\approx\frac{K}{s^2}=\frac{\omega_c^2}{s^2}$。对于单位负反馈系统,其闭环传递函数为

$$G_c(s)\approx\frac{G_0(s)}{1+G_0(s)}\approx\frac{\frac{\omega_c^2}{s^2}}{1+\frac{\omega_c^2}{s^2}}=\frac{\omega_c^2}{s^2+\omega_c^2}$$

这相当于零阻尼($\zeta=0$)的二阶系统。系统处于临界稳定状态,动态过程持续振荡。因此,中频段斜率为 -40 dB/dec,所占频率范围不宜过宽。否则,$\sigma\%$ 及 t_s 显著增大。

中频段曲线越陡,闭环系统将难以稳定,故通常取 $20\lg|G_0(j\omega)|$ 曲线在截止频率 ω_c 附近的斜率为 -20 dB/dec,以期望得到良好的平稳性,用提高 ω_c 来满足对快速性的要求。

3. 高频段

高频段是指 $20\lg|G_0(j\omega)|$ 曲线在中频段以后($\omega>10\omega_c$)的区段。这部分特性是由系统中时间常数很小,频带很高的部件决定的。由于远离 ω_c,一般分贝值都较低,故对系统的动态响应影响不大。但高频段的特性,反映系统对高频干扰的抑制能力。由于高频时开环对数幅频的幅值较小,即 $20\lg|G_0(j\omega)|\ll0$,$|G_0(j\omega)|\ll1$,故对单位负反馈系统有

$$|G_c(j\omega)|=\frac{|G_0(j\omega)|}{1+|G_0(j\omega)|}\approx|G_0(j\omega)|$$

闭环幅频特性近似等于开环幅频特性。

因此,系统开环对数幅频在高频段的幅值,直接反映了系统对输入高频干扰信号的抑制

能力。高频特性的分贝值越低，系统抗干扰能力越强。

三个频段的划分并没有严格的确定准则，但是三频段的概念为直接运用开环特性判别稳定的闭环系统的动态性能指出了原则和方向。

下面介绍一个用开环对数频率特性曲线来估算闭环系统动态性能的经验公式：

$$\sigma\%=0.16+0.4\left(\frac{1}{\sin\gamma_c}-1\right) \tag{5-90}$$

$$t_s=\frac{\pi}{\omega_c}\left[2+1.5\left(\frac{1}{\sin\gamma_c}-1\right)+2.5\left(\frac{1}{\sin\gamma_c}-1\right)^2\right] \quad (35^\circ\leqslant\gamma_c\leqslant 90^\circ) \tag{5-91}$$

式中，γ_c 为相位裕度。

5.6 运用 MATLAB 进行控制系统频域分析

5.6.1 利用 MATLAB 进行频率响应计算

MATLAB 控制工具箱中，函数 freqresp( )用于计算线性时不变系统的频率响应，它既适用于连续时间系统，也适用于离散时间系统；既适用于 SISO 控制系统，也适用于 MIMO 控制系统。函数调用格式为

$$H=\text{freqresp}(\text{sys},\omega)$$

式中，sys 为系统模型；ω 为指定的实频率向量，单位为 rad/s；返回值 H 是系统的频率响应，它是一个三维数组。例如，SISO 控制系统，$H(1,1,5)$表示频率点 $\omega(5)$所对应响应值；对于 MIMO 控制系统，$H(1,2,5)$表示第 1 个输出和第 2 个输入之间在 $\omega(5)$频率点的响应值。频率响应 H 为复变量。

【例 5-14】 设某单位反馈系统的开环传递函数为 $G(s)=\dfrac{2}{s(s+1)(s+2)}$，试应用 MATLAB 求取闭环系统的伯德图。

解：MATLAB 程序如下：

```
G=tf(2,[conv([1,1],[1,2] ),0]);
w1=0 .5:0.1:5;
subplot(2,2,1);
sys=feedback(G,1);
w2=0.01:0.1:20;
f=freqresp(sys,w2);
m=abs(f);mag=m(:,:);
subplot(2,2,3);
semilogx(w2,20 * log10(mag)),grid
p=angle(f);pha=P(:,:);
for i=1:length(w2)
if pha(i)>0,pha(i)=pha(i)-2 * pi;end
end
```

```
subplot(2,2,4),semilogx(w2, pha * 180/pi),grid
```

程序应用 freqresp( )和 semilogx( )等函数,来绘制系统的闭环幅频特性曲线和闭环相频特性曲线,频率响应如图 5-54 所示。

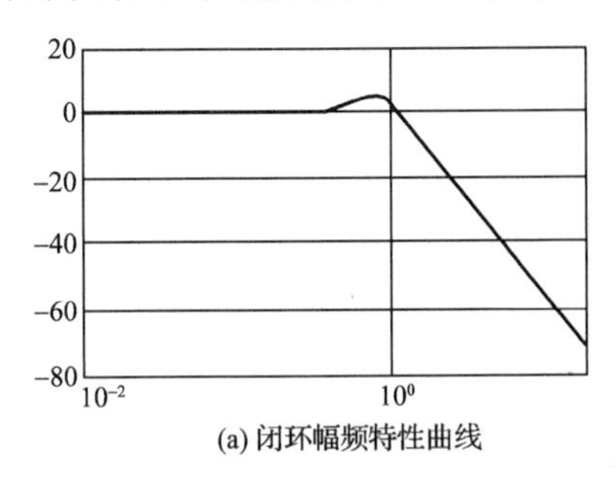

(a) 闭环幅频特性曲线

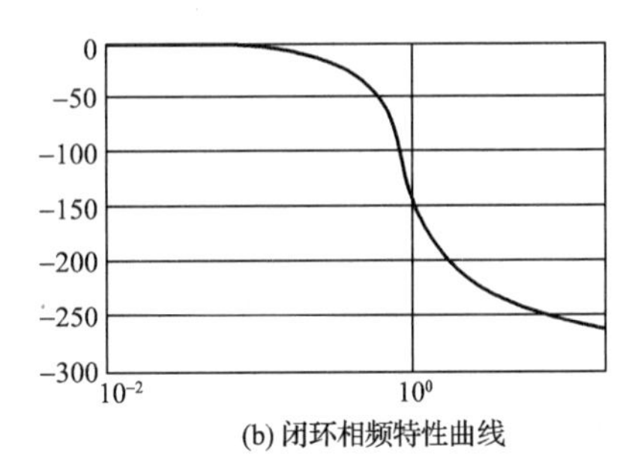

(b) 闭环相频特性曲线

图 5-54 例题 5-14 系统的频率响应

程序中,函数 abs( )的功能是求绝对值(幅值);函数 angle( )的功能是求相角,并以主值$-\pi \sim \pi$来表示。而该系统为最小相位的三阶系统,当ω从0_+变化至∞时其相频特性应在$0^\circ \sim 270^\circ$连续地变化。其中$-\pi \sim -1.5\pi(-180^\circ \sim -270^\circ)$angle( )函数将以$\pi \sim \frac{\pi}{2}$来显示。在程序中,为了使其显示的相角值与实际的一致,当显示的相角为正时应减去2π。

在经典控制论中,常用以下三种图示法来描述系统的频率特性:

(1)幅相频特性——奈奎斯特图,ω从0_+变化至∞表示极坐标上的$G(\mathrm{j}\omega)$的幅值和相角关系。

(2)对数幅相特性——伯德图,它由两个图组成:对数幅频特性图和对数相频特性图。纵坐标分别是幅值$L(\omega)=20\lg A(\omega)$,以 dB 表示;相角$\varphi(\omega)$,以度表示。横坐标为频率,采用对数分度。

(3)对数幅相特性——尼柯尔斯图,它是以ω为参变量来表示对数幅值和相角关系图。

MATLAB 控制工具箱中,有专用的函数可方便地实现这三个图形的绘制。

5.6.2 利用 MATLAB 绘制奈奎斯特图和尼柯尔斯图

MATLAB 控制工具箱中有绘制奈奎斯特图的函数 nyquist( ),调用格式如下:

```
nyquist(num,den)
nyquist(sys)
nyquist(sys,ω)
nyquist(sys1,sys2,…,sysN)
nyquist(sys1,sys2,…,sysN,ω)
[Re,Im,ω]=nyquist(sys)
```

式中 sys——系统模型;

ω——频率向量;

Re——频率响应实部;

Im——频率响应虚部。

MATLAB 中,频率范围ω可由两个函数给定:logspace(ω_1,ω_2,N)产生频率在ω_1和ω_2之间N个对数分布频率点;linspace(ω_1,ω_2,N)产生频率在ω_1和ω_2之间N个线性分布的频率点;N可以缺省。

函数 nyquist( )用于计算线性时不变(LTI)系统的奈奎斯特图及频率响应。调用时,若不包含左边输出变量,函数 nyquist( )绘制系统的奈奎斯特图;调用时,若包含左边输出变量,则不绘图,只输出变量的向量,这常用于分析系统频率特性。

同时,MATLAB 控制工具箱中还有绘制尼柯尔斯图的函数 nichols( ),其调用格式如下:

```
nichols(num,den)
nichols(sys)
nichols(sys,ω)
nichols(sys1,sys2,…,sysN)
nichols(sys1,sys2,…,sysN,ω)
[mag,phase,ω]=nichols(sys)
```

函数 nichols(sys)用来计算 LTI 系统的频率响应并绘制尼柯尔斯图,分析系统的开环和闭环特性。

【例 5-15】 绘制系统 $G_k(s)=\dfrac{2s^2+5s+1}{s^2+2s+3}$ 的奈奎斯特图。

解: MATLAB 程序如下:

```
num=[2 5 1];              %分子
den=[1 2 3];              %分母
sys=tf(num,den)
figure(1)
nichols(sys)              %绘制奈奎斯特图
title('Nyquist Diagram')
```

系统的奈奎斯特图如图 5-55 所示。该系统的开环频率特性曲线不包围(−1,j0)点,故闭环系统是稳定的。

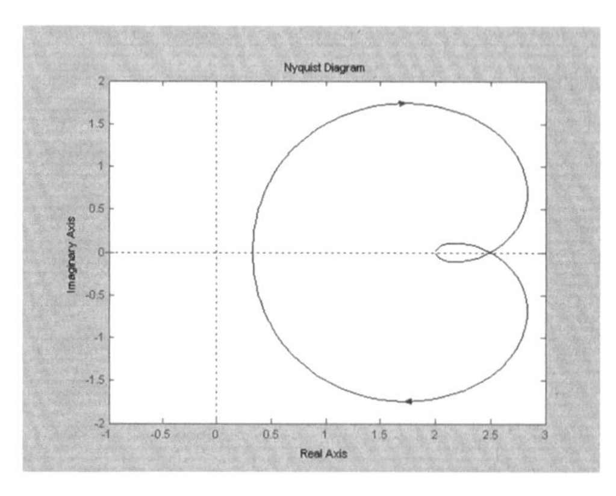

图 5-55 例 5-15 的奈奎斯特图

5.6.3 利用 MATLAB 绘制伯德图

MATLAB 控制系统工具箱中,用于伯德图绘制的函数是 bode( )。

函数 bode( )用于计算线性时不变系统(LTI)的频率响应、幅值和相位,绘制伯德图,调用方式如下:

```
bode(num,den)
bode(sys)
```

bode(sys,ω)

bode(sys1,sys2,…,sysN)

bode(sys1,sys2,…,sysN,ω)

[mag,phase,ω]=bode(sys)

式中　sys——系统模型；

mag——幅值；

phase——相位；

ω——频率范围。

函数 bode( )可用于任意 LTI 系统，即单输入单输出(SISO)控制系统、多输入多输出(MIMO)控制系统、连续时间控制系统、离散时间控制系统。

用函数 bode(sys)绘制系统的伯德图时，频率范围将根据系统零、极点自动确定。

bode(sys,ω)是根据给定的频率范围 ω 绘制系统 sys 的频率特性曲线。

bode(sys1,sys2,…,sysN,ω)是根据给定的频率范围 ω 绘制多个系统的频率特性曲线。

当函数调用带有左边输出变量时，函数将返回频率响应的幅值 mag、相位 phase 和角频率值 ω。

【例 5-16】　已知离散系统传递函数为 $G(z)=\dfrac{0.0478z+0.0464}{z^2-1.81z+0.9048}$，采样周期 $T_s=0.1$ s，试绘制其伯德图。

解：MATLAB 程序如下：

```
num=[0.0478  0.0464];       %分子
den=[1  -1.81  0.9048];     %分母
sys=tf(num,den);
bode(sys)                   %绘制伯德图
title('Bode' Diagram)
```

伯德图如图 5-56 所示。可见，在 MATLAB 中，可用不同方法求得系统的频率响应特性。

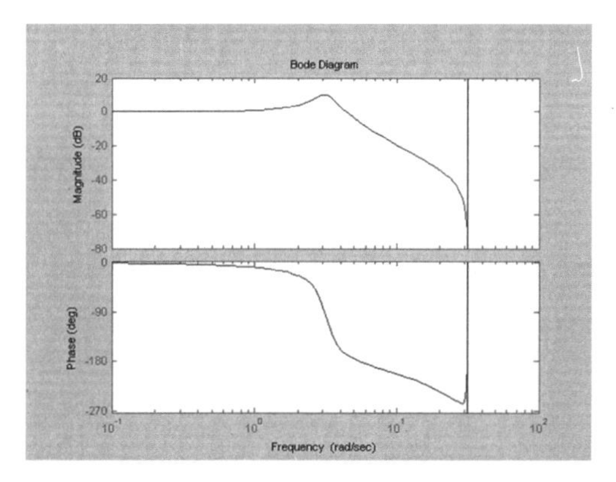

图 5-56　例 5-16 的伯德图

5.6.4　基于 MATLAB 的稳定裕度的计算

在 MATLAB 控制工具箱中，函数 margin( )用来计算相对稳定性的幅值裕度(或称增

益裕度)和相位裕度及对应的交界频率(或称穿越频率),调用格式如下:

margin(sys)

$[G_m, P_m, W_{cg}, W_{cp}]$=margin(sys)

$[G_m, P_m, W_{cg}, W_{cp}]$=margin(mag,phase,$\omega$)

margin(sys)用于绘制伯德图并在图中标出幅值裕度和相位裕度。

$[G_m, P_m, W_{cg}, W_{cp}]$=margin(sys),用于计算单输入单输出系统的增益裕度 G_m 和相应的相位交界频率 W_{cg}、相位裕度 P_m 和相应的幅值交界频率 W_{cp}。根据定义,相位交界频率 W_{cg} 是指伯德图的相频曲线穿越$-180°$时的频率;而幅值交界频率 W_{cp} 是指伯德图的幅频曲线穿越 0 dB 时的频率。

$[G_m, P_m, W_{cg}, W_{cp}]$=margin(mag,phase,$\omega$)则根据给定的频率响应数据幅值向量 mag、相频向量 phase 和对应的频率向量 ω 计算系统的增益裕度 G_m、相位裕度 P_m 和相应的交界频率 W_{cp} 和 W_{cg}。

【例 5-17】 已知单位负反馈系统开环传递函数为 $G_k(s)=\dfrac{64(s+2)}{s^4+6.9s^3+259.3s^2+128.05s}$,求系统的幅值裕度、相位裕度和相应的交界频率,并判断其稳定性。

解:MATLAB 程序如下:

```
num=[0  0  0  64  128];                 %分子
den=[1  6.9  259.3  128.05  0];         %分母
[mag,phase,w]=bode(num,den);
margin(mag,phase,w);
[Gm,Pm,ωcg,ωcp]=margin(mag,phase,w)
subplot(211)
semilogx(w, 20 * lg10(mag));
grid on
subplot(212)
semilogx(w,p);
grid on
```

绘制的系统的伯德图如图 5-57 所示。因该系统幅值裕度和相位裕度均为正值,故系统稳定,且相对稳定性较好。

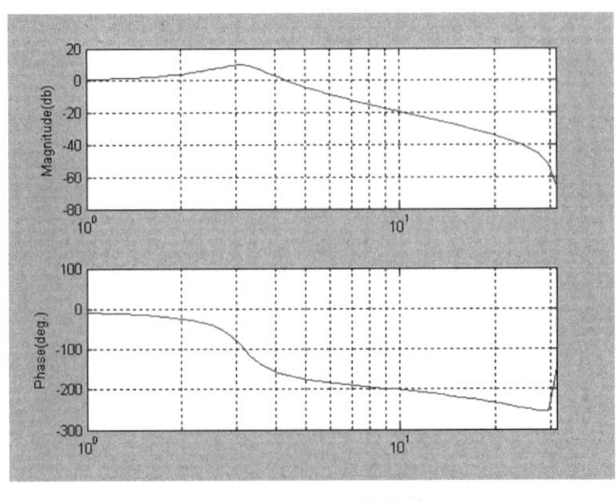

图 5-57　例 5-17 的伯德图

1. 频率特性是线性系统在正弦输入信号作用下的稳态响应，表示为稳态输出与输入之比。与传递函数一样，频率特性只取决于系统本身的结构和参数，与输入函数并没有关系，反映了系统的固有性能，所以它也是系统的数学模型之一。频率特性是经典控制理论中最基本的概念，频率分析法是经典控制理论的基本分析方法。

2. 频率分析法是应用开环频率特性研究闭环系统动态响应的一套完整的图解分析计算法，它简单直观，在工程上应用广泛。要求掌握典型环节的对数频率特性曲线以及由典型环节组成的系统的频率特性曲线的绘制。

3. 奈奎斯特稳定判据是根据开环频率特性曲线围绕(−1,j0)点的情况和开环传递函数在 s 右半平面的极点数 P 来判别对应闭环系统的稳定性。要求会应用奈氏判据来判断系统的稳定性，并能从图形上直观地判别出参数变化对系统性能的影响。

4. 考虑到系统内部参数和外界环境的变化对系统稳定性的影响，要求系统不仅能稳定的工作，而且还需要有足够的稳定裕度。掌握幅值裕度和相位裕度的概念和求解方法。

5. 掌握根据系统的闭环幅频特性曲线，对系统的动态响应过程进行定性分析和定量估算的方法。

6. 了解掌握运用 MATLAB 软件进行线性系统频率域分析的基本技能和方法。

5-1 设某环节的传递函数为 $G(s)=\dfrac{K}{Ts+1}$。现测得其频率响应为：当 $\omega=1$ rad/s 时，幅频 $A(1)=12\sqrt{2}$，相频 $\varphi(1)=-\dfrac{\pi}{4}$，求此环节的放大系数 K 和时间常数 T。

5-2 已知系统的极坐标图如图 5-58 所示，试确定系统的传递函数。

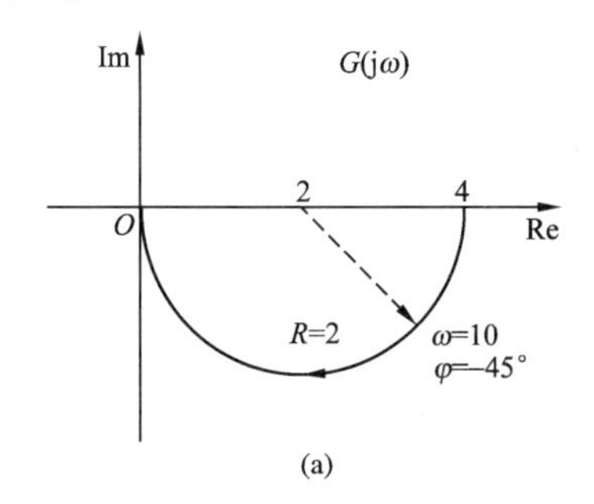

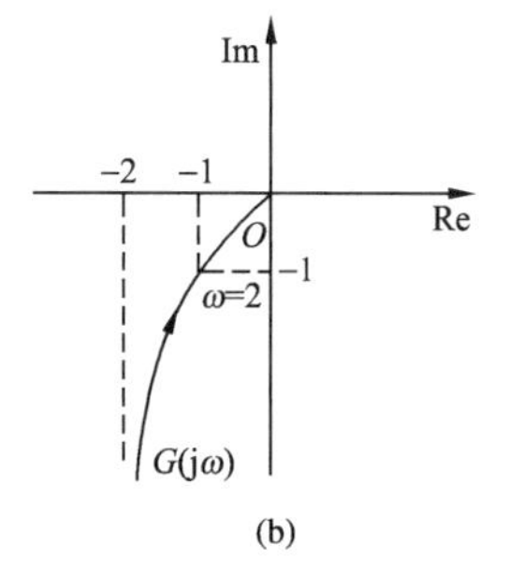

图 5-58 习题 5-2 图

5-3 已知两装置的传递函数分别为 $G_1(s)=\dfrac{100}{0.5s+1}$，$G_2(s)=\dfrac{100}{0.5s-1}$，做出它们的对数幅频特性 $L(\omega)$ 与对数相频特性 $\varphi(\omega)$，并比较有何不同。

5-4 概略绘制下列传递函数的极坐标曲线。

(1)$G_0(s)=\dfrac{10(s+1)}{s^2}$　　(2)$G_0(s)=\dfrac{10}{s(s+1)(s+2)}$　　(3)$G_0(s)=\dfrac{10(0.1s+1)}{s^2(s+1)}$

5-5 画出下列传递函数对数幅频特性的渐近线和相频特性曲线。

(1)$G_0(s)=\dfrac{2}{(2s+1)(8s+1)}$　　(2)$G_0(s)=\dfrac{50}{s^2(s^2+s+1)(6s+1)}$

5-6 图 5-59(a)和图 5-59(b)分别为某Ⅰ型和某Ⅱ型系统的对数幅频特性的渐近线，试证：(1)$\omega_1=K_v$；(2)$\omega_2=\sqrt{K_a}$。

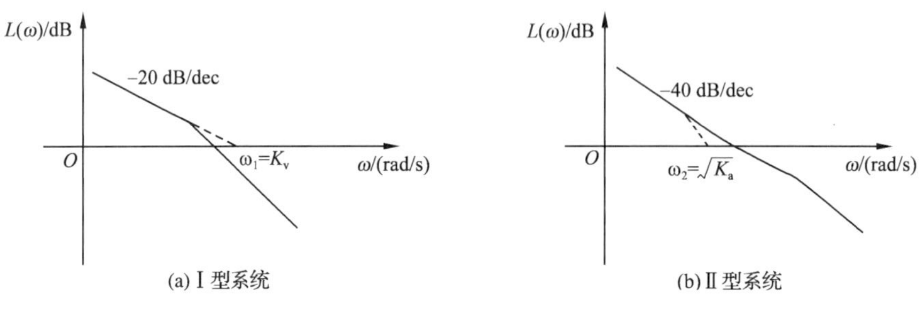

图 5-59　习题 5-6 图

式中，K_v、K_a 分别为静态速度误差系数和静态加速度误差系数。

5-7 已知一些最小相位元件的对数幅频特性曲线如图 5-60 所示，试写出它们的传递函数 $G(s)$，并计算出各参数值。

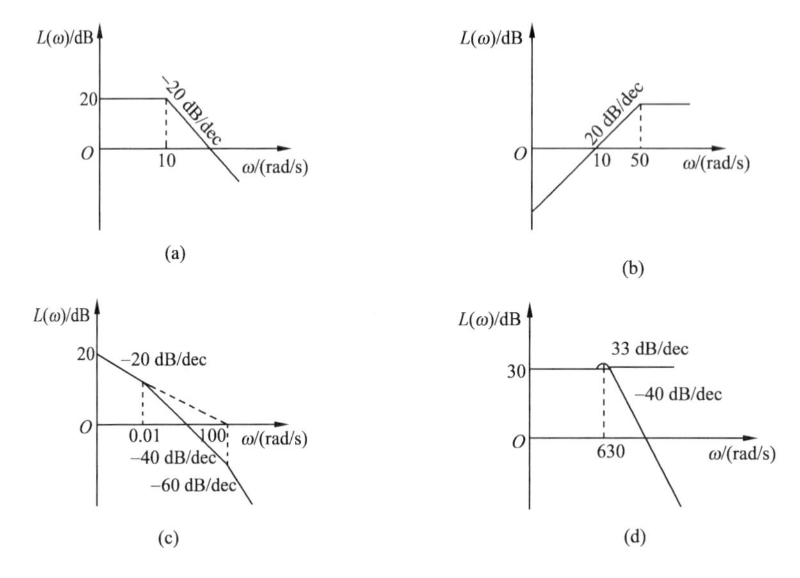

图 5-60　习题 5-7 图

5-8 三个最小相位系统传递函数的对数幅频渐近特性如图 5-61 所示，要求：

(1)写出对应的传递函数表达式；

(2)概略地画出每一个传递函数对应的对数幅频和相频特性曲线。

5-9 设系统开环频率特性如图 5-62 所示，试判别系统的稳定性。其中 p 为开环不

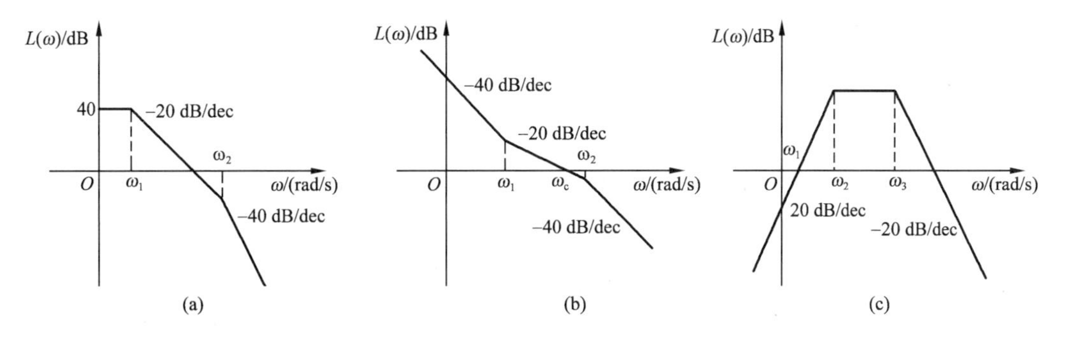

图 5-61　习题 5-8 图

稳定极点的个数，ν 为开环积分环节的个数。

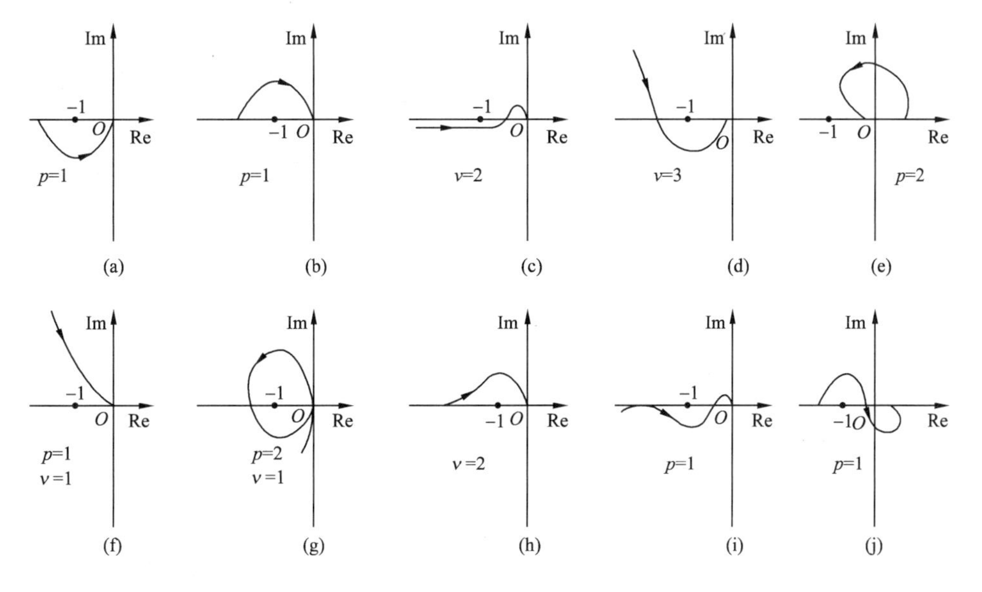

图 5-62　习题 5-9 图

5-10　图 5-63 所示是传递函数 $G(s)H(s)$ 的极坐标图，图中 p 是 $G(s)H(s)$ 分母中实部为正的根的数目。试说明传递函数 $G(s)/[1+G(s)H(s)]$ 代表的闭环系统是否稳定，为什么？

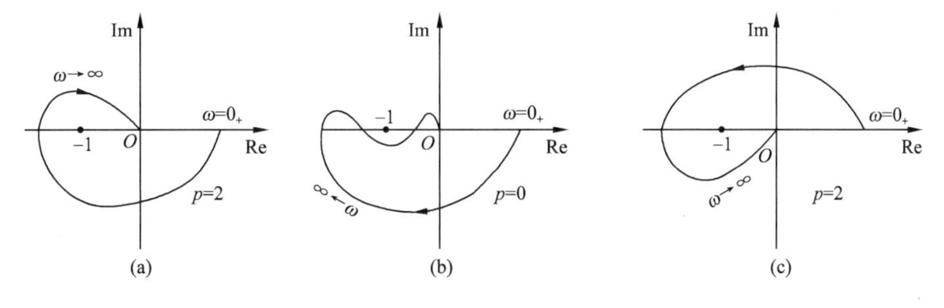

图 5-63　习题 5-10 图

第6章 自动控制系统的设计与校正

自动控制系统的设计一般分为系统分析和系统综合两大内容，系统分析指给定系统的结构和参数，采用时域分析方法或频域分析方法，通过计算与作图来求得系统可以实现的性能的过程。前几章讲述的内容都是系统分析的内容。系统综合是系统分析的逆命题，即已知控制系统所要实现的性能，设法构成、实现满足给定性能要求的控制系统的过程。

控制系统的分析方法有时域分析法、根轨迹法、频率分析法等，而在系统分析的基础上将原有的系统的特性加以修正与改造，利用校正装置使得系统能够实现给定的性能要求，这个过程称为系统校正。系统校正过程也是系统综合的过程。

经典控制理论中的系统校正研究所采用的方法主要有根轨迹法和频率法。两种方法可以自成体系独立进行，也可以互为补充。本章以频率法为主，讲述系统校正的若干问题。

6.1 控制系统的性能指标

进行控制系统的校正设计，除了应了解系统固定的特性和参数外，还需要已知系统的全部性能指标。性能指标一般由用户提出，承担设计单位协商认可后，正式用技术协议书的形式固定下来，作为设计的依据。

工程上的性能指标大体上可以分为时域指标和频域指标。时域指标包括调节时间 t_s（过渡过程时间）、超调量 $\sigma\%$、稳态误差 e_{ss}、稳态位置误差系数 K_p、稳态速度误差系数 K_v、稳态加速度误差系数 K_a 等。频域指标包括闭环频域指标，如谐振峰值 M_r、峰值频率 ω_r、频带 ω_b（$f_b=\omega_b/2\pi$）和开环频域指标，如截止频率 ω_c（穿越频率、转折频率等）、相位裕度 γ_c(°)、幅值裕度 L_g(dB)等。

6.1.1 各项指标间的关系

在二阶系统中，各项指标之间的关系较确定，而在高阶系统中，一般没有准确的数学关系，只有近似的经验表达式供设计者采用。

1. 闭环频域指标与开环指标

在二阶系统中，存在准确的关系

$$M_r = \frac{1}{2\zeta\sqrt{1-\zeta^2}} \tag{6-1}$$

$$\omega_r = \omega_n\sqrt{1-2\zeta^2} \tag{6-2}$$

$$M_r = \frac{1}{\sin\gamma_c} \tag{6-3}$$

$$\omega_b \approx \omega_c \tag{6-4}$$

式(6-3)一般在高阶系统中采用，初步设计时取式(6-4)计算，然后再进行修正。

2. 频域指标与时域指标的关系

初步设计时可采用近似的计算公式

$$t_s = (6\sim 8)\frac{1}{\omega_c} \tag{6-5}$$

$$\sigma\% = \begin{cases} 100(M_r - 1)\% & (M_r \leqslant 1.25) \\ 50\sqrt{M_r - 1}\% & (M_r > 1.25) \end{cases} \tag{6-6}$$

以上的计算公式只是工程设计中的经验公式，在一定的条件下适用。一般情况下是把时域指标换算为频域指标，然后利用开环对数幅频特性进行设计计算。

6.1.2 系统带宽的选择

性能指标中带宽 ω_b 是一项重要指标。好的系统既能精确地跟踪输入信号，又能抑制噪声信号。在控制系统实际运行中，输入信号一般是低频信号，而噪声信号一般是高频信号，因此，合理选择系统带宽，非常重要。

显然，为了能够准确复现输入信号，要求系统带宽 ω_b 足够大；同时过大的带宽又加大了噪声对系统的影响。此外，为了使系统稳定裕度满足要求，希望开环对数幅频特性在截止频率 ω_c 处的斜率为 −20 dB/dec。但如果要求系统有较强的噪声信号抑止能力，则希望开环对数幅频特性在截止频率 ω_c 处的斜率小于 −40 dB/dec。因此，在实际设计过程中，必须根据用户的不同需要，综合考虑选择合适的带宽。

一般稳定系统的相位裕度为 45°左右。相位裕度过小，则系统的动态性能较差，抗干扰能力较弱；相位裕度过大，则系统的动态过程趋缓，实现起来也比较困难。要使相位裕度在 45°左右，需要开环对数幅频特性的 −20 dB/dec 区段在中频区占据一定的频率范围。过中频区后，要求系统幅频特性迅速衰减，削弱噪声对系统的影响。如果输入信号的带宽为 $0\sim\omega_M$，噪声信号的带宽为 $\omega_1\sim\omega_2$（$\omega_M \ll \omega_1$），则控制系统的带宽频率通常取为 $\omega_b = (5\sim 10)\omega_M$，且 $\omega_1\sim\omega_2$ 在 ω_b 之外，如图 6-1 所示。

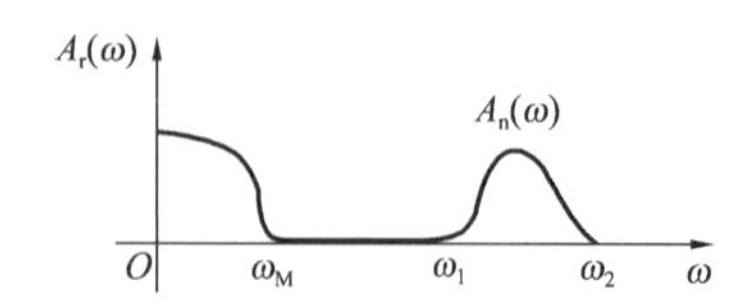

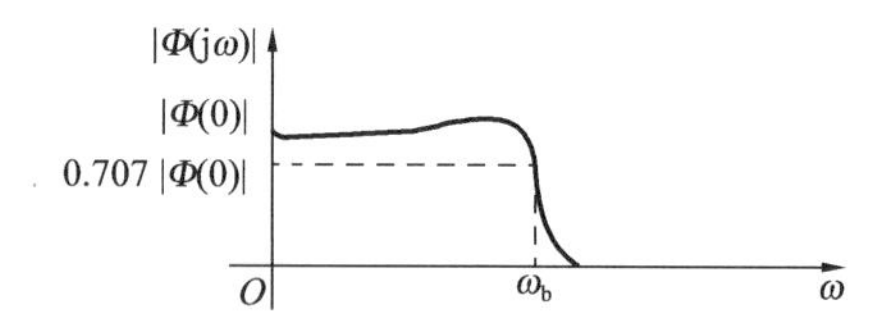

图 6-1 控制系统带宽的选择

6.1.3 校正方式

按照系统校正装置的连接方式，校正可分为串联校正、反馈校正、前馈校正、复合校正四种。

串联校正和反馈校正是在系统主反馈回路内采用的校正方式。串联校正一般接在系统误差测量点和放大器之间，串接于系统前向通道之中。反馈校正接在系统的局部反馈通路中。两种校正的连接方式如图 6-2 所示。

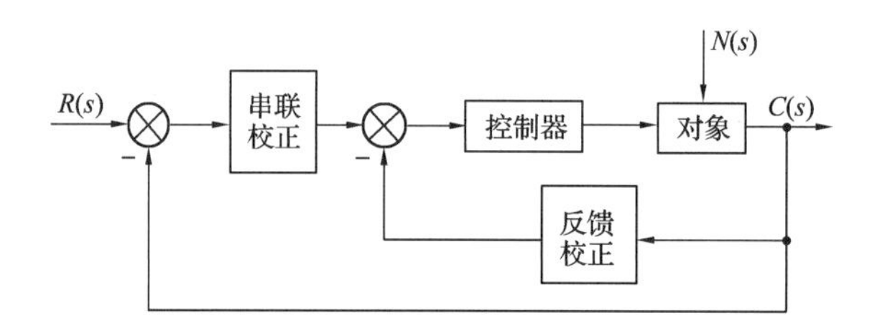

图 6-2 串联校正和反馈校正

前馈校正（也称顺馈校正），是在系统主反馈回路之外采用的校正方式。前馈校正装置有两种。一种接在系统的给定值之后，主反馈作用点的前向通道中，如图 6-3(a)所示，作用是对给定值信号进行整形滤波，再作用于系统。另一种前馈校正装置接在系统可测扰动点与误差测量点之间，直接或间接地测量干扰信号，经变换后接入系统，形成一条附加的、对扰动影响进行补偿的通道，如图 6-3(b)所示。

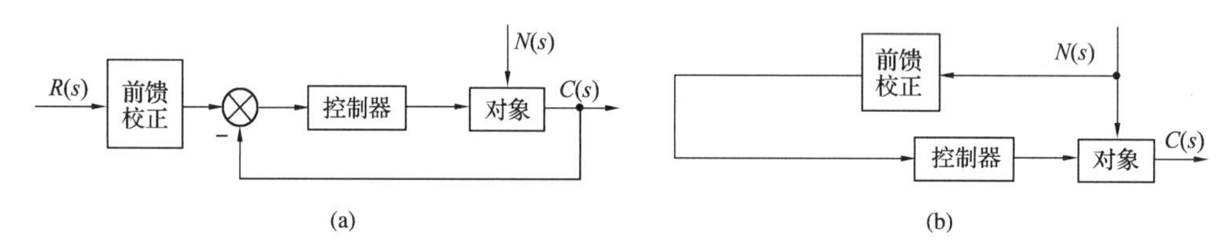

图 6-3 前馈校正

复合校正方式是在反馈控制回路中，加入前馈校正通路，如图 6-4 所示。

在控制系统设计中，经常采用串联和反馈校正这两种方式，而且串联校正设计要比反馈校正设计简单，尤其在直流控制系统设计中，工程上较多采用串联校正。串联校正装置又分无源和有源两类。无源串联校正装置通常由 RC 网络组成，结构简单，成本低，但会使信号产生幅值衰减，因此常常附加放大器。有源串联校正装置由 RC 网络和运算放大器组成，参数可调，工业控制中常用的 PID 控制器就是一种有源串联校正装置。

反馈校正装置接在反馈通路中，接收的信号通常来自系统输出端或执行机构的输出端，因此反馈校正一般无须附加放大器，所以反馈校正装置的元件较小。反馈校正可消除系统参数波动对性能的影响。在控制系统设计中,常常兼用串联校正和反馈校正这两种方式。

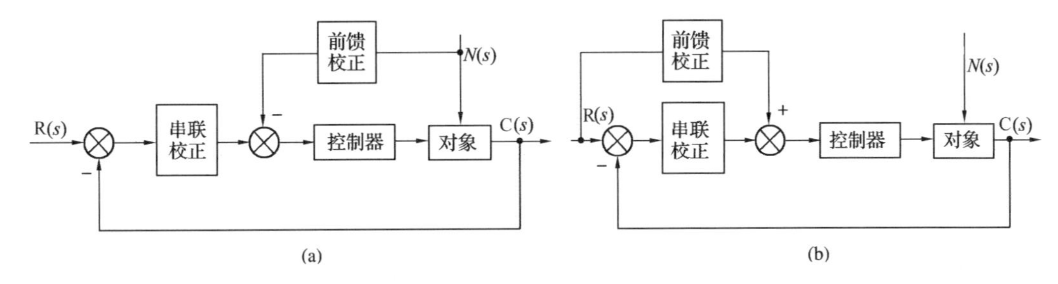

图 6-4　复合校正

6.1.4　校正方法

确定了校正方案后,下面的问题就是确定校正装置的结构和参数。目前主要有两大类校正方法:分析法和综合法。

分析法又称试探法,这种方法是把校正装置归结为易于实现的几种类型,例如,超前校正、滞后校正、超前-滞后校正等。它们的结构已知,而参数可调。设计者首先根据经验确定校正方案,然后根据系统的性能指标要求,恰当地选择某一类型的校正装置,然后再确定这些校正装置的参数,甚至重新选择校正装置的结构,直到系统校正后满足给定的全部性能指标。因此,分析法本质上是一种试探法。

分析法的优点是校正装置简单,可以设计成产品,例如,工业上常用的 PID 调节器等。因此,这种方法在工程上得到了广泛的应用。

综合法又称期望特性法,基本思想是按照设计任务所要求的性能指标,构造期望的数学模型,然后选择校正装置的数学模型,使系统校正后的数学模型等于期望的数学模型。

综合法虽然简单,但得到的校正环节的数学模型一般比较复杂,在实际应用中受到很大的限制,但仍然是一种重要的方法,尤其对校正装置的选择有很好的指导作用。

无论综合法还是分析法,都带有经验成分,所得到的结果通常不是最优的。最优控制系统需要用最优控制理论来设计。

系统的校正可以在频域内进行。一般来说,用频域法进行校正比较简单,但它只是一种间接的方法。时域指标和频域指标可以相互转换,对于典型的二阶系统存在着简单的关系,对于高阶系统也存在着近似的关系,这为频域法设计提供了方便。

6.2　基本控制规律

确定校正的具体形式,应先了解校正装置所提供的控制规律。校正装置的基本控制规律一般有比例(P)、微分(D)、积分(I)、比例-微分(PD)、比例-积分(PI)和比例-积分-微分(PID)等。这些控制规律用有源模拟电路很容易实现,并且技术成熟。另外,数字计算机可把 PD、PI、PID 等控制规律编成程序对系统进行实时控制,以获得良好的效果。本节主要研究运用以上控制规律改善系统性能的方法。

6.2.1 比例控制

具有比例控制规律的控制器称为比例(P)控制器，其特性和比例环节完全相同，实质上是一个可调增益的放大器。P 控制器只改变信号的增益而不影响相位。

动态结构如图 6-5 所示。

动态方程为

$$x(t)=K_{p}e(t) \tag{6-7}$$

传递函数为

$$\frac{X(s)}{E(s)}=K_{p} \tag{6-8}$$

频率特性为

$$\frac{X(j\omega)}{E(j\omega)}=K_{p} \tag{6-9}$$

对数幅频特性如图 6-6 所示。

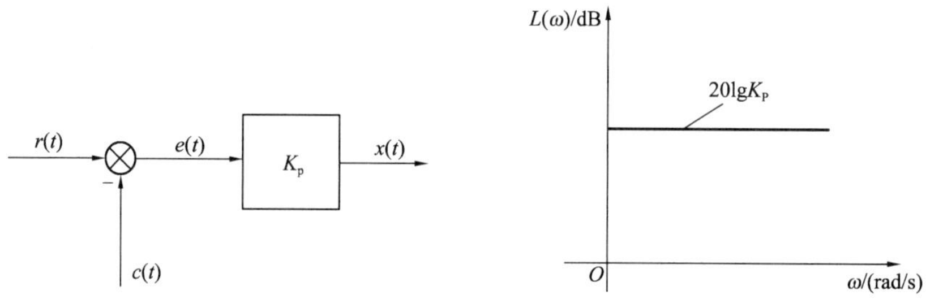

图 6-5 比例控制动态结构图　　图 6-6 比例控制对数幅频特性

采用可调运算放大器能够实现 $K_{p}=\frac{R_1}{R_0}$，P 控制电路图如图 6-7 所示。

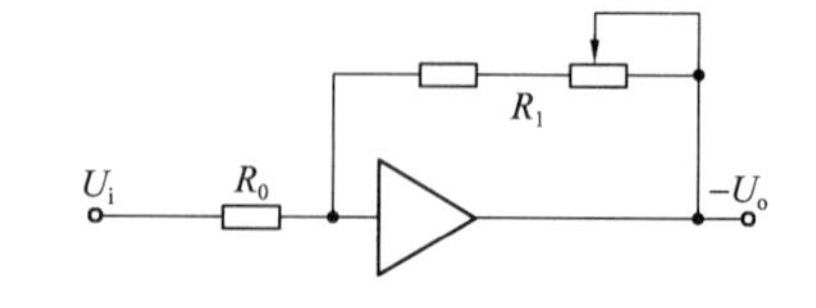

图 6-7 P 控制器电路图

作用：(1)在系统中增大比例系数 K_{p}，可减少系统的稳态误差以提高稳态精度。

(2)增大 K_{p} 可降低系统的惯性，减少一阶系统的时间常数，可改善系统的快速性。

(3)增大 K_{p} 往往会降低系统的相对稳定性，甚至会造成系统的不稳定。调节 K_{p} 时，要权衡利弊，综合考虑。在系统校正设计时，很少单独使用比例控制器。

6.2.2 比例-微分控制

具有比例-微分控制规律的控制器称为比例-微分(PD)控制器。动态结构如图 6-8 所示。

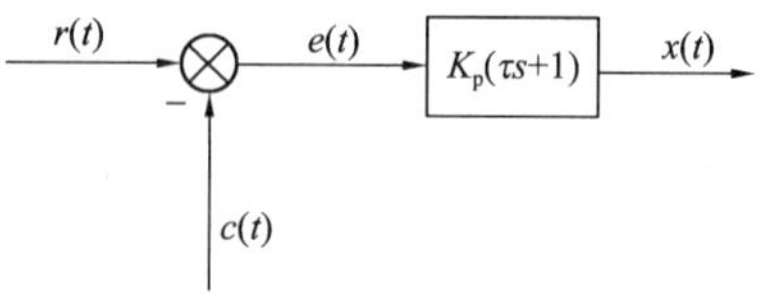

图 6-8 PD 控制器的动态结构图

动态方程为

$$x(t)=K_{p}e(t)+K_{p}\tau\frac{de(t)}{dt} \tag{6-10}$$

传递函数为

$$\frac{X(s)}{E(s)}=K_{p}(\tau s+1) \tag{6-11}$$

对数幅频特性如图 6-9 所示，模拟线路图如图 6-10 所示。

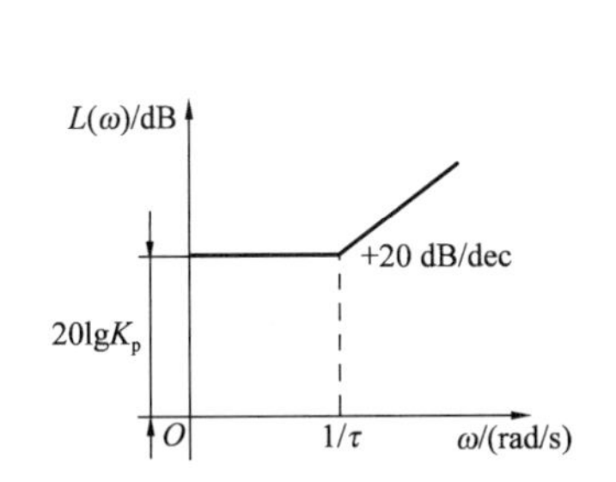

图 6-9 PD 控制器对数幅频特性曲线

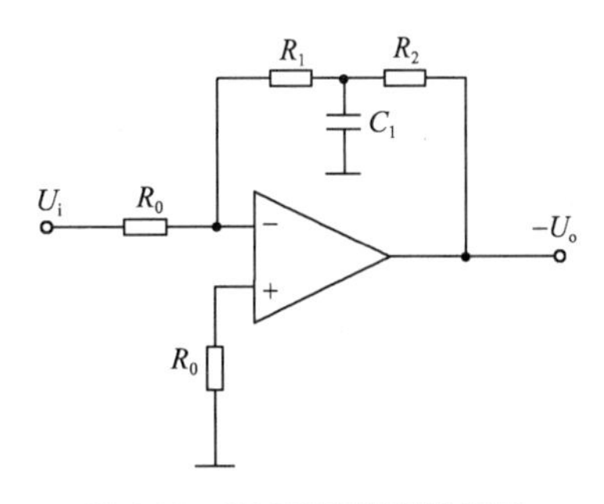

图 6-10 PD 控制器模拟线路图

式中，$K_p=\dfrac{R_1+R_2}{R_0}$，$\tau=\dfrac{R_1R_2}{R_1+R_2}C_1$。 (6-12)

作用：PD 控制具有超前校正的作用，能给出控制系统提前开始制动的信号，具有“预见”性，能反应偏差信号的变化速率（变化趋势），并能在偏差信号变得太大之前，在系统中引进一个有效的早期修正信号，有助于增加系统的稳定性，同时还可以提高系统的快速性。在串联校正中，相当于在系统中增加一个 $-1/\tau$ 的开环零点，使系统的相位裕度提高。其缺点是系统抗高频干扰能力差。

【例 6-1】 设控制系统结构如图 6-11 所示，试分析 PD 控制器对系统性能的影响，其中 PD 控制器传递函数为 $K_p(\tau s+1)$，$G_0(s)=\dfrac{1}{Js^2}$。

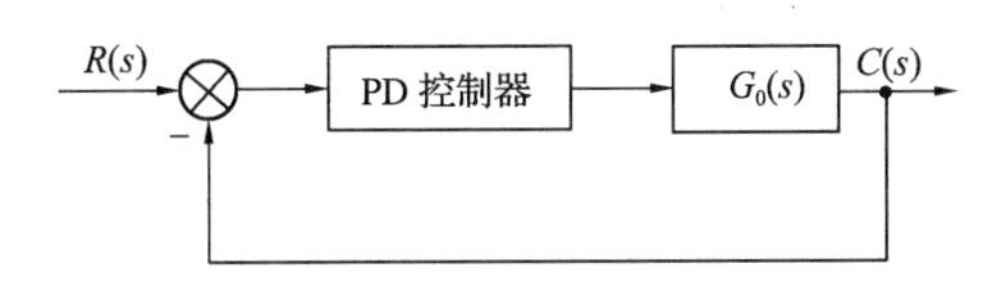

图 6-11 例 6-1 的 PD 控制器结构图

解：无 PD 控制器时，系统特征方程为

$$Js^2+1=0$$

显然，系统的阻尼为零。输出 $c(t)$ 为等幅振荡形式，系统临界稳定，实际不稳定。接入 PD 控制器后，系统特性方程变为

$$Js^2+K_p\tau s+K_p=0 \tag{6-13}$$

系统的阻尼比为 $\zeta=\dfrac{\tau\sqrt{K_p}}{2\sqrt{J}}$，阻尼比大于零，因此系统稳定。阻尼程度可通过改变 PD 控制器参数值 K_p 和 τ 来调整。

微分控制作用只对动态过程起作用，对稳定过程没有影响，而且对系统噪声非常敏感。单一的 PD 控制器在一般情况下不单独与被控对象串联使用。

6.2.3 积分控制

具有积分控制规律的控制器，称为积分（I）控制器，动态结构如图 6-12 所示。

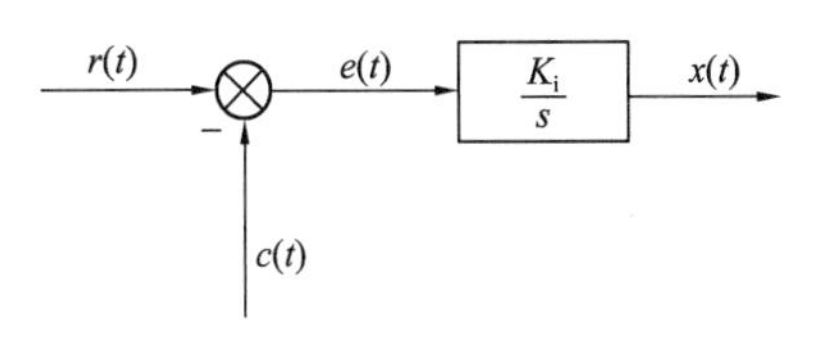

图 6-12 *I* 控制结构图

动态方程为

$$x(t)=K_i\int_0^t e(t)\mathrm{d}t \tag{6-14}$$

由于I控制器的积分作用，当输入 $e(t)$ 消失后，输出有可能为一不为零的常量。在串联校正中，采用I控制器可以提高系统的型别，提高了系统的稳态精度，但增加了一个位于原点的开环极点，使信号有 90°的相角滞后，对系统的稳定性不利。因此，一般不单独采用。

6.2.4 比例-积分控制

比例-积分(PI)控制器的动态结构如图 6-13 所示。

动态方程为

$$x(t)=K_p e(t)+\frac{K_p}{T_i}\int_0^t e(t)\mathrm{d}t \tag{6-15}$$

传递函数为

$$\frac{X(s)}{E(s)}=K_p\left(1+\frac{1}{T_i s}\right)=\frac{K_p}{T_i}\cdot\frac{T_i s+1}{s} \tag{6-16}$$

对数幅频特性如图 6-14 所示。

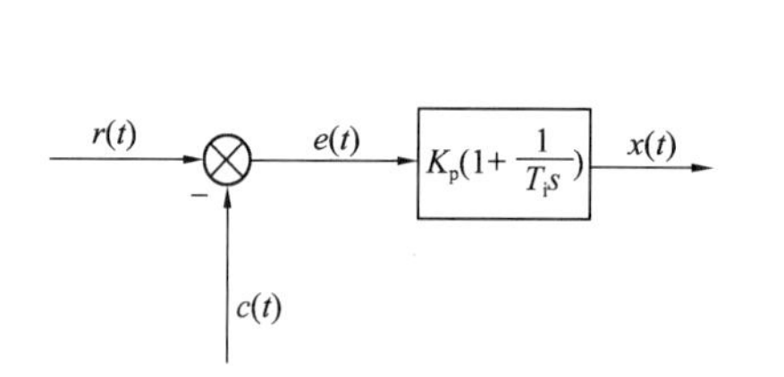

图 6-13 PI 控制器结构图

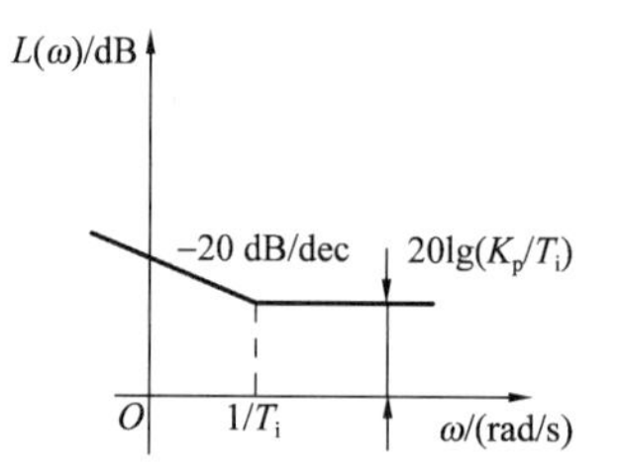

图 6-14 PI 控制器对数幅频特性

图 6-15 所示的模拟线路图中 $K_p=\frac{R_1}{R_0}$，$T_i=R_1C_1$。

作用：在系统中主要用于在保证控制系统稳定的基础上提高系统的型别，从而提高系统的稳态精度。在串联校正中，相当于在系统中增加一个位于原点的开环极点，同时增加了一个位于 s 左半平面的开环零点。位于原点的开环极点提高了系统的型别，减小了系统的稳态误差，改善了稳态性能，同时增加的开环零点提高系统的阻尼程度，缓解了 PI 控制器极点的不利影响。

【例 6-2】 设 PI 控制系统如图 6-16 所示，分析 PI 控制器对系统性能的影响，其中 PI 控制器传递函数为 $K_p\left(1+\frac{1}{T_i s}\right)$，$G_0(s)=\frac{K_0}{s(Ts+1)}$。

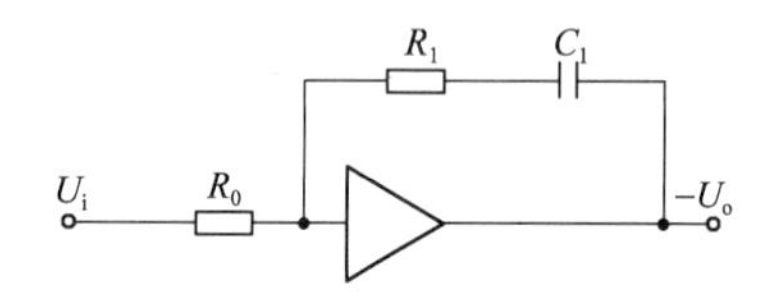

图 6-15 PI 控制器模拟线路图

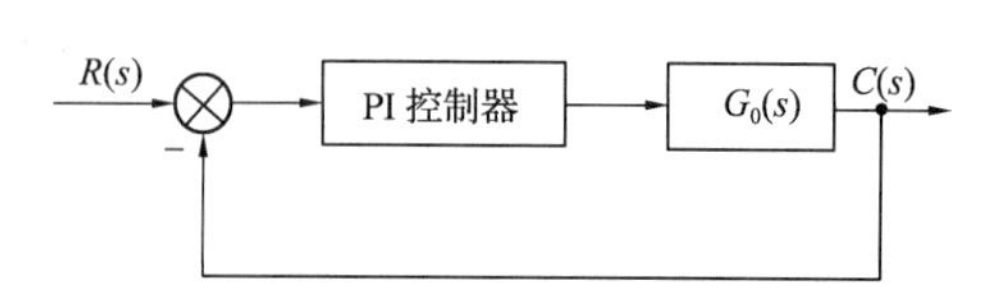

图 6-16 PI 控制器系统

解:加入 PI 控制器后的系统开环传递函数为 $G(s)=\dfrac{K_0K_p(T_is+1)}{T_is^2(Ts+1)}$,系统型别由原来的Ⅰ型提高到Ⅱ型,Ⅱ型系统对斜坡输入的稳态误差为零,而Ⅰ型系统对斜坡输入的稳态误差不为零。表明加入 PI 控制器后,系统的控制准确度大大增加。

加入 PI 控制器后,系统的特征方程为

$$T_iTs^3+T_is^2+K_pK_0T_is+K_pK_0=0$$

可以通过调整 K_p 和 T_i 的值,来使系统性能满足设计要求。由劳斯判据可知,调整 PI 控制器的积分时间常数 T_i 的值,使之大于系统不可变部分 $G_0(s)$ 的时间常数 T,可以保证闭环系统的稳定性。

6.2.5　比例-积分-微分控制

比例-积分-微分(PID)控制器动态结构如图 6-17 所示。

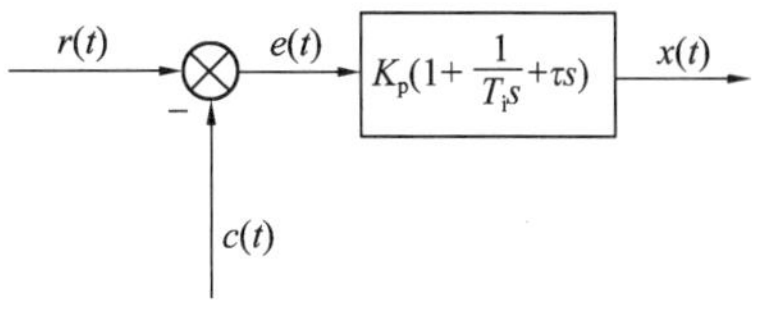

动态方程为

$$x(t)=K_pe(t)+K_p\tau\frac{\mathrm{d}e(t)}{\mathrm{d}t}+\frac{K_p}{T_i}\int_0^t e(t)\mathrm{d}t \quad (6\text{-}17)$$

图 6-17　PID 控制器动态结构图

传递函数为

$$\frac{X(s)}{E(s)}=K_p\left(1+\tau s+\frac{1}{T_is}\right) \tag{6-18}$$

若 $4\tau/T_i<1$,传递函数还可以写成

$$\frac{X(s)}{E(s)}=\frac{K_p\tau(s+\tau_1)(s+\tau_2)}{s}$$

式中,$\tau_{1,2}=\dfrac{1}{2\tau}T_i\left(1\pm\sqrt{1-\dfrac{4\tau}{T_i}}\right)$,对数幅频特性如图 6-18 所示。模拟线路图如图 6-19 所示。

当 $R_1\gg R_2\gg R_3$,$C_1\gg C_2$ 时,$K_p=\dfrac{1}{R_0C_1}$,$\tau_1=R_1C_1$,$\tau_2=R_2C_2$。

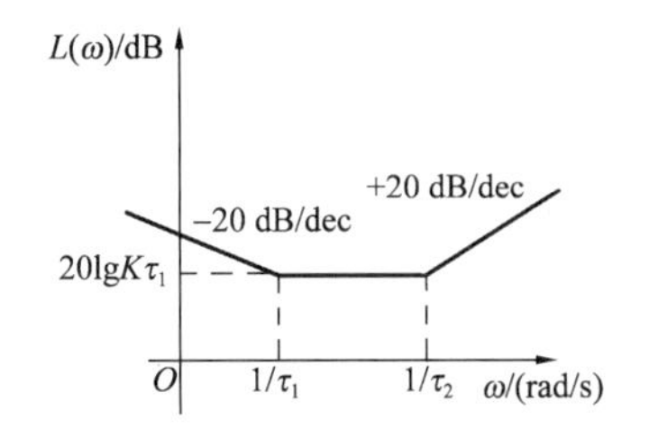

图 6-18　PID 控制器的对数幅频特性

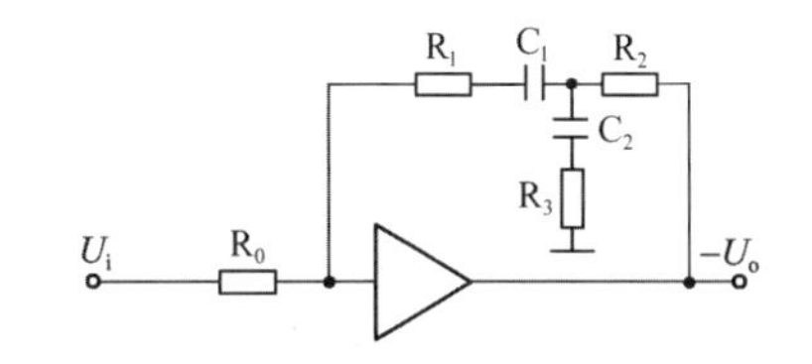

图 6-19　PID 控制器模拟线路图

作用:PID 具有 PD 和 PI 双重作用,能够较全面地提高系统的控制性能,是一种应用十分广泛的控制器。PID 控制器除了提高系统型别之外,还提供了两个负实零点,从而较 PI 控制器在提高系统动态性能方面有更大的优越性。因此,在工业控制设计中,PID 控制器得到了非常广泛的应用。一般来说,PID 控制器参数中,I 部分应发生在系统频率特性的低频段,以提高系统的稳态性能;D 部分应发生在系统频率特性的中频段,以改善系统的动态性能。

6.3 常用串联校正网络

6.3.1 超前校正网络和滞后校正网络

常用的串联校正网络的传递函数一般形式为

$$G_c(s)=\frac{K\prod_{j=1}^{m}(s-z_j)}{\prod_{i=1}^{n}(s-p_i)} \tag{6-19}$$

于是，校正装置的设计转化为网络的零、极点的配置问题。当校正网络为1阶时，传递函数为

$$G_c(s)=\frac{K(s-z)}{s-p} \tag{6-20}$$

$G_c(s)$的设计问题变成了参数K、z、p的取值问题。当$|z|<|p|$时，称校正网络为相角超前校正网络，简称超前校正网络，它在s平面的零、极点分布如图6-20(a)所示。

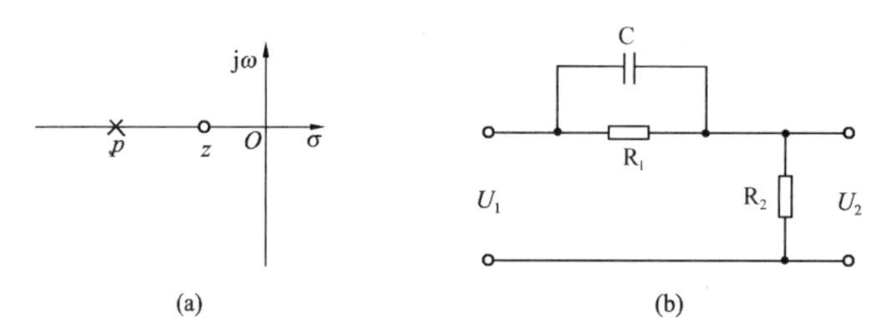

图6-20 超前校正网络零、极点分布图

校正网络的频率特性函数为

$$G_c(j\omega)=\frac{K(j\omega-z)}{(j\omega-p)}=\frac{Kz}{p}\cdot\frac{[j(\omega/-z)+1]}{[j(\omega/-p)+1]}=\frac{K_1(1+j\alpha\omega\tau)}{(1+j\omega\tau)} \tag{6-21}$$

式中，$\tau=1/|p|$，$p=\alpha z$，$K_1=K/\alpha$，对应的相频特性曲线为

$$\varphi(\omega)=\arctan(\alpha\omega\tau)-\arctan(\omega\tau) \tag{6-22}$$

图6-21给出了超前校正网络$K_1=1$的伯德图。从图中看出，在零点频段附近，超前网络的相角为正，幅值增益渐近线斜率为20 dB/dec。表明超前校正网络能为原系统提供附加超前相角。

超前校正网络的典型电路如图6-20(b)所示，该电路的传递函数为

$$\begin{aligned}G_c(s)&=\frac{U_2(s)}{U_1(s)}=\frac{R_2}{R_2+R_1(1/Cs)/[R_1+(1/Cs)]}\\&=\frac{R_2}{R_1+R_2}\cdot\frac{R_1Cs+1}{[R_1R_2/(R_1+R_2)]Cs+1}\end{aligned} \tag{6-23}$$

令$\tau=\dfrac{R_1R_2}{R_1+R_2}C$，$\alpha=\dfrac{R_1+R_2}{R_2}$，则

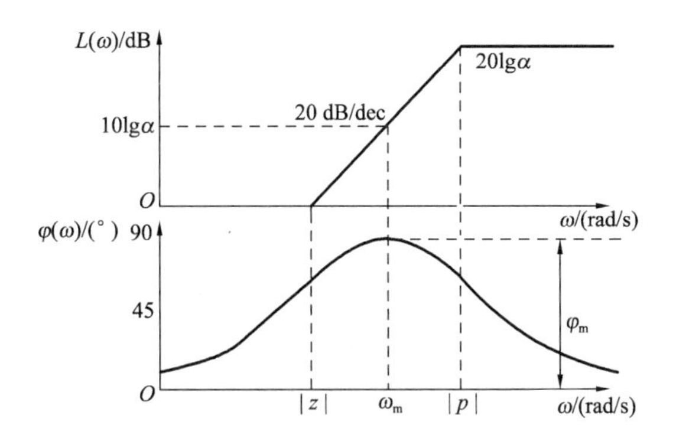

图 6-21　超前校正网络的伯德图

$$G_c(s)=\frac{1+\alpha\tau s}{\alpha(1+\tau s)}=\frac{1+\dfrac{s}{z}}{\alpha\left(1+\dfrac{s}{p}\right)} \tag{6-24}$$

没有增益参数 K。

设 ω_m 为极点 $p=1/\tau$ 和零点 $z=1/\alpha\tau$ 的几何平均数，即在对数尺度的频率轴上，最大超前相角出现在极点频率和零点频率的中点处，有

$$\omega_m=\sqrt{zp}=\frac{1}{\tau\sqrt{\alpha}} \tag{6-25}$$

由式(6-22)可得校正网络的相角值

$$\varphi=\arctan\frac{\alpha\omega\tau-\omega\tau}{1+(\omega\tau)^2\alpha} \tag{6-26}$$

将式(6-25)代入式(6-26)，得

$$\tan\varphi_m=\frac{\alpha-1}{2\sqrt{\alpha}}$$

或

$$\sin\varphi_m=\frac{\alpha-1}{\alpha+1} \tag{6-27}$$

这是最大超前相角计算公式，在设计过程中，如果知道了预期的最大超前相角，就可以利用式(6-27)计算所需的网络参数 α。图 6-22 给出了 φ_m 与 α 的关系曲线。从中看出 φ_m 不会超过 70°。另外，由于 $\alpha=(R_1+R_2)/R_2$，所以 α 也存在着实际电阻值的限制。因此，实际上一阶超前校正网络的 φ_m 值不会超过 70°。

另一种常用的串联校正网络是相角滞后校正网络(或称滞后校正网络)，它为原有系统带来滞后相角。典型电路如图 6-23(a)所示，零、极点分布如图 6-23(b)所示。传递函数为

$$G_c(s)=\frac{U_2(s)}{U_1(s)}=\frac{R_2+\dfrac{1}{Cs}}{R_1+R_2+\dfrac{1}{Cs}}=\frac{R_2Cs+1}{(R_1+R_2)Cs+1}=\frac{1+\tau s}{1+\alpha\tau s}=\frac{1+\dfrac{s}{p}}{1+\dfrac{s}{z}} \tag{6-28}$$

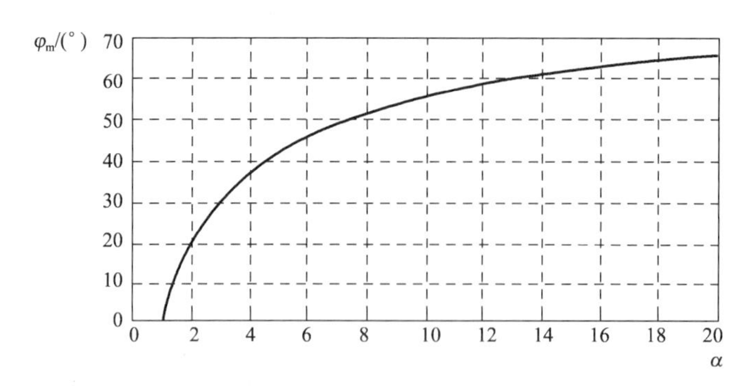

图 6-22 一阶超前校正网络的最大超前相角 φ_m 与 α 的关系曲线

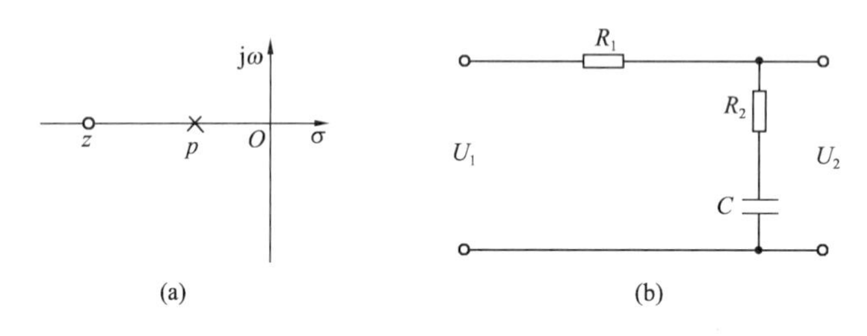

图 6-23 滞后校正网络电路及其零、极点分布图

有

$$\tau=R_2C,\alpha=\frac{R_1+R_2}{R_2}$$

滞后校正网络的频率特性为 $G_c(\mathrm{j}\omega)=\frac{\mathrm{j}\omega\tau+1}{\mathrm{j}\omega\alpha\tau+1}$，对应的伯德图如图 6-24 所示。

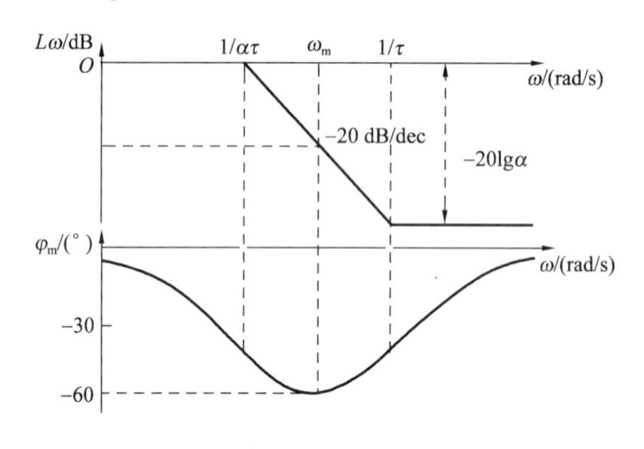

图 6-24 滞后校正网络的伯德图

从图中看出，相角为负，幅值增益随频率增大而衰减。最大滞后相角的对应频率为 $\omega_m=\sqrt{zp}$。

在控制系统设计中，接入串联校正网络可以使闭环系统有期望的频率响应。超前校正网络的主要作用是提供一个超前相角，从而增大闭环系统的相位裕度，工程上主要用于改善控制系统的稳定性和快速性。滞后校正网络的主要作用不是引入一个滞后相角，而是要幅值增益适当衰减，工程上用于提高系统的稳态精度和稳定性，但缺点是降低了系统的快速性。

6.3.2 用伯德图方法设计超前校正网络

利用伯德图的叠加特性，可以比较方便地在原系统伯德图上，添加超前校正网络的伯德图。

设计步骤如下：

(1)绘制未校正系统的伯德图，计算相位裕度，判定是否满足要求，是否需要引入合适的超前校正网络 $G_c(s)$。

(2)确定所需的最大超前相角 φ_m。

(3)利用 $\sin\varphi_m=\dfrac{\alpha-1}{\alpha+1}$，计算 α 值。

(4)计算 $10\lg\alpha$，在未校正系统的幅值增益曲线上，确定一个与 $-10\lg\alpha$ 对应的频率。当 $\omega=\omega_c=\omega_m$ 时，超前校正网络能提供 $10\lg\alpha$(dB)的幅值增量，因此，经过校正后，原有幅值增益为 $-10\lg\alpha$ 的点将变成新的 0 dB 线的交点，对应频率就是新的转折频率 $\omega_c=\omega_m$。

(5)计算极点频率 $|p|=\omega_m\sqrt{\alpha}$ 和零点频率 $|z|=p/\alpha=\omega_m/\sqrt{\alpha}$。

(6)绘制校正后的闭环系统伯德图，检查系统是否满足要求。若不满足要求，则重新设计。

(7)确定系统的增益，以保证系统的稳态精度，抵消由超前校正网络带来的衰减 $1/\alpha$。

【例 6-3】 考虑二阶单位负反馈控制系统，开环传递函数为 $G_0(s)=\dfrac{K}{s(s+2)}$，给定的设计要求为：系统的相位裕度不小于 40°，系统斜坡响应的稳态误差为 5%。

解：由稳态误差的设计要求可知，系统的静态速度误差系数应该为 $K_v=20$，于是未校正系统的开环频率特性函数为

$$G_0(j\omega)=\frac{K_v}{j\omega(0.5j\omega+1)}=\frac{20}{j\omega(0.5j\omega+1)}$$

图 6-25 给出了 $G_0(s)$的伯德图。从图中看出，在对数幅频曲线与 0 dB 线的转折处对应的频率为 $\omega_c=6.2$ rad/s，再根据相角计算公式

$$\angle G_0(j\omega)=-90°-\arctan(0.5\omega)$$

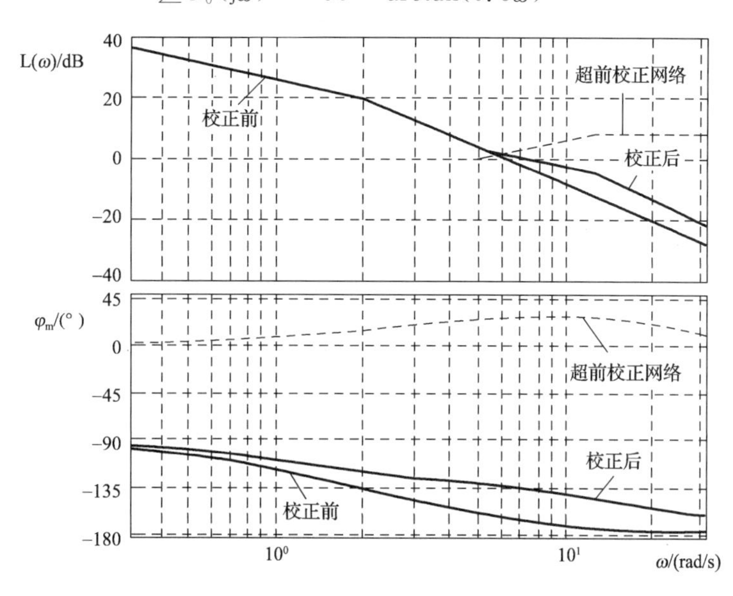

图 6-25　例 6-3 系统的伯德图

当 $\omega_c=6.2$ rad/s 时，$\angle G_0(j\omega_c)=-162°$。系统的相位裕度为 18°，不能满足要求。为使系统的相位裕度提高到 40°，引入超前校正网络，所需的超前相角至少为 40°−18°=22°，引入超前网络后，新的 0 dB 线交点频率将会增大，从而存在着相位裕度损失，因此，在这里

设超前相角为 30°，以弥补损失，对应有

$$\sin\varphi_{m}=\frac{\alpha-1}{\alpha+1}=\sin 30^{\circ}=0.5 \Rightarrow \alpha=3$$

因为 $10\lg\alpha=4.8$ dB，在 $G_0(s)$的伯德图上，确定与-4.8 dB 对应的频率，有 $\omega_m=8.4$ rad/s，可以得到 $\tau\approx 0.069$，而$|z|=4.8$，$|p|=14.4$，于是得到接入超前校正网络后的系统传递函数 $G(s)$为

$$G(s)=G_c(s)G_0(s)=\frac{20\left(1+\dfrac{s}{4.8}\right)}{s(0.5s+1)\left(1+\dfrac{s}{14.4}\right)}$$

验证：$\omega_c=8.4$ rad/s 时，相角为

$$\angle G(j\omega_c)=\angle G_c(j\omega_c)G_0(j\omega_c)=-90^{\circ}-\arctan(0.5\omega_c)-\arctan\frac{\omega_c}{14.4}+\arctan\frac{\omega_c}{4.8}=-136.6^{\circ}$$

从而得到校正后的系统相位裕度 $\gamma_c=180^{\circ}+\angle G(j\omega_c)=180^{\circ}+(-136.6^{\circ})=43.4^{\circ}$

相位裕度为 43.4°，满足设计要求。系统校正前后的阶跃响应如图 6-26 所示。

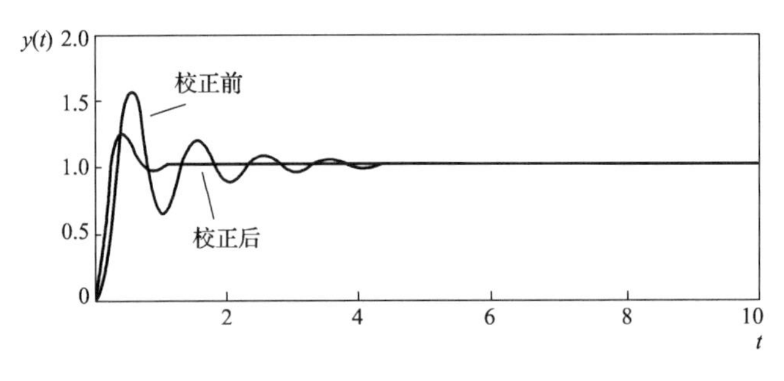

图 6-26 例 6-3 的阶跃响应

6.3.3 用伯德图设计滞后校正网络

设计步骤如下：

(1)根据稳态误差的设计要求，确定原系统的增益 K，画出伯德图。

(2)计算原系统的相位裕度，如不满足要求，则进行下面的设计步骤。

(3)计算能满足相位裕度设计要求的转折频率 ω'_c。计算期望转折频率时，应考虑滞后校正网络引起的附加滞后相角。工程上该滞后相角的预留值取 5°。

(4)配置零点。该零点频率一般比预期转折频率小 10 倍频程。

(5)根据 ω'_c 和原系统对数幅频特性曲线，确定增益衰减。

(6)在 ω'_c 处，滞后校正网络产生的增益衰减为$-20\lg\alpha$。由此确定 α 值。

(7)计算极点 $\omega_p=\dfrac{1}{\alpha\tau}=\dfrac{\omega_z}{\alpha}$。

(8)验证结果。如不满足要求，重新进行步骤 3～8。

【例 6-4】 重新考虑例 6-3 的未校正系统，开环传递函数为 $G_0(s)=\dfrac{K}{s(s+2)}=$

$\frac{K_v}{s(0.5s+1)}$，给定的设计要求为：系统的相位裕度不小于40°，系统斜坡响应的稳态误差为5%。

解：由例6-3的分析已知，系统不满足要求，因此需要进行校正设计。根据设计要求，考虑附加的5°滞后相角，在转折频率ω'_c处，原系统的相角应为$-130°$，由此可得$\omega'_c=1.5$。再比较对数幅频特性曲线与0 dB线可知，在ω'_c处，系统有20 dB的衰减。

由$-20\lg\alpha=-20$ dB推出$\alpha=10$，由于校正网络的零点频率应比预期的转折频率小$\frac{1}{10}$，因此有$\omega_z=\frac{\omega'_c}{10}=0.15$。则$\omega_p=\frac{\omega_z}{10}=0.015$，所以，校正后的系统频率特性函数为

$$G(j\omega)=G_c(j\omega)G_0(j\omega)=\frac{20(6.66j\omega+1)}{j\omega(0.5j\omega+1)(66.6j\omega+1)}$$

滞后校正前后的伯德图如图6-27所示，其阶跃响应如图6-28所示。

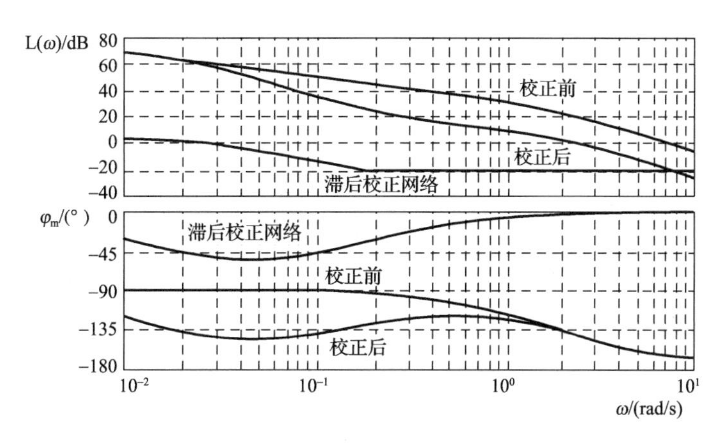

图6-27　例6-4的伯德图

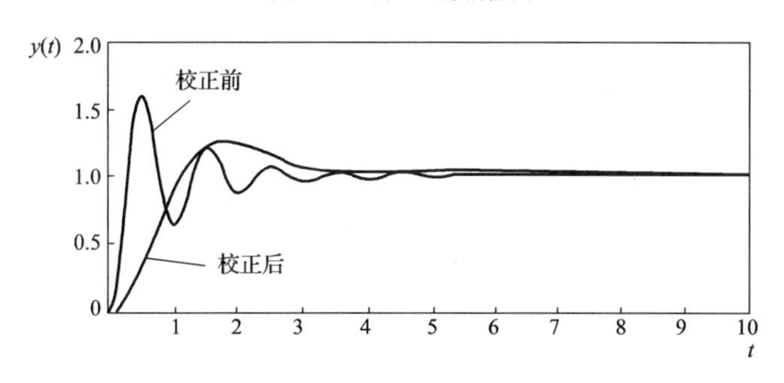

图6-28　例6-4的阶跃响应

由于超前校正和滞后校正各有特点，有时会把超前校正和滞后校正综合起来应用，这种校正网络称为超前-滞后校正网络，网络实现如图6-29所示，其零、极点分布如图6-30所示。

传递函数为

$$\frac{U_2(s)}{U_1(s)}=\frac{(R_1C_1s+1)(R_2C_2s+1)}{R_1R_2C_1C_2s^2+(R_1C_1+R_1C_2+R_2C_2)s+1}$$

令 $\tau_1=R_1C_1$，$\tau_2=R_2C_2$，则 $\tau_1\tau_2=R_1R_2C_1C_2$，$\frac{\tau_1}{\beta}+\beta\tau_2=R_1C_1+R_1C_2+R_2C_2$，上式变为

$$\frac{U_2(s)}{U_1(s)}=\frac{(\tau_1 s+1)(\tau_2 s+1)}{(1+\frac{\tau_1}{\beta}s)(1+\beta\tau_2 s)}$$

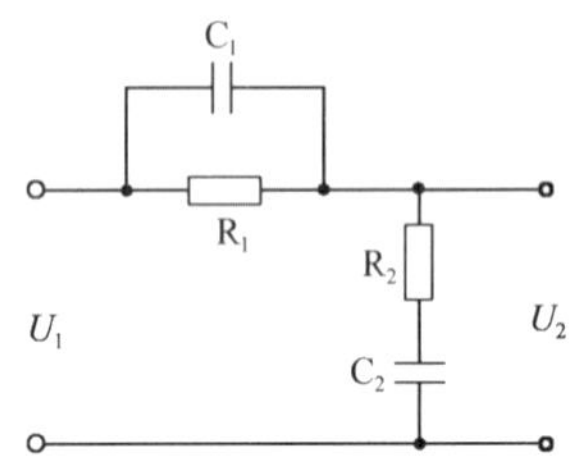
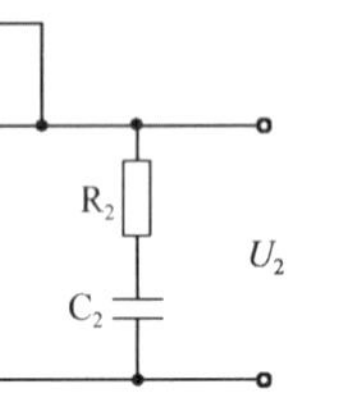

图 6-29　超前-滞后校正系统的网络

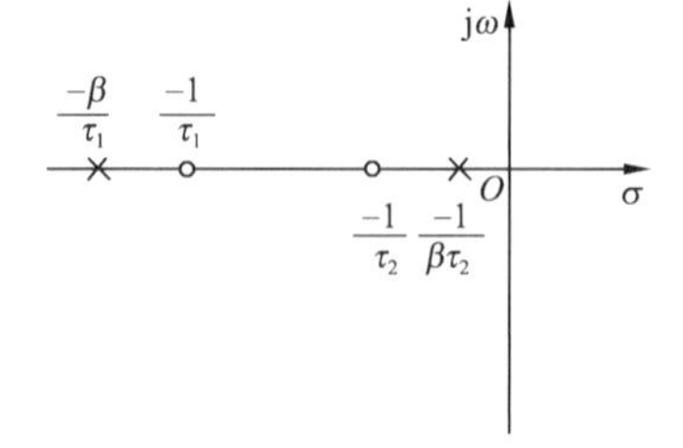

图 6-30　超前-滞后校正系统零、极点分布图

分子分母的前一项构成了超前校正网络，分子分母的后一项构成了滞后校正网络。如果在平面上配置超前-滞后校正网络时，可以先配置超前校正网络，然后再配置滞后校正网络。可以用前面设计超前和滞后校正网络的步骤设计超前-滞后校正网络，其伯德图如图 6-31 所示。

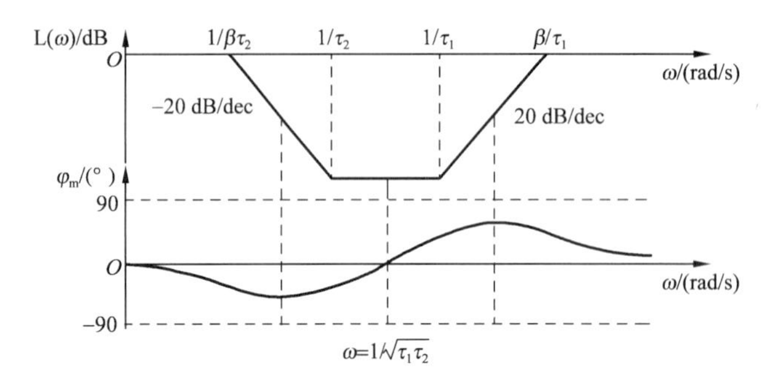

图 6-31　超前-滞后校正网络的伯德图

【例 6-5】 设一单位负反馈系统的开环传递函数为 $G_0(s)=\frac{K}{s(s+1)(0.5s+1)}$，试设计超前-滞后校正装置，要求设计后 $K=10$，$\gamma_c=50°$，$L_g=10$ dB。

解：(1)绘制未校正系统的伯德图，从图 6-32 中看出系统不稳定。

(2)选择校正后的截止频率 ω_c，若性能指标中对系统的快速性未提出明确要求，一般对应 $\angle G_0(j\omega)=-180°$ 的频率作为 ω_c，ω_c 取得小，降低了对超前部分的要求，但也降低了快速性。反之，则需要更大的超前相角，难以实现。取 $\omega_c=1.5$，未校正系统的相位裕度为 0°，与要求值相差 50°，这样的超前相角通过超前校正是容易实现的。

(3)确定超前校正参数 β：β 由超前部分产生的超前相角 φ 而定，即 $\beta=\frac{1+\sin\varphi}{1-\sin\varphi}$。如 φ

取 55°，则有 $\beta=\dfrac{1+\sin55^\circ}{1-\sin55^\circ}\approx10$。

(4)确定滞后校正部分的参数 τ_2：一般取 $\dfrac{1}{\tau_2}=\dfrac{1}{10}\omega_c$，使滞后相角控制在 -5° 以内，在这里 $\dfrac{1}{\tau_2}=0.15$，因此滞后部分的传递函数为 $10\,\dfrac{1+6.67s}{1+66.7s}$。

(5)确定超前部分的参数 τ_1：过 $(\omega_c, -20\lg|G_0(\mathrm{j}\omega_c)|)$ 作 20 dB/dec 直线，由该直线与 0 dB 交点坐标 (β/τ_1) 确定 τ_1。

未校正系统的伯德图在 $\omega_c=1.5$ 处的增益为 13 dB，因此，要求超前-滞后网络在 ω_c 处产生 -13 dB 的增益，因此，通过点 $(1.5, -13)$ 画一条 20 dB/dec 的直线，该直线与 0 dB 线和 -20 dB 线的交点确定了所求的转折频率。从图 6-32 中得出 $\dfrac{1}{\tau_1}=0.7$，所以超前部分传递函数为

$$\frac{1}{10}\times\frac{1+1.43s}{1+0.143s}$$

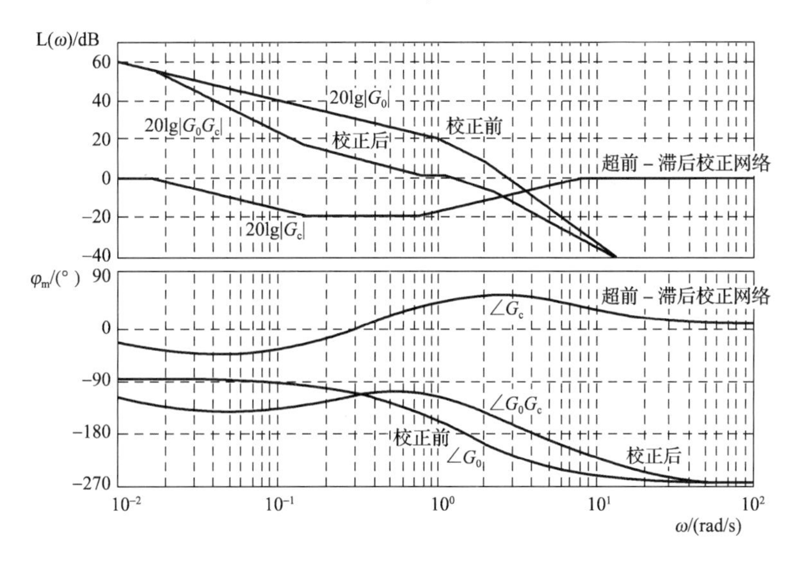

图 6-32　例 6-5 系统的伯德图

(6)将两部分组合在一起，即得到超前-滞后网络的传递函数

$$\frac{1+1.43s}{1+0.143s}\cdot\frac{1+6.67s}{1+66.7s}$$

(7)绘制校正后的伯德图，如图 6-32 所示，检验性能指标。

6.3.4　有源校正装置

应用无源元件组成的串联校正经常会遇到以下两个不易解决的问题：

(1)阻抗匹配问题。无源校正网络的传递函数都是在一定假设条件下得到的；作为校正装置输入信号的信号源，内阻为 0，校正装置的负载阻抗为∞。这在实际中是不可能的，只能近似。理想的无源校正装置的阻抗远远大于其信号源的内阻，而又远远小于其负载阻抗，这就产生了矛盾。因为控制系统的结构特点是从输入源到输出源逐级功率不断提高，阻抗

则逐级降低。阻抗匹配问题如果解决不好，校正装置势必不能起到预期效果。解决这一矛盾的有效方法是用有源装置代替无源装置。线性集成运算放大器加上少量的无源元件能组成既经济实用，又有很好效果的校正装置。

(2)系统开环增益衰减很多。为使系统获得必要的开环增益，往往需另加放大器，如果采用有源装置，这一问题也能得到很好的解决。

常用的有源校正装置是运算放大器、测速发电机等与无源网络相结合组成的复合装置。

1. 有源超前校正网络

有源超前校正网络如图6-33所示。

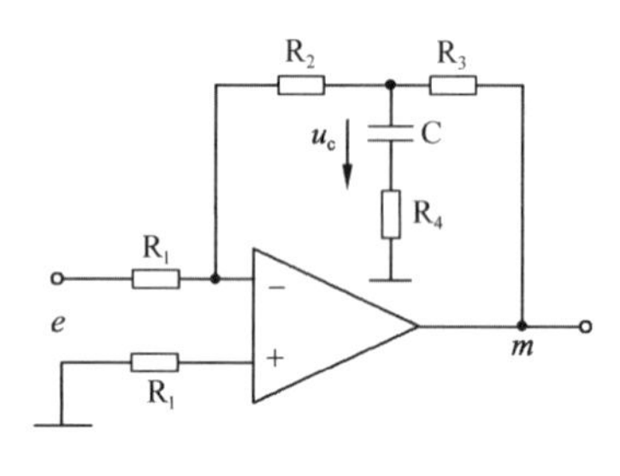

图6-33 有源超前校正网络

回路方程为

$$\begin{cases} R_4 C \dfrac{\mathrm{d}u_c}{\mathrm{d}t} + u_c + R_2 \dfrac{e(t)}{R_1} = 0 \\ R_2 \dfrac{e(t)}{R_1} + \left[\dfrac{e(t)}{R_1} - C\dfrac{\mathrm{d}u_c}{\mathrm{d}t}\right] R_3 + m(t) = 0 \end{cases} \tag{6-29}$$

解得

$$R_4 C \frac{\mathrm{d}m(t)}{\mathrm{d}t} + m(t) = -\frac{R_2 + R_3}{R_1}\left[\frac{R_2R_3 + R_2R_4 + R_3R_4}{R_2 + R_3} C \frac{\mathrm{d}e(t)}{\mathrm{d}t} + e(t)\right]$$

令

$$T = R_4 C, \tau = aT = \frac{R_2R_3 + R_2R_4 + R_3R_4}{R_2 + R_3} C, K_c = \frac{R_2 + R_3}{R_1}$$

则控制器的微分方程为

$$T\frac{\mathrm{d}m(t)}{\mathrm{d}t} + m(t) = -K_c\left[aT\frac{\mathrm{d}e(t)}{\mathrm{d}t} + e(t)\right] \tag{6-30}$$

传递函数为

$$G_c(s) = \frac{-K_c(aTs + 1)}{Ts + 1} \tag{6-31}$$

2. 有源滞后校正网络

采用运算放大器的有源滞后校正网络实现如图6-34所示。其传递函数为

$$G_c(s) = -\frac{R_2 + \dfrac{R_3 \dfrac{1}{sC}}{R_3 + \dfrac{1}{sC}}}{R_1} = -\frac{R_2 + R_3 + R_2R_3Cs}{R_1(R_3Cs + 1)} = -\frac{R_2 + R_3}{R_1} \cdot \frac{\dfrac{R_2R_3Cs}{R_2 + R_3} + 1}{R_3Cs + 1}$$

令

$$T = R_3 C, aT = \frac{R_2R_3}{R_2 + R_3} C, K_c = \frac{R_2 + R_3}{R_1}, a = \frac{R_2}{R_2 + R_3}$$

有

$$G_c(s) = \frac{-K_c(aTs + 1)}{Ts + 1} \quad (a < 1) \tag{6-32}$$

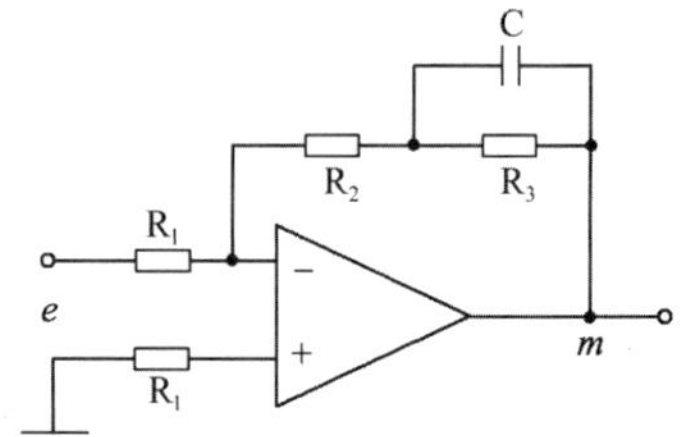

图6-34 有源滞后校正网络

6.4 反馈校正

在控制工程实践中，通过附加局部反馈部件，可达到改善系统性能的目的，这种方法一般称作反馈校正（或并联校正）。其作用还可能消除被反馈所包围的不可变部分参数波动对系统性能的影响。基于此特点，当所设计的系统随着工作条件变化，其中一些结构参数可能有较大幅度的变化，而该系统又能够取出适当的反馈信号时，在系统中采用反馈校正是最适当的。如电液伺服系统中的阻尼比 ζ_h 变化大，选用反馈校正能有效地提高系统的控制精度。下面分几种情况说明。

1. 比例负反馈可以减弱被反馈包围部分的惯性，从而扩展其频带

比例负反馈包围惯性环节，如图 6-35 所示，其闭环传递函数为

$$G(s)=\frac{C(s)}{R(s)}=\frac{\dfrac{K_0}{T_0s+1}}{1+\dfrac{K_0}{T_0s+1}K_f}=\frac{\dfrac{K_0}{1+K_0K_f}}{\dfrac{T_0}{1+K_0K_f}s+1}=\frac{K}{Ts+1}$$

式中，$T=\dfrac{T_0}{1+K_0K_f}$，$K=\dfrac{K_0}{1+K_0K_f}$。

从闭环传递函数的形式看，此种情况仍是惯性环节。因为 $K_0K_f+1>1$，则 $T<T_0$。即采用比例负反馈的惯性环节，其惯性将有所减弱，减弱程度大致与反馈系数 K_f 成反比。从而使调节时间 t_s 缩短，提高了系统或环节的快速性。从频域角度看，比例负反馈可使环节或系统的频带得到展宽，其展宽的倍数基本上与反馈系数 K_f 成正比。然而其增益也将因负反馈而降低，即 $K<K_0$，这是不希望的，可通过提高放大环节的增益得到补偿，变换图如图 6-36 所示。只要适当地提高 K_1 的数值即可解决增益减小的问题。

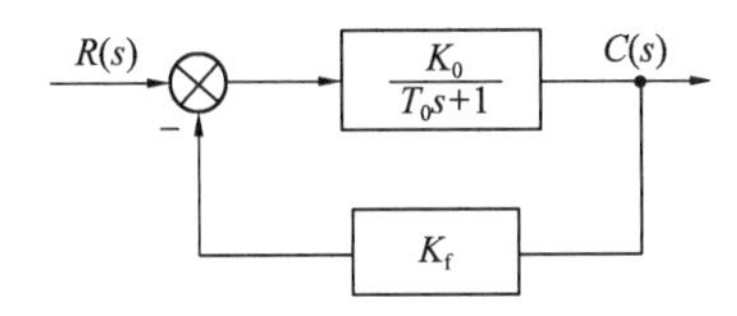

图 6-35 比例负反馈包围惯性环节

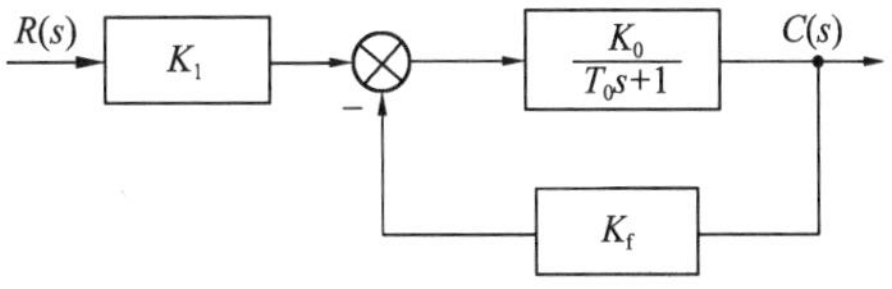

图 6-36 系统结构变换图

2. 速度反馈包围振荡环节，可增加环节的阻尼，有效地减弱阻尼环节的不利影响

速度负反馈包围振荡环节如图 6-37 所示。系统的闭环传递函数为

$$G(s)=\frac{C(s)}{R(s)}=\frac{\omega_n^2}{s^2+2\left(\zeta+\dfrac{K_t}{2}\omega_n\right)\omega_ns+\omega_n^2}=\frac{\omega_n^2}{s^2+2\zeta'\omega_ns+\omega_n^2}$$

式中，$\zeta'=\zeta+\dfrac{K_t}{2}\omega_n$，因此 $\zeta'>\zeta$，增加了相对阻尼比，改善了系统或环节的平稳性。

速度反馈一般可采用测速发电机来实现，也可采用微分网络来实现。一般情况下得不

到纯微分环节，实际上都是存在着小惯性环节的影响，即 $K_t s/(T_1 s+1)$。只要 T_1 足够小（$10^{-2}\sim10^{-4}$），可认为是纯微分环节，增大阻尼的效果是较显著的。

3. 反馈校正可以减弱参数变化对系统性能的影响

在控制系统中，为了减弱系统对参数变化的敏感度，一般多采用负反馈校正，结构如图 6-38 所示。比较有反馈和无反馈时系统输出对参数变化的敏感程度。

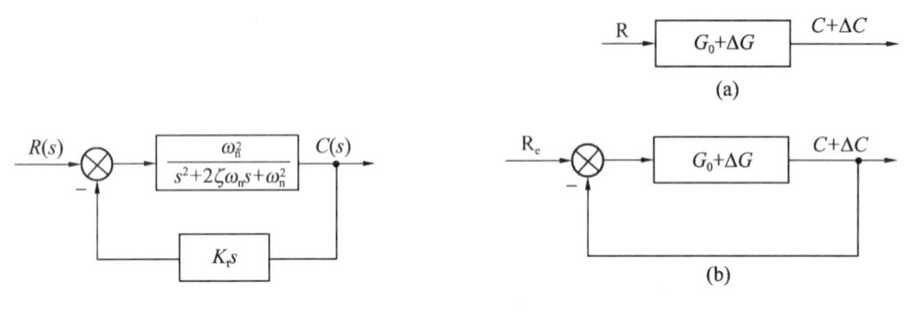

图 6-37 速度负反馈包围振荡环节　　图 6-38 负反馈校正系统结构图

由于元部件参数变化而引起 $G_0(s)$ 的变化为 $\Delta G(s)$，相应的输出变化为 $\Delta C(s)$。对于开环系统有

$$C(s)+\Delta C(s)=[G_0(s)+\Delta G(s)]R(s)$$

即

$$\Delta C(s)=\Delta G(s)R(s)$$

就是说，对于开环系统，由于参数变化引起输出的变化量 $\Delta C(s)$ 与传递函数的变化量 $\Delta G(s)$ 成正比。

而对于负反馈包围的局部系统有

$$C(s)+\Delta C(s)=\frac{G_0(s)+\Delta G(s)}{1+G_0(s)+\Delta G(s)}R(s)$$

一般情况下，$|G_0(s)|\gg|\Delta G(s)|$，于是近似有

$$\Delta C(s)=\frac{\Delta G(s)}{1+G_0(s)}R(s)$$

由于负反馈的包围，参数变化引起输出变化量 $\Delta C(s)$ 是开环系统的 $\frac{1}{1+G_0(s)}$ 倍。在系统工作的主要频段内，通常 $|1+G_0(s)|$ 的值远大于 1，因此负反馈能明显地减弱参数变化对控制系统性能的影响。

用负反馈包围局部元部件的校正方法在电液伺服系统中经常被采用。

4. 负反馈校正取代局部结构，消除系统不可变部分中不希望有的特性

系统结构图如图 6-39 所示。的局部回路的传递函数为

$$\frac{Y(s)}{X(s)}=\frac{G_1(s)}{1+G_1(s)H_1(s)}$$

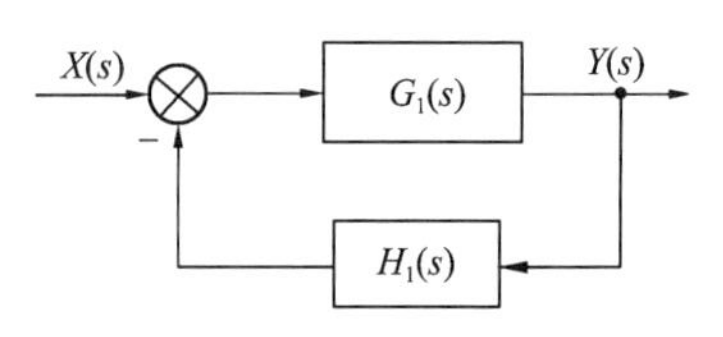

图 6-39 系统结构图

频率特性为

$$\frac{Y(\mathrm{j}\omega)}{X(\mathrm{j}\omega)}=\frac{G_1(\mathrm{j}\omega)}{1+G_1(\mathrm{j}\omega)H_1(\mathrm{j}\omega)}$$

如果在常用的频段内选取

$$|G_1(j\omega)H_1(j\omega)| \gg 1$$

则在此频段内

$$\frac{Y(j\omega)}{X(j\omega)} \approx \frac{1}{H_1(j\omega)}$$

上式说明，如果在满足 $|G_1(j\omega)H_1(j\omega)| \gg 1$ 的频段内，$G_1(j\omega)$ 是不希望得到的，那么就可以选择 $H_1(j\omega)$ 组成的特性，利用这种“置换”办法可以改善系统的性能。

【例 6-6】 利用二阶微分环节包围电液伺服系统的局部环节来改善系统性能，结构如图 6-40 所示。

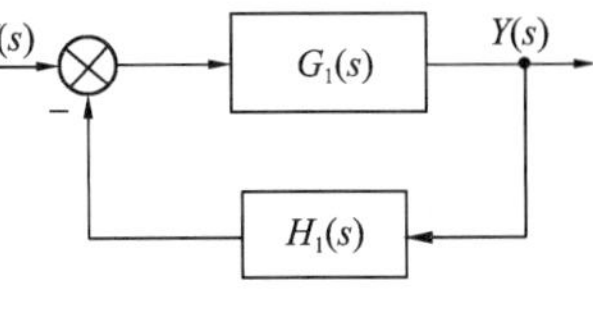

图 6-40　例 6-6 系统结构图

解：把图 6-40 等效变换为图 6-41 所示。适当地选取 τ_1 和 ζ_1，最好能使 $\zeta_1 = 0.707$。若原系统中的 ζ_1 较小且变化，大致绘出 $Y(s)/R(s)$ 的根轨迹如图 6-42 所示。

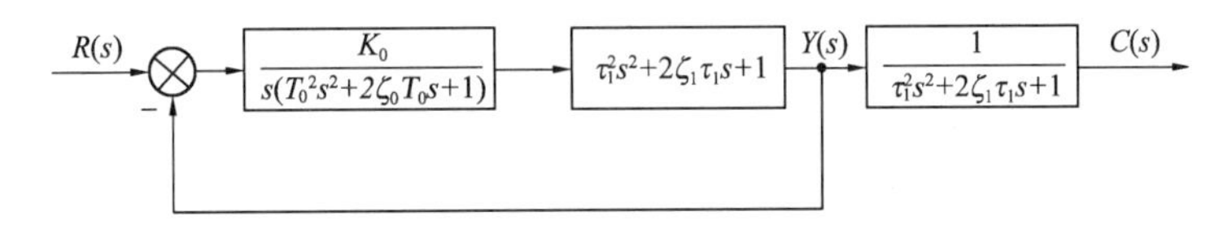

图 6-41　例 6-6 系统结构变换图

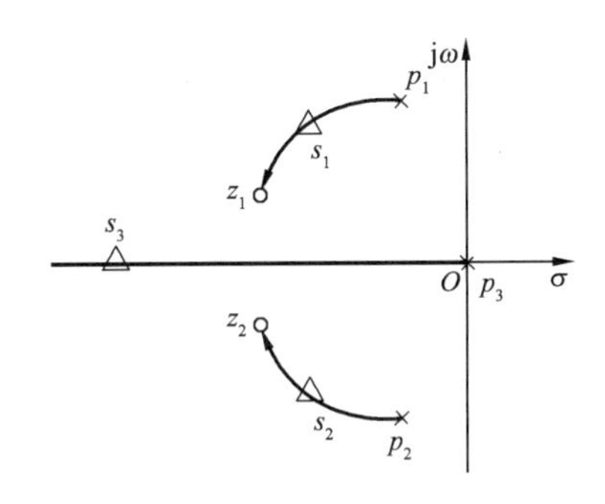

图 6-42　例 6-6 系统根轨迹图

当此时根轨迹增益选取较大时，s_1、s_2 靠近 z_1、z_2 而成为偶极子，主导极点变为 s_2、s_3 远离虚轴，则 $|s_3| \gg 1$，这时，$Y(s)/R(s)$ 成为小惯性环节，即

$$\frac{Y(s)}{R(s)} \approx \frac{1}{\frac{1}{|s_3|}s+1} \approx 1$$

则系统变为

$$\frac{C(s)}{R(s)} = \frac{1}{\tau_1^2 s^2 + 2\zeta_1\tau_1 s + 1}$$

成为最佳二阶系统模型，使系统的动态性能得到很大改善。原系统中所不希望的结构由反馈传递函数的倒数所取代。

在大功率的电液伺服系统及一些变载荷及测试系统中，都经常采用局部反馈校正的方法。

6.5 复合校正

为了提高系统的稳态精度，当增大系统的开环增益及提高系统的型别，即增加积分环节的数目时，反而会降低系统的相对稳定性，有时甚至是不稳定的。为了解决这对矛盾，应采用复合校正的方法。此种校正方法在高精度的控制系统中得到了广泛的应用。

6.5.1 附加顺馈补偿的复合校正

补偿信号取自给定与值或参考输入量 $r(t)$，补偿元件位于系统的前端，与前向通道并联，形成顺馈补偿（也称前置校正），复合校正如图 6-43 所示。

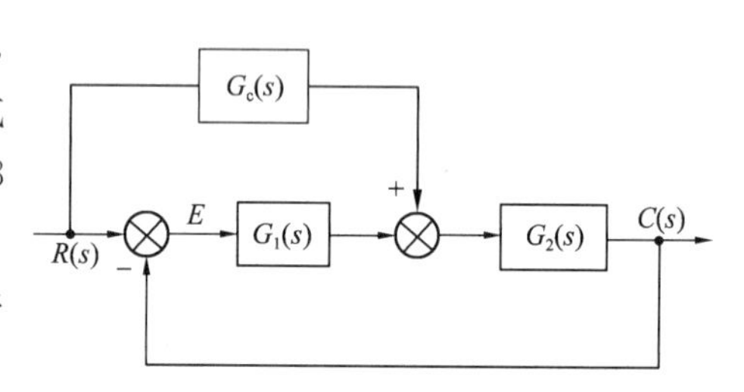

图 6-43 附加顺馈补偿的复合校正图

这里的问题是校正环节 $G_c(s)$ 是什么样的形式才能得到全补偿。

因为

$E(s)=R(s)-C(s)=R(s)-\dfrac{G_1(s)G_2(s)}{1+G_1(s)G_2(s)}$当$\left[1+\dfrac{G_c(s)}{G_1(s)}\right]R(s)=0$ 时，$e_{ssr}=0$，可以实现全补偿。

解出 $G_c(s)$ 得

$$G_c(s)=\frac{1}{G_2(s)} \tag{6-33}$$

6.5.2 附加干扰补偿的复合校正

解决系统抗干扰与跟踪矛盾的一种设想是：采用某种校正措施，使干扰对系统的影响得到全补偿，从而实现系统对干扰具有不变性。其补偿方法就是直接或间接测量出干扰信号，并经过适当变换后作为附加校正接入系统，使其双通道相消，达到全补偿的目的，复合校正如图 6-44 所示，等效变换如图 6-45 所示。

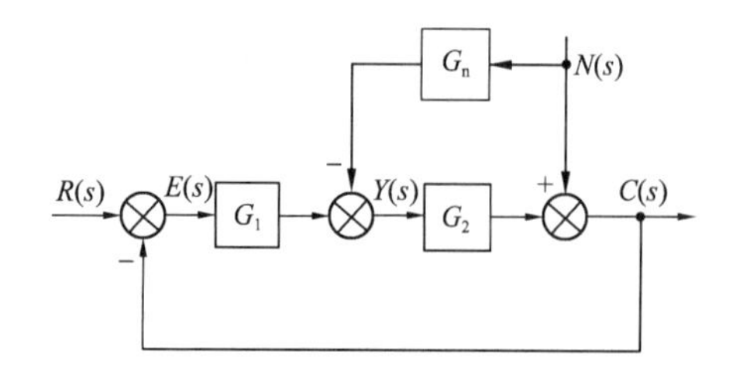

图 6-44 附加干扰补偿的复合校正图

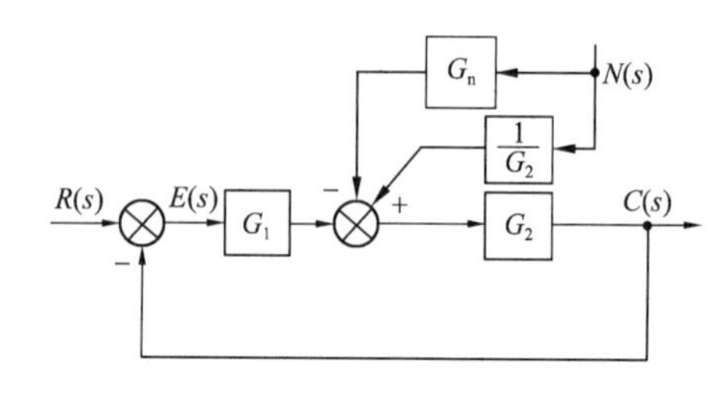

图 6-45 附加干扰补偿的复合校正变换图

全补偿条件为

$$E_N(s)=-C_N(s)=\frac{G_2(s)\left[\frac{1}{G_2(s)}-G_n(s)\right]}{1+G_1(s)G_2(s)}=0$$

即

$$G_n(s)=\frac{1}{G_2(s)} \tag{6-34}$$

才能使干扰信号不起作用，这就是干扰全补偿的条件。

【例 6-7】 设干扰补偿的复合校正随动系统如图 6-46 所示。

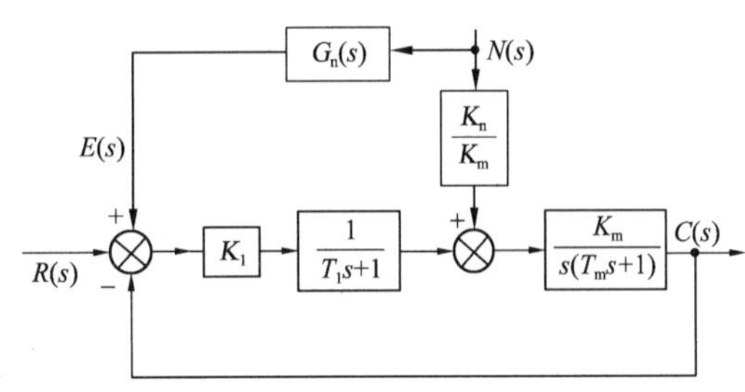

图 6-46　例 6-7 干扰补偿校正图

图 6-46 中，K_1 为综合放大器的传递函数，$\frac{1}{T_1s+1}$为滤波器的传递函数，$\frac{K_m}{s(T_ms+1)}$为伺服电动机的传递函数，$N(s)$为负载扰动。试设计扰动补偿装置 $G_n(s)$，使系统不受扰动的影响。

解：扰动对系统输出的前向通道由下式描述

$$C(s)=\frac{K_m}{s(T_ms+1)}\left[\frac{K_n}{K_m}+\frac{K_1}{T_1s+1}G_n(s)\right]N(s)$$

令 $G_n(s)=-\frac{K_n}{K_1K_m}(T_1s+1)$，系统输出便可不受负载的影响。但是由于 $G_n(s)$的分子阶次高于分母阶次，不便于物理实现，故令 $G_n(s)=-\frac{K_n}{K_1K_m}\cdot\frac{T_1s+1}{T_2s+1}$，其中 $T_1\gg T_2$，则 $G_n(s)$在物理上实现比较容易。

6.5.3　部分补偿系统

完全补偿是一种理想情况，但有时不满足物理可实现条件，或者所设计的补偿器太复杂，所以经常采用简单的、可实现的部分补偿。

图 6-47 所示为一随动系统，采用微分顺馈补偿的控制系统。

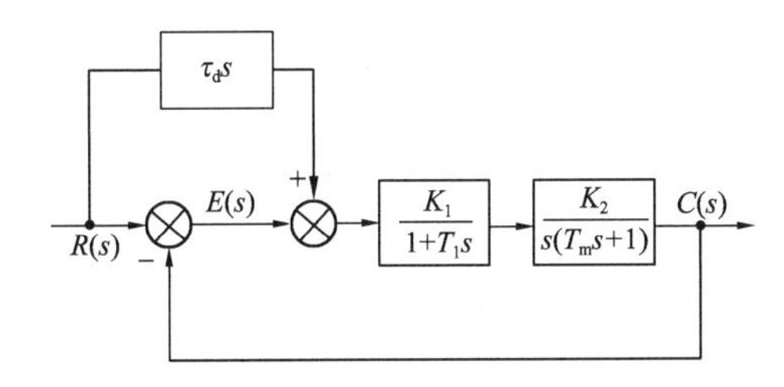

图 6-47　系统微分顺馈补偿图

系统输入为 $r(t)=t$，与图 6-43 相比，得

$$G_1(s)=1\ ,G_2(s)=\frac{K_1K_2}{s(1+T_1s)(1+T_ms)},G_c(s)=\tau_ds,$$

$$E(s)=\frac{1-G_c(s)G_2(s)}{1+G_1(s)G_2(s)}R(s)=\frac{s[(1+T_1s)(1+T_ms)-\tau_dK_1K_2]}{s(1+T_1s)(1+T_ms)+K_1K_2}\cdot\frac{1}{s^2}$$

$$e_{ss}=\lim_{s\to 0}sE(s)=\frac{1}{K_1K_2}-\tau_d$$

从上式可见：

1. 若没有微分补偿，即系统的稳态误差为$\frac{1}{K_1K_2}$。

2. 若设计微分补偿，即$\tau_d=\frac{1}{K_1K_2}$，则系统的稳态误差为0。

3. 若设计微分补偿，即$\tau_d<\frac{1}{K_1K_2}$，也有补偿功能，但系统的稳态误差不为0，称为欠补偿。

4. 若设计微分补偿，即$\tau_d>\frac{1}{K_1K_2}$，为过补偿。

在工程上一般采用欠补偿。上述系统虽然能对速度输入进行准确跟踪，但是同Ⅱ型系统的准确跟踪是有本质区别的。因为当系统参数发生变化时，上述补偿就遭到破坏，从而使稳态误差不为0。而对于Ⅱ型系统，只要参数、结构变化不改变系统的型别，系统总能准确跟踪速度输入，使稳态误差为0。

6.5.4 带有前置滤波器的反馈控制系统

串联校正网络都有相似的传递函数，即$G_c(s)=\frac{s-z}{s-p}$，引入这种形式的校正网络能够改变系统的闭环特征根，但同时也会在闭环传递函数中增添一个新的零点。这个新的零点可能会严重影响闭环系统的动态响应性能。

考虑图6-48所示系统，将受控对象取为$G_0(s)=\frac{1}{s}$。

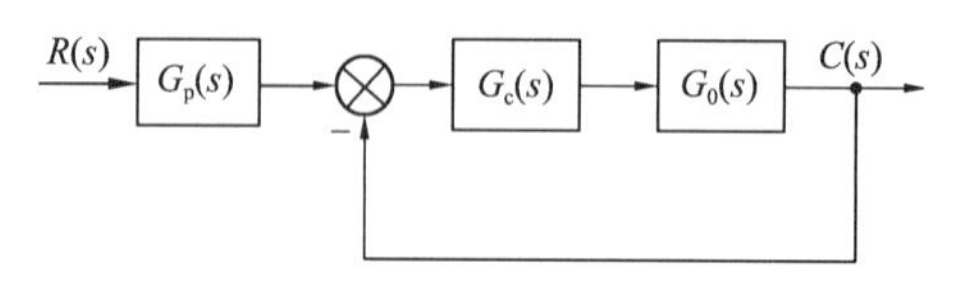

图 6-48 带有前置滤波器的反馈控制系统结构图

若校正装置为PI控制器，则有$G_c(s)=K_p+\frac{K_i}{s}=\frac{K_ps+K_i}{s}$；给定系统的设计要求为$t_s\leqslant 0.55$ s(2%误差带)，超调量不超过5%。当$\zeta=0.707$时，注意到$t_s=\frac{4.5}{\zeta\omega_n}$，于是有$\zeta\omega_n=8$，从而$K_p=2\zeta\omega_n=16$，$K_i=128$。

首先考虑$G_p(s)=1$，这相当于没有引入前置滤波器。在这种情况下，系统的闭环传递函数为

$$\Phi(s)=\frac{16(s+8)}{s^2+16s+128}$$

与未校正系统相比，校正装置引入了新的零点$z=-8$，这对系统的阶跃响应产生了较大的影响，系统的超调量约为21%。再考虑用前置滤波器$G_p(s)$来对消零点，并同时保留系统原有的增益，为此取

$$G_p(s)=\frac{8}{s+8}$$

闭环传递函数变为

$$\Phi(s)=\frac{128}{s^2+16s+128}$$

经验证计算可知，引入前置滤波器后，系统的超调量为 4.5%，满足给定要求。可以看出，用前置滤波器对消闭环零点，是一项非常必要的工作。

通常，当校正网络为滞后校正网络或 PI 控制器时，需要为系统配置前置滤波器。而当校正网络为超前校正网络时，由于其零点较小，与极点又非常接近，因此它对系统响应的影响可以忽略不计，可以不配置前置滤波器。

6.6 运用 MATLAB 进行控制系统设计与校正

利用 MATLAB 对控制系统进行校正时，可以免去手工计算相关的性能指标，直接利用计算机求解，特别是幅值裕度和相位穿越频率可以通过调用函数精确求出；并且通过仿真曲线判断校正后的系统是否满足设计要求。

MATLAB 中绘制伯德图及阶跃响应曲线的常用命令及函数在系统分析中已经有所介绍，本节将通过例题 6-8 介绍 MATLAB 在系统校正中的应用。

【例 6-8】 某单位负反馈系统的开环传递函数为 $G_0(s)=\frac{5}{s(5s+1)}$，要求系统达到的性能指标为：最大超调量 $\sigma\%\leqslant5\%$；调节时间 $t_s\leqslant1$ s。已知串联校正装置的传递函数为 $G_c(s)=\frac{2(5s+1)}{(0.05s+1)}$，校正后的系统的开环传递函数为 $G_k(s)=\frac{10}{s(0.05s+1)}$。试利用 MATLAB 比较系统校正前后的性能，并求出开环频域指标和单位阶跃响应曲线。

解：(1)求校正前系统的开环频域指标和单位阶跃响应曲线，MATLAB 程序如下：

```
num=[5];
den=conv([1 0],[5 1]);
sys=tf(num,den);
[gm,pm,wcp,wcg]=margin(sys);
figure(1)
margin(sys)
grid
figure(2)
numb=num;
denb=[zeros(1,length(den)-length(num)),num]+den
step(numb,denb)
grid
```

求得校正前开环频域指标为

```
gm=
```

```
    Inf
pm=
    11.4209
wcp=
    Inf
wcg=
    0.9900
```

校正前，系统的幅值裕量为无穷大，相位裕量为 11.4°；相位穿越频率为无穷大，幅值穿越频率为 0.99 rad/s。系统校正前开环伯德图如图 6-49 所示，闭环系统的单位阶跃响应曲线如图 6-50 所示，通过鼠标点击曲线最大峰值，则可得最大超调量为 $\sigma\%=73\%$，调节时间为 $t_s=44.1$ s。这与控制性能的要求相去甚远。

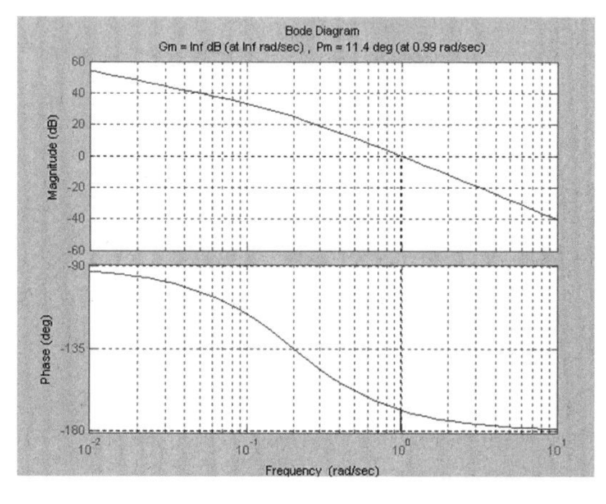

图 6-49 系统校正前开环伯德图

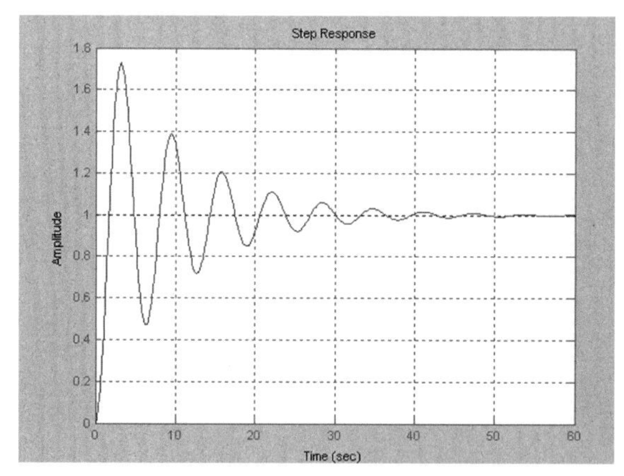

图 6-50 系统校正前单位阶跃响应曲线

(2)通过串联校正后，得到的传递函数为 $G_k(s)=\dfrac{10}{s(0.05s+1)}$，只需要在 MATLAB 的程序当中修改数值，即可得到校正后系统的开环频域特性和单位阶跃响应曲线。修改后的 MATLAB 程序如下：

```
num=[10];
den=conv([1 0],[0.05 1]);
sys=tf(num,den);
[gm,pm,wcp,wcg]=margin(sys);
figure(1)
margin(sys)
grid
figure(2)
numb=num;
denb=[zeros(1,length(den)-length(num)),num]+den
step(numb,denb)
grid
```

求得校正前开环频域指标为

gm＝

　　Inf

pm＝

　　65.5302

wcp＝

　　Inf

wcg＝

　　9.1018

图 6-51 和图 6-52 为校正后系统的开环伯德图及闭环阶跃响应曲线。从中可以看到，校正后系统的相位裕度为 65.5°，幅值穿越频率为 9.1 rad/s，单位阶跃响应的最大超调量为 $\sigma\%=4\%$，调节时间 $t_s=0.5$ s，满足了本题的要求。

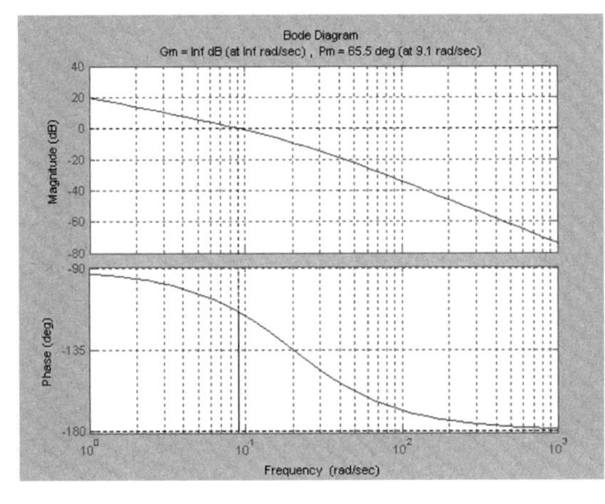

图 6-51　系统校正后开环伯德图

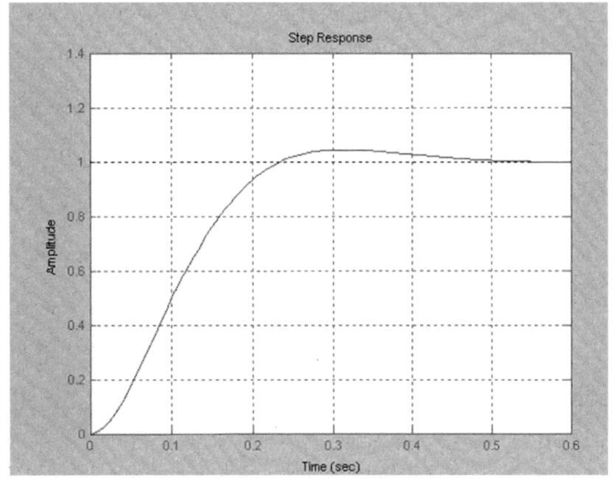

图 6-52　系统校正后闭环阶跃响应曲线

一个控制系统为得到期望的系统响应，可能要经常调整系统的参数。当简单的性能要求可以通过选择特定的增益值来得到满足时，这一过程称为增益补偿。但经常会发现仅仅调整系统的参数不足以获得所需的性能，更常用的方法是考虑在系统结构的适当位置加入补偿装置，以改善系统的总体性能，这就是系统的综合与校正过程。

系统校正可以分为有源校正和无源校正。有源校正包括 P、I、D、PI、PD、PID 校正结构；无源校正包括超前、滞后、滞后-超前等串联校正、反馈校正、复合校正等结构形式。通过本章的学习应了解并掌握这些基本校正装置的数学表达式、性能特点以及校正的方法和适用的范围等，并掌握如何运用系统伯德图和 MATLAB 软件进行系统的综合与校正的方法，以及工程中常用的系统校正方法等。

习 题

6-1 有源校正网络如图 6-53 所示，试写出传递函数，并说明可以起到何种校正作用。

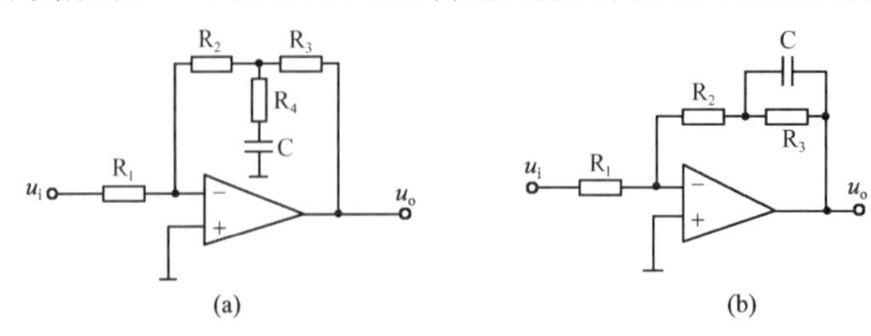

图 6-53 习题 6-1 图

6-2 已知系统的开环传递函数为 $G(s)H(s)=\dfrac{4}{s(s+1)}$，试采用频率特性法设计微分校正装置 $G_c(s)$，使得系统的超调量 $\sigma\%<20\%$，调整时间 $t_s<4$ s，并比较正前后系统的稳态性能。

6-3 系统结构图如图 6-54 所示，试用频率特性法设计积分校正装置 $G_c(s)$，使得系统的超调量 $\sigma\%<5\%$，调整时间 $t_s<4$ s，单位斜坡输入时的稳态误差 $e_{ss}<0.02$。

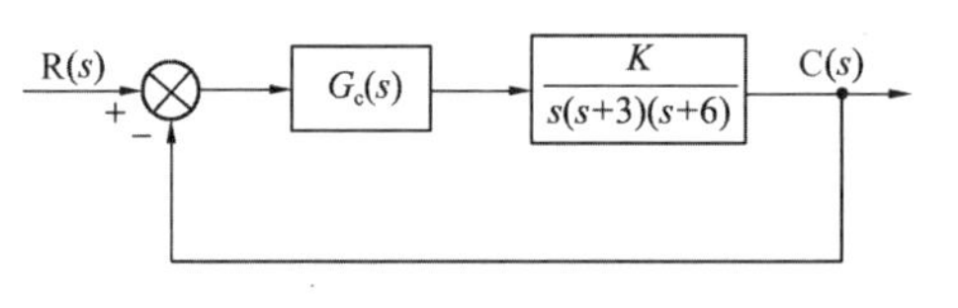

图 6-54 习题 6-3 图

6-4 已知系统的开环传递函数为 $G(s)H(s)=\dfrac{K(s+2)}{s(s+1)}$，当调整开环增益 K 时，意欲获得其阶跃响应在欠阻尼条件下各种满意的动态性能。试确定满足下述要求的增益 K 值：

(1)系统具有最大的超调量 $\sigma\%_{\max}$ 时；

(2)系统具有最大的阻尼振荡频率 $\omega_{d\max}$ 时；

(3)系统具有最快的响应时间 $t_{s\min}$ 时；

(4)系统的斜坡响应具有最小的稳态误差 $e_{ss\min}$ 时。

6-5 已知系统的开环传递函数为 $G(s)H(s)=\dfrac{K}{s(0.2s+1)}$，试采用频率法设计超前校正装置 $G_c(s)$，使得系统实现如下的性能指标：(1)稳态速度误差系数 $K_v\geqslant 50$；(2)开环截止频率 $\omega_c>30$；(3)相位裕度 $\gamma_c>60°$。

6-6 随动系统的开环对数幅频特性如图 6-55 所示。将系统Ⅰ的频带加宽一倍成为系统Ⅱ。

要求：(1)写出串联校正装置的传递函数 $G_c(s)$；

(2)比较两系统的动态性能和稳态性能有何不同。

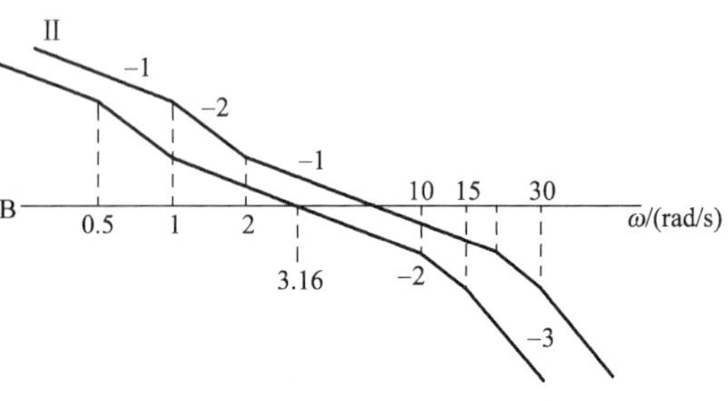

图 6-55 习题 6-6 图

第7章 离散控制系统分析

前面几章所讲述的控制系统都是连续控制系统，随着科学技术的飞速发展，目前对实际过程的控制大都采用计算机控制技术来实现。计算机控制中是以数字方式传递和处理信息的，进而使数字控制在许多领域逐渐取代了模拟控制。计算机控制或数字控制的信号往往是非连续信号，这样的系统不同于前几章讲述的连续信号的控制系统。

连续系统中任一点的信号在时间上都是连续的，而在本章将讨论的系统中至少有一个信号在时间上是不连续的，或者说有一个信号不是连续信号而是一个离散时间信号序列$\{x(t_i), i=1,2,\cdots\}$，这样的系统被称为离散系统。通常，把离散信号是脉冲序列形式的离散系统称为采样系统，把离散信号是数字序列形式的离散系统称为数字系统或计算机控制系统。

一个离散控制系统的例子如图7-1所示。

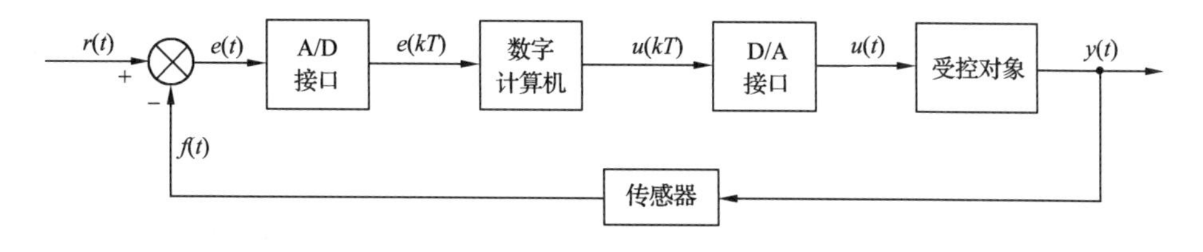

图7-1 计算机控制系统框图

这是一个用数字计算机作为控制器的反馈控制系统。由图可见，连续的误差信号$e(t)$经过A/D接口变换为离散的数字信号$e(kT)$，再经过数字计算机的处理得到控制信号$u(kT)$送至D/A接口，D/A接口把数字信号$u(kT)$转换为连续的模拟信号$u(t)$去控制受控对象，受控对象的输出信号$y(t)$经传感器反馈回来成为$f(t)$，参考输入信号（或称给定信号）$r(t)$与反馈信号相减即得误差信号$e(t)$。在这个信号传递过程中，A/D接口将连续

信号 $e(t)$变成了离散信号 $e(kT)$，即 $e(kT)=e(t)|_{t=kT}$，这个变换过程称为信号的采样，是等时间间隔的采样。固定的时间间隔记为 T，称为采样周期，它是离散控制系统的一个重要参数，T 的确定依据于采样定理。

在图 7-1 所示系统中，D/A 接口的作用和 A/D 接口刚好相反，D/A 接口是把离散的数字信号 $u(kT)$变换为连续的模拟信号 $u(t)$，这个变换过程被称为信号的复现或保持，也可以称为信号的恢复或重构。在 $kT\leqslant t<(k+1)T$ 期间，$u(t)$的取值将取决于保持器的特性和 $u(kT)$及 kT 时刻以前的离散信号序列。若采用零阶保持器，则在一个采样周期内，即 $kT\leqslant t<(k+1)T$期间，$u(t)=u(kT)$保持不变。由于零阶保持器简单且可用物理装置实现，所以在计算机控制系统中几乎都是采用零阶保持器。

正如拉氏变换是分析和设计连续控制系统的有效工具一样，后面给出的 Z 变换将是分析和设计离散控制系统的有力工具。通过 Z 变换，可将时域问题变换为频域问题，得到类似于连续系统传递函数的一种数学模型称为脉冲传递函数（或称离散传递函数），便于离散系统的分析与设计。如图 7-1 所示系统中数字计算机将 $e(kT)$变为 $u(kT)$的特性就可用脉冲传递函数 $G_{\mathrm{d}}(z)=U(z)/E(z)$来表示。同样，整个闭环控制系统的动态特性也可以用一个脉冲传递函数 $G_{\mathrm{B}}(z)=Y(z)/R(z)$来表示。根据 $G_{\mathrm{B}}(z)$的零点和极点在 z 平面上的分布即可分析出系统的动态性能，诸如稳定性、超调量等。用 Z 变换和脉冲传递函数分析和设计离散控制系统将是本章论述的主要内容。

7.1 信号的采样与保持

在前面给出的例子中，A/D 接口将连续信号变换成离散信号，这种连续信号的采样过程可以理想化地用图 7-2 所示的过程来表示。

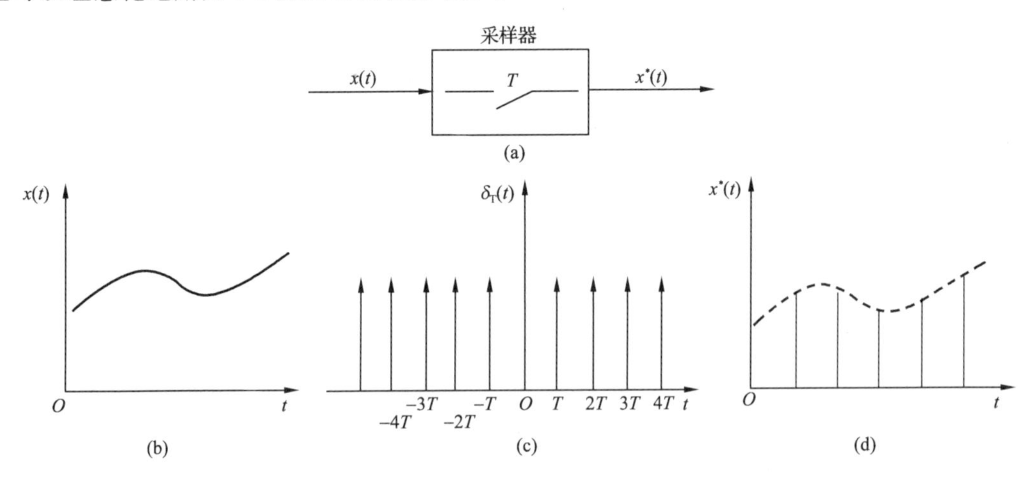

图 7-2　连续信号的采样

连续信号 $x(t)$ 经采样器得到采样信号 $x^*(t)$。采样器可认为是一个周期性的开关，当 $t=kT(k=0,1,\cdots)$ 时，采样开关瞬间闭合。这个理想的采样开关特性可以用周期性的单位脉冲函数 $\delta_{\mathrm{T}}(t)$ 来描述，即

$$x^*(t)=x(t)\delta_{\mathrm{T}}(t) \tag{7-1}$$

周期性的单位脉冲函数 $\delta_{\mathrm{T}}(t)$ 定义为

$$\delta_{\mathrm{T}}(t)=\sum_{k=-\infty}^{\infty}\delta(t-kT) \tag{7-2}$$

用傅立叶级数可表示为

$$\delta_{\mathrm{T}}(t)=\frac{1}{T}\sum_{k=-\infty}^{\infty}\mathrm{e}^{\mathrm{j}k\omega_{\mathrm{s}}t} \tag{7-3}$$

式中，ω_{s} 为角频率，$\omega_{\mathrm{s}}=\dfrac{2\pi}{T}$。

所以有

$$\begin{aligned}x^*(t)&=\sum_{k=-\infty}^{\infty}x(kT)\delta(t-kT)\\&=\cdots+x(0)\delta(t)+x(T)\delta(t-T)+x(2T)\delta(t-2T)+\cdots\end{aligned} \tag{7-4}$$

把式(7-3)代入式(7-1)有

$$x^*(t)=\frac{1}{T}\sum_{k=-\infty}^{\infty}x(t)\mathrm{e}^{\mathrm{j}k\omega_{\mathrm{s}}t} \tag{7-5}$$

分别对式(7-4)和式(7-5)取拉氏变换，则有

$$X^*(s)=\sum_{k=-\infty}^{\infty}x(kT)\mathrm{e}^{-kTs} \tag{7-6}$$

$$X^*(s)=\frac{1}{T}\sum_{k=-\infty}^{\infty}X(s-\mathrm{j}k\omega_{\mathrm{s}}) \tag{7-7}$$

式(7-6)表示 $X^*(s)$ 与 $x(kT)$ 的关系，式(7-7)表示 $X^*(s)$ 与 $X(s)$ 的关系。

若将 $s=\mathrm{j}\omega$ 代入式(7-7)，则得到采样信号 $x^*(t)$ 的频谱函数为

$$X^*(\mathrm{j}\omega)=\frac{1}{T}\sum_{k=-\infty}^{\infty}X[\mathrm{j}(\omega-k\omega_{\mathrm{s}})] \tag{7-8}$$

通常，$x(t)$ 的频带宽度有限，故 $X(\mathrm{j}\omega)$ 为一孤立的频谱，其截止频率为 $\omega_{\max}$，如图 7-3(a)所示。由式(7-8)显见，采样以后的 $x^*(t)$ 的频谱是无限多个频谱 $\{X[\mathrm{j}(\omega-k\omega_{\mathrm{s}})],k=\cdots,-1,0,1,2,\cdots\}$ 的周期重复，其幅值为 $\dfrac{1}{T}|X(\mathrm{j}\omega)|$，周期为 ω_{s}。$k=0$ 时的频谱为 $\dfrac{1}{T}X(\mathrm{j}\omega)$，称为主频谱或基带频谱，$k\neq0$ 时的频谱 $\dfrac{1}{T}X[\mathrm{j}(\omega-k\omega_{\mathrm{s}})]$ 称为谐波频谱。根据采样频率的大小，频谱曲线 $X(\mathrm{j}\omega)$ 可能出现两种情况：如图 7-3(b)所示的各频谱曲线不重叠的情况和如图 7-3(c)所示的各频谱曲线重叠的情况。当各频谱曲线不重叠时，就可通过低通滤波器滤去主频谱以外的频谱，如图 7-3(b)中虚线外侧所示，从而获得与原信号频谱 $X(\mathrm{j}\omega)$ 成比例的频谱，使得有可能由采样后的信号无失真地重现 $x(t)$。当频谱曲线发生重叠时，

则显然由于采样信号的频谱已不同于原信号的频谱而失去复现原信号的可能。由图 7-3 容易看出，当 $\omega_s<2\omega_{\max}$ 时，就发生频谱曲线重叠现象。为了避免频谱曲线重叠情形的发生，在选择采样周期或采样频率时，应当依据下面给出的著名的香农(Shannon)采样定理。

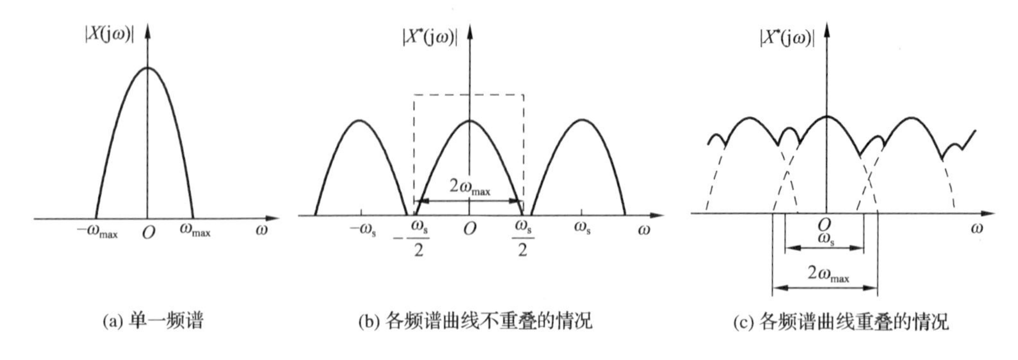

图 7-3 信号采样前后的频谱

香农采样定理：如果选择的采样角频率 ω_s 是信号频谱中最高频率 $\omega_{\max}$ 的 2 倍及以上，即

$$\omega_s\geqslant 2\omega_{\max} \tag{7-9}$$

或

$$T\leqslant\frac{\pi}{\omega_{\max}} \tag{7-10}$$

则经过等周期后，采样信号中将包含原信号的全部信息，从而有可能通过低通滤波手段复现原信号。

连续信号经过采样后的信号，其频谱多出了无限多个主频谱以外的频谱，这些成分在系统中起着高频干扰的不利作用。为了除去高频分量而保留低频分量，以便复现原信号，需要外加低通滤波器。最常用的低通滤波器就是零阶保持器。微型计算机中的数据寄存器和 D/A 接口就具有零阶保持器的功能。

零阶保持器的作用是把采样时刻 kT 的采样值恒定不变地保持到时刻 $(k+1)T$。这样，离散信号经过零阶保持器就复现成一个阶梯形的连续信号，如图 7-4 所示。

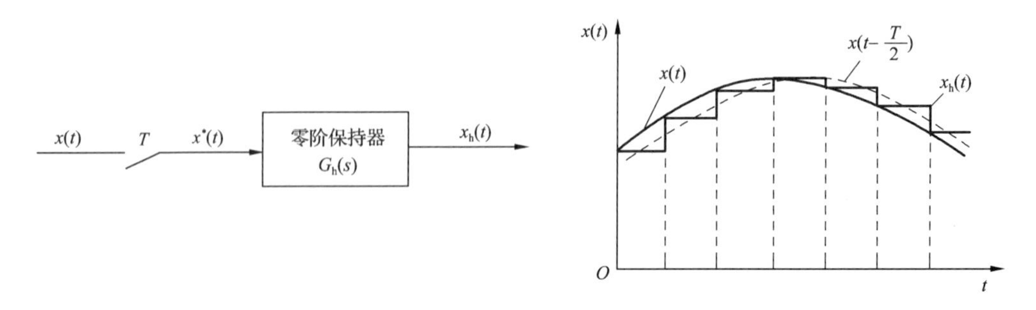

图 7-4 采样和保持前后的信号

离散信号经零阶保持器后的 $x_h(t)$ 可表示为

$$x_h(t)=\sum_{k=0}^{\infty}x(kT)\{1(t-kT)-1[t-(k+1)T]\} \tag{7-11}$$

它的拉氏变换为

$$X_h(s)=\sum_{k=0}^{\infty}x(kT)\mathrm{e}^{-kTs}\ \frac{1-\mathrm{e}^{-Ts}}{s}=X^*(s)\frac{1-\mathrm{e}^{-Ts}}{s} \tag{7-12}$$

由此可知，零阶保持器的传递函数为

$$G_h(s)=\frac{X_h(s)}{X^*(s)}=\frac{1-\mathrm{e}^{-Ts}}{s} \tag{7-13}$$

零阶保持器的频率特性曲线如图7-5所示。

显然零阶保持器是一个低通滤波器，但并不是一个理想的低通滤波器（如图7-5中虚线所示特性），仍能通过一部分高频分量，所以用零阶保持器复现的信号与原信号相比是有畸变的。不过由于控制系统中的被控对象一般都有低通滤波特性，所以这种影响并不严重。此外，当信号通过零阶保持器后还产生了相位滞后，由图7-4中的虚线可知，$x_h(t)$比$x(t)$平均滞后$\frac{T}{2}$，这种相位滞后不利于闭环系统的稳定性。

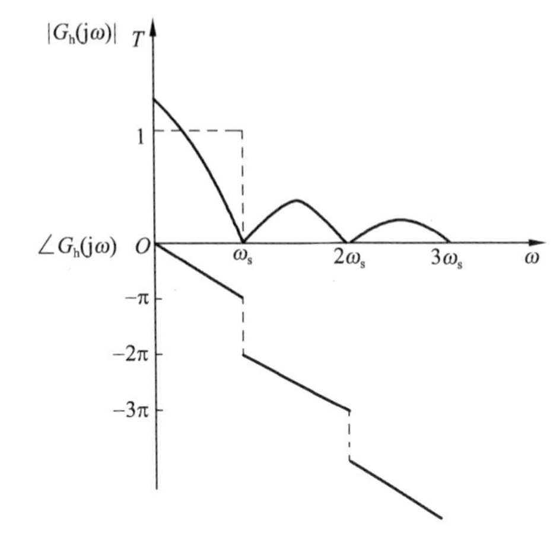

图7-5　零阶保持器的频率特性曲线

除了零阶保持器以外，还有多种类型的保持器，如一阶保持器、三角保持器等。但是由于这些保持器，结构较复杂，实现较困难，适用范围也有限，所以很少在控制系统中实际使用。

7.2　Z变换及其应用

研究线性定常连续系统的主要数学工具是拉氏变换，相应地研究线性定常离散系统的主要工具就是下面给出的Z变换。

7.2.1　Z变换的定义

设连续信号$x(t)$满足拉氏变换的存在条件，则其拉氏变换定义为

$$X(s)=L[x(t)]=\int_0^{\infty}x(t)\mathrm{e}^{-st}\mathrm{d}t \tag{7-14}$$

若连续信号$x(t)$经过满足采样定理的等周期采样后变为离散信号$x^*(t)$，则有

$$x^*(t)=\sum_{k=0}^{\infty}x(kT)\delta(t-kT) \tag{7-15}$$

且$k<0$时，$x(kT)=0$。

若对$x^*(t)$取拉氏变换，则有

$$X^*(s)=L[x^*(t)]=\int_0^{\infty}\sum_{k=0}^{\infty}x(kT)\delta(t-kT)\mathrm{e}^{-st}\mathrm{d}t$$
$$=\sum_{k=0}^{\infty}x(kT)\int_0^{\infty}\delta(t-kT)\mathrm{e}^{-st}\mathrm{d}t$$
$$=\sum_{k=0}^{\infty}x(kT)\mathrm{e}^{-kTs} \tag{7-16}$$

式(7-16)中存在着 s 的超越函数 e^{Ts}，这将使利用拉氏反变换求解时域问题时的运算变得十分复杂，为此定义一个新的变量

$$z=\mathrm{e}^{Ts} \tag{7-17}$$

或

$$s=\frac{1}{T}\ln z \tag{7-18}$$

式中 s——拉氏变换的复变量；

T——采样周期；

z——s 的超越函数，也是复变量。

将式(7-17)代入式(7-16)得

$$X^*(s)=\sum_{k=0}^{\infty}x(kT)z^{-k} \tag{7-19}$$

若式(7-19)的级数收敛，则定义为 $x^*(t)$的 Z 变换，记为

$$X(z)=Z[x^*(t)]=\sum_{k=0}^{\infty}x(kT)z^{-k} \tag{7-20}$$

由于 $X(z)$是复变量 z^{-1} 的幂级数，只有当其收敛时，Z 变换才存在。因此 Z 变换有收敛域的问题。

对一连续函数 $x(t)$取 Z 变换，只表示对这个函数在采样时刻 $0,T,2T,\cdots$，的离散信号取 Z 变换。也就是说

$$Z[x(t)]=Z[x^*(t)]=X(z) \tag{7-21}$$

如果求 $X(z)$的反变换，得到的是 $x^*(t)$，而不是 $x(t)$。因为 $x(t)$的 Z 变换只在离散时刻有效。由此可见，同一 $X(z)$完全有可能对应多个不同的 $x_1(t)$，$x_2(t)$，…，只要它们在 $t=kT(k=0,1,2,\cdots)$时的离散值相等即可。

7.2.2 Z 变换的计算

求离散信号的 Z 变换函数有三种常用的方法。

1. 级数求和法

据式(7-20)有

$$X(z)=\sum_{k=0}^{\infty}x(kT)z^{-k}=x(0)+x(T)z^{-1}+x(2T)z^{-2}+\cdots \tag{7-22}$$

这个无穷级数为 $X(z)$的开放形式。当此无穷级数收敛时，运用级数求和的运算和技巧就可获得 $X(z)$的闭合形式。

【例 7-1】 求 $x(t)=1(t)$的 Z 变换。

解：单位阶跃函数在各采样时刻的值均为 1。按 Z 变换定义得

$$X(z)=Z[1(t)]=\sum_{k=0}^{\infty}1(kT)z^{-k}=1+z^{-1}+z^{-2}+\cdots$$

考虑到$\frac{1}{1-x}=1+x+x^2+\cdots(|x|<1)$，若有$|z^{-1}|<1$，则有

$$X(z)=\frac{1}{1-z^{-1}}=\frac{z}{z-1}$$

【例 7-2】 求 e^{-at}(a 为实常数，$t\geqslant 0$)的 Z 变换。

解：$X(z)=Z[e^{-at}]=\sum_{k=0}^{\infty}e^{-akT}z^{-k}=1+e^{-aT}z^{-1}+e^{-2aT}z^{-2}+\cdots$

$$=\frac{1}{1-e^{-aT}z^{-1}}=\frac{z}{z-e^{-aT}}(|e^{-aT}z^{-1}|<1)$$

2. 部分分式展开法

如果已知连续信号 $x(t)$的拉氏变换 $X(s)$及它的全部极点 $s_i(i=1,2,\cdots,n)$，将 $X(s)$按它的极点展开为部分分式和的形式，然后分别求出或查表得出每一项的 Z 变换。最后进行通分化简运算，即可求得其 Z 变换 $X(z)$。

【例 7-3】 已知 $X(s)=\frac{a}{s(s+a)}$，求 $X(z)$。

解：$X(s)$的极点为 $s_1=0, s_2=-a$，将 $X(s)$按它的极点展开为部分分式为

$$X(s)=\frac{1}{s(s+1)}=\frac{1}{s}-\frac{1}{s+a}$$

查 Z 变换表(表 7-1)得

$$X(z)=\frac{z}{z-1}-\frac{z}{z-e^{-aT}}=\frac{z(1-e^{-aT})}{(z-1)(z-e^{-aT})}$$

3. 留数计算法

如果已知连续信号 $x(t)$的拉氏变换 $X(s)$及它的全部极点 $s_i(i=1,2,\cdots,n)$，则

$$X(z)=\sum_{i=1}^{n}\mathrm{Res}[X(s_i)\frac{z}{z-e^{sT}}]=\sum_{i=1}^{n}R_i \tag{7-23}$$

当 $X(s)$具有单极点 $s=s_i$ 时，R_i 为留数，则

$$R_i=\lim_{s\to s_i}(s-s_i)[X(s)\frac{z}{z-e^{sT}}] \tag{7-24}$$

当 $X(s)$有 r 重极点 $s=s_i$ 时，

$$\sum_{i=1}^{n}R_i=R=\frac{1}{(r-1)!}\lim_{s\to s_i}\frac{d^{r-1}}{ds^{r-1}}[(s-s_i)^r X(s)\frac{z}{z-e^{sT}}] \tag{7-25}$$

【例 7-4】 求 $x(t)=t$ 的 Z 变换 $X(z)$。

解：因为 $X(s)=L[x(t)]=\frac{1}{s^2}$有两个重根 $s_{1,2}=0$，则

$$X(z)=\sum_{i=1}^{2}R_i=\frac{1}{(2-1)!}\lim_{s\to 0}\frac{\mathrm{d}}{\mathrm{d}s}[s^2X(s)\frac{z}{z-\mathrm{e}^{sT}}]$$

$$=\lim_{s\to 0}\frac{\mathrm{d}}{\mathrm{d}s}(s^2\cdot\frac{1}{s^2}\cdot\frac{z}{z-\mathrm{e}^{sT}})=\lim_{s\to 0}[-\frac{-zT\mathrm{e}^{sT}}{(z-\mathrm{e}^{sT})^2}]=\frac{Tz}{(z-1)^2}$$

表 7-1 **Z 变换表**

$x(t)$或 $x(kT)$	$X(s)$	$X(z)$
$\delta(t)$	1	1
$\delta(t-kT)$	e^{-kTs}	z^{-k}
$1(t)$	$\frac{1}{s}$	$\frac{z}{z-1}$
t	$\frac{1}{s^2}$	$\frac{Tz}{(z-1)^2}$
t^2	$\frac{2}{s^3}$	$\frac{T^2z(z+1)}{(z-1)^3}$
e^{-at}	$\frac{1}{s+a}$	$\frac{z}{z-\mathrm{e}^{-aT}}$
$1-\mathrm{e}^{-at}$	$\frac{a}{s(s+a)}$	$\frac{z(1-\mathrm{e}^{-aT})}{(z-1)(z-\mathrm{e}^{-aT})}$
$\sin(\omega t)$	$\frac{\omega}{s^2+\omega^2}$	$\frac{z\sin(\omega T)}{z^2-2z\cos(\omega T)+1}$
$\cos(\omega t)$	$\frac{s}{s^2+\omega^2}$	$\frac{z[z-\cos(\omega T)]}{z^2-2z\cos(\omega T)+1}$
$t\mathrm{e}^{-at}$	$\frac{1}{(s+a)^2}$	$\frac{Tz\mathrm{e}^{-aT}}{(z-\mathrm{e}^{-aT})^2}$
$\mathrm{e}^{-at}\sin(\omega t)$	$\frac{\omega}{(s+a)^2+\omega^2}$	$\frac{z\mathrm{e}^{-at}\sin(\omega T)}{z^2-2z\mathrm{e}^{-aT}\cos(\omega T)+\mathrm{e}^{-2aT}}$
$\mathrm{e}^{-at}\cos(\omega t)$	$\frac{s+a}{(s+a)^2+\omega^2}$	$\frac{z^2-z\mathrm{e}^{-aT}\cos(\omega T)}{z^2-2z\mathrm{e}^{-aT}\cos(\omega T)+\mathrm{e}^{-2at}}$
a^k	—	$\frac{z}{z-a}$
$(-a)^k=a^k\cos(k\pi)$	—	$\frac{z}{z+a}$

7.2.3 Z 变换的基本定理

在 Z 变换中有一些定理非常有用，限于篇幅，这里仅给出定理的内容，读者可以从 Z 变换的定义出发自行证明。

1. 线性定理

$$Z[a_1x_1(t)\pm a_2x_2(t)]=a_1X_1(z)\pm a_2X_2(z) \tag{7-26}$$

2. 实域位移定理

$$Z[x(t-mT)]=z^{-m}X(z) \tag{7-27}$$

$$Z[x(t+mT)]=z^{m}[X(z)-\sum_{k=0}^{m-1}x(kT)z^{-k}] \tag{7-28}$$

实域位移定理可以分为滞后定理[也称右位移定理，见式(7-27)]和超前定理[也称左位移定理，见式(7-28)]。

3. 复域位移定理

$$Z[e^{\mp at}x(t)]=X(ze^{\pm aT}) \tag{7-29}$$

4. 初值定理

$$x(0)=\lim_{z\to\infty}X(z) \tag{7-30}$$

5. 终值定理

终值定理的前提条件：$(z-1)X(z)$的极点在 Z 平面单位圆内。

$$x(\infty)=\lim_{z\to 1}(z-1)X(z)=\lim_{z\to 1}(1-z^{-1})X(z) \tag{7-31}$$

6. 实域卷积定理

$$\begin{aligned}Z[x(t)*y(t)]&=Z[\sum_{k=0}^{h}y(kT-hT)x(hT)]\\&=Z[\sum_{k=0}^{h}x(kT-hT)y(hT)]\\&=X(z)Y(z)=Y(z)X(z)\end{aligned} \tag{7-32}$$

【例 7-5】 利用位移定理求 $a^k u(k)-a^k u(k-1)$的 Z 变换，其中 $u(k)$为单位阶跃序列。

解：$Z[a^k u(k)-a^k u(k-1)]=Z[a^k u(k)]-Z[a^k u(k-1)]$

$$\begin{aligned}&=Z[a^k u(k)]-aZ[a^{k-1}u(k-1)]\\&=\frac{z}{z-a}-\frac{az}{z-a}z^{-1}\\&=(1-az^{-1})\frac{z}{z-a}\\&=1\end{aligned}$$

【例 7-6】 求 $X(z)=\dfrac{0.792z^2}{(z-1)(z^2-0.416z+0.208)}$的初值和终值。

解：$x(0)=\lim\limits_{z\to\infty}X(z)=\lim\limits_{z\to\infty}\dfrac{0.792z^2}{(z-1)(z^2-0.416z+0.208)}=0$

$$x(\infty)=\lim_{z\to 1}(z-1)X(z)=\lim_{z\to 1}\frac{0.792z^2}{(z^2-0.416z+0.208)}=1$$

7.2.4 Z 反变换

Z 反变换是将 Z 域函数 $X(z)$变换成时域函数 $x^*(t)$，记作

$$x^*(t)=Z^{-1}[X(z)] \tag{7-33}$$

与Z变换相对应，Z反变换也有三种常用方法。

1. 幂级数法

如果 $X(z)$ 是真有理函数，则可利用长除法把它展开成 z^{-1} 的幂级数，即

$$X(z)=c_0+c_1z^{-1}+c_2z^{-2}+\cdots=\sum_{k=0}^{\infty}c_kz^{-k} \tag{7-34}$$

根据 $X(z)$ 的定义，z^{-k} 的系数 c_k 就是 $x(k)$，于是可得

$$x^*(t)=\sum_{k=0}^{\infty}c_k\delta(t-kT) \tag{7-35}$$

这种方法仅适用于简单函数，一般很难求得无穷级数的闭合解。

【例 7-7】 已知 $X(z)=\dfrac{z}{(z+1)(z+2)}$，试用幂级数法求 $x^*(t)$。

解： $X(z)=\dfrac{z}{(z+1)(z+2)}=\dfrac{z}{z^2+3z+2}=0+z^{-1}-3z^{-2}+7z^{-3}-15z^{-4}$

于是得解

$$x^*(t)=\delta(t-T)-3\delta(t-2T)+7\delta(t-3T)-15\delta(t-4T)+\cdots$$

2. 部分分式展开法

应用部分分式展开法将给定的 $X(z)$ 展开成几个单项式之和，查Z变换表可得到各个单项式的Z反变换式，然后把各个单项的Z反变换式加起来就是所求 $X(z)$ 的Z反变换式。

【例 7-8】 求 $X(z)=\dfrac{z}{(z+1)(z+2)}$ 的Z反变换。

解：

$$X(z)=\frac{z}{(z+1)(z+2)}=\frac{z}{z+1}-\frac{z}{z+2}$$

查Z变换表得

$$x(kT)=(-1)^k-(-2)^k$$

所以

$$x^*(t)=\sum_{k=0}^{\infty}c_k\delta(t-kT)=\delta(t-T)-3\delta(t-2T)+7\delta(t-3T)+\cdots$$

3. 留数计算法

由Z变换的定义和复变函数中的劳林级数可得

$$x(k)=\sum_{m}\mathrm{Res}[X(z)z^{k-1}]_{z=z_m} \tag{7-36}$$

式中：Res[]表示函数在极点上的留数；z_m 是 $X(z)z^{k-1}$ 的第 m 个极点，如果有 p 个单极点，则

$$x(k)=\sum_{k=m-1}^{p}[(z-z_m)X(z)z^{k-1}]_{z=z_m} \tag{7-37}$$

如果有 p 个单极点和一个 r 重极点，则有

$$x(k)=\sum_{k=m-1}^{p}[(z-z_m)X(z)z^{k-1}]_{z=z_m}+\frac{1}{(r-1)!}\cdot\frac{\mathrm{d}^{r-1}}{\mathrm{d}z^{r-1}}[(z-z_n)^rX(z)z^{k-1}]_{z=z_n} \tag{7-38}$$

【例 7-9】　求 $X(z)=\frac{(1-e^{-aT})z}{(z-1)(z-e^{-aT})}$ 的 Z 反变换 $x(k)$。

解：$x(k)=\sum_{k=m-1}^{2}\text{Res}\left[\frac{(1-e^{-aT})z}{(z-1)(z-e^{-aT})}z^{k-1}\right]_{z=z_m}$，$X(z)z^{k-1}$ 包含两个单极点 $z_1=1$，$z_2=e^{-aT}$，则

$$x(k)=\left[(z-1)\frac{(1-e^{-aT})z}{(z-1)(z-e^{-aT})}z^{k-1}\right]_{z=1}+\left[(z-e^{-aT})\frac{(1-e^{-aT})z}{(z-1)(z-e^{-aT})}z^{k-1}\right]_{z=e^{-aT}}$$

所以

$$x(k)=1-e^{-akT}$$

7.3　离散系统的数学模型

离散控制系统可用多种数学模型来描述，常见的三种数学模型是差分方程、脉冲传递函数和离散状态方程。本节将介绍差分方程和脉冲传递函数。

7.3.1　差分方程

描述 n 阶线性离散动态系统的差分方程的一般式为

$$\begin{aligned}&y(k)+a_1y(k-1)+a_2y(k-2)+\cdots+a_{n-1}y(k-n+1)+a_ny(k-n)\\&=b_0x(k)+b_1x(k-1)+\cdots+b_{n-1}x(k-n+1)+b_nx(k-n)\end{aligned}\tag{7-39}$$

或用级数和形式写成

$$y(k)+\sum_{i=1}^{n}a_iy(k-i)=\sum_{i=0}^{n}b_ix(k-i)\tag{7-40}$$

或为便于计算机运算而表示成

$$y(k)=\sum_{i=0}^{n}b_ix(k-i)-\sum_{i=1}^{n}a_iy(k-i)\tag{7-41}$$

使用式(7-41)时，一般认为等式右边各项均已知，所以可用来推算等式左边的未知项。

由上述差分方程表达式可知：差分方程模型是通过直接建立输入信号序列$\{x(k),x(k-1),\cdots,x(k-n)\}$和输出信号序列$\{y(k),y(k-1),\cdots,y(k-n)\}$的联系(通过系数$\{a_i\}$和$\{b_i\}$)来表示系统动态特性的。所以它具有直观和便于计算机实现的特点，但也像连续系统的微分方程一样不便于进一步分析与求解，为此引入了脉冲传递函数。

实际上，对式(7-39)两边取 Z 变换并利用 Z 变换的位移定理就可得到差分方程的 Z 变换表达式

$$Y(z)(1+a_1z^{-1}+a_2z^{-2}+\cdots+a_nz^{-n})=X(z)(b_0+b_1z^{-1}+\cdots+b_nz^{-n})\tag{7-42}$$

若要求得输出 $y(k)$的解，只需对式(7-42)稍加变化，即

$$Y(z)=\frac{b_0+b_1z^{-1}+\cdots+b_nz^{-n}}{1+a_1z^{-1}+\cdots+a_nz^{-n}}X(z)\tag{7-43}$$

再对式(7-43)取 Z 反变换即可。

由式(7-39)可直接得到脉冲传递函数

$$G(z)=\frac{Y(z)}{X(z)}=\frac{b_0+b_1z^{-1}+\cdots+b_nz^{-n}}{1+a_1z^{-1}+\cdots+a_nz^{-n}} \tag{7-44}$$

由此可见，差分方程和脉冲传递函数有着直接对应的关系。由差分方程的系数$\{a_i\}$和$\{b_i\}$可直接写出相应的脉冲传递函数，反过来也可由脉冲传递函数直接写出相应的差分方程。这种情形与连续系统的微分方程和传递函数的关系几乎一样。

微分方程被用来描述连续系统，差分方程被用来描述离散系统。实际上，差分的极限即微分，即

$$\mathrm{d}y=\lim_{\Delta x\to 0}\frac{y(x+\Delta x)-y(x)}{\Delta x}\cdot\Delta x \tag{7-45}$$

由于微分并不能直接进行数值计算，所以就有了数值微分或差分的定义

$$\begin{aligned}\mathrm{d}y&\approx\Delta y=y(k)-y(k-1)\\ \mathrm{d}^2y&\approx\Delta(\Delta y)=\Delta y(k)-\Delta y(k-1)=y(k)-2y(k-1)+y(k-2)\\ \mathrm{d}^ny&\approx\Delta^ny=\Delta^{n-1}y(k)-\Delta^{n-1}y(k-1)\end{aligned} \tag{7-46}$$

据此关系，一个微分方程可以很容易地用差分方程来近似替代。同样，这些关系也可用来解决连续系统离散化的问题，即当一个用微分方程表示的连续系统的输入和输出被周期地采样时就变为一个离散系统。这个离散系统的差分方程可用以差分代替微分的方法由原微分方程导出。

【例 7-10】 求一惯性环节的离散化模型并求其阶跃响应。

解：设惯性环节以微分方程描述为

$$T_0\frac{\mathrm{d}y(t)}{\mathrm{d}t}+y(t)=k_0x(t)$$

令

$$\frac{\mathrm{d}y(t)}{\mathrm{d}t}=\frac{y(k)-y(k-1)}{T}\quad(T\text{ 为离散化步长})$$

$$y(t)=y(k-1)$$

$$x(t)=x(k-1)$$

则有

$$y(k)-(1-\frac{T}{T_0})y(k-1)=k_0\frac{T}{T_0}x(k-1)$$

或

$$y(k)=(1-\frac{T}{T_0})y(k-1)+k_0\frac{T}{T_0}x(k-1)$$

若对前一式取 Z 变换。则

$$Y(z)[1-(1-\frac{T}{T_0})z^{-1}]=k_0\frac{T}{T_0}z^{-1}X(z)$$

当 $x(kT)=1(kT)$时，有 $X(z)=\frac{1}{1-z^{-1}}$，则

$$Y(z)=\frac{k_0\frac{T}{T_0}z^{-1}}{[1-(1-\frac{T}{T_0})z^{-1}](1-z^{-1})}=\frac{bz^{-1}}{(1-az^{-1})(1-z^{-1})}=\frac{bz}{(z-a)(z-1)}=\frac{b}{1-a}(\frac{z}{z-1}-\frac{z}{z-a})$$

所以

$$y(kT)=Z^{-1}[Y(z)]=\frac{b}{1-a}(1^k-a^k)=\frac{b}{1-a}(1-a^k)$$

式中，$a=1-\frac{T}{T_0}$，$b=k_0\frac{T}{T_0}$。

7.3.2 脉冲传递函数

连续系统可用拉氏变换把微分方程变为代数方程，把时域问题转换为频域问题，还可导出传递函数更方便地分析和设计连续系统；类似地，对于离散系统，可用 Z 变换将差分方程化为代数方程，并导出脉冲传递函数作为离散系统的数学模型。下面直接给出脉冲传递函数的定义。

在零初始条件下，线性定常离散控制系统的输出序列的 Z 变换和输入序列的 Z 变换之比称为该系统的脉冲传递函数，或称为 z 传递函数、离散传递函数。

若设 $y(kT)$ 为输出，$x(kT)$ 为输入，则系统的脉冲传递函数的一般表达式为

$$G(z)=\frac{Y(z)}{X(z)}=\frac{b_0+b_1z^{-1}+b_2z^{-2}+\cdots+b_nz^{-n}}{1+a_1z^{-1}+a_2z^{-2}+\cdots+a_nz^{-n}}$$

$$=\frac{b_0z^n+b_1z^{n-1}+b_2z^{n-2}+\cdots+b_n}{z^n+a_1z^{n-1}+a_2z^{n-2}+\cdots+a_n} \tag{7-47}$$

有时也常表示为

$$G(z)=\frac{b_0z^m+b_1z^{m-1}+b_2z^{m-2}+\cdots+b_m}{z^n+a_1z^{n-1}+a_2z^{n-2}+\cdots+a_n}\quad (m<n) \tag{7-48}$$

式(7-48)表示有理函数形式的脉冲传递函数。当式(7-44)中的 $b_0,b_1,\cdots,b_r$ 均为零时，则可化为式(7-48)，此时有 $m=n-r-1$。

若在系统输入端加一个单位脉冲函数 $\delta(t)$ 时，即令

$$u^*(t)=\delta(t) \tag{7-49}$$

则

$$U(z)=1 \tag{7-50}$$

$$Y(z)=G(z)U(z)=G(z) \tag{7-51}$$

即单位脉冲响应为

$$g(kT)=Z^{-1}[Y(z)]=Z^{-1}[G(z)] \tag{7-52}$$

或者说 $G(z)$ 即单位脉冲响应的 Z 变换

$$Z[g(kT)]=G(z) \tag{7-53}$$

于是脉冲传递函数由此得名。

当施加于系统输入的是任意脉冲序列 $u(k)$ 时，它的输出响应序列可用脉冲序列 $g(k)$ 和输入信号 $u(k)$ 的卷积表示，为

$$y(k)=g(k)u(0)+g(k-1)u(1)+g(k-2)u(2)+\cdots+g(0)u(k)$$

$$=\sum_{m=0}^{k}[g(k-m)u(m)]=g(k)*u(k) \tag{7-54}$$

利用 Z 变换的实域卷积定理对式(7-54)取 Z 变换可得

$$Y(z)=G(z)U(z) \tag{7-55}$$

恰为定义式(7-47)的变形。

7.3.3 串联环节的脉冲传递函数

在连续系统中，若环节 $G_1(s)$ 与环节 $G_2(s)$ 串联，则总的传递函数 $G(s)=G_1(s)G_2(s)$。而在离散系统并不如此简单。可分两种情况来考虑(参见图 7-6)。

1. 串联环节之间无采样器

传递函数分别为 $G_1(s)$ 和 $G_2(s)$ 的两个环节之间无采样器时，如图 7-6(a)所示，其离散输出 $y^*(t)$ 与离散输入信号 $x^*(t)$ 之间的脉冲传递函数为

$$G(z)=\frac{Y(z)}{X(z)}=Z[G_1(s)G_2(s)]=\overline{G_1G_2}(z) \tag{7-56}$$

2. 串联环节之间有采样器

如图 7-6(b)所示，因有离散变量 $\omega^*(t)$ 的存在，使系统脉冲传递函数为

$$G(z)=\frac{Y(z)}{X(z)}=\frac{W(z)}{X(z)}\cdot\frac{Y(z)}{W(z)}=G_1(z)G_2(z) \tag{7-57}$$

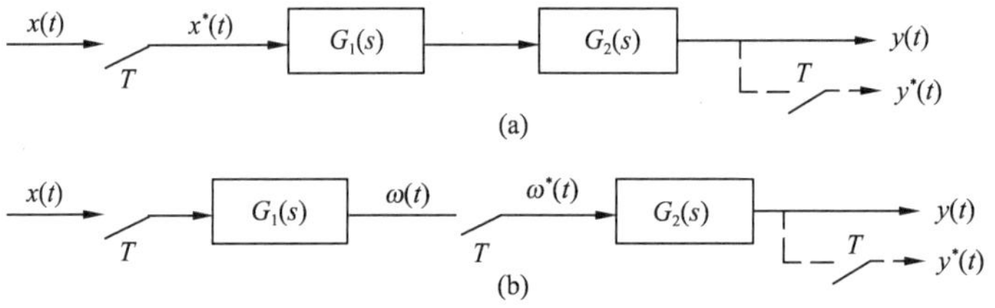

图 7-6 环节的串联

【例 7-11】 求图 7-6 所示的两种串联环节的脉冲传递函数。

解： 设有 $G_1(s)=\dfrac{1}{s+a}$，$G_2(s)=\dfrac{1}{s+b}$

(1)当串联环节间无采样器时

$$\begin{aligned}G(z)&=\frac{Y(z)}{X(z)}=Z[G_1(s)G_2(s)]=Z\left[\frac{1}{(s+a)(s+b)}\right]\\&=Z\left[\frac{1}{b-a}\left(\frac{1}{s+a}-\frac{1}{s+b}\right)\right]\\&=\frac{1}{b-a}\left(\frac{z}{z-\mathrm{e}^{-aT}}-\frac{z}{z-\mathrm{e}^{-bT}}\right)\\&=\frac{1}{b-a}\cdot\frac{z(\mathrm{e}^{-aT}-\mathrm{e}^{-bT})}{(z-\mathrm{e}^{-aT})(z-\mathrm{e}^{-bT})}\end{aligned}$$

(2)当串联环节间有采样器时

$$G(z)=\frac{Y(z)}{X(z)}=Z\left[\frac{1}{s+a}\right]Z\left[\frac{1}{s+b}\right]=\frac{z}{z-\mathrm{e}^{-aT}}\cdot\frac{z}{z-\mathrm{e}^{-bT}}=\frac{z^2}{(z-\mathrm{e}^{-aT})(z-\mathrm{e}^{-bT})}$$

7.3.4 闭环系统的脉冲传递函数

对于离散控制系统，根据子系统(环节)的传递函数，去求闭环系统的总的脉冲传递函数

的运算规则基本上和连续系统中的运算规则相同，但是要注意系统中采样开关所在的位置。从表 7-2 给出的几个例子可以看出，尽管系统的结构除采样开关以外都是相同的，但是由于采样开关设立的位置不同，结果也各不相同，尤其是最后一种情况，甚至无法获得闭环系统的脉冲传递函数，只能得到输出的 Z 变换。因为

$$U(z)=\overline{RG_1}(z)-U(z)\overline{G_2FG_1}(z) \tag{7-58}$$

$$Y(z)=G_2(z)U(z) \tag{7-59}$$

所以

$$Y(z)=\frac{\overline{RG_1}(z)G_2(z)}{1+\overline{G_2FG_1}(z)} \tag{7-60}$$

因而，求取闭环系统的脉冲传递函数时，应注意两个问题：

1. 独立环节。在采样系统或计算机控制系统里，两个相邻采样开关之间的环节（不管其中有几个连续环节串联），只称为一个独立环节。

2. 若闭环系统输入信号未被采样[注意：若误差信号被采样，则认为输入、输出信号都有采样信号，$e^*(t)=r^*(t)-c^*(t)$]，则整个闭环系统的脉冲传递函数将无法写出。

表 7-2　求离散系统闭环脉冲传递函数举例

闭环系统结构图	$G(z)$ 或 $Y(z)$
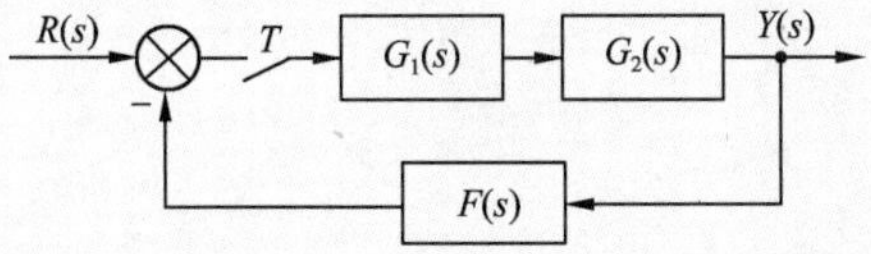 R(s)、T、G₁(s)、G₂(s)、Y(s)、F(s)、−	$G(z)=\frac{\overline{G_1G_2}(z)}{1+\overline{G_1G_2F}(z)}$
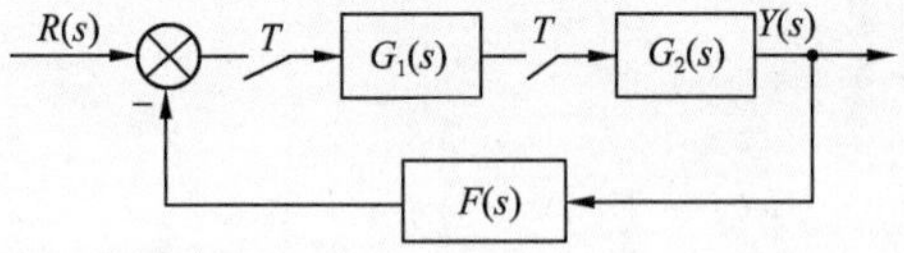 R(s)、T、G₁(s)、T、G₂(s)、Y(s)、F(s)、−	$G(z)=\frac{G_1(z)G_2(z)}{1+G_1(z)\overline{G_2F}(z)}$
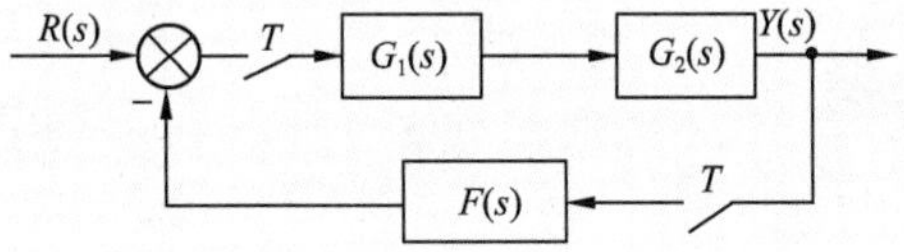 R(s)、T、G₁(s)、G₂(s)、Y(s)、F(s)、T、−	$G(z)=\frac{\overline{G_1G_2}(z)}{1+\overline{G_1G_2}(z)F(z)}$
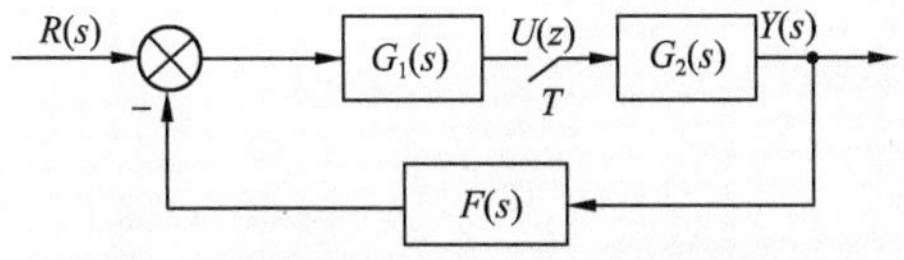 R(s)、G₁(s)、U(z)、T、G₂(s)、Y(s)、F(s)、−	$Y(z)=\frac{\overline{RG_1}(z)G_2(z)}{1+\overline{G_1G_2F}(z)}$

7.3.5　连续系统的离散化

在离散控制系统的分析、设计和仿真试验中，经常需要把连续时间的子系统或环节离散化，这是一个将 $G(s)$ 变为 $G(z)$ 的问题。一般的要求是离散化后的系统仍具有原连续系统的动态特性。具体地说，就是要求 $G(z)$ 接受离散的 $x^*(t)$ 后产生的离散的 $y(kT)$ 应等于 $y^*(t)$。这里假设 $G(s)$ 的连续输入为 $x(t)$，连续输出为 $y(t)$，$x^*(t)$ 和 $y^*(t)$ 分别为 $G(s)$ 的输入和输出的采样信号。连续系统离散化的要求如图 7-7 所示。

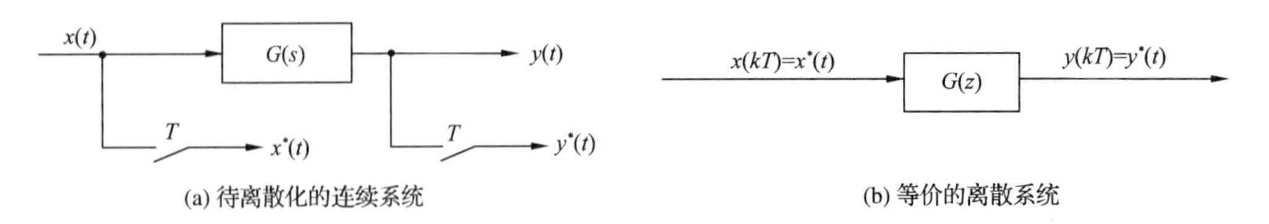

图 7-7　连续系统离散化的要求

连续系统离散化的方法有许多种，下面将介绍其中常用的三种求解脉冲传递函数模型的方法。

1. 数值微积分法

当待离散化的连续系统以微分方程或积分方程表示时，可直接应用此方法。只要把连续系统表达式中的微分项或积分项用下面给出的相应的差分式替换，然后加以整理即可得离散化系统的差分方程，再应用 Z 变换即可得到离散化系统的 $G(z)$ 表达式。但应该注意，下面给出的数值微分公式只适用于一阶和二阶微分。所以一般此方法只适用于低阶的连续系统。

常用的数值积分公式有：

(1)前向矩形公式

$$\int_0^{mT} e(t)\mathrm{d}t = \sum_{j=1}^{m} e(j-1)\cdot T \tag{7-61}$$

(2)后向矩形公式

$$\int_0^{mT} e(t)\mathrm{d}t = \sum_{j=1}^{m} e(j)\cdot T \tag{7-62}$$

(3)梯形公式

$$\int_0^{mT} e(t)\mathrm{d}t = \sum_{j=1}^{m} \frac{T}{2}[e(j)+e(j-1)] \tag{7-63}$$

常用的数值微分公式有：

(1)前向差分公式

$$\dot{e}(t) = \frac{1}{T}[e(i+1)-e(i)] \tag{7-64}$$

$$\ddot{e}(t) = \frac{1}{T^2}[e(i+2)-2e(i+1)+e(i)] \tag{7-65}$$

(2)后向差分公式

$$\dot{e}(t) = \frac{1}{T}[e(i)-e(i-1)] \tag{7-66}$$

$$\ddot{e}(t) = \frac{1}{T^2}[e(i)-2e(i-1)+e(i-2)] \tag{7-67}$$

(3)中心差分公式

$$\dot{e}(t) = \frac{1}{2T}[e(i+1)-e(i-1)] \tag{7-68}$$

$$\ddot{e}(t) = \frac{1}{T^2}[e(i+1)-2e(i)+e(i-1)] \tag{7-69}$$

【例 7-12】 试将连续 PID 控制器离散化，已知 PID 控制器的输出 $u(t)$ 和输入 $e(t)$ 有以下关系

$$u(t)=K_p[e(t)+\frac{1}{T_i}\int_0^t e(\tau)d\tau+T_d\frac{de(t)}{dt}]$$

解：设 $t=kT$，利用式(7-62)和式(7-66)，可得

$$u(k)=K_p[e(k)+\frac{1}{T_i}\sum_{j=0}^{k}e(j)T+T_d\frac{e(k)-e(k-1)}{T}]$$

设 $t=(k-1)T$，又可得

$$u(k-1)=K_p[e(k-1)+\frac{1}{T_i}\sum_{j=0}^{k-1}e(j)T+T_d\frac{e(k-1)-e(k-2)}{T}]$$

将两式相减并整理，可得

$$u(k)=u(k-1)+K_p\{e(k)-e(k-1)+\frac{T}{T_i}e(k)+\frac{T_d}{T}[e(k)-2e(k-1)+e(k-2)]\}$$

或写成

$$u(k)=u(k-1)+b_0e(k)+b_1e(k-1)+b_2e(k-2)$$

式中，$b_0=K_p(1+\frac{T}{T_i}+\frac{T_d}{T})$；$b_1=-K_p(1+\frac{2T_d}{T})$；$b_2=K_p\frac{T_d}{T}$。

2. 替换法

将关系式

$$s=f(z) \tag{7-70}$$

代入 $G(s)$ 从而推得 $G(z)$ 的方法就是连续系统离散化的替换法。式(7-70) 称为替换关系式。最常用的替换关系式是图斯汀(Tustin)关系式(又称双线性替换)，即

$$s=\frac{2}{T}\cdot\frac{z-1}{z+1} \tag{7-71}$$

从 Z 变换的定义可知

$$s=\frac{1}{T}\ln z \tag{7-72}$$

将 $\ln z$ 展开为无穷级数，则有

$$s=\frac{2}{T}[\frac{z-1}{z+1}+\frac{1}{3}(\frac{z-1}{z+1})^3+\cdots+\frac{1}{2n+1}(\frac{z-1}{z+1})^{2n+1}+\cdots] \tag{7-73}$$

当只取第一项近似时就得到了图斯汀替换式(7-71)。由此可见图斯汀替换是一种近似的替换。

还可导出其他的替换关系式，它们具有各自的替换精度和替换稳定性(替换稳定性是指替换前后系统稳定性的变化特性)。相比之下，图斯汀替换具有线性变换、替换稳定性好并具有一定替换精度的特点。

【例 7-13】 用图斯汀替换法将下面的 $G(s)$ 变为 $G(z)$，其中 $G(s)=\frac{1}{s^2+0.2s+1}$。

解：代入 $s=\frac{2}{T}\cdot\frac{z-1}{z+1}$，可得

$$G(z)=\frac{1}{(\frac{2}{T}\cdot\frac{z-1}{z+1})^2+0.2(\frac{2}{T}\cdot\frac{z-1}{z+1})+1}$$

$$=\frac{T^2(z^2+2z+1)}{(T^2+0.4T+4)z^2+(2T^2-8)z+T^2-0.4T+4}$$

3. 保持器等价法

因为直接对要离散化的 $G(s)$ 进行 Z 变换意味着 $G(s)$ 将接受脉冲序列 $x^*(t)$ 而不是连续信号 $x(t)$，故知这样求得的 $G(z)$ 的响应与原系统的响应不同。若让 $G(s)$ 仍得到连续的输出信号，则可利用保持器 $H(s)$ 使脉冲信号又变成连续信号，这样得到的离散系统，其特性才能与原系统等效，如图 7-8 所示为连续系统离散化的保持器等价法，先将连续系统的输入串接一个保持器再求 Z 变换，即得所求 $G(z)$。即

$$G(z)=Z[H(s)G(s)] \tag{7-74}$$

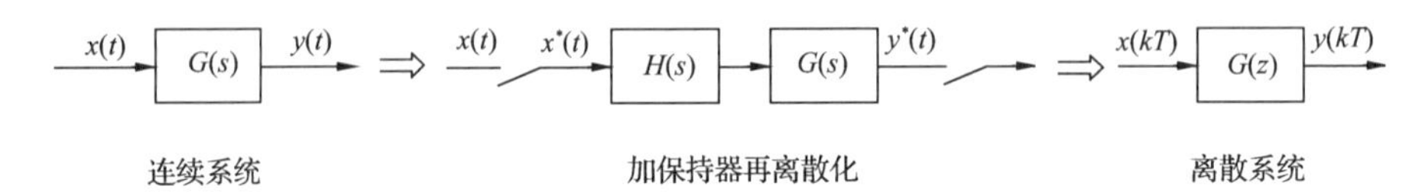

图 7-8 连续系统离散化的保持器等价法

离散控制中最简单也是最常用的保持器是零阶保持器，其传递函数为

$$H(s)=\frac{1-e^{-Ts}}{s} \tag{7-75}$$

用零阶保持器等价法求 $G(z)$，则有公式

$$G(z)=Z[\frac{1-e^{-Ts}}{s}\cdot G(s)]=(1-z^{-1})Z[\frac{G(s)}{s}] \tag{7-76}$$

【例 7-14】 用零阶保持器等价法求 $G(s)=\frac{10}{s(s+10)}$ 的 $G(z)$。

解：据式(7-76)有

$$G(z)=(1-z^{-1})Z[\frac{10}{s^2(s+10)}]=(1-z^{-1})Z[\frac{1}{s^2}-\frac{1}{10}\times(\frac{1}{s}-\frac{1}{s+10})]$$

$$=(1-z^{-1})[\frac{Tz}{(z-1)^2}-\frac{z(1-e^{-10T})}{10(z-1)(z-e^{-10T})}]$$

$$=\frac{T}{z-1}-\frac{1-e^{-10T}}{10(z-e^{-10T})}$$

7.4 离散系统稳定性与稳态误差分析

7.4.1 稳定性分析

如前所述，线性定常连续系统稳定的充要条件是：系统的闭环特征方程式所有的根均具有负的实部。如果系统的闭环传递函数无零点极点相消因子，则系统闭环传递函数的极点与闭环特征方程式的根是一致的，因此线性定常连续系统的一些稳定性判据（如劳斯判据、奈奎斯特判据以及根轨迹等）都是检验闭环传递函数的极点或闭环特征方程的根是否全部

位于 s 平面的左半平面内。

对于线性定常离散系统，根据 s 平面到 z 平面的映射关系，其稳定的充要条件是闭环脉冲传递函数的全部极点或特征方程的根均位于 z 平面中以原点为圆心的单位圆内。若通过图斯汀变换将 z 平面映射为 s 平面，则对于以复变量表示的离散系统均可以直接利用劳斯判据等成熟的方法来分析。

1. s 平面到 z 平面的映射

设 $s=\sigma+j\omega$，$T=\dfrac{2\pi}{\omega_s}$（T 为采样周期），则通过 z 与 s 的关系式 $z=e^{Ts}$ 可知

$$\begin{cases} z=e^{T\sigma}e^{j\omega T} \\ |z|=e^{T\sigma} \\ \angle z=T\omega=\dfrac{2\pi}{\omega_s}\omega \end{cases} \tag{7-77}$$

式(7-77)即 s 平面到 z 平面的映射关系式。据此可知，s 平面上的 $j\omega$ 轴映射到 z 平面是以 z 平面原点为圆心的单位圆。例如，从 s 平面上位于 $j\omega$ 轴上的点 $(0,-j\dfrac{\omega_s}{2})$ 移至 $(0,+j\dfrac{\omega_s}{2})$ 点后，其移动轨迹在 z 平面上的映射就是以 $(-1,j0)$ 为始点沿单位圆圆周反时针转一圈回到点 $(-1,j0)$ 的轨迹，这说明 s 平面的 $j\omega$ 轴映射到 z 平面为无数个单位圆，它们都重合在一起。

据 s 平面到 z 平面的映射关系还可分别求得 s 平面中整个实轴映射在 z 平面上只是右半个实轴；s 平面的原点映射在 z 平面上为点 $(1,j0)$；s 平面的左半开平面映射在 z 平面中是以 z 平面原点为圆心的单位圆内部区域，如图 7-9 所示。

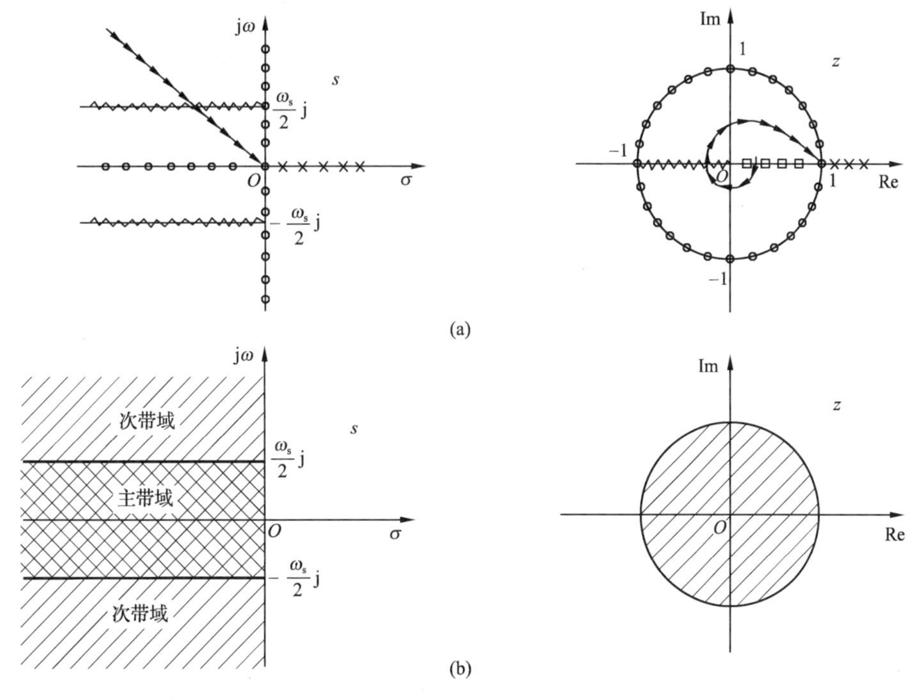

图 7-9　s 平面到 z 平面的映射

事实上，s 平面中左半开平面可分为无穷条宽度为 ω_s 的带状域，每一条带状域映射到 z 平面都是单位圆内区域。常把 s 平面中包含负实轴的带状域称为主带域，其余的都称为次带域，如图 7-9(b)所示。

显然，连续系统的稳定域——s 平面的左半开平面映射在 z 平面上是以原点为圆心的单位圆内区域，此区域即离散系统的稳定域，由此可得下述的离散系统稳定的充要条件。

线性定常离散系统稳定的充要条件：离散系统的闭环系统脉冲传递函数 $G(z)$ 的全部极点或闭环特征方程式 $1+G_0(z)=0$ 的全部根均位于 z 平面以原点为圆心的单位圆的内部区域，该单位圆为稳定边界。

2. ω 变换

为了直接利用成熟的连续系统性能分析方法，可通过 z 平面与 s 平面间的图斯汀变换式将 z 平面映射到 ω 平面，这种 z 平面与 ω 平面间的变换称为 ω 变换。

定义一个新的复变量 ω，ω 与复变量 z 的关系由下式确定

$$\omega=\frac{2}{T}\cdot\frac{z-1}{z+1} \tag{7-78}$$

或

$$z=\frac{1+\frac{T}{2}\omega}{1-\frac{T}{2}\omega} \tag{7-79}$$

已证明通过以上的映射关系可把 z 平面上以原点为圆心的单位圆内区域映射到 ω 平面的左半平面，这样就使离散系统在 z 域分析的问题转换为类似连续系统在 s 域的问题。

只要把离散系统的开环脉冲传递函数 $G_0(z)$ 化为 $G_0(\omega)$，把闭环脉冲传递函数 $G(z)$ 化为 $G(\omega)$，类似于连续系统的 $G_0(s)$ 和 $G(s)$，可应用劳斯判据或应用奈奎斯特判据或应用伯德图等频域方法，来分析以 $G_0(\omega)$ 和 $G(\omega)$ 表示的离散系统。

【例 7-15】 已知 $G_0(z)=\dfrac{K(0.368z+0.264)}{z^2-1.368z+0.368}$ $(T=1)$，试用劳斯判据确定离散系统稳定的 K 值范围。

解： 用图斯汀变换

$$z=\left.\frac{1+\frac{T}{2}\omega}{1-\frac{T}{2}\omega}\right|_{T=1}=\frac{1+0.5\omega}{1-0.5\omega}$$

将 $G_0(z)$ 化为 $G_0(\omega)$ 得

$$G_0(\omega)=\frac{K(-0.038\omega^2-0.386\omega+0.924)}{\omega(\omega+0.924)}$$

可推得闭环特征方程式为

$$1+G_0(\omega)=1+\frac{K(-0.038\omega^2-0.386\omega+0.924)}{\omega(\omega+0.924)}=0$$

即

$$(1-0.038K)\omega^2+(0.924-0.386K)\omega+0.924K=0$$

排成劳斯阵列为

$$
\begin{array}{lll}
\omega^2 & 1-0.038K & 0.924K \\
\omega^1 & 0.924-0.386K & \\
\omega^0 & 0.924K &
\end{array}
$$

当系统稳定时，劳斯阵列的第一列的元素须全为正，即

$$1-0.038K>0 \Rightarrow K<26.3$$

$$0.924-0.386K>0 \Rightarrow K<2.394$$

$$0.924K>0 \Rightarrow K>0$$

于是得离散系统稳定的 K 值范围是

$$0<K<2.394$$

7.4.2 稳态误差计算

与连续系统一样，离散控制系统的稳态精度用系统的稳态误差系数或在已知的输入信号作用下系统的稳态误差来评价。稳态精度表征系统的稳态性能，研究系统的稳态特性时，首先应检验系统的稳定性，因为只有稳定的系统才有稳态误差存在。

设系统的误差脉冲传递函数 $G_e(z)$ 为

$$G_e(z)=\frac{1}{1+G_0(z)} \tag{7-80}$$

则有

$$E(z)=G_e(z)R(z)=\frac{1}{1+G_0(z)}R(z) \tag{7-81}$$

利用 Z 变换终值定理可计算系统的稳态误差为

$$e(\infty)=\lim_{z\to 1}(z-1)E(z)=\lim_{z\to 1}(1-z^{-1})\frac{1}{1+G_0(z)}R(z) \tag{7-82}$$

当取典型的输入信号 $r(t)$ 时，可导出稳态误差的计算公式和稳态误差系数的定义。定义以下三种稳态误差系数为：

(1)稳态位置误差系数

$$K_p=\lim_{z\to 1}G_0(z) \tag{7-83}$$

(2)稳态速度误差系数

$$K_v=\frac{1}{T}\lim_{z\to 1}(z-1)G_0(z) \tag{7-84}$$

(3)稳态加速度误差系数

$$K_a=\frac{1}{T^2}\lim_{z\to 1}(z-1)^2G_0(z) \tag{7-85}$$

在典型输入信号 $r(t)$ 下的稳态误差计算公式据式(7-82)可以导出为

$$e(\infty)=\begin{cases}\dfrac{R_0}{1+K_p} & [r(t)=R_0\times 1(t)] \\ \dfrac{R_1}{K_v} & [r(t)=R_1 t] \\ \dfrac{R_2}{K_a} & \left[r(t)=\dfrac{R_2}{2}t^2\right]\end{cases} \tag{7-86}$$

类似于连续系统，如果离散控制系统的开环脉冲传递函数 $G_0(s)$ 有 ν 个 $z=1$ 的极点，则当 $\nu=0,1,2$ 时，相应地称该离散控制系统为0型、1型和2型系统。稳定的0型、1型、2型离散控制系统在三种典型输入信号作用下的稳态误差见表7-3。

表 7-3 三种典型输入信号作用下的稳态误差

系统类型	位置误差 $r(t)=R_0\times 1(t)$	速度误差 $r(t)=R_1 t$	加速度误差 $r(t)=\frac{1}{2}R_2 t^2$
0型	$\frac{1}{1+K_p}R_0$	∞	∞
1型	0	$\frac{1}{K_v}R_1$	∞
2型	0	0	$\frac{1}{K_a}R_2$

【例 7-16】 求以 $G_0(z)$ 为开环传递函数的单位负反馈系统的稳态误差系数。

$$G_0(z)=\frac{(1-e^{-T})z}{(z-1)(z-e^{-T})}\quad (T=1)$$

解：

$$G_0(z)=\frac{0.632z}{(z-1)(z-0.368)}$$

$$G_e(z)=\frac{1}{1+G_0(z)}=\frac{z^2-1.368z+0.368}{z^2-0.736z+0.368}$$

闭环特征方程为

$$z^2-0.736z+0.368=0$$

由于两个根均在单位圆内，故知系统是稳定的。

$$K_p=\lim_{z\to 1}G_0(z)=\infty$$

$$K_v=\frac{1}{T}\lim_{z\to 1}(z-1)G_0(z)=1$$

$$K_a=\frac{1}{T^2}\lim_{z\to 1}(z-1)^2G_0(z)=0$$

7.5 离散系统动态性能分析

应用Z变换法分析线性定常离散系统的动态性能，通常有时域法、根轨迹法和频域法，其中时域法最简便。本节主要介绍在时域中如何求取离散系统的时间响应，指出采样器和保持器对系统动态性能的影响，以及在 z 平面上定性分析离散系统闭环极点与其动态性能之间的关系。

7.5.1 离散系统的时间响应

已知离散系统的结构和参数，应用Z变换法分析系统动态性能时，通常假定外作用为

单位阶跃函数 $1(t)$。

如果可以求出离散系统的闭环脉冲传递函数 $\varphi(z)=C(z)/R(z)$，其中 $R(z)=z/(z-1)$，则系统输出量的Z变换函数为

$$C(z)=\frac{z}{z-1}\varphi(z) \tag{7-87}$$

将式(7-87)展成幂级数，通过Z反变换，可以求出输出信号的脉冲序列 $c^*(t)$。$c^*(t)$代表线性定常离散系统在单位阶跃输入作用下的响应过程，由于离散系统时域指标的定义与连续系统相同，故根据单位阶跃响应曲线 $c^*(t)$可以方便地分析离散系统的动态和稳态性能。

如果无法求出离散系统的闭环脉冲传递函数 $\varphi(z)$，但由于 $R(z)$是已知的，且 $C(z)$的表达式总是可以写出的，因此求取 $c^*(t)$并无技术上的困难。

【例 7-17】 设有零阶保持器的离散系统如图7-10所示，其中 $T=1$ s，$r(t)=1(t)$，$k=1$。试分析该系统的动态性能。

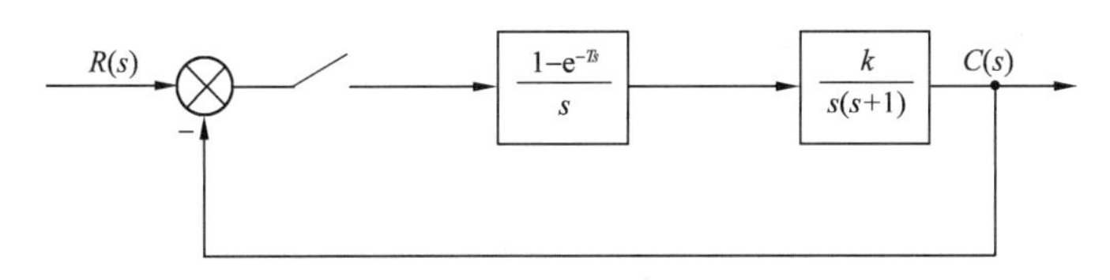

图 7-10 例 7-17 的零阶保持器离散系统

解：先求开环脉冲传递函数 $G(z)$，因为

$$G(s)=\frac{1}{s^2(s+1)}(1-e^{-s})$$

对 $G(s)$取Z变换，并由Z变换的实数位移定理，可得

$$G(z)=(1-z^{-1})Z\left[\frac{1}{s^2(s+1)}\right]$$

查Z变换表，求出

$$G(z)=\frac{0.368z+0.264}{(z-1)(z-0.368)}$$

再求闭环脉冲传递函数

$$\varphi(z)=\frac{G(z)}{1+G(z)}=\frac{0.368z+0.264}{z^2-z+0.632}$$

将 $R(z)=\frac{z}{(z-1)}$联合 $\varphi(z)$，求出单位阶跃序列响应的Z变换为

$$C(z)=\varphi(z)R(z)=\frac{0.368z^{-1}+0.264z^{-2}}{1-2z^{-1}+1.632z^{-2}-0.632z^{-3}}$$

通过综合除法，将 $C(z)$展成无穷幂级数，即

$$C(z)=0.368z^{-1}+z^{-2}+1.4z^{-3}+1.4z^{-4}+1.147z^{-5}+0.895z^{-6}+0.802z^{-7}+0.868z^{-8}+\cdots$$

基于Z变换定义，由上式求得系统在单位阶跃外作用下的输出序列 $c(nT)$为

$c(0)=0$ $c(6T)=0.895$ $c(12T)=1.032$

$c(T)=0.368$ $c(7T)=0.802$ $c(13T)=0.981$

$c(2T)=1$	$c(8T)=0.868$	$c(14T)=0.961$
$c(3T)=1.4$	$c(9T)=0.993$	$c(15T)=0.973$
$c(4T)=1.4$	$c(10T)=1.077$	$c(16T)=0.997$
$c(5T)=1.147$	$c(11T)=1.081$	$c(17T)=1.015$

根据式上述 $c(nT)(n=0,1,2,\cdots)$ 数值，可以绘出离散系统的单位阶跃响应 $c^*(t)$，如图 7-11 所示。由图可以求得给定离散系统的近似性能指标：上升时间 $t_r=2$ s，峰值时间 $t_p=4$ s，调节时间 $t_s=12$ s，超调量 $\sigma\%=40\%$。

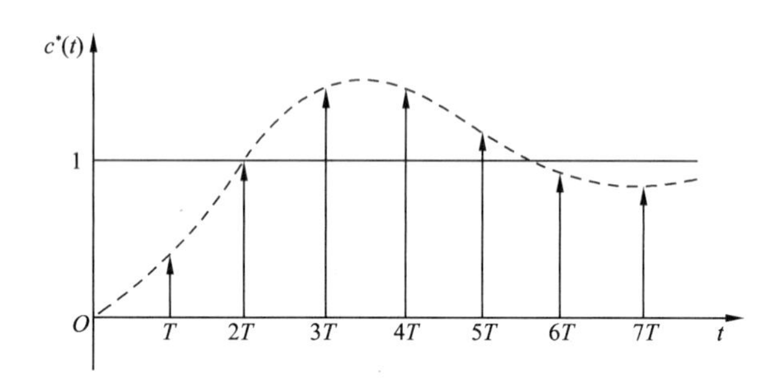

图 7-11 离散系统的单位阶跃响应曲线

应当指出，由于离散系统的时域性能指标只能按采样周期整数倍的采样值来计算，所以是近似的。

7.5.2 采样器和保持器对动态性能的影响

前面曾经指出，采样器和保持器不影响开环脉冲传递函数的极点。仅影响开环脉冲传递函数的零点。但是，对闭环离散系统而言，开环脉冲传递函数零点的变化，必然引起闭环脉冲传递函数极点的改变，因此采样器和保持器会影响闭环离散系统的动态性能。下面通过一个具体例子，定性说明这种影响。

在例 7-17 中，如果没有采样器和零阶保持器，则成为连续系统，其闭环传递函数为

$$\varphi(s)=\frac{1}{s^2+s+1}$$

显然，该系统的阻尼比 $\zeta=0.5$，自然频率 $\omega_n=1$，其单位阶跃响应为

$$\begin{aligned}c(t)&=1-\frac{1}{\sqrt{1-\zeta^2}}e^{-\zeta\omega_n t}\sin(\omega_n\sqrt{1-\zeta^2}\,t+\arccos\zeta)\\&=1-1.15e^{-0.5t}\sin(0.866t+60^\circ)\end{aligned}$$

相应的时间响应曲线如图 7-12 中曲线 1 所示。

如果在例 7-17 中，只有采样器而没有零阶保持器，则系统的开环脉冲传递函数为

$$G(z)=Z\left[\frac{1}{s(s+1)}\right]=\frac{0.632z}{(z-1)(z-0.368)}$$

相应的闭环脉冲传递函数

$$\varphi(z)=\frac{G(z)}{1+G(z)}=\frac{0.632z}{z^2-0.736z+0.368}$$

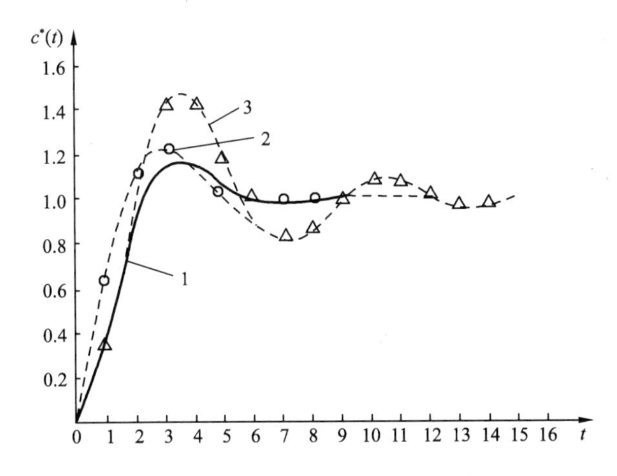

图 7-12　连续与离散系统的时间响应曲线

代入 $R(z)=\dfrac{z}{(z-1)}$ 得系统输出的 Z 变换为

$$C(z)=\frac{0.632z^2}{z^3-1.736z^2+1.104z-0.368}$$

$$=0.632z^{-1}+1.097z^{-2}+1.207z^{-3}+1.117z^{-4}+1.014z^{-5}+\cdots$$

基于 Z 变换定义，求得 $c(t)$ 在各采样时刻上的值 $c(nT)(n=0,1,2,\cdots)$ 为

$c(0)=0$	$c(5T)=1.014$	$c(10T)=1.007$
$c(T)=0.632$	$c(6T)=0.964$	$c(11T)=1.003$
$c(2T)=1.097$	$c(7T)=0.97$	$c(12T)=1$
$c(3T)=1.207$	$c(8T)=0.991$	$c(13T)=1$
$c(4T)=1.117$	$c(9T)=1.004$	$c(14T)=1$

根据上述各值，可以绘出 $c^*(t)$ 曲线，如图 7-12 中曲线 2 所示。

在例 7-17 中，既有采样器又有零阶保持器的单位阶跃响应曲线 $c^*(t)$ 已绘于图 7-11 中。为了便于对比，重新画于图 7-12 中曲线 3。根据图 7-12，可以求得各类系统的时域指标见表 7-4。

表 7-4　　连续与离散系统的时域指标

变　量	连续系统	离散系统（只有采样器）	离散系统（有采样器和保持器）
峰值时间/s	3.6	3	4
调节时间/s	5.3	5	12
超调量/%	16.3	20.7	40
振荡次数	0.5	0.5	1.5

由表 7-4 可见，采样器和保持器对离散系统的动态性能有如下影响：

1. 采样器可使系统的峰值时间和调节时间略有减小，但使超调量增大，故采样造成的信息损失会降低系统的稳定性。然而，在某些情况下，例如在具有大延迟的系统中，采样反而会提高系统的稳定性。

2.零阶保持器使系统的峰值时间和调节时间都加长，超调量和振荡次数也增加。这是因为除了采样造成的不稳定因素外，零阶保持器的相角滞后降低了系统的稳定性。

7.5.3 动态响应分析

一般而言，离散控制系统的动态响应取决于脉冲传递函数零极点在 z 平面上的分布。下面以单位阶跃函数作为输入信号，探讨系统极点（为简单起见，假设无重极点）对系统动态响应的影响。

在单位阶跃输入和无重极点的假设下，有

$$Y(z)=G(z)R(z)=\frac{N(z)}{D(z)}\cdot\frac{z}{z-1} \tag{7-88}$$

式中，$N(z)$ 和 $D(z)$ 为 $G(z)$ 的分子和分母表达式。

利用部分分式展开，则有

$$Y(z)=\frac{A_0 z}{z-1}+\sum_{i=1}^{n}\frac{A_i z}{z-p_i} \tag{7-89}$$

式中，系数 $\{A_i\}$ 中有

$$A_0=\frac{N(1)}{D(1)} \tag{7-90}$$

$$A_i=\left.\frac{(z-p_i)N(z)}{(z-1)D(z)}\right|_{z=p_i} \tag{7-91}$$

所以

$$y(k)=Z^{-1}[\frac{A_0 z}{z-1}+\sum_{i=1}^{n}\frac{A_i z}{z-p_i}]=A_0 1^k+\sum_{i=1}^{n}A_i(p_i)^k=A_0+\sum_{i=1}^{n}A_i(p_i)^k \tag{7-92}$$

式(7-92)说明输出的响应是各极点相关的动态响应之和。

为进一步分析不同极点相对应的动态响应，设

$$p_i=r_i e^{j\theta_i}=r_i(\cos\theta_i+j\sin\theta_i) \tag{7-93}$$

则对应的动态响应为 $A_i r_i^k(\cos k\theta_i+j\sin k\theta_i)$，不妨写为

$$y_{p_i}(k)=A_i r_i^k(\cos k\theta_i+j\sin k\theta_i) \tag{7-94}$$

式中，$y_{p_i}(k)$ 为 p_i 极点对应的动态响应。

显然序列 $\{y_{p_i}(k)\}(k=0,1,2,\cdots)$ 取决于 r_i 和 θ_i。可分析得到如下结论：

1.当 $r_i<1$ 时，则有收敛序列；当 $r_i>1$ 时，则有发散序列；当 $r_i=1$ 时，则有等幅序列。

2.当 $\theta_i=0°$ 时，则有单调序列；当 $\theta_i\neq 0°$ 时，则有振荡序列；当 $\theta_i=180°$ 时，振荡频率最高，可证明具有关系 $\omega=\frac{\theta_i}{T}$。

根据上述分析结论，容易做出极点位于 z 平面不同位置时所对应的动态响应，如图 7-13 所示。

由图 7-13 可知，当极点位于正实轴上时，其动态响应是单调的；当极点不在正实轴上时，其动态响应都是振荡的，且当极点位于负实轴上时，振荡频率为最高；当极点位于单位圆

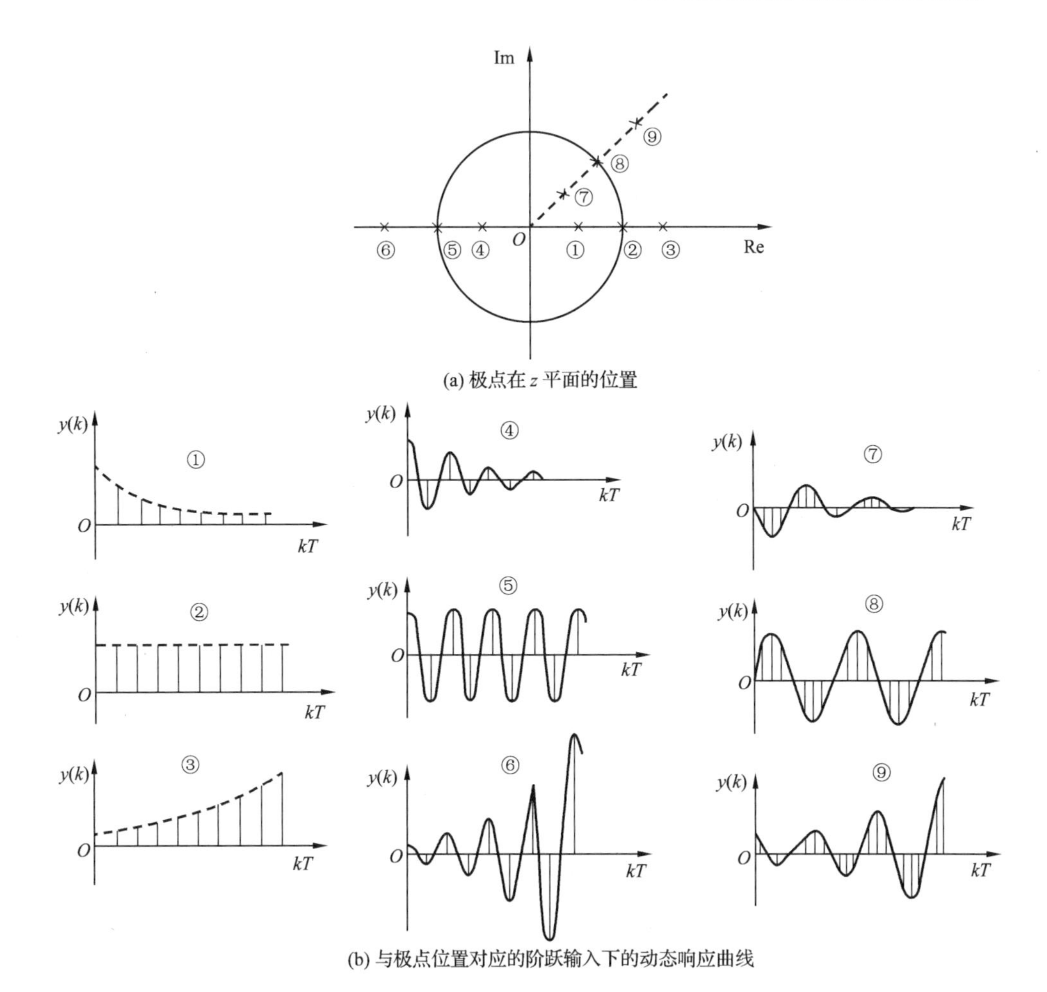

图 7-13　极点的位置与相应的动态响应曲线

内时,响应总是稳定的,且越靠近 z 平面原点,衰减率越大。

稳定的离散控制系统的闭环极点均在 z 平面的单位圆内,它的动态性能往往被一对最靠近单位圆的主导复极点所支配。一般希望系统的主导极点分布在 z 平面的单位圆的右半圆内,且离原点不太远。

离散系统的零点虽不影响系统的稳定性,但影响系统的动态性能。

7.6 运用 MATLAB 进行离散系统分析

7.6.1 离散时间系统模型

在单输入为 u 的 SIMO 系统中,Z 变换传递函数描述形式为

$$H(z)=\frac{N(z)}{q(z)}=\frac{N(1)+N(2)z^{-1}+\cdots+N(nn)z^{-(nn-1)}}{q(1)+q(2)z^{-1}+\cdots+q(nq)z^{-(nq-1)}}$$

其中：向量 q 中包含按单位延迟 $1/z$ 升幂排列的分母系数，矩阵 N 包含分子的系数，其行数与 y 输出的数目相等。

零-极点增益表示形式为

$$H(z)=\frac{Z(z)}{P(z)}=K\frac{[z^{-1}+Z(1)][z^{-1}+Z(2)]\cdots[z^{-1}+Z(n)]}{[z^{-1}+P(1)][z^{-1}+P(2)]\cdots[z^{-1}+P(n)]}$$

控制系统软件包提供了控制系统工程需要的基本的时域与频域分析工具函数。离散时间系统分析函数见表 7-5。

表 7-5　离散时间系统分析函数

dimpulse	单位采样响应
dstep	阶跃响应
filter	SISO 系统 变换仿真
dbode	离散伯德图
freqz	SISO 系统 变换频域响应
dlyap	李雅普诺夫方程
dgram	离散可控性与可观性

7.6.2 MATLAB 在离散控制系统的一些实例

【例 7-18】 求 $G(s)=\frac{1}{s(s+1)}$ 的 Z 变换。

MATLAB 语句为：

```
syms s
a=1/(s*(s+1));
t=ilaplace(a);
fz=ztrans(t)
```

结果为：

```
fz=z/(z-1)-z/exp(-1)/(z/exp(-1)-1)
```

【例 7-19】 求函数 $E(z)=\frac{z^3+2z^2+1}{z(z-1)(z-0.5)}$ 的 Z 反变换。

MATLAB 语句为：

```
syms z
a1=z^3+2*z^2+1;
b1=z*(z-1)*(z-0.5);
f=a1/b1;
t=iztrans(f)
```

结果为：

```
2*charfcn[1](n)+6*charfcn[0](n)+8-13*(1/2)^n
```

【例 7-20】 设闭环采样系统的结构如图 7-14 所示，设采样周期 $T=1s$，$k=10$，试求闭环采样系统的稳定性。

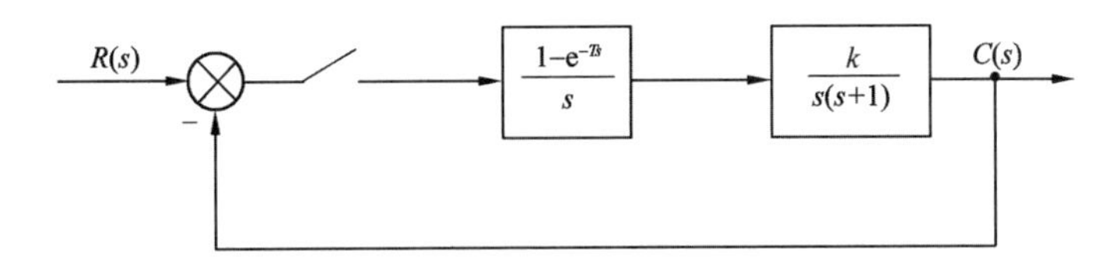

图 7-14　例 7-20 系统结构图

MATLAB 语句为：

```
syms s
a1=(1-exp(-1*s))*10;
b1=s^2*(s+1);
f=a1/b1;
t=ilaplace(f);
fz=ztrans(t)
fz1=simplify(fz)
subs(fz1,'exp(1)',2.7183)
```

结果为：

```
10*(z+7183/10000)/(z-1)/(27183/10000*z-1)
```

因为所对应的脉冲传递函数为：$G(z)=\dfrac{10(z+0.7183)}{(z-1)(2.7183z-1)}$，利用 MATLAB 求其闭环特征方程的根：

```
num=[10,7.183]
den=conv([1 -1],[2.7183 -1])
[num,den]=cloop(num,den,-1)
roots(den)
```

闭环系统特征方程的根为：

```
-1.1554 + 1.2943i
-1.1554 - 1.2943i
```

可以看出，这对共轭复根在单位圆外，因此系统不稳定。

【例 7-21】 设闭环采样系统的结构图如图 7-15 所示，设采样周期 $T=1s$，$k=1$。试求该系统的动态性能指标。

参照上例结果，MATLAB 语句为：

```
num=[1,0.7183];
den=conv([1 -1],[2.7183 -1]);
[num,den]=cloop(num,den,-1)
dstep(num,den,50)
```

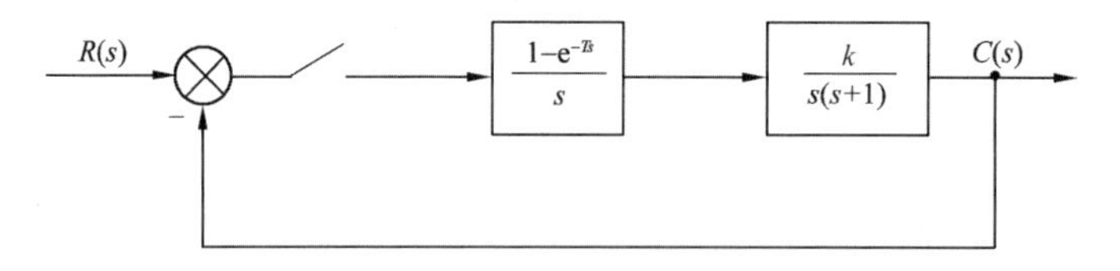

图 7-15 例 7-21 系统结构图

闭环系统阶跃响应仿真结果如图 7-16 所示。

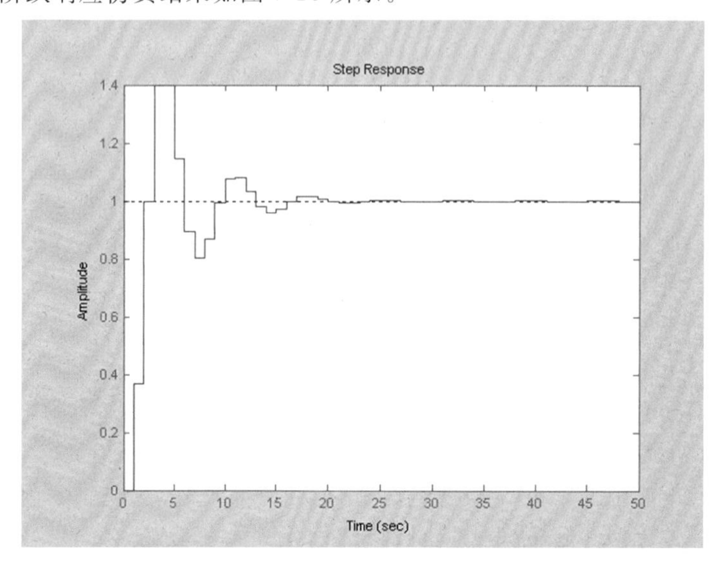

图 7-16 闭环系统阶跃响应仿真结果

由上图可知，系统的性能指标为：

$t_p=3s, t_s=15s, \sigma_p=39.9596\%$。

【例 7-22】 系统的开环传递函数为：$G(z)=\dfrac{10(z+0.7183)}{(z-1)(2.7183z-1)}$，当输入为 $r(t)=1(t)+t$，求系统的稳态误差系数及稳态误差。

MATLAB 语句为：

```
syms z
f=10*(z+0.7183)/((z-1)*(2.7183*z-1));
f1=1+f
kp=limit(f1,z,1)
kp=limit(f1,z,1,'left')
kp=limit(f1,z,1,'right')
f2=(z-1)*f
kv=limit(f2,z,1)
f3=(z-1)*(z-1)*f
ka=limit(f3,z,1)
ess=0+1/kv
```

结果为：ess=0.1

本章小结

本章主要介绍了离散控制系统的分析工具和分析方法，Z 变换和脉冲传递函数是进行系统分析的数学基础。

1. 要求掌握连续信号采样过程与采样定理。

2. 掌握 Z 变换和 Z 反变换方法，能够建立离散控制系统的数学模型。

3. 掌握离散控制系统稳定性的判断方法，并能计算稳态误差。

4. 掌握离散控制系统时域分析方法，特别是极点分布与动态特性的关联。

5. 能够运用 MATLAB 进行离散控制系统分析。

习　题

XI TI

7-1　信号 $x(t)$ 经过采样（$T=0.1$ s）以后，求它的 Z 变换。

(1) $x(t)=t\mathrm{e}^{at}\quad(t\geqslant 0)$

(2) $x(t)=\mathrm{e}^{-a(t-0.3)}1(t-0.3)$

7-2　已知信号 $x(t)$ 的拉氏变换 $X(s)$，求它的 Z 变换。

(1) $X(s)=\dfrac{s+1}{s^2(s+2)}$

(2) $X(s)=\dfrac{b}{s(s+a)}$

7-3　已知 $X(z)$，求采样值 $x(k)$。

(1) $X(z)=\dfrac{z(1-\mathrm{e}^{-aT})}{(z-1)(z-\mathrm{e}^{-aT})}$

(2) $X(z)=\dfrac{0.1z}{(z-1)(z-0.9)}$

7-4　用 Z 变换法求解下列差分方程

(1) $x(k+2)-x(k+1)+2x(k)=r(k)$，$r(t)=\delta(t)$，$x(0)=x(1)=0$

(2) $x(k+2)-3x(k+1)+10x(k)=r(k)$，$r(kT)=\begin{cases}0 & (t<0)\\ \mathrm{e}^{3t} & (t\geqslant 0)\end{cases}$，$x(0)=x(1)=0$

设采样周期 $T=1$ s。

7-5　试求如图 7-17 所示两个系统在单位阶跃函数作用下的输出响应 $y(kT)$。

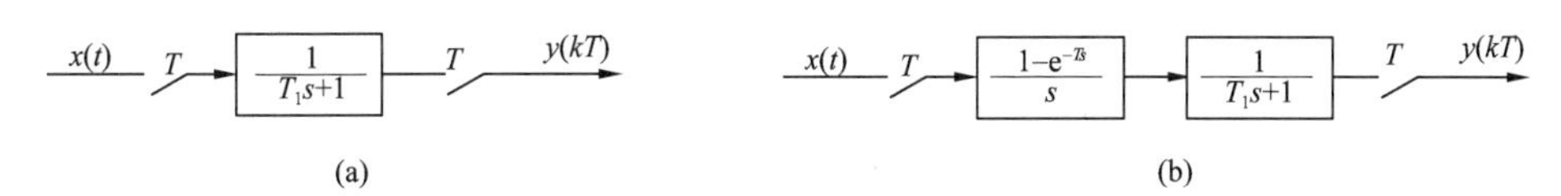

图 7-17　习题 7-5 图

7-6 试确定如图 7-18 所示各离散控制系统的脉冲传递函数 $G(z)=\dfrac{Y(z)}{R(z)}$ 以及输出信号的 Z 变换 $Y(z)$。

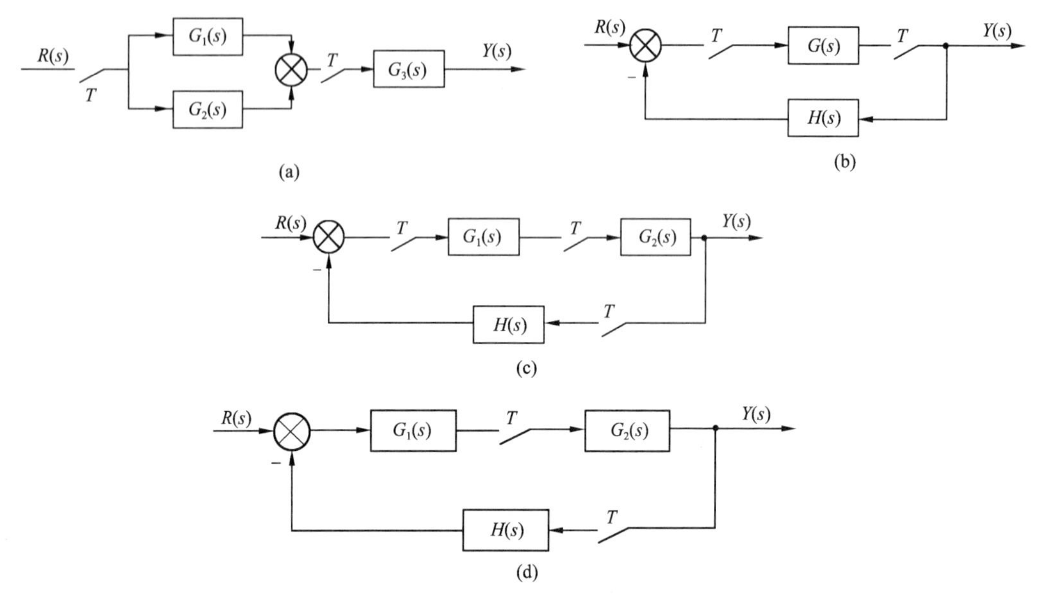

图 7-18 习题 7-6 图

7-7 如图 7-19 所示的离散控制系统，设 $G_p(s)=\dfrac{k}{s(s+2)}$，$G_h(s)=\dfrac{1-e^{-Ts}}{s}$，$T$ 为采样周期。

(1)求系统的开环脉冲传递函数 $G_0(z)=\dfrac{Y(z)}{E(z)}$；

(2)求系统的闭环脉冲传递函数 $G_y(z)=\dfrac{Y(z)}{R(z)}$。

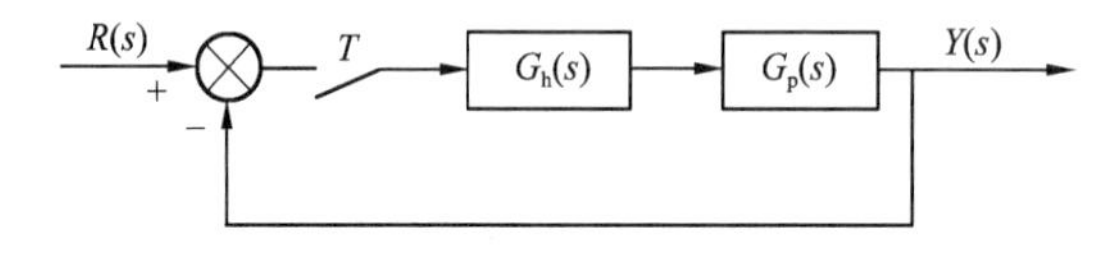

图 7-19 习题 7-7 图

7-8 设采样周期 $T=1$ s，试用劳斯判据确定题 7-8 系统稳定时的 k 值范围。

7-9 求题 7-8 系统的稳态误差系数和单位阶跃响应。设 $k=1$，$T=0.5$ s。

第 8 章 非线性控制系统分析

哲思课堂

前面各章研究的都是线性定常系统或者是可以线性化的非本质非线性系统,并对它们进行了分析和设计。本章讨论的非线性系统主要是本质非线性系统,并对它们的一些基本特性和一般的分析方法进行研究。

8.1 非线性系统概述

8.1.1 研究非线性控制理论的意义

在前面几章我们详细讨论了基于线性定常系统的控制方法的分析与设计问题。值得注意的是线性定常系统模型的建立都是基于很多理想假设条件。实际上理想的线性系统是不存在的。由于实际系统中普遍存在着非线性因素,其系统所表现出的非线性的强度有很大的区别。当一个实际系统的非线性程度不严重时,一般可以忽略非线性特性对系统的影响,将非线性系统近似成线性系统处理。

对于非线性系统所表现出的非线性程度非常严重且需要系统工作在较大范围内时,这时采用非线性系统理论进行分析和设计,才能满足实际的控制要求。这是因为随着生产和科学技术的发展,对控制系统的性能和精度要求越来越高,单纯地采用线性定常系统的方法加以分析和设计很难取得满意的控制效果。为此必须针对非线性系统的数学模型,深入分析其动态特性,采用非线性控制理论进行非线性控制器的设计提高系统的控制性能,从而实现高质量的控制。

需要说明的是虽然非线性控制理论发展多年,由于非线性系统的非线性特性的千差万别，目前还没有统一的且普遍适用的处理方法。线性系统是非线性系统的特例，线性系统的分析与设计方法在非线性系统的研究中仍将发挥重要作用。

8.1.2 非线性系统的特点

非线性系统不同于线性系统，由于存在着非线性因素，出现了线性系统没有的动态特点。

1. 稳定性

线性系统的稳定性，只取决于系统的结构与参数，而与起始状态无关。

非线性系统的稳定性，除了与系统的结构、参数相关外，很重要的一点是与系统的起始偏离的大小密切相关。起始偏离小，系统可能稳定；起始偏离大，很可能不稳定。例如由非线性方程

$$\dot{x}+(1-x)x=0 \tag{8-1}$$

所描述的系统，方程中 x 的系数是 $(1-x)$，与变量 x 有关。

当起始偏离 $x_0<1$ 时，$1-x_0>0$，式(8-1)具有负的特征根，系统稳定，动态过程按指数规律衰减。

当 $x_0=1$ 时，$1-x_0=0$，式(8-1)为

$$\dot{x}=0 \tag{8-2}$$

系统保持常值。

而当 $x_0>1$ 时，$1-x_0<0$，系统具有正特征根，不稳定，动态过程指数发散，偏离越来越大。

不同起始偏离下的动态过程曲线如图 8-1 所示。由此看出，不能笼统地泛指某个非线性系统稳定与否，而必须明确是什么条件，在什么范围下的稳定。

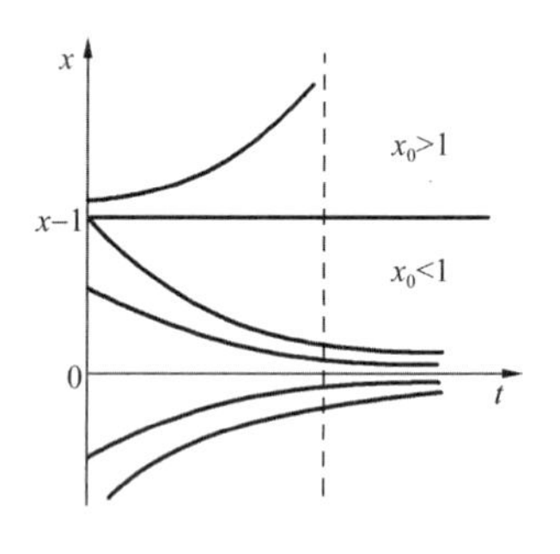

图 8-1 不同起始偏离下的动态过程曲线

2. 运动形式

线性系统动态过程的形式与起始偏差或外作用的大小无关。如果系统具有复数主导极点，则响应总是震荡形式的，绝不会出现非周期性的单调过程。

非线性系统则不然，小偏离时单调变化，大偏离时有可能出现振荡，如图 8-2 所示。即使形式相同，而超调量 $\sigma\%$，调节时间等性能指标也会不等。非线性系统的动态响应不符合叠加原理。

3. 自振

非线性系统有可能发生自激振荡，简称自振。自振是由系统内部产生的一种稳定的周期运动，如图 8-3 所示。在以系统的运动速度为纵坐标，以位移为横坐标的相平面图上，该振荡的相轨迹最终稳定在连续包围原点的一个圆圈上，因此自振又称为极限环。

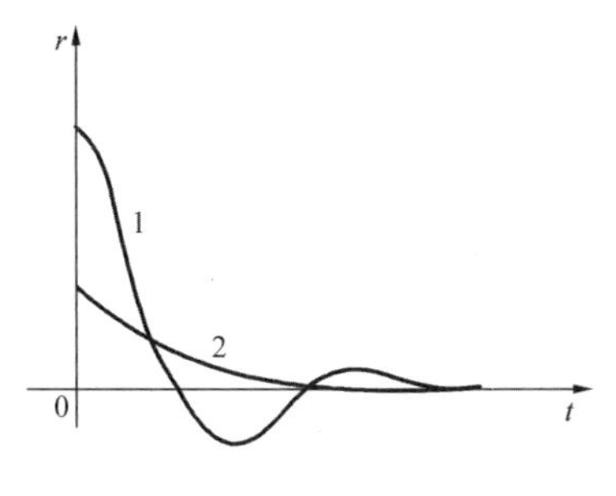

图 8-2 非线性系统的动态过程曲线

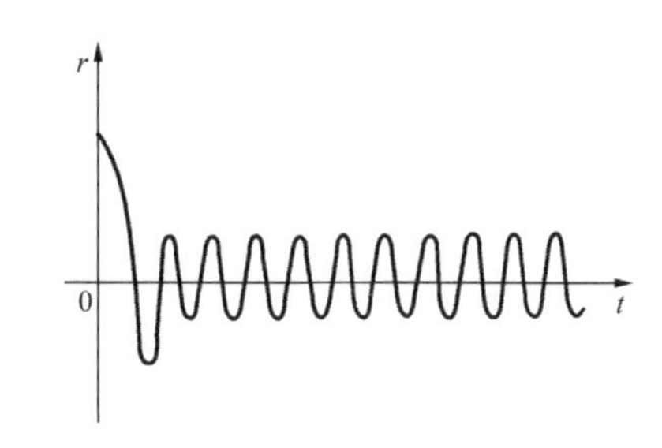

图 8-3 非线性系统的自振

非线性系统中的自振不同于线性系统中临界稳定时的等幅振荡状态。线性系统中的临界稳定只发生在结构参数的某种配合下，参数稍有变化，等幅振荡便不复存在，亦即线性系统的临界稳定状态是很难观察到的和不容易保持的。而非线性系统的自振却是在一定范围内长期存在，不会由于参数的一些变化而消失。另外，线性系统中临界振荡的幅值随起始偏离的大小而变化，服从叠加原理。而非线性系统自振中的振幅的起始变化范围很大是仍能维持稳定。

在很多情况下，不希望系统发生自振，激烈的振荡有着极大的破坏作用。但是有时又可以利用自振改变系统的性能。这一切都要求对自振发生的条件、自振频率和振幅决定、自振的抑制与建立等问题深入讨论。当然非线性系统还有许多奇特现象，在此不再赘述。

8.1.3 非线性系统的分析与设计方法

系统分析与设计的目的是通过求取系统的运动形式，以解决稳定性问题为中心，对系统实施有效控制。由于非线性系统形式多样，一般情况下很难求得非线性微分方程的解析解，只能采用工程上的近似方法。本章限于篇幅，只介绍以下两种方法：

1. 相平面法

相平面法是推广应用时域分析法的一种图解分析方法。该方法通过在相平面上绘制相轨迹曲线，确定非线性微分方程在不同初始条件下解的运动形式。相平面法仅适用于一阶和二阶系统。

2. 描述函数法

描述函数法是基于频域分析和非线性特性谐波线性化的一种图解分析方法。该方法对于满足结构要求的一类非线性系统，通过谐波线性化，将非线性特性近似表示为复变增益环节，然后推广应用频率法，分析非线性系统的稳定性和自激振荡。

8.2 控制系统的非线性特性

在控制系统中，许多控制装置或者元件的输入-输出关系呈现出特有的非线性关系。这些非线性特性所共有的基本特性是线性化方法对它们不适用，也不符合叠加原理，因此称这类非线性特性为本质非线性。本质非线性系统，只能按照非线性系统理论来进行分析。典型的本质非线性特性有以下几种。

8.2.1 继电特性

继电特性是最常见的非线性特性之一，是由继电器的通断过程而得名的。继电特性的输入-输出关系简单，控制装置费用低廉，因此从系统控制的早期开始至今，一直得到广泛的应用。理想继电特性的输入-输出关系如图 8-4(a)所示。

它的数学描述为

$$f(e)=\begin{cases}+M & (e>0)\\ -M & (e<0)\end{cases} \tag{8-3}$$

如图 8-4(a)所示，当输入信号为正时，输出信号为正常数 M。当输入信号为负时，输出信号为负常数 $-M$。

开关特性也属于继电特性，它是继电特性只有单边时的特例。图 8-4(b)即开关特性的输入-输出关系。当输入为零时，曲线不连续，所以在该点的导数也不存在。因此信号的输入-输出关系不满足叠加原理。

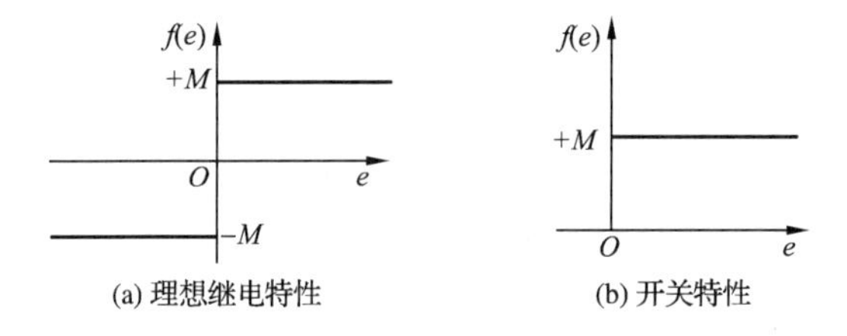

图 8-4 继电特性的输入-输出关系

8.2.2 饱和特性

饱和特性也是系统中最常见的非线性特性之一，可以由失去放大能力的放大器饱和现象来说明。当输入信号在一定范围内变化时，其输入/输出呈线性关系；当输入信号的绝对值超出一定范围，则输出信号不再发生变化。饱和特性输入/输出关系如图 8-5 所示。

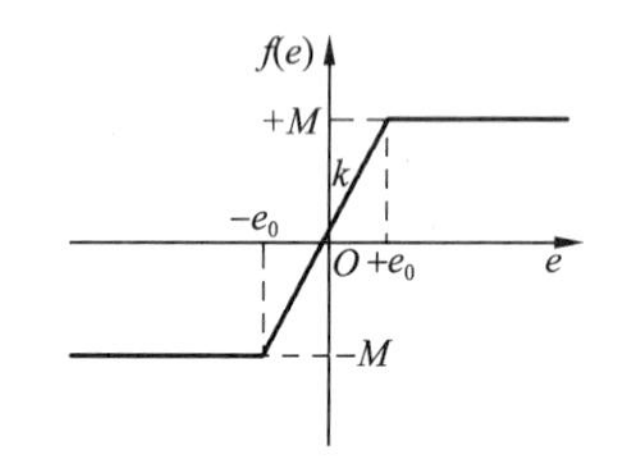

图 8-5 饱和特性的输入/输出关系

它的数学描述为

$$f(e)=\begin{cases}+M & (e>+e_0)\\ ke & (-e_0\leqslant e\leqslant +e_0)\\ -M & (e<-e_0)\end{cases} \tag{8-4}$$

当放大器工作在线性工作区时，输入/输出关系所呈现的放大倍数为比例关系 k；当输入信号的幅值超过 $+e_0$ 时，放大器的输出保持正常数 M 不变，输入/输出不再成比例；当输入信号的幅值小于 $-e_0$ 时，放大器的输出保持负常数 $-M$ 不变，输入/输出也不是比例关系。

当放大器工作在线性区时，叠加原理是适用的。但是输入信号绝对值过大时，放大器进入饱和工作区，则不满足叠加原理。从图 8-5 可以看到，在饱和点上，信号虽然是连续的，但是其导数不存在。

饱和特性在控制系统中普遍存在。调节器一般是由电子器件组成的，输出信号不可能再增大时，就形成饱和输出。有时饱和特性是在执行单元形成的，如阀门开度不能再增大、电磁关系中的磁路饱和等。因此在分析控制系统时，一般把饱和特性的影响考虑在内，如图8-6所示。

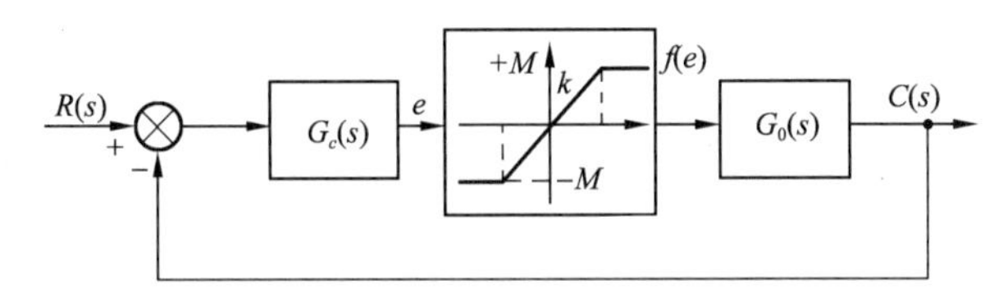

图 8-6 含有饱和特性的控制系统

另外可以看到，当线性关系的斜率 k 趋于无穷大时，饱和特性就演变成继电特性了。

8.2.3 死区特性

死区又称不灵敏区，存在死区的元件在输入信号很小时没有输出，当输入信号增大到某个值时才有输出。死区特性通常是叠加在其他传输关系上的附加特性，其输入-输出关系如图8-7中各图所示。

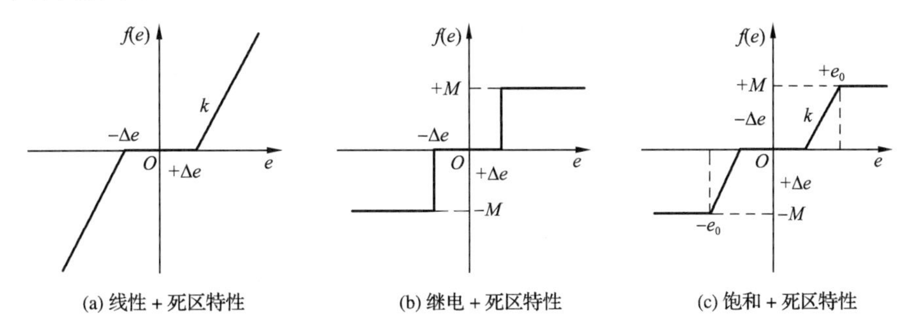

图 8-7 带有死区特性的各种输入-输出关系

带死区的线性环节，其数学描述为

$$f(e)=\begin{cases}0 & (|e|<\Delta e)\\ k(e\pm\Delta e) & (|e|\geqslant\Delta e)\end{cases} \tag{8-5}$$

带死区的继电特性，其数学描述为

$$f(e)=\begin{cases}+M & (e\geqslant+\Delta e)\\ 0 & (|e|<|\Delta e|)\\ -M & (e\leqslant-\Delta e)\end{cases} \tag{8-6}$$

带死区的饱和特性，其数学描述为

$$f(e)=\begin{cases}+M & (e>+e_0)\\ 0 & (|e|<|\Delta e|)\\ k(e\pm\Delta e) & (|\Delta e|\leqslant|e|\leqslant|e_0|)\\ -M & (e<-e_0)\end{cases} \tag{8-7}$$

死区特性见于许多控制设备与控制装置中。当不灵敏区很小时，或者对于系统的运行不会产生不良影响时，一般可以忽略不计。但是对于伺服电动机，死区电压将会对系统精度产生较大的影响，这时就要将死区特性考虑进去，进而在此基础上研究如何提高与改善转角控制精度的问题了。

8.2.4 滞环特性

滞环特性表现为正向行程与反向行程不相互重合，在输入-输出关系曲线上出现闭合环节，因此称为滞环。滞环特性又可以称为换向不灵敏特性。滞环特性与死区特性一样，通常是叠加在其他传输关系上的附加特性，其输入-输出关系如图 8-8 中各图所示。

(a) 饱和 + 滞环特性　(b) 继电 + 滞环特性　(c) 齿轮间隙滞环特性

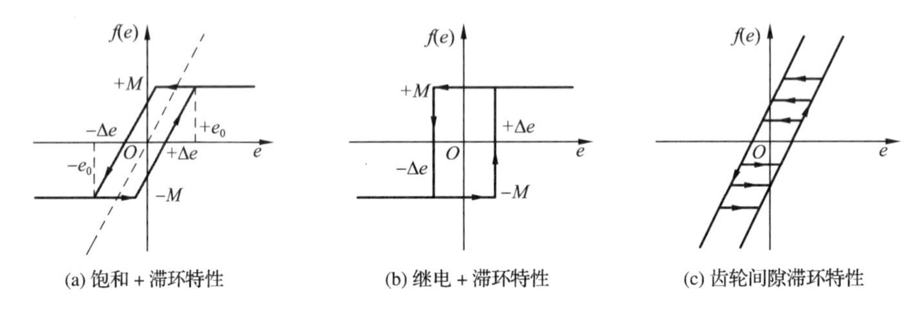

图 8-8　带有滞环特性的各种输入-输出关系

齿轮间隙滞环特性可以用来说明换向不灵敏特性。齿轮的主动轮与被动轮啮合时，是有啮合间隙存在的。当主动轮改变方向时，制动齿轮的齿要转过间隙后才能带动被动轮，也就是主动轮换向滑过间隙时，被动轮保持常值，如图 8-5(c)所示。

8.2.5 摩擦特性

在机械传动机构中，摩擦是必然存在的物理因素。机械运动的摩擦特性分为两种，静摩擦特性与动摩擦特性。例如，执行机构由静止状态启动，必须克服机构中的静摩擦力矩。启动之后，又要克服机构中的动摩擦力矩。静摩擦特性作用于启动瞬间，如图 8-9 所示的 M_1，动摩擦特性以常值始终对系统的运动产生作用，如图 8-9 所示的 M_2。一般情况下，M_1 大于 M_2。摩擦特性的作用是阻止系统的运动，所以摩擦特性貌似继电特性，但是方向是相反的，因此物理意义是不同的。

前面列举的非线性特性属于一些典型特性，实际上非线性还有许多复杂的情况。有些属于前述各种情况的组合，如继电＋死区＋滞环特性、分段增益或变增益特性等，如图 8-10 所示。还有些非线性特性是不能用一般函数来描述的，可以称为不规则非线性特性。

图 8-9　摩擦非线性特性

(a) 继电 + 死区 + 滞环特性　(b) 变增益特性

图 8-10　非线性特性示例

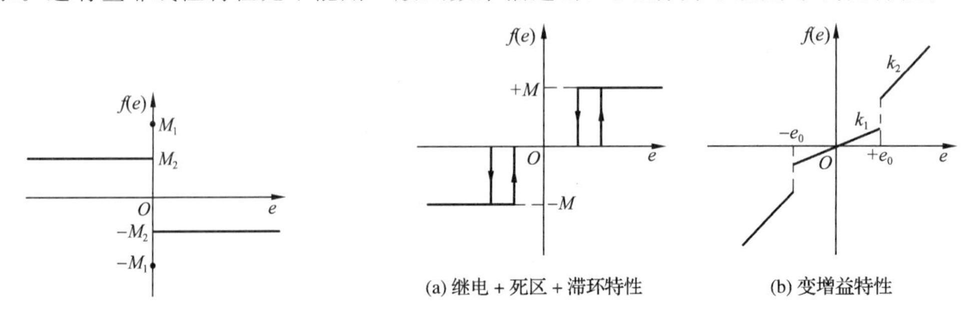

8.3 相平面分析法

相平面分析法适用于一阶和二阶系统，是常用的系统分析工具，既可以应用于线性系统分析，又可以应用于非线性系统的分析。它是将非线性微分方程写成以系统中某变量 x 及其导数 $\dot{x}$ 为变量的两个一阶微分方程，然后求出系统在 x 及 $\dot{x}$ 所构成的相平面上的运动轨迹，并由此对系统的时间响应进行判别，讨论系统参数对时间响应的影响。尤其是在非线性系统分析中，可以将某些非线性系统的运动规律清楚明了地展现在相平面图上。

相平面分析法的不足之处是原理性的。由于相平面仅由系统的两个独立变量构成，因此，只能对一阶和二阶系统的运动作完全地描述。对于二阶以上高阶系统的完全描述则需要构造 n 维相空间，但有时也经常用相平面法来对系统做部分分析或者不完全分析。因此，相平面法是低阶非线性系统的"时域分析法"。

8.3.1 相平面与相轨迹

二阶系统的微分方程为

$$\ddot{x}+f(x,\dot{x})=0 \tag{8-8}$$

x 表示位置量，$\dot{x}$ 表示速度量，以这两个独立变量为平面坐标构成相平面。相应地，这两个独立变量称为相变量。假设初始条件如下：

$$\begin{cases} x(0)=x_0 \\ \dot{x}(0)=\dot{x}_0 \end{cases}$$

以相变量 x 和 $\dot{x}$ 描述系统在相平面上移动的轨迹称为相轨迹，它实际上是相平面上 x 和 $\dot{x}$ 的关系曲线，如图 8-11 所示。

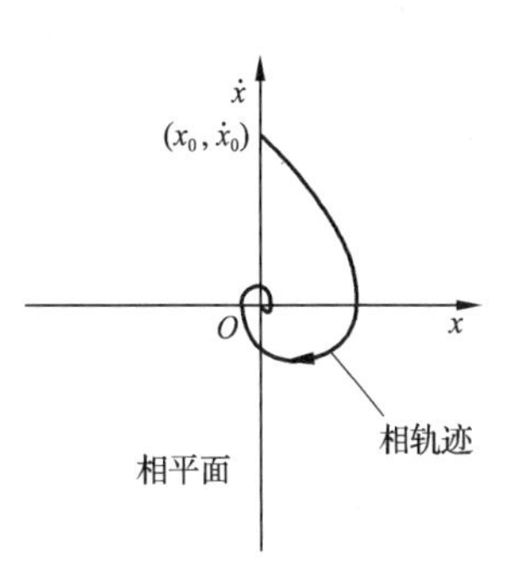

图 8-11　相平面与相轨迹

相轨迹上的箭头方向表明，随时间的增加，相点的运动方向。原时间变量 t 在相平面图上是隐含的，不在图上表示出来。

【例 8-1】 一阶线性系统为 $\dot{x}+ax=0$，$x_0=b$，画出其相平面图。

解：由上述方程得

$$\dot{x}=-ax$$

相轨迹为过 $x=b$，斜率为 $-a$ 的直线，如图 8-12 所示。

【例 8-2】 二阶系统为

$$\ddot{x}+\dot{x}+x=0 \quad \begin{cases} x(0)=x_0 \\ \dot{x}(0)=\dot{x}_0 \end{cases}$$

作该系统的相平面图。

解：因为

$$\ddot{x}=\frac{\mathrm{d}^2x}{\mathrm{d}t^2}=\dot{x}\frac{\mathrm{d}\dot{x}}{\mathrm{d}x}$$

所以相轨迹的斜率方程为

$$\frac{\mathrm{d}\dot{x}}{\mathrm{d}x}=-\frac{x+\dot{x}}{\dot{x}}$$

由此可得系统在初值为(0,10)和(0,−10)的相平面图，如图 8-13 所示。

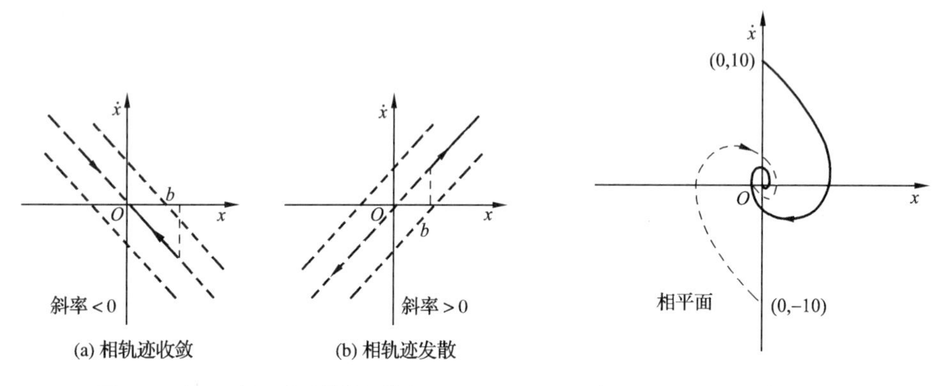

图 8-12 例 8-1 的一阶系统的相轨迹

图 8-13 例 8-2 的相平面与相轨迹

8.3.2 相平面作图

由例 8-1 和例 8-2 可以看到，只要找出 x 和 $\dot{x}$ 之间的关系，描绘在相平面上，就得到了该系统的相轨迹。作系统的相平面图时，可以利用计算机作图，或者徒手作草图。

徒手绘制相平面草图时有两种方法，即解析法和作图法。作图法有等倾线法和 δ 法，在此只讲述等倾线法作图。关于 δ 法作图，可以参阅其他书籍。

1. 解析法

用求解微分方程的办法找出 x 和 $\dot{x}$ 之间的关系，从而在相平面上绘制相轨迹的方法称为解析法。

当方程不显含 $\dot{x}$ 时，可以采用一次积分法求得相轨迹方程来作图，如方程为

$$\ddot{x}+f(x)=0 \tag{8-9}$$

因为

$$\ddot{x}=\dot{x}\frac{\mathrm{d}\dot{x}}{\mathrm{d}x} \tag{8-10}$$

将式(8-10)代入式(8-9)，得到

$$\dot{x}\mathrm{d}\dot{x}=-f(x)\mathrm{d}x$$

方程两边作一次积分，可得相轨迹方程为

$$\int\dot{x}\mathrm{d}\dot{x}=-\int f(x)\mathrm{d}x \tag{8-11}$$

【例 8-3】 二阶系统为 $\ddot{x}+\omega_0^2x=0$，作该系统的相平面图。

解：由解析法有

$$\dot{x}\frac{\mathrm{d}\dot{x}}{\mathrm{d}x}+\omega_0^2x=0$$

即

$$\dot{x}\mathrm{d}\dot{x}=-\omega_0^2x\mathrm{d}x$$

方程两边作一次积分，可得相轨迹方程为

$$\int\dot{x}\mathrm{d}\dot{x}=-\int\omega_0^2x\mathrm{d}x$$

$$\frac{1}{2}\dot{x}^2=-\frac{1}{2}\omega_0^2x^2+c$$

$$\dot{x}^2+\omega_0^2x^2=2c$$

这是一个椭圆方程，如果以 $\frac{\dot{x}(t)}{\omega_0}$ 为纵坐标，则在不同的初始条件下的相轨迹如图 8-14 所示，系统的相轨迹为同心圆。

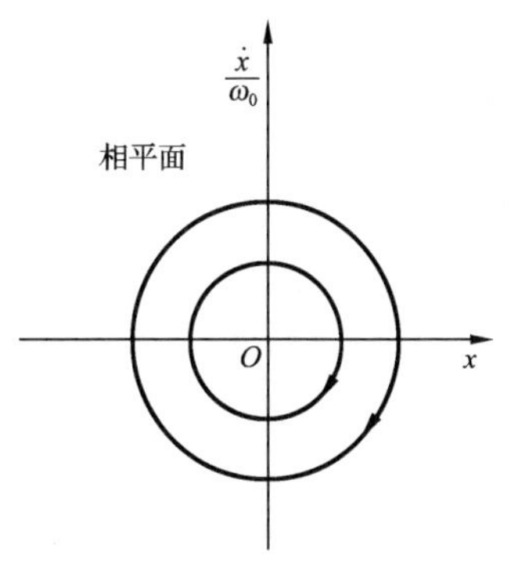

图 8-14　例 8-3 的相平面与相轨迹

2. 等倾线法

所谓等倾线，是指在相平面内对应相轨迹上具有等斜率点的连线。

由于 $\ddot{x}=\dot{x}\frac{\mathrm{d}\dot{x}}{\mathrm{d}x}$，将其代入二阶非线性系统方程(8-8)得

$$\frac{\mathrm{d}\dot{x}}{\mathrm{d}x}=-\frac{f(x,\dot{x})}{\dot{x}} \tag{8-12}$$

式中，$\frac{\mathrm{d}\dot{x}}{\mathrm{d}x}$为相轨迹在某一点的切线斜率。

在相平面上，除了系统的奇点(后面要讲到)外，在所有解析点上，设 α 为常量，令斜率为给定值 α，即

$$\frac{\mathrm{d}\dot{x}}{\mathrm{d}x}=-\frac{f(x,\dot{x})}{\dot{x}}\bigg|_{(x_i,\dot{x}_i)}=\alpha \tag{8-13}$$

由此式所确定的关系曲线即为等倾线，则得到相平面上相轨迹的等倾线方程为

$$\dot{x}=-\frac{f(x,\dot{x})}{\alpha} \tag{8-14}$$

给定一个斜率值 α，便可以在相平面上作一条等倾线。当给出不同的 α 数值时，便可以作若干条等倾线，即等倾线族，充满整个相平面。

线性定常系统的等倾线为过原点的一次曲线。

线性定常系统为

$$\ddot{x}+a\dot{x}+bx=0 \tag{8-15}$$

将 $\ddot{x}=\dot{x}\alpha$ 代入式(8-15)有

$$\dot{x}\alpha+a\dot{x}+bx=0$$

所以有

$$\dot{x}=-\frac{b}{\alpha+a}x \tag{8-16}$$

给定不同的 α 值时，等倾线为若干条过原点的直线。

当线性系统运动方程不显含 x 时，例如运动方程为

$$\ddot{x}+a\dot{x}=K \tag{8-17}$$

式中，a、K 均为常数，则等倾线方程为

$$\dot{x}=\frac{K}{a+\alpha} \tag{8-18}$$

等倾线为水平线充满整个相平面。

非线性系统的等倾线方程是直线方程时，采用等倾线法作图更为方便。

【例 8-4】 非线性系统运动方程为 $\ddot{x}+\dot{x}+\sin x=0$，试在相平面上作出该系统的等倾线。

解：将 $\ddot{x}=\dot{x}\alpha$ 代入运动方程，得到等倾线方程为 $\dot{x}=-\frac{1}{1+\alpha}\sin x$，给定不同的 α 值，等倾线为一系列幅值不等的正弦曲线族，在相平面上作出等倾线如图 8-15 所示。

作出等倾线后，相轨迹在穿过某条等倾线时，是以该条等倾线所对应的斜率 α 穿过的。所以，系统运动的相轨迹就可以依据布满相平面的等倾线来作出。先由初始条件确定相轨迹的起点，然后从相轨迹起点出发，依照等倾线的斜率，逐段折线近似将相轨迹作出。下面以例题来说明。

【例 8-5】 二阶系统为 $\ddot{x}+\dot{x}+x=0$，试用等倾线法作该系统的相平面图。

解：将 $\ddot{x}=\dot{x}\frac{\mathrm{d}\dot{x}}{\mathrm{d}x}=\dot{x}\alpha$ 代入方程，得等倾线方程为 $\dot{x}=-\frac{1}{1+\alpha}x$。方程为过原点的直线方程，等倾线的斜率为 $k=-\frac{1}{1+\alpha}$，即等倾线斜率与相轨迹斜率的关系。给定一系列相轨迹斜率 α 的值，便得到一系列等倾线斜率的 k 值，可以作出等倾线如图 8-16 所示。

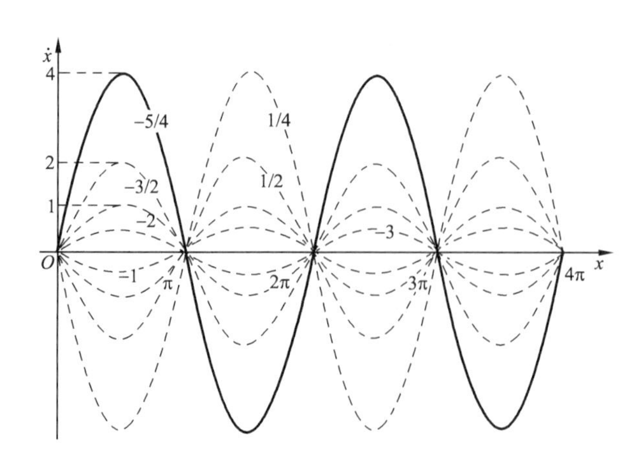

图 8-15　例 8-4 的正弦函数型等倾线图

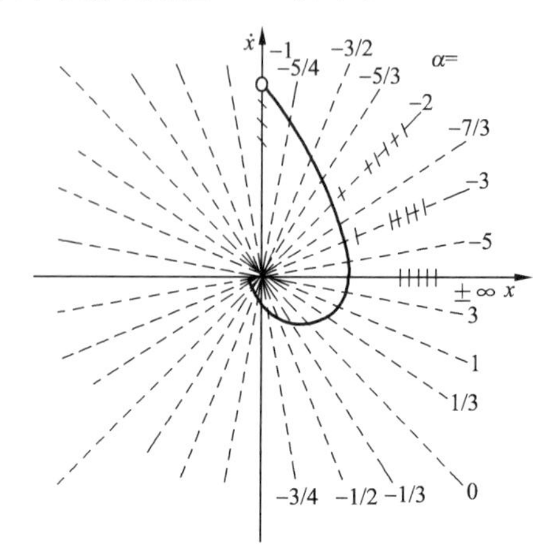

图 8-16　例 8-5 的等倾线法作相轨迹图

等倾线作出后，从给定的初值出发，依照相轨迹斜率作分段折线，就可以画出系统的相轨迹，如图8-16所示。

8.3.3　相轨迹的运动特性

系统相轨迹在相平面上的运动有一定规律，了解相轨迹的运动特性可以使得相平面作图简化。

1. 相轨迹的运动方向

在上半相平面：因 $\dot{x}>0$，故上半平面相轨迹的走向是沿着 x 的增加方向，即由左至右。

在下半相平面：因 $\dot{x}<0$，故下半平面相轨迹的走向是沿着 x 的减小方向，即由右至左。

在实轴上，由于有速度变量 $\dot{x}=0$，由相轨迹斜率方程 $\frac{\mathrm{d}\dot{x}}{\mathrm{d}x}=-\frac{f(x,\dot{x})}{\dot{x}}$，可得相轨迹斜率为正负无穷。

上述相轨迹的运动方向可归结为：上半平面的相轨迹右行；下半平面的相轨迹左行；穿过实轴的相轨迹斜率为 $\pm\infty$。

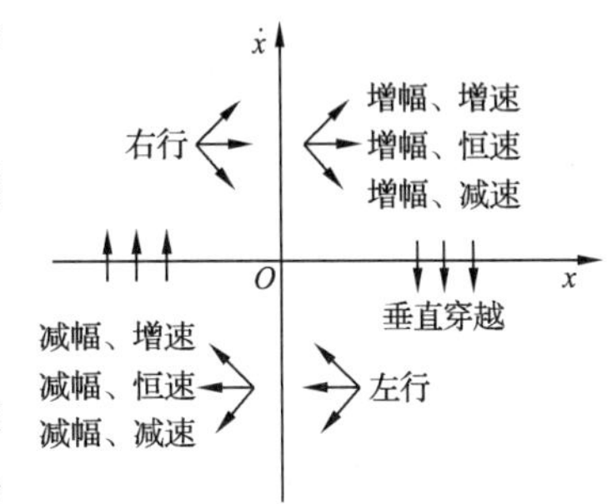

图8-17　相轨迹的基本运动方向

相轨迹的基本运动方向如图8-17所示。

2. 相轨迹的对称性

某些系统的相轨迹在相平面上满足某种对称条件，相轨迹的对称性可以由对称点上相轨迹斜率来判断。因此依据对称条件，相轨迹曲线可以对称画出。

(1) x 轴的对称条件（上下对称）

若相轨迹关于 x 轴对称，则在对称点 $(x,\dot{x})$ 和 $(x,-\dot{x})$ 上，相轨迹斜率大小相等，符号相反。

因为相轨迹斜率方程为

$$\frac{\mathrm{d}\dot{x}}{\mathrm{d}x}=-\frac{f(x,\dot{x})}{\dot{x}}$$

所以，当满足

$$f(x,\dot{x})=f(x,-\dot{x}) \tag{8-19}$$

时，相轨迹关于 x 轴对称。

(2) $\dot{x}$ 轴的对称条件（左右对称）

若相轨迹关于 $\dot{x}$ 轴对称，则在对称点 $(x,\dot{x})$ 和 $(-x,\dot{x})$ 上，相轨迹斜率大小相等，符号相反。

即当满足

$$f(x,\dot{x})=-f(-x,\dot{x}) \tag{8-20}$$

时，相轨迹关于 $\dot{x}$ 轴对称。

(3)原点对称条件(中心对称)

若相轨迹关于原点对称,则在对称点$(x,\dot{x})$和$(-x,-\dot{x})$上,相轨迹斜率相同。

即当满足

$$f(x,\dot{x})=-f(-x,-\dot{x}) \tag{8-21}$$

时,相轨迹是关于原点对称的。

相轨迹的对称如图8-18所示。

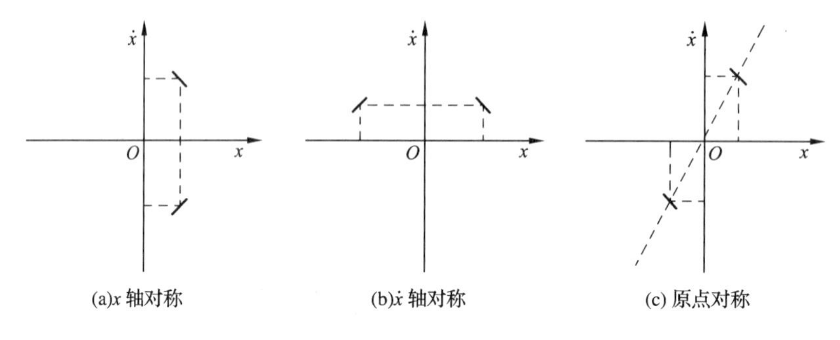

图 8-18 相轨迹的对称

3. 相轨迹的时间信息

相轨迹反映了系统的运动情况。相轨迹上任一点代表了系统在某一时刻的状态,而在相平面图上,时间变量t为隐含变量。因此,不能直接从相平面图上得到相变量x、$\dot{x}$与时间变量t的直接关系。

当需要从相平面图上得到相变量与时间的函数关系曲线$x(t)$、$\dot{x}(t)$时,可以采用增量法逐步求解得到。

由于$\dot{x}=\frac{\mathrm{d}x}{\mathrm{d}t}$,当$\mathrm{d}x$、$\mathrm{d}t$分别取增量$\Delta x$、$\Delta t$时,$\dot{x}$就是增量段的平均速度。所以由增量式可以写出

$$\Delta t=\frac{\Delta x}{\dot{x}} \tag{8-22}$$

增量Δx与平均速度$\dot{x}$可以从相平面图上读到,因此也就得到了对应增量段上的时间信息。将增量信息Δt、Δx、$\dot{x}$表示在x-t平面或者$\dot{x}$-t平面上,便可以得到相变量与时间的函数关系曲线$x(t)$、$\dot{x}(t)$。

图8-19(a)所示为相平面图上时间信息的几何说明,图8-19(b)为根据时间信息得到的时间关系曲线$x(t)$。

4. 相轨迹的奇点

用相平面法分析系统的要点之一是确定奇点及奇点的类型,从而可以确定系统相轨迹在奇点附近的分布,判断系统的工作状态。

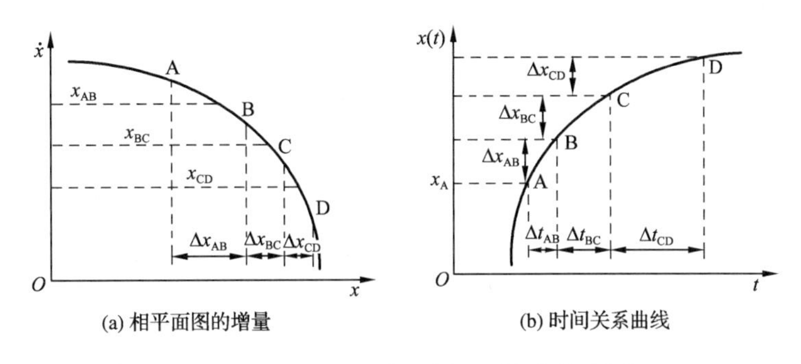

(a) 相平面图的增量　(b) 时间关系曲线

图 8-19　相平面图上的时间信息及时间的关系曲线

二阶系统为

$$\ddot{x}+f(x,\dot{x})=0 \tag{8-23}$$

相轨迹的斜率方程为

$$\frac{\mathrm{d}\dot{x}}{\mathrm{d}x}=-\frac{f(x,\dot{x})}{\dot{x}} \tag{8-24}$$

将相平面上同时满足

$$\begin{cases}\dot{x}=0\\ f(x,\dot{x})=0\end{cases} \tag{8-25}$$

的点定义为相轨迹的奇点，或者称为系统的平衡点。

奇点是一个特殊点，在奇点上，相轨迹的斜率是不确定的，即$\dfrac{\mathrm{d}\dot{x}}{\mathrm{d}x}=\dfrac{0}{0}$型。也就是说，有无穷多条相轨迹趋近或离开该点，相轨迹会在该点相交。如果是二阶线性系统，各系数均不为零时系统的平衡点是唯一的，位于相平面的原点上，即

$$\begin{cases}x=0\\ \dot{x}=0\end{cases} \tag{8-26}$$

不满足上述条件的点称为普通点。在普通点上，相轨迹的斜率是一个确定的值，故经过普通点的相轨迹是唯一的，即除奇点之外，相轨迹是不相交的。

如果是二阶非线性系统，奇点可能不止一个，有时也许有无穷多个，因而构成奇线。

5. 奇点邻域的运动性质

因为相轨迹在奇点处相交，从奇点上可以引出无穷条相轨迹，所以相轨迹在奇点邻域的运动可以分为趋向于奇点、远离奇点以及包围奇点成为闭合等几种情况。

以二阶线性定常系统为例，由于系统参数不同，相轨迹在奇点邻域的运动会出现上述的几种情况。二阶线性定常系统为

$$\ddot{x}+2\zeta\omega_{\mathrm{n}}\dot{x}+\omega_{\mathrm{n}}^{2}x=0 \tag{8-27}$$

当阻尼比为不同的取值范围，二阶线性定常系统奇点的性质与相轨迹见表 8-1。

表 8-1　二阶线性定常系统奇点的性质与相轨迹

阻尼比取值	特征根分布	时间响应	相轨迹及奇点的性质
$\zeta>1$	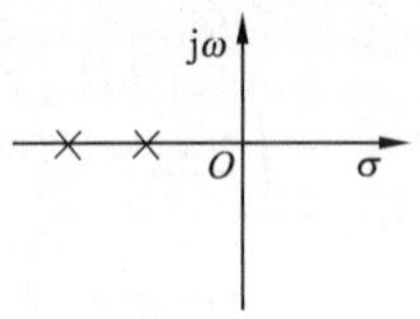	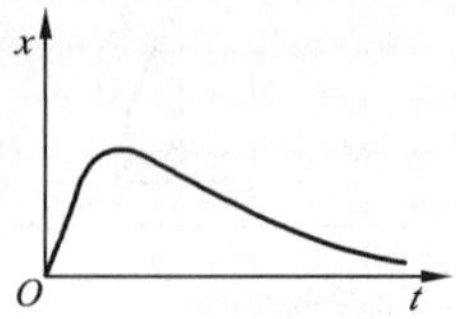	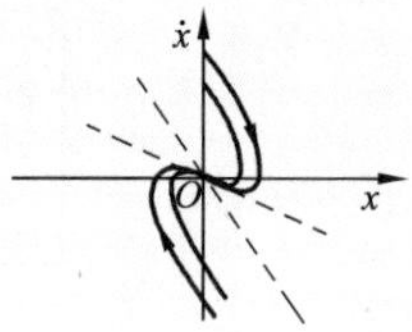 稳定节点
$0<\zeta<1$	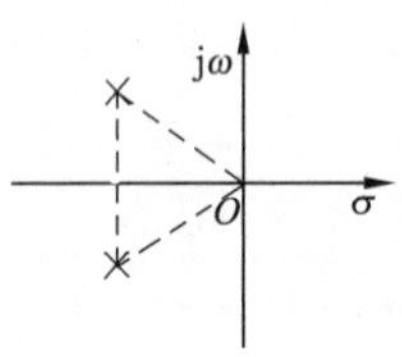	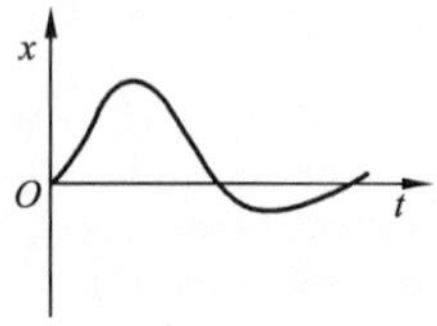	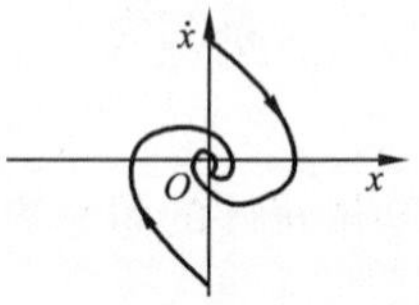 稳定焦点
$\zeta=0$	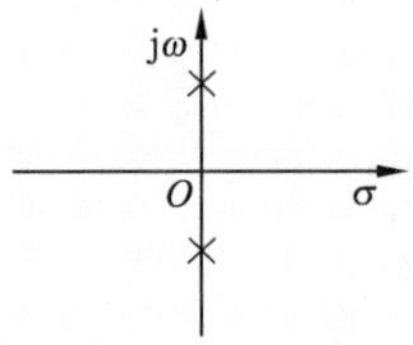	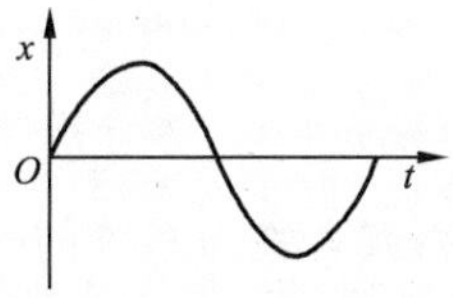	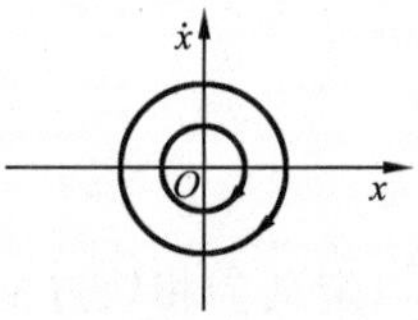 中心点
$-1<\zeta<0$	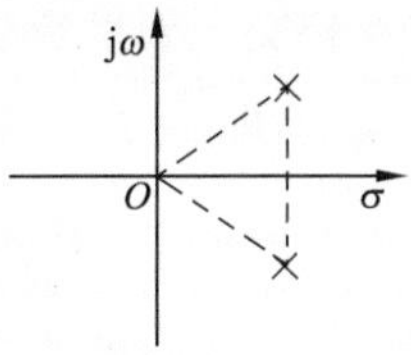	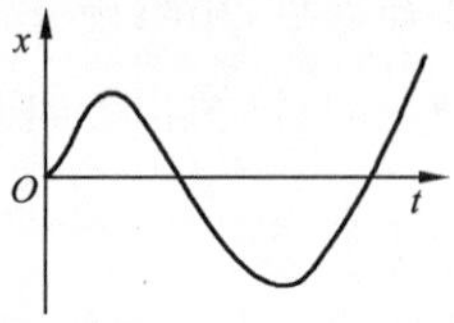	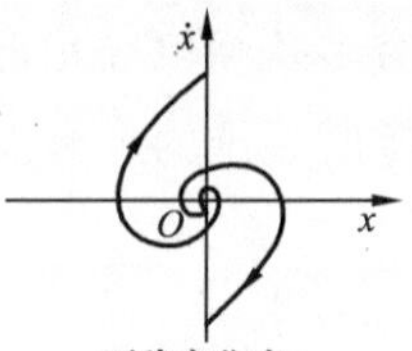 不稳定焦点
$\zeta<-1$	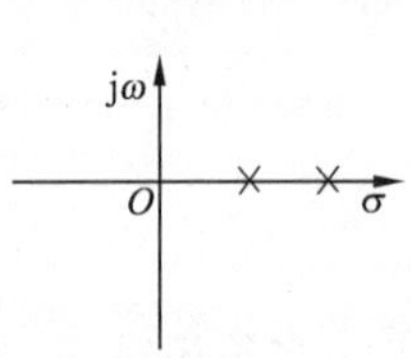	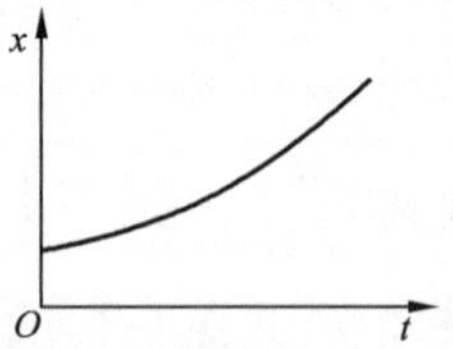	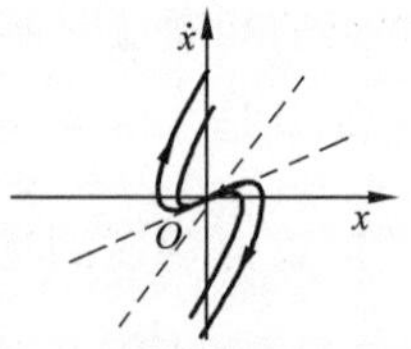 不稳定节点
$\ddot{x}+2\zeta\omega_n\dot{x}+\omega_n^2x=0$	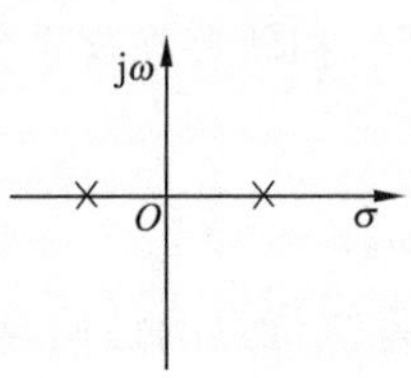	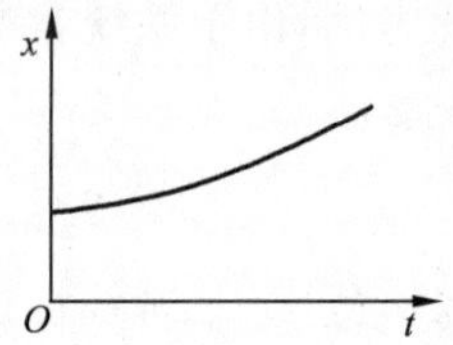	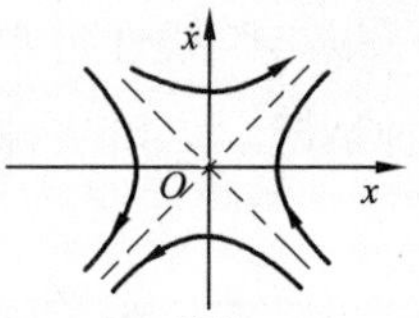 鞍点

6. 极限环

若非线性系统的相轨迹在相平面图上表现为一个孤立的封闭曲线，所有附近的相轨迹都渐近地趋向或离开这个封闭的曲线，则这个封闭的相轨迹称为极限环。

非线性系统中的自持振荡状态在相平面图上的表现就是一个极限环，在相平面上成为闭合的相轨迹，如图 8-20 所示。自持振荡指在没有外界周期信号作用的情况下，系统内部产生的固有振幅和频率的稳定周期运动。

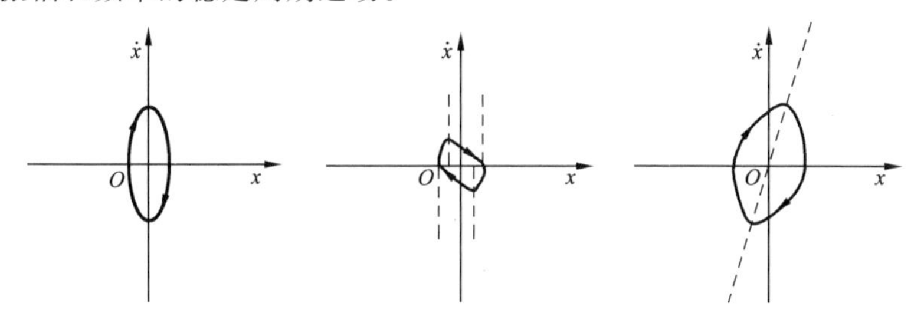

图 8-20　几种极限环的自持振荡情况

在极限环邻域，相轨迹的运动如果趋向于极限环而形成自持振荡，则称为稳定极限环。否则称为不稳定极限环，如图 8-21 所示。

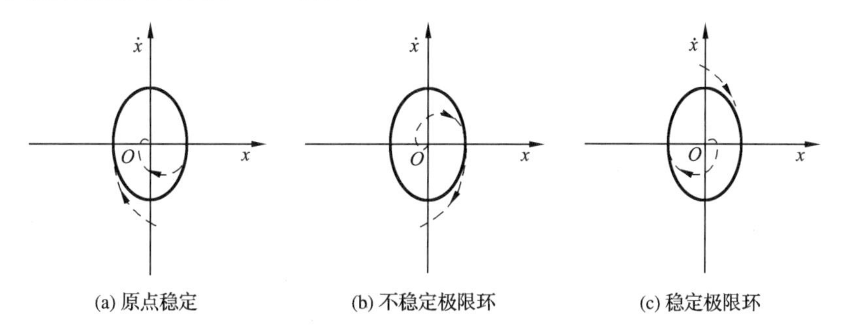

图 8-21　稳定与不稳定极限环

8.3.4　相平面图分析

作出系统的相平面图，就可以利用相平面图进行系统分析了。尤其是对于那些具有间断特性的非线性系统，利用相平面图进行分析更为方便，如继电特性、死区特性等。

相平面图分析的一般步骤如下：

首先，需要作出系统在相平面上运动的相轨迹。对于上述具有间断特性的非线性系统，其输入作用一般表示为数学上的分区作用。因此，在相平面上的相轨迹也是分区作出的。

其次，分析系统的稳定性。由分区穿越的各段构成的相轨迹最终是收敛还是发散，可知非线性系统相轨迹的敛散性，也就确定了该非线性系统的稳定性。

第三，分析系统是否具有极限环。极限环是非线性系统独有的特征，因此，极限环是否存在、是否是稳定极限环、极限环运动区域的大小等，也就确定了该非线性系统有关自持振荡的主要信息。

最后，可以参考线性系统的性能指标来考虑该非线性系统的调节时间与超调量等。

在相平面分析时，通常将输入作用下系统的运动化为系统的自由运动来考虑。这样，

x-$\dot{x}$ 相平面就化为 e-$\dot{e}$ 相平面。一般情况下，参考平衡点在坐标变换下转移到原点。系统误差的各阶导数为

$$e(t)=r(t)-c(t)$$

$$\dot{e}(t)=\dot{r}(t)-\dot{c}(t)$$

$$\ddot{e}(t)=\ddot{r}(t)-\ddot{c}(t)$$

因此有

$$c(t)=r(t)-e(t)$$

$$\dot{c}(t)=\dot{r}(t)-\dot{e}(t)$$

$$\ddot{c}(t)=\ddot{r}(t)-\ddot{e}(t)$$

将上述各式代入原方程即可得到以误差 $e(t)$ 为运动变量的微分方程了，从而对应的平面为 e-$\dot{e}$ 平面。

【例 8-6】 带有饱和特性的非线性控制系统如图 8-22 所示，试用相平面法作系统分析。

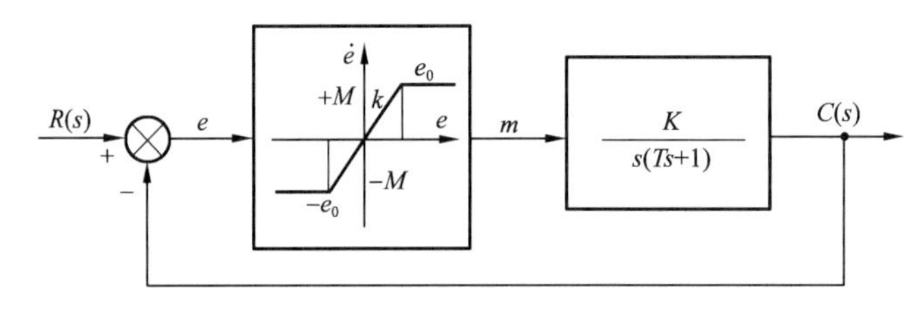

图 8-22 例 8-6 的带有饱和特性的非线性控制系统

解：系统线性部分运动方程为

$$T\ddot{c}+\dot{c}=Km$$

非线性部分为

$$m=\begin{cases}+M & (e>e_0)\\ ke & (-e_0\leqslant e\leqslant e_0)\\ -M & (e<-e_0)\end{cases}$$

此处 m 为饱和特性的输出，代入误差运动方程即得到三个运动方程为

$$\begin{cases}(1)\ T\ddot{e}+\dot{e}=-KM & (e>e_0)\\ (2)\ T\ddot{e}+\dot{e}=-Kke & (e_0\leqslant e\leqslant e_0)\\ (3)\ T\ddot{e}+\dot{e}=+KM & (e<-e_0)\end{cases}$$

这三个运动方程分别表达了系统在三个分区中的运动特性。

方程(1)、方程(3)的相轨迹与继电特性的相轨迹相同，但是由饱和点所决定，切换位置提前；方程(2)的相轨迹为线性系统的运动特性，由于方程(2)的奇点性质为稳定交点，所以最后一次进入Ⅱ区后，相轨迹不再进入其他工作区，在Ⅱ区内经有限次振荡后，最终收敛于原点，如图 8-23 所示。

从饱和特性的相平面分析可以得以如下结论：

(1)如果系统的固有部分具有良好的阻尼特性，系统最后进入Ⅱ区后，在超调量、调节时

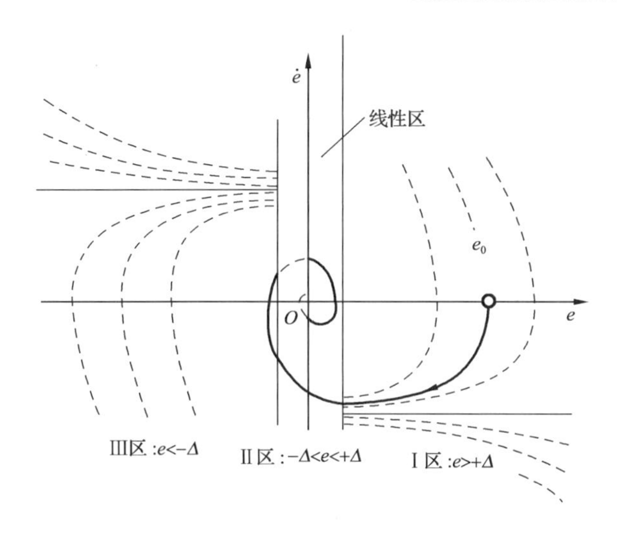

图 8-23　例 8-6 饱和非线性系统的相轨迹

间、振荡次数等方面均呈现良好的动态特性，而且不产生自持振荡；

(2)饱和点的大小可以决定分区切换次数的多少。饱和点的值大，则线性工作区大，分区切换次数少，非线性振荡次数少，饱和非线性对系统的影响小；饱和点的值小，则线性工作范围小，分区切换次数增加，非线性振荡次数增多，饱和非线性对系统的影响就不可忽视。

8.4 描述函数法

非线性特性的描述函数法，是线性部件频率特性法在非线性特性中的推广。

描述函数法是对非线性特性在正弦信号作用下的输出进行谐波线性化处理之后得到的。这种分析方法是建立在谐波线性化的基础上，分析周期信号基本频率分量的传递关系，从而讨论系统在频域中的一些特性，如系统的稳定性、自持振荡特性等。

8.3.1 描述函数的定义

非线性特性在进行谐波线性化之后，仿照线性系统幅相频率特性的定义，可建立非线性特性的等效幅相特性，即描述函数。

含有本质非线性环节的控制系统的结构图如图 8-24 所示。

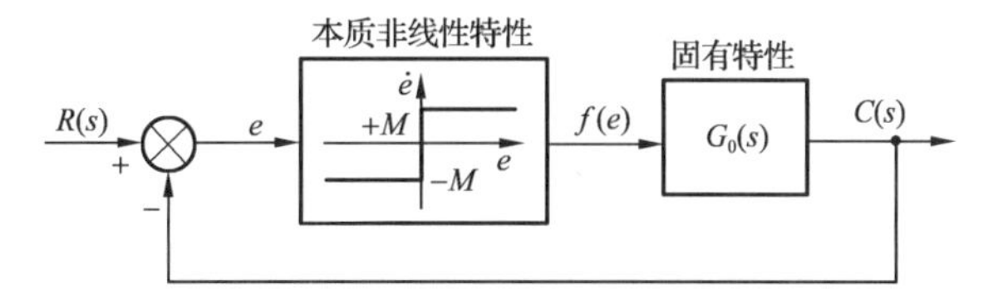

图 8-24　含有本质非线性环节的控制系统的结构图

图 8-24 中，$G_0(s)$为控制系统的固有特性，其频率特性为 $G_0(j\omega)$。一般情况下，$G_0(j\omega)$具有低通特性，也就是说，信号中的高频分量受到不同程度的衰减，可以近似认为高频分量

不能传递到输出端。那么非线性环节对于输入信号的基本频率分量的传递能力就可以提供系统关于自持振荡的基本信息。

因此，描述函数定义如下：

设非线性环节的输入-输出关系为

$$y=f(x)$$

当非线性环节的输入信号为正弦信号时，即

$$x(t)=X\sin\omega t$$

式中，X 为正弦信号的幅值，ω 为正弦信号的频率，则输出信号 $y(t)$ 为周期非正弦信号，可以展开为傅氏级数

$$y(t)=A_0+\sum_{n=1}^{\infty}(A_n\cos n\omega t+B_n\sin n\omega t) \tag{8-28}$$

式中，A_0 为直流分量。如果 $y(t)$ 为奇函数，则有

$$A_0=0$$

A_n、B_n 为傅立叶系数，则正、余弦谐波分量的幅值分别为

$$A_n=\frac{1}{\pi}\int_0^{2\pi} y(t)\cos n\omega t\,\mathrm{d}(\omega t) \tag{8-29}$$

$$B_n=\frac{1}{\pi}\int_0^{2\pi} y(t)\sin n\omega t\,\mathrm{d}(\omega t) \tag{8-30}$$

各次谐波分量用幅值和相角来表示，得

$$y_n=Y_n\angle\varphi_n \tag{8-31}$$

各次分量的幅值为

$$Y_n=\sqrt{A_n^2+B_n^2} \tag{8-32}$$

各次分量的相位为

$$\varphi_n=\arctan\frac{A_n}{B_n} \tag{8-33}$$

基波分量可表示为

$$y_1=Y_1\angle\varphi_1 \tag{8-34}$$

基波分量的幅值为

$$Y_1=\sqrt{A_1^2+B_1^2} \tag{8-35}$$

基波分量的相位为

$$\varphi_1=\arctan\frac{A_1}{B_1} \tag{8-36}$$

定义正弦输入信号作用下，非线性环节的稳态输出中基波分量与输入的正弦信号之比为非线性环节的描述函数，用 $N(\Delta)$ 表示，即

$$N(\Delta)=\frac{y_1(t)}{x(t)}=\frac{Y_1\angle\varphi_1}{X\angle 0}=\frac{Y_1}{X}\angle\varphi_1=\frac{\sqrt{A_1^2+B_1^2}}{X}\angle\arctan\frac{A_1}{B_1} \tag{8-37}$$

$N(\Delta)$ 表示与变量 Δ 的函数关系，如果 $N(\Delta)$ 是输入信号幅值 A 的函数，则可表示为 $N(A)$，如果 $N(\Delta)$ 是输入信号频率 ω 的函数，则可表示为 $N(\mathrm{j}\omega)$。

从上述关于非线性环节的描述函数 $N(\Delta)$ 的定义可以看出：

(1)非线性环节的描述函数是以幅值的变化与相位的变化来描述的,类似于线性系统分析中的频率特性的定义;

(2)在 $N(\Delta)$ 中,由于忽略了所有高次谐波分量,只考虑基波分量,因此非线性环节的描述函数不同于线性系统的频率特性。

8.4.2 非线性环节的描述函数

1. 继电特性

继电特性的数学表达式为

$$y(x)=\begin{cases}M & (x>0)\\ -M & (x<0)\end{cases} \tag{8-38}$$

当输入信号为正弦信号

$$x(t)=X\sin\omega t$$

时,继电特性为过零切换,则输出信号为周期方波信号,如图 8-25 所示。

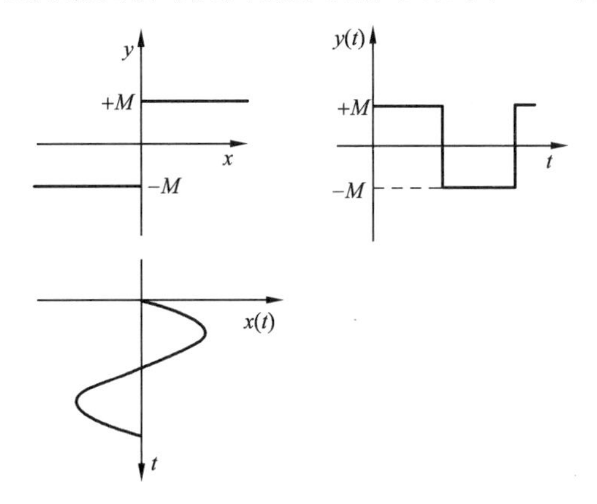

图 8-25　继电特性的波形图

由于正弦信号为奇函数,所以输出的周期方波信号也是奇函数,则有傅氏级数的水平分量系数与基波偶函数分量系数为零,即 $A_0=0$ 与 $A_1=0$,而基波奇函数分量系数为

$$\begin{aligned}B_1&=\frac{1}{\pi}\int_0^{2\pi}y(t)\sin\omega t\,\mathrm{d}(\omega t)\\&=\frac{2}{\pi}\int_0^{\pi}y(t)\sin\omega t\,\mathrm{d}(\omega t)\\&=\frac{2}{\pi}\int_0^{\pi}M\sin\omega t\,\mathrm{d}(\omega t)=\frac{4M}{\pi}\end{aligned} \tag{8-39}$$

因此,基波分量为

$$y_1(t)=\frac{4M}{\pi}\sin\omega t \tag{8-40}$$

得到继电特性的描述函数为

$$N(X)=\frac{Y_1}{X}\angle\varphi_1=\frac{4M}{\pi X} \tag{8-41}$$

2. 饱和特性

饱和特性的数学表达式为

$$y(x)=\begin{cases}M & (x>a)\\ kx & (-a\leqslant x\leqslant a)\\ -M & (x<-a)\end{cases} \tag{8-42}$$

输入正弦信号时，输出信号为

$$y(t)=\begin{cases}kX\sin\omega t & (0<\omega t<\alpha_1)\\ M=ka & (\alpha_1<\omega t<\pi-\alpha_1)\\ kX\sin\omega t & (\pi-\alpha_1<\omega t<\pi)\end{cases} \tag{8-43}$$

输入-输出波形如图 8-26 所示。

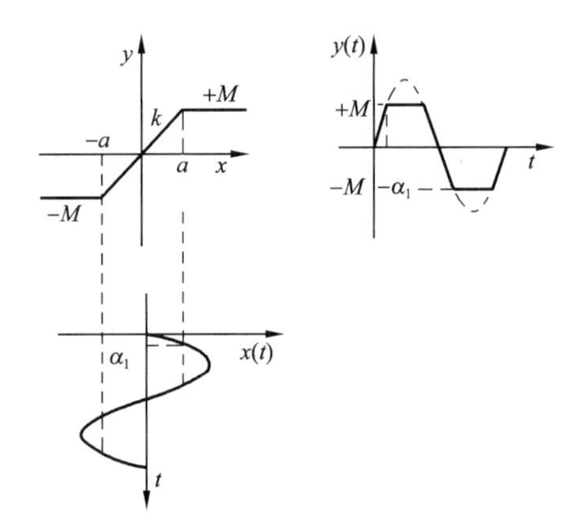

图 8-26　饱和特性的输入-输出波形图

由于 $A_0=0, A_1=0$，而

$$\begin{aligned}B_1&=\frac{1}{\pi}\int_0^{2\pi}y(t)\sin\omega t\,\mathrm{d}(\omega t)=\frac{4}{\pi}\int_0^{\frac{\pi}{2}}y(t)\sin\omega t\,\mathrm{d}(\omega t)\\&=\frac{4}{\pi}\left[\int_0^{\alpha_1}kX\sin\omega t\cdot\sin\omega t\,\mathrm{d}(\omega t)+\int_{\alpha_1}^{\frac{\pi}{2}}ka\sin\omega t\,\mathrm{d}(\omega t)\right]\\&=\frac{4kX}{\pi}\left[\left(\frac{1}{2}\omega t-\frac{1}{4}\sin 2\omega t\right)\Big|_0^{\alpha_1}+\frac{a}{X}(-\cos\omega t)\Big|_{\alpha_1}^{\frac{\pi}{2}}\right]\\&=\frac{4kX}{\pi}\left(\frac{1}{2}\alpha_1-\frac{1}{4}\sin 2\alpha_1+\frac{a}{X}\cos\alpha_1\right)\\&=\frac{2kX}{\pi}\left[\arcsin\frac{a}{X}+\frac{a}{X}\sqrt{1-\left(\frac{a}{X}\right)^2}\right]\end{aligned} \tag{8-44}$$

式中，$X\geqslant a$，$\alpha_1=\arcsin\dfrac{a}{X}$，则求得饱和特性的描述函数为

$$N(X)=\frac{2k}{\pi}\left[\arcsin\frac{a}{X}+\frac{a}{X}\sqrt{1-\left(\frac{a}{X}\right)^2}\right]\quad(X\geqslant a) \tag{8-45}$$

它也是输入正弦信号幅值 X 的函数。

其他与幅值相关的各非线性环节的输入/输出波形及描述函数 $N(X)$ 可参阅表 8-2。

表 8-2　典型非线性环节的输入-输出波形及描述函数

非线性类型	描述函数
继电非线性 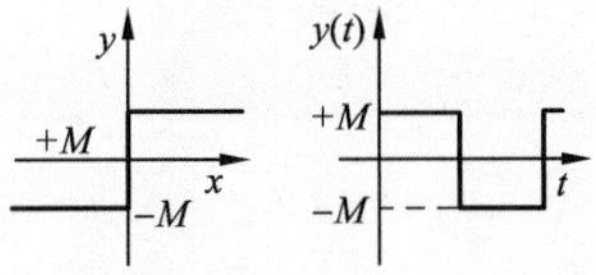	$N(X)=\frac{4M}{\pi X}$
饱和非线性 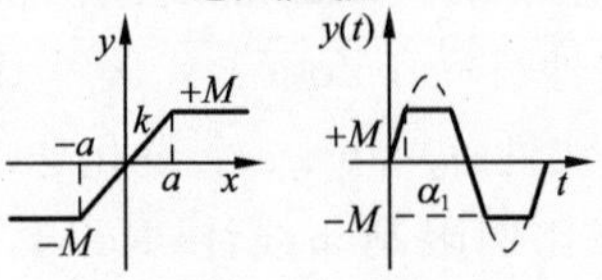	$N(X)=\frac{2k}{\pi}\left[\arcsin\frac{a}{X}+\frac{a}{X}\sqrt{1-\left(\frac{a}{X}\right)^2}\right]$ $(X\geqslant a)$
继性+死区非线性 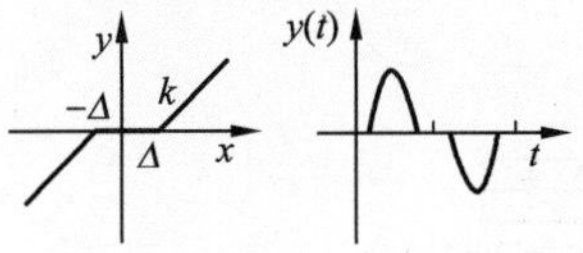	$N(X)=k-\frac{2k}{\pi}\left[\arcsin\frac{\Delta}{X}+\frac{\Delta}{X}\sqrt{1-\left(\frac{\Delta}{X}\right)^2}\right]$
继电+死区非线性 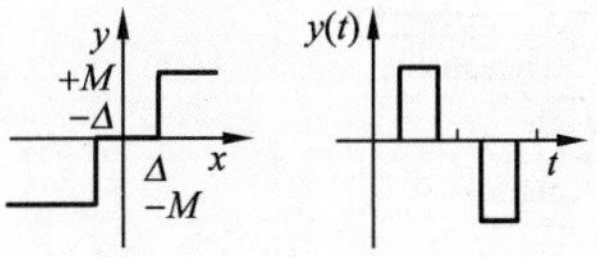	$N(X)=\frac{4M}{\pi X}\sqrt{1-\left(\frac{\Delta}{X}\right)^2}$
滞环非线性 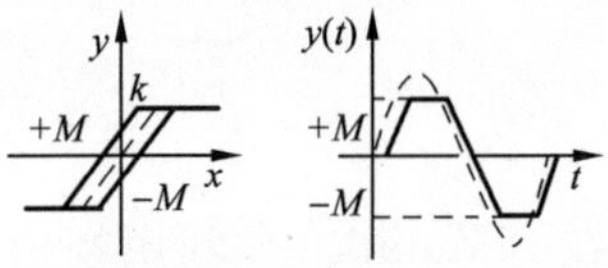	$N(X)=\sqrt{\left(\frac{a_1}{X}\right)^2+\left(\frac{b_1}{X}\right)^2}\angle\arctan\frac{a_1}{b_1}$ $\frac{a_1}{X}=-\frac{4h}{\pi X}\left(1-\frac{h}{X}\right)$ $\frac{b_1}{X}=\frac{1}{2}\left\{1-\frac{2}{\pi}\left[\arcsin\left(1-\frac{2h}{X}\right)-\left(1-\frac{2h}{X}\right)\sqrt{1-\left(1-\frac{2h}{X}\right)^2}\right]\right\}$
继电+滞环非线性 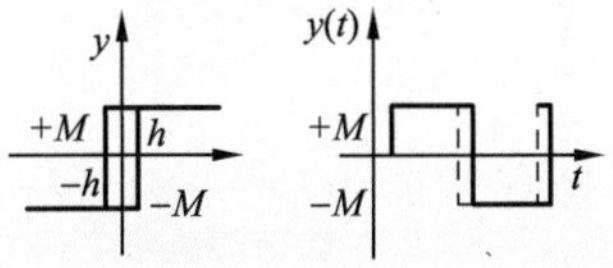	$N(X)=\frac{4M}{\pi X}\angle\arctan\frac{h}{X}$
继电+死区+滞环非线性 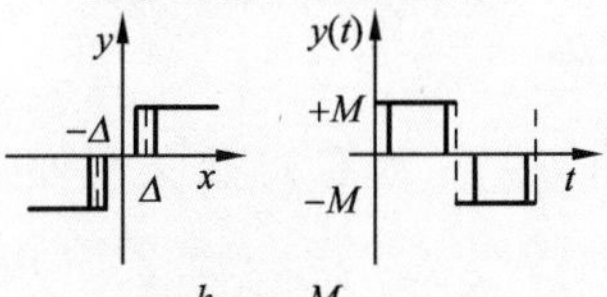 $\alpha=\frac{h}{\Delta},\ \beta=\frac{M}{\Delta}$	$N(X)=\sqrt{\left(\frac{a_1}{X}\right)^2+\left(\frac{b_1}{X}\right)^2}\angle\arctan\frac{a_1}{b_1}$ $\frac{a_1}{X}=-\frac{4\alpha\beta}{\pi}\left(\frac{\Delta}{X}\right)^2$ $\frac{b_1}{X}=\frac{2\beta}{\pi}\cdot\frac{\Delta}{X}\left[\sqrt{1-\left(\frac{\Delta}{X}\right)^2(1-a^2)}+\sqrt{1-\left(\frac{\Delta}{X}\right)^2(1+a^2)}\right]$

8.5 运用 MATLAB 进行非线性系统分析

8.5.1 Simulink 中的非线性模块

从图 8-27 中可看出，非线性模块库包括以下非线性模块。Backlash：间隙非线性（滞环）；Coulomb&Viscous Friction：库仑和黏度摩擦非线性；Dead Zone：死区非线性；Dead Zone Dynamic：动态死区非线性；Hit Crossing：冲击非线性；Quantizer：量化非线性；Rate Limiter：比例限制非线性；Rate Limiter Dynamic：动态比例限制非线性；Relay：继电非线性；Saturation：饱和非线性性；Saturation Dynamic：动态饱和非线性；Wrap To Zero：环零非线性等。

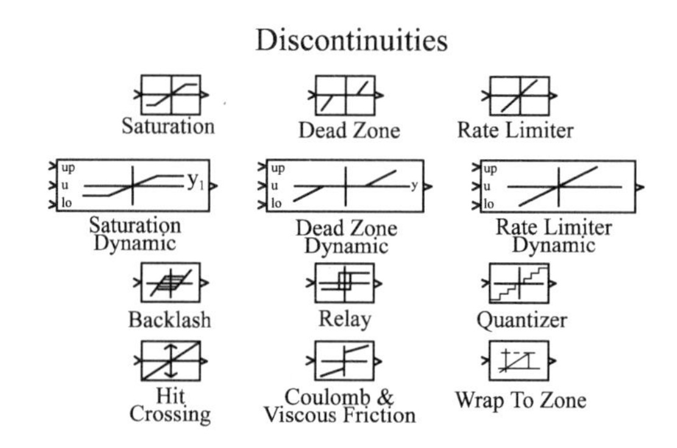

图 8-27 非线性模块

8.5.2 非线性控制系统的实例

【例 8-7】 死区非线性的输入和输出特性实例。在 Simulink 中，利用幅值为 1 的正弦信号直接作用于限幅为 0.5 的死区非线性模块，试求其输出，并与输入信号进行比较。

解：具体步骤如下：

(1)在 Simulink 的 library 窗口中选择"【File】|【New】"，建立一个新的 Simulink 工作平台；

(2)分别将信号源库、输出方式库、信号路线和非线性环节库中的 Sine，Scope，Mux 和 Dead Zone 各功能模块拖至工作平台；

(3)按系统要求将各模块加以连接，如图 8-28 所示，并对模块进行参数设置，如设置死区非线性模块的 Start of dead zone 为−0.5，End of dead zone 为 0.5；

(4)执行仿真，结果如图 8-29 所示。

【例 8-8】 已知一个非线性系统如图 8-30 所示，输入为零初始条件的线性环节 $G(s)=\dfrac{K}{s(Ts+1)}$，其中 $T=1, K=4$，N 为理想饱和非线性 $y(x)=\begin{cases}-0.2 & (x<-0.2)\\ x & (|x|\leqslant 0.2)\\ 0.2 & (x>0.2)\end{cases}$，

系统的初始状态为 0，要求：(1) 在 e-$\dot{e}$ 平面上画出相轨迹；(2) 给出 $e(t)$和 $c(t)$的时间响应波形。

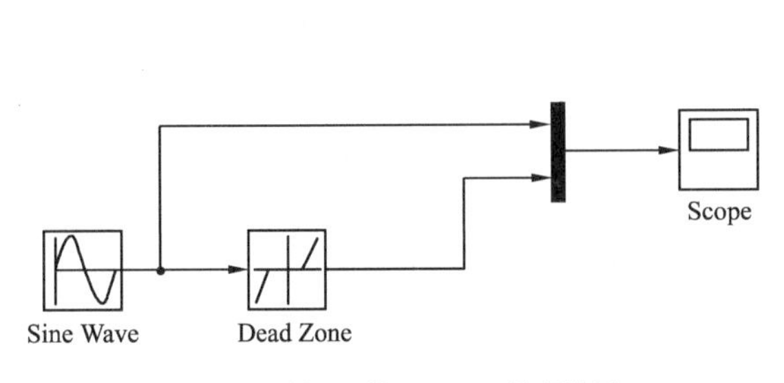

图 8-28　例 8-7 的 Simulink 仿真模型

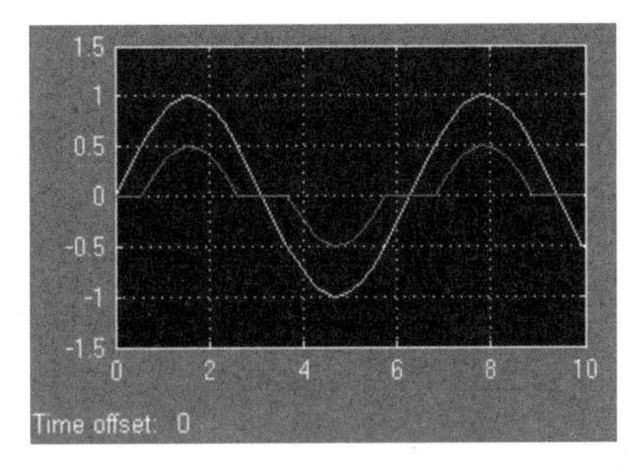

图 8-29　例 8-7 的仿真结果

解：取状态变量 $e(t)$和 $\dot{e}(t)$。

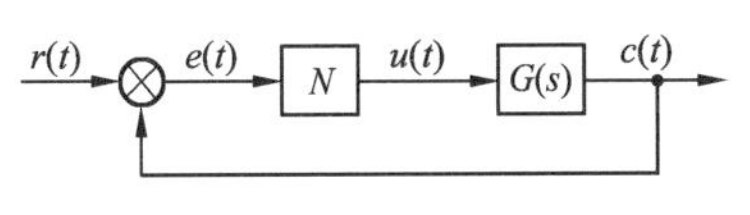

图 8-30　例 8-8 系统结构图

首先利用 Simulink 搭建仿真模型，如图 8-31 所示。

要在 XY Graph 上绘出相轨迹，关键是得到 e，$\dot{e}$ 的信号。e 直接取自比较器的输出，$\dot{e}$ 可在 e 后面加一阶微分环节实现，然后把两个信号接到 XY Graph 便可画出相轨迹。

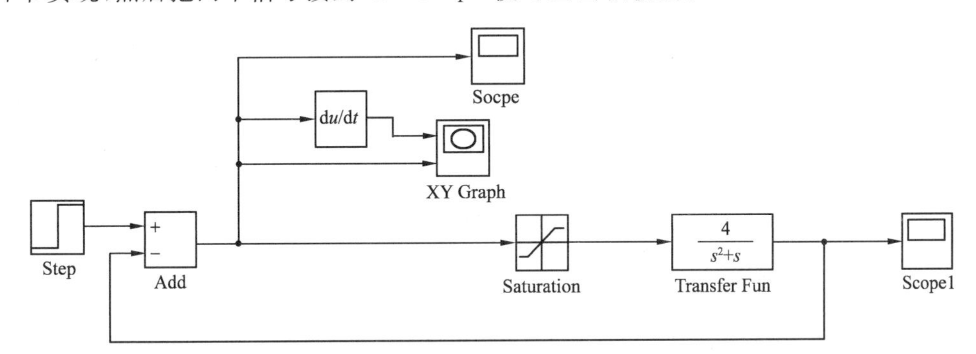

图 8-31　例 8-8 的 Simulink 仿真模型

取'Fixed Step'，'Solver'：0.05，'Stop time'：40。运行 Simulink，XY Graph 绘出的相轨迹，仿真结果如图 8-32 所示。

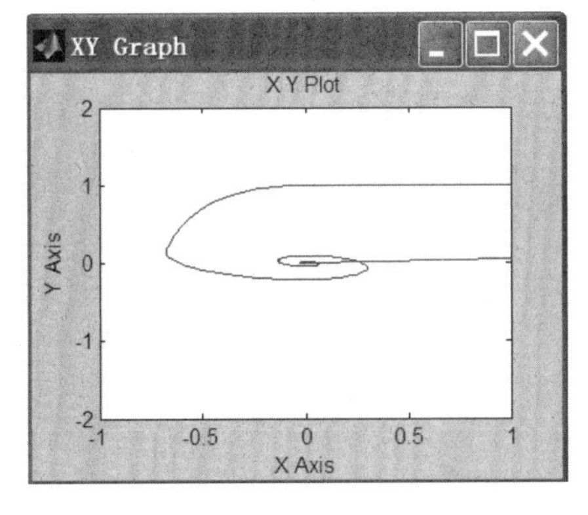

图 8-32　例 8-8 的仿真结果

双击比较环节连接的单踪示波器，看到 $e(t)$ 的时间响应波形，双击系统输出连接的单踪示波器，看到 $c(t)$ 的时间响应波形，分别如图 8-33 和图 8-34 所示。

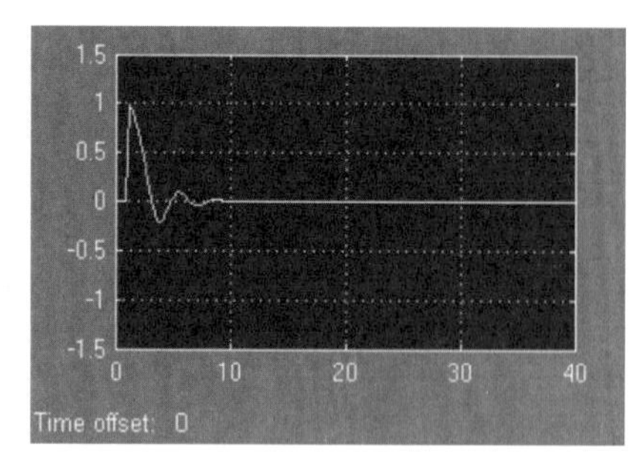

图 8-33 $e(t)$ 的时间响应波形

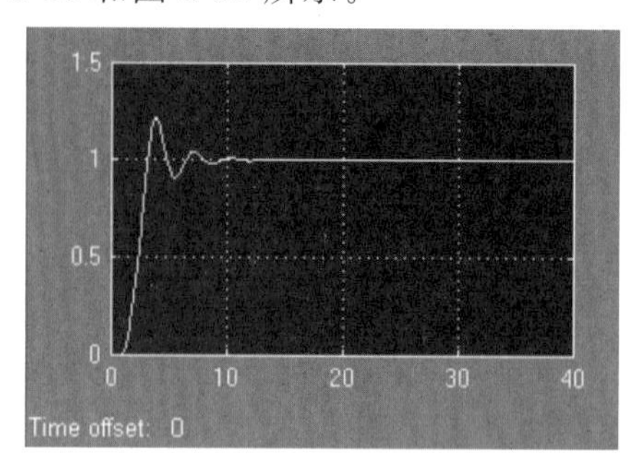

图 8-34 $c(t)$ 的时间响应波形

【例 8-9】 设非线性控制系统结构如图 8-35 所示。

式中，$G_1(s)=5$，$G_2(s)=\dfrac{1}{0.5s+1}$，$G_3(s)=\dfrac{1}{s}$，

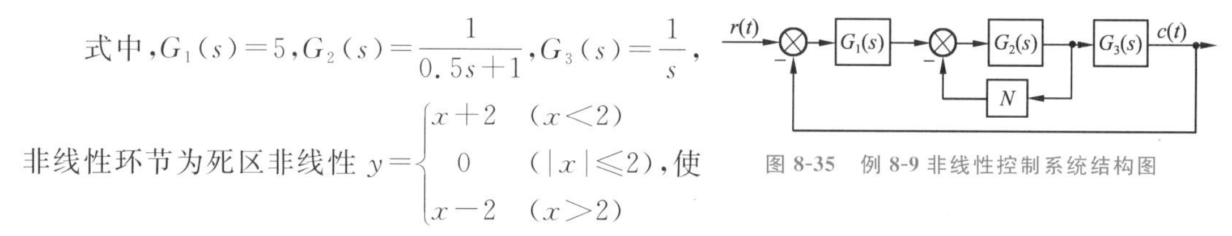

图 8-35 例 8-9 非线性控制系统结构图

非线性环节为死区非线性 $y=\begin{cases} x+2 & (x<2) \\ 0 & (|x|\leqslant 2) \\ x-2 & (x>2) \end{cases}$，使用 Simulink 分析系统单位阶跃响应，并绘制响应曲线。

解：系统仿真模型如图 8-36 所示，系统阶跃响应曲线如图 8-37 所示。

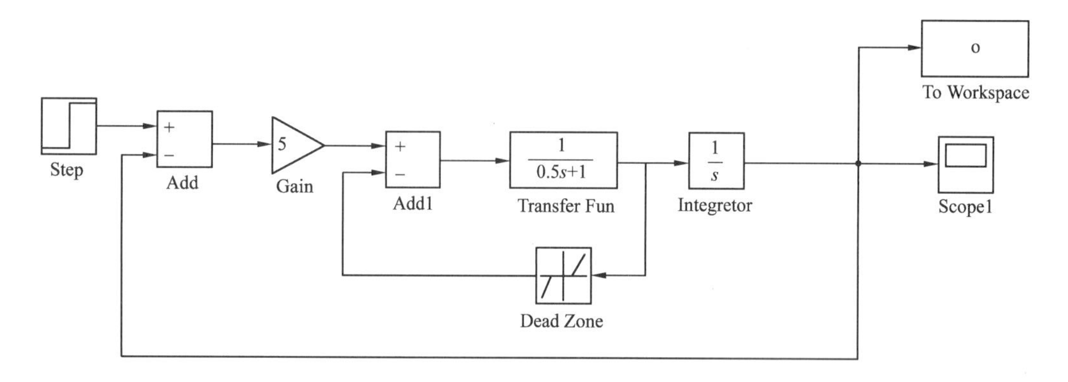

图 8-36 例 8-9 的 Simulink 仿真模型

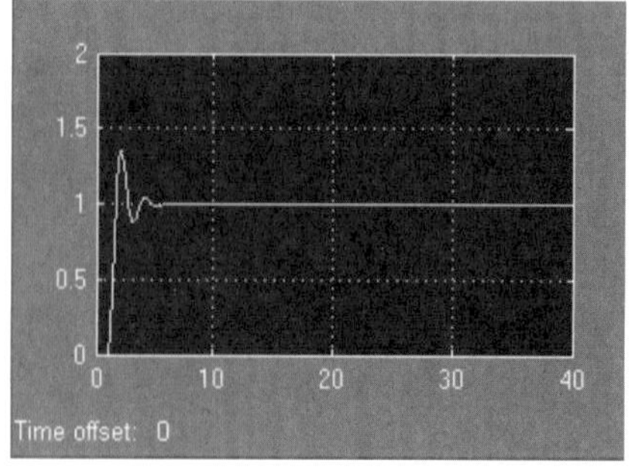

图 8-37 例 8-9 的阶跃向应曲线

本章主要介绍了典型非线性控制系统的特性和分析方法，相平面法和描述函数是进行非线性控制系统分析的数学工具。

1. 了解典型非线性特性及其对系统性能的影响。
2. 掌握系统相平面图的绘制方法，能用相平面分析法分析低阶非线性控制系统。
3. 掌握描述函数法，能用描述函数法研究非线性控制系统。
4. 能够运用 MATLAB 进行非线性控制系统分析。

8-1　某非线性控制系统如图 8-38 所示，试确定自持振荡的幅值和频率。

8-2　设如图 8-39 所示非线性系统，试应用描述函数法分析当 $K=10$ 时系统的稳定性，并确定临界稳定时增益 K 的值。

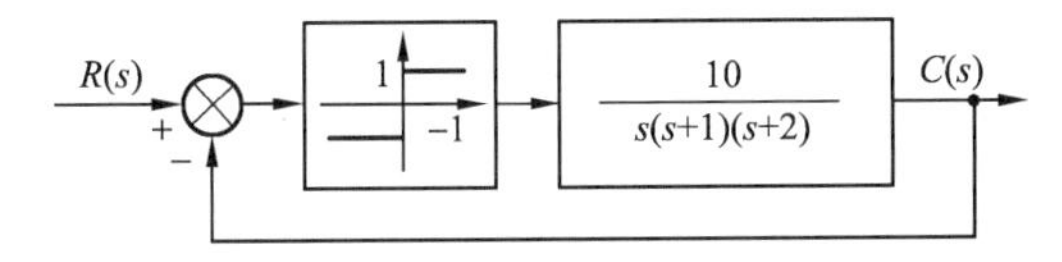

图 8-38　习题 8-1 图

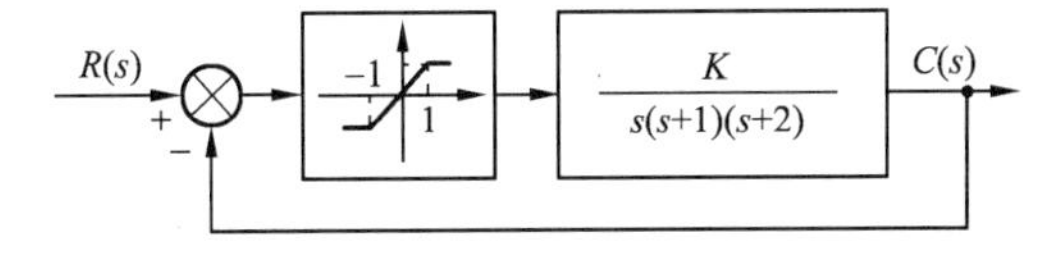

图 8-39　习题 8-2 图

8-3　设某非线性控制系统的结构图如图 8-40 所示，试应用描述函数法分析该系统的稳定性。为使系统稳定，非线性参数 a，b 应如何调制。

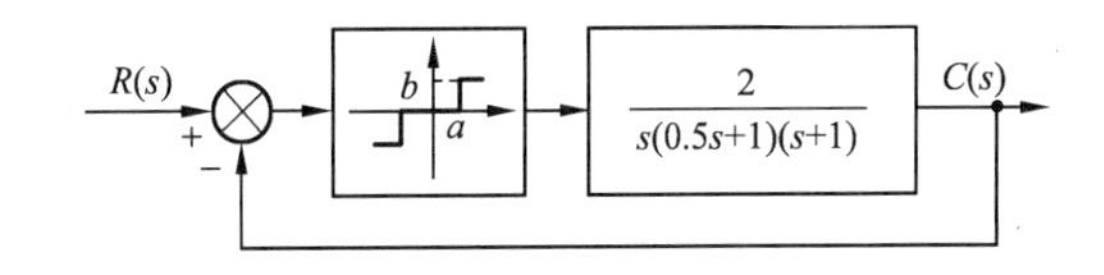

图 8-40　习题 8-3 图

8-4　试确定下述二阶非线性微分方程的奇点及其类型。

(1) $\ddot{x}+0.5\dot{x}+2x+x^2=0$　　(2) $\ddot{x}-(1-x^2)\dot{x}+x=0$

(3) $\ddot{x}-(0.5-3x^2)\dot{x}+x+x^2=0$

8-5　试用等倾线法画出下列方程的相平面草图。

(1) $\ddot{x}+|\dot{x}|+x=0$　　(2) $\ddot{x}+\dot{x}+|x|=0$　　(3) $\ddot{x}+A\sin x=0$

8-6　设某二阶非线性系统结构图如图 8-41 所示，给定初始条件 $\begin{cases} e_0=0.2 \\ \dot{e}_0=0 \end{cases}$，试用等倾线法做出系统的相轨迹图。

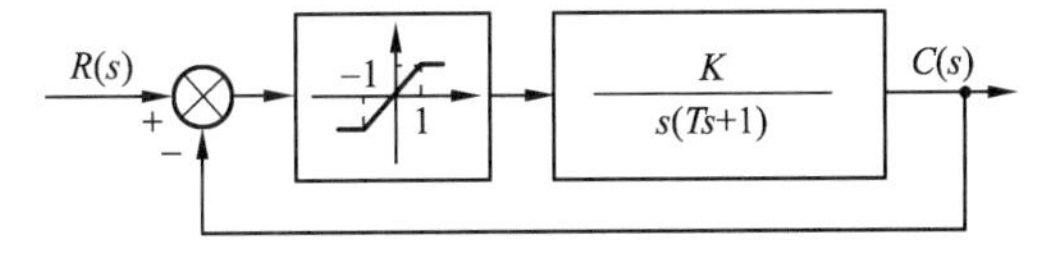

图 8-41　习题 8-6 图

习题答案

第1章

1-1 图(a)中系统能保持110 V电压不变;图(b)中电压会小于110 V。

原因是:图(a)所示系统是电压自动调节系统,属于负反馈控制的闭环控制系统,而图(b)所示系统没有引入负反馈。

1-2 自动控制大门开闭系统的工作原理:当红外线感应器感受到有人或车进入时,启动开门开关,使放大器有一个输入信号,经放大后驱动伺服电动机,从而驱动绞盘将门提升;当无人或车进入时,关门开关启动,使放大器有一个反向输入信号,经放大后驱动伺服电动机反转,将门关闭。

该系统的原理框图(略)

1-3 液位自动控制系统原理:当液位升高时,浮子位置升高,使得电位器的输出电压降低,使电动机减速,从而使减速器驱动控制阀使它的通流面积减小,Q_1 减小,而用水开关并没有进行控制,则液面高度就会下降,直至与设定值相等为止;当液位下降时,浮子位置降低,使得电位器的输出电压升高,使电动机加速,从而使减速器驱动控制阀使它的通流面积增大,Q_1 增大,而用水开关并没有进行控制,则液面高度就会上升,直至与设定值相等为止。

系统原理框图(略)。

1-4 系统方框图(略)。

系统的工作过程:当热水温度低于目标温度时,温度控制器通过驱动机构调节阀门使其通流面积增大,蒸汽量加大,水温升高,直至目标温度,同时温度控制器也控制冷水的进给量,使之与蒸汽量相匹配;当热水温度高于目标温度时,温度控制器通过驱动机构调节阀门使其通流面积减小,蒸汽量减小,水温降低,直至目标温度,同时温度控制器也控制冷水的进给量,使之与蒸汽量相匹配。

1-5 电炉温度控制系统的工作过程:当热电偶检测到的电炉温度对应电势低于目标温度对应的电压时,作用在电压放大器上的电压差增大,经功率放大器后使伺服电动机的转速加快,经减速驱动装置后使作用在电阻丝两端的电压增大,产生的热量增多,电炉的温度升高,直至目标温度;当热电偶检测到的电炉温度对应电势高于目标温度对应的电压时,作用在电压放大器上的电压差减小,经功率放大器后使伺服电动机的转速减慢,经减速驱动装置后使作用在电阻丝两端的电压减小,产生的热量减小,电炉的温度降低，直至目标温度。

该系统的被控对象是电炉，被控量是电路温度。

该系统的组成部件包括：电炉、热电偶、电阻丝、给定电压装置、电压放大器、功率放大器、伺服电动机、减速驱动机构、220 V 电源。它们的作用分别是：电炉的作用是提供恒定的热环境；热电偶的作用是检测电炉中的温度并将其转化为对应热电势；电阻丝的作用是产生热量；给定电压装置的作用是给出电炉目标温度对应的电压；电压放大器的作用是将给定电压与热电偶检测到的实际温度对应的热电势的差值进行电压放大；功率放大器的作用是产生足够大的功率去推动伺服电动机；伺服电动机的作用是驱动减速驱动机构；减速驱动机构的作用是驱动电位器的滑动端，从而改变电阻丝两端的电压；220 V 电源的作用是给系统提供主要能源。

系统原理框图(略)。

第 2 章

2-1 (a) $R_1R_2C\dfrac{du_o(t)}{dt}+(R_1+R_2)u_o(t)=R_1R_2C\dfrac{du_i(t)}{dt}+R_2u_i(t)$

(b) $LC\dfrac{d^2u_o(t)}{dt^2}+(\dfrac{L}{R_1}+R_2C)\dfrac{du_o(t)}{dt}+(1+\dfrac{R_2}{R_1})u_o(t)=\dfrac{R_2}{R_1}u_i(t)$

2-2 $Q=\dfrac{1}{2}KP_0^{-\frac{1}{2}}P$

2-3 $F=-\dfrac{\mu_0SN^2i_0^2}{2x_0^3}x+\dfrac{\mu_0SN^2i_0}{2x_0^2}i$

2-4 (1) $x(t)=1.154e^{-0.5t}\sin0.866t$

(2) $x(t)=1-(1+t)e^{-t}$

(3) $x(t)=0.4x_0(e^{-0.5t}-e^{-3t})$

2-5 $\dfrac{C(s)}{R(s)}=\dfrac{100(4s+1)}{12s^2+23s+25}$

$\dfrac{E(s)}{R(s)}=\dfrac{10(3s+5)(4s+1)}{12s^2+23s+25}$

2-6 (a) $\dfrac{U_c(s)}{U_r(s)}=\dfrac{Ls+R_2}{R_1LCs^2+(R_1R_2C+L)s+R_1+R_2}$

(b) $\dfrac{U_c(s)}{U_r(s)}=\dfrac{R_2C_1C_2s^2+2R_1C_1s+1}{R_2C_1C_2s^2+(2R_1C_1+R_2C_2)s+1}$

2-7 (a) $\dfrac{U_o(s)}{U_i(s)}=-\dfrac{R_2+R_3+R_2R_3Cs}{R_1}$

(b) $\dfrac{U_o(s)}{U_i(s)}=-[\dfrac{R_4}{R_1}+\dfrac{(R_2+R_3)(R_4+R_5)}{R_1R_5}\cdot(\dfrac{R_2R_3}{R_2+R_3}Cs+1)/(R_3Cs+1)]$

2-8 $\dfrac{C_1(s)}{R_1(s)}=\dfrac{G_1(s)}{1-G_1(s)G_2(s)G_3(s)G_4(s)}$

$\dfrac{C_1(s)}{R_2(s)}=\dfrac{-G_1(s)G_2(s)G_4(s)}{1-G_1(s)G_2(s)G_3(s)G_4(s)}$

$\dfrac{C_2(s)}{R_1(s)}=\dfrac{-G_1(s)G_2(s)G_3(s)}{1-G_1(s)G_2(s)G_3(s)G_4(s)}$

$\dfrac{C_2(s)}{R_2(s)}=\dfrac{G_2(s)}{1-G_1(s)G_2(s)G_3(s)G_4(s)}$

2-9 $\dfrac{U_o(s)}{U_i(s)}=1$

2-10 (a)$\frac{C(s)}{R(s)}=\frac{G_1(s)+G_2(s)}{1+G_2(s)G_3(s)}$

(b)$\frac{C(s)}{R(s)}=\frac{G_1(s)G_2(s)[1+H_1(s)H_2(s)]}{1-G_1(s)H_1(s)+H_1(s)H_2(s)}$

(c)$\frac{C(s)}{R(s)}=\frac{G_1(s)G_2(s)+G_2(s)G_3(s)}{1+G_2(s)H_1(s)+G_1(s)G_2(s)H_2(s)}$

(d)$\frac{C(s)}{R(s)}=\frac{G_1(s)G_2(s)G_3(s)}{1-G_1(s)G_2(s)H_1(s)+G_2(s)H_1(s)+G_2(s)G_3(s)H_2(s)}+G_4(s)$

(e)$\frac{C(s)}{R(s)}=\frac{G_1(s)G_2(s)+G_2(s)G_3(s)}{1+G_1(s)G_2(s)H_1(s)}$

2-11 (a)$\frac{C(s)}{R(s)}=\frac{G_1(s)G_2(s)}{1+G_1(s)G_2(s)+G_1(s)G_2(s)H_1(s)}$

$\frac{C(s)}{N(s)}=\frac{-1-G_1(s)G_2(s)H_1(s)+G_2(s)G_3(s)}{1+G_1(s)G_2(s)+G_1(s)G_2(s)H_1(s)}$

(b)$\frac{C(s)}{R(s)}=\frac{G_2(s)G_4(s)+G_1(s)G_2(s)G_4(s)+G_3(s)G_4(s)}{1+G_2(s)G_4(s)+G_3(s)G_4(s)}$

$\frac{C(s)}{N(s)}=\frac{G_4(s)}{1+G_2(s)G_4(s)+G_3(s)G_4(s)}$

2-12～2-13 略。

2-14 (a)4 条前向通路，9 个独立回路，6 组两两互不接触回路，1 组三三互不接触回路。

(b)2 条前向通路，3 个独立回路，$\frac{C(s)}{R(s)}=\frac{590}{39}$

(c)$\frac{C(s)}{R_1(s)}$：4 条前向通路，4 个独立回路，$\frac{C(s)}{R_1(s)}=\frac{bcde+ade+bc+bceg+a+aeg}{1+cf+eg+bcdeh+adeh+cfeg}$

$\frac{C(s)}{R_2(s)}$：3 条前向通路，4 个独立回路，$\frac{C(s)}{R_1(s)}=\frac{le+lecf-leha-lehbc}{1+cf+eg+bcdeh+adeh+cfeg}$

第 3 章

3-1 $K_H=0.9, K_0=10$。

3-2 系统的传递函数为 $G(s)=\frac{10s+10}{s^2+11s+10}=\frac{10}{s+10}$

3-3 系统的传递函数为 $G(s)=\frac{1110}{s^2+22s+1110}$

3-4 (1)上升时间 $t_r=1.66$ s；峰值时间 $t_p=3.157$ s；超调量 $\sigma\%=72.92\%$；调节时间 $t_s=30$ s($\Delta=0.05$)，$t_s=40$ s($\Delta=0.02$)；

(2)上升时间 $t_r=1.93$ s；峰值时间 $t_p=3.628$ s；超调量 $\sigma\%=16.32\%$；调节时间 $t_s=6$ s($\Delta=0.05$)，$t_s=8$ s($\Delta=0.02$)。

(3)略。

3-5 (1)$y(t)=1+0.1708e^{-5.236t}-1.1708e^{-0.764t}$

(2)$y(t)=1-1.0541e^{-t}\sin(1.732t+1.249)$

3-6 不稳定。

3-7 (1)$0<K<264$；(2)$14<K<54$

3-8 (1)在 s 右半平面的根的个数为 0；(2)虚根为 $\pm j2, \pm j\sqrt{2}$。

3-9 (1)位置误差系数，速度误差系数和加速度误差系数分别为 $K_p=\infty, K_v=K, K_a=0$；

(2)当参考输入为 $r\times1(t)$,$rt\times1(t)$和 $rt^2\times1(t)$时,系统的稳态误差分别为 $0,\frac{r}{K},\infty$。

3-10 系统的稳态误差为 0.05。

3-11 略。

3-12 K_p、K_g、T,各参数之间的关系为 $K_p=\frac{1}{s}$,$TK_g=0.5$ 或 $K_g=\frac{1}{s}$,$TK_p=0.5$。

3-13 系统的稳态误差为 0.5。

第 4 章

4-1～4-2 略。

4-3 (1)开环增益 $K_g=110$;(2) $K_g=30$,$z=6.63$。

4-4 略。

4-5 (1)不稳定;(2)$0<K_g<22.75$ 时稳定。

4-6 (1)略;(2)分离点 $d\approx-0.53$,主导极点 $s_{1,2}=-0.68\pm j1.18$,$K_g=2.44$。

4-7～4-8 略。

第 5 章

5-1 $K=24$,$T=1$ s。

5-2 (a)$G(s)=\frac{4}{0.1s+1}$　(b)$G(s)=\frac{4}{s(0.5s+1)}$

5-3～5-6 略。

5-7 (a)$G(s)=\frac{10}{0.1s+1}$　(b)$G(s)=\frac{0.1s}{0.02s+1}$

(c)$G(s)=\frac{100}{s(100s+1)(0.01s+1)}$　(d)$G(s)=\frac{31.6\times630^2}{s^2+2\times0.35\times630s+630^2}$

5-8 (a)$G(s)=\frac{100}{(\frac{1}{\omega_1}s+1)(\frac{1}{\omega_2}s+1)}$　(b)$G(s)=\frac{\omega_1\omega_c(\frac{1}{\omega_1}s+1)}{s^2(\frac{1}{\omega_2}s+1)}$

(c)$G(s)=\frac{\frac{1}{\omega_1}s}{(\frac{1}{\omega_2}s+1)(\frac{1}{\omega_3}s+1)}$

5-9 (a)稳定;(b)不稳定;(c)稳定;(d)稳定;(e)不稳定;(f)不稳定;(g)稳定;(h)不稳定;(i)稳定;(j)不稳定。

5-10 (a)不稳定;(b)稳定;(c)稳定。

第 6 章

6-1 (a)$G(s)=-\frac{R_2+R_3+(R_2R_4+R_2R_3+R_3R_4)Cs}{R_1+R_1(R_2+R_4)Cs}$

(b)$G(s)=-\frac{K(1+T_1s)}{(1+T_2s)}$,$K=\frac{R_2+R_3}{R_1}$,$T_2=R_3C$,$T_1=\frac{R_2R_3}{R_2+R_3}C$

6-2 $G_c(s)=K_c\frac{s+1.464}{s+2.732}$,$K_c=1.183$

6-3 $G_c(s)=\frac{s+0.2}{s+0.0025}$

6-4 (1)$K|_{\sigma\%_{\max}}=0.8887$; (2)$K|_{\omega_{d\max}}=2.8155$;

(3)$K|_{t_{s\min}}=5.8269$; (4)$K_g|_{e_{ss\min}}=5.8269$

6-5 $G_c(s)=\dfrac{1+0.0968s}{1+0.01148s}$

6-6 (1)$G_c(s)=\dfrac{G_{0\mathrm{II}}(s)}{G_{0\mathrm{I}}(s)}=\dfrac{2(2s+1)(0.5s+1)(0.1s+1)(0.067s+1)}{(s+1)^2(0.05s+1)(0.033s+1)}$;(2)略。

6-7 (1)$K=0.25$;(2)$G_r(s)=0.25s^2+0.5s$

6-8 $G_c(s)=\dfrac{(0.11s+1)(0.1s+1)}{(0.7s+1)(0.022s+1)}$

第7章

7-1 (1)$X(z)=\dfrac{0.1z\mathrm{e}^{0.1a}}{(z-\mathrm{e}^{0.1a})^2}$

(2)$X(z)=\dfrac{1}{z^2(z-\mathrm{e}^{-0.1a})}$

7-2 (1)$X(z)=\dfrac{(\frac{T}{2}-\frac{1}{4}-\frac{1}{4}\mathrm{e}^{-2T})z^2+(\frac{1}{4}\mathrm{e}^{-2T}-\frac{1}{4}-\frac{1}{2}T\mathrm{e}^{-2T})z}{(z-1)^2(z-\mathrm{e}^{2T})}$

(2)$X(z)=\dfrac{b}{a}\cdot\dfrac{z(1-\mathrm{e}^{aT})}{(z-1)(z-\mathrm{e}^{-aT})}$

7-3 (1)$x(k)=1-\mathrm{e}^{-akT}, k=0,1,2,\cdots$

(2)$x(k)=1-(0.9)^k, k=0,1,2,\cdots$

7-4 (1)$x^*(t)=\delta(t-2T)+3\delta(t-3T)+7\delta(t-4T)+15\delta(t-5T)+\cdots$

(2)$x^*(t)=\delta(t-2T)+23.1\delta(t-3T)+463\delta(t-4T)+\cdots$

7-5 (a)$y(kT)=1-\mathrm{e}^{-kT/T_1}$

(b)$y(kT)=\dfrac{1-\mathrm{e}^{-T(k+1)/T_1}}{T_1(1-\mathrm{e}^{-T/T_1})}$

(c)$y(kT)=1-\mathrm{e}^{-kT/T_1}$

7-6 (a)$Y(z)=G_3(z)[G_1(z)+G_2(z)]R(z), G(z)=G_3(z)[G_1(z)+G_2(z)]$

(b)$Y(z)=\dfrac{G(z)R(z)}{1+H(z)G(z)}, G(z)=\dfrac{G(z)}{1+H(z)G(z)}$

(c)$Y(z)=\dfrac{G_1(z)G_2(z)R(z)}{1+H(z)G_1(z)G_2(z)}, G(z)=\dfrac{G_1(z)G_2(z)}{1+H(z)G_1(z)G_2(z)}$

(d)$Y(z)=\dfrac{\overline{RG_1}(z)G_2(z)}{1+\overline{HG_1}(z)G_2(z)}$

7-7 (1)$G_0(z)=\dfrac{Y(z)}{E(z)}=\dfrac{(k/4)(2T-1+\mathrm{e}^{-2T})z+(k/4)(1-2T\mathrm{e}^{-2T}-\mathrm{e}^{-2T})}{(z-1)(z-\mathrm{e}^{-2T})}$

(2)$G_y(z)=\dfrac{Y(z)}{R(z)}=\dfrac{(k/4)(2T-1+\mathrm{e}^{-2T})z+(k/4)(1-2Te-2T\mathrm{e}^{-2T}-\mathrm{e}^{-2T})}{z^2+[kt/2+(k/4-1)\mathrm{e}^{-2T}-(k/4+1)]z+k/4+(1-k/4-kT/2)\mathrm{e}^{-2T}}$

7-8 $0<k<0.583$

7-9 $G_0(z)=\dfrac{0.092z+0.066}{(z-1)(z-0.368)}$

$K_p=\infty, K_v=0.5, K_a=0$

$y^*(t)=0.092\delta(t-T)+0.275\delta(t-2T)+0.469\delta(t-3T)+\cdots$

第8章

8-1 $\omega_x=1.41$，$X_\omega=2.14$。

8-2 $K_{临}\to\infty$

8-3 a 增加，b 减少

8-4 (1)$x=0$，$\dot{x}=0$，稳定焦点；$x=-2$，$\dot{x}=0$，鞍点。

(2)$x=0$，$\dot{x}=0$，稳定焦点。

(3)$x=0$，$\dot{x}=0$，不稳定焦点；$x=-1$，$\dot{x}=0$，鞍点。

8-5～8-6 略。

参考文献

[1] 胡寿松,善斌,张绍杰.自动控制原理[M].8版.北京:科学出版社,2023
[2] 吴秀华.自动控制原理[M].大连:大连理工大学出版社,2011
[3] 孙亮,杨鹏.自动控制原理[M].北京:北京工业大学出版社,1999
[4] 沈安俊.电气自动控制[M].北京:机械工业出版社,1996
[5] 胡寿松.自动控制原理[M].5版.北京:科学出版社,2007
[6] 胡寿松.自动控制原理习题集[M].2版.北京:科学出版社,2003
[7] 戴忠达.自动控制理论基础[M].北京:清华大学出版社,1991
[8] 黄家英.自动控制原理[M].南京:东南大学出版社,1991
[9] 吴麒.自动控制原理[M].北京:清华大学出版社,1992
[10] 谢克明.自动控制原理[M].北京:电子工业出版社,2009
[11] 李友善.自动控制原理[M].北京:国防工业出版社,1998
[12] 余成波.自动控制原理[M].2版.北京:清华大学出版社,2009
[13] 高钟毓.机电控制工程[M].北京:清华大学出版社,2002
[14] 黄家英.自动控制原理[M].北京:高等教育出版社,2003
[15] 王建辉.自动控制原理[M].北京:清华大学出版社,2007
[16] 梅晓榕.自动控制原理[M].北京:科学出版社,2002
[17] 顾树生,王建军.自动控制原理[M].北京:冶金工业出版社,2001
[18] Katsuhiko Ogata.现代控制工程[M].卢伯英译.北京:电子工业出版社,2003
[19] Katsuhiko Ogata.控制理论 MATLAB 教程[M].北京:电子工业出版社,2008
[20] 薛定宇.控制系统仿真与计算机辅助设计[M].北京:机械工业出版社,2005
[21] 杨平,翁思义,郭平.自动控制原理——理论篇[M].北京:中国电力出版社,2009
[22] 田作华.工程控制基础[M].北京:清华大学出版社,2007
[23] 董景新.控制工程基础[M].北京:清华大学出版社,2009
[24] 薛定宇.反馈控制系统设计与分析——MATLAB 语言应用[M].北京:清华大学出版社,2000